医药类

高等数学

U0186112

高等院校公共基础课教材

侯丽英　张圣勤　主编

复旦大学出版社

前　言

　　《高等数学(医药类)》按照教育部高等学校非数学类专业基础课程教学指导委员会制定的《医科类本科数学基础课程教学基本要求》编写."高等数学"是应用型高等医学院校本科生的一门必修基础课,使学生比较系统地掌握现代医学所需要的数学基本理论和方法,熟悉一元和多元微积分、线性代数、概率论的基础概念、理论、运算和方法,并培养学生利用所学知识分析、解决医药领域相关问题的逻辑思辨能力,为其今后学习医用物理、卫生统计等后续课程打下扎实的数学基础.

　　为了适应高等教育教学改革的需要,教材在编写过程中强调以下几方面特色:

　　(1)教材中加大医药领域实际案例背景内容,利用医学、药品生产、检测、流通和临床使用中的真实背景问题丰富教材的内容,使教学内容与医药领域实际接轨,突出教材的应用型医学本科院校特色.

　　(2)教材通过古代、现代数学中的文化、哲学元素自然融入教学知识点,增强学生的文化自信和民族自豪感,培养爱国情怀,倡导科学精神,激励学生锲而不舍的钻研精神,弘扬社会主义核心价值观,突出思政育人特色.

　　(3)教材注重基本概念和基本方法的讲授,本着"实用为主,够用为度"的原则来处理,不花大篇幅进行理论推导证明,强调原理的理解和结论的应用.多运用医药学研究的案例引导教学,讲解知识点或实证,符合应用型医学本科院校的需要.

　　(4)教材内包含"情景导学""思政育人""知识链接""点滴积累"等模块,作为主体内容的补充,起到突出重点、特色,增强教材可读性的作用.教材还配有练习册,为读者提供了极为丰富的巩固基础、提高解题技巧的训练.

　　本书的编写分工如下:第一章由贾其锋编写,第二章由于梅编写,第三章由吕兴汉编写,第四章由王川编写,第五、六、八章由张圣勤和冯大雨编写,第七章和附表由侯丽英编写.

　　本书在编写过程中得到参编院校领导、教师和复旦大学出版社的大力支持,在此表示诚挚感谢.本书还有待在教学实践过程中进一步检验,希望广大读者提出宝贵意见,使本书更加完善.

编　者

2021 年 5 月

目　录

第一章 函数与极限

情景描述：

中学时期学习的数学内容基本上是不变的量,而高等数学的研究对象则是变动的量.所谓的函数关系就是变量之间的依赖关系.

学前导语：

函数是高等数学的主要研究对象,极限是高等数学的基础性概念,极限方法是研究变量的一种基本方法.高等数学中的许多概念都是建立在极限概念基础之上的,如连续、微分、积分等.本章首先对中学所学函数知识进行复习和补充,然后介绍函数极限和连续的概念.

第一节 函 数

一、函数的概念

在观察自然现象或研究实际问题时,会遇到很多的量,这些量一般可以分为两种:一种是在所要考察的过程中保持不变的量,称为**常量**;另一种是在这个考察过程中发生变化的量,称为**变量**.例如,做自由落体运动的物体,运动的时间和位移是变量,而物体的质量在这个过程中就可以看作常量.

定义 1-1 设 X,Y 是非空数集,如果按某个确定的法则 f,使对于集合 X 中任意一个数 x,在集合 Y 中都有确定的数 y 与之相对应,那么就称 y 是 x 的函数.记作 $y=f(x)$, $x \in X$,其中,x 称为**自变量**,x 的取值范围 X 称为函数的**定义域**;与 x 相对应的 y 值称为**函数值**,y 称为**因变量**,函数值的集合 Y 称为函数的**值域**.

因变量与自变量的对应法则称为函数关系.函数关系除了可以用 $y=f(x)$ 表示外,还可以用其他的字母来表示,如 $y=g(x)$,$y=\varphi(x)$ 等,也可以用 $y=y(x)$ 表示.

关于函数定义的几点说明:

(1) 构成函数的要素有两个:定义域与对应法则.如果函数的定义域相同,对应法则也相同,那么这两个函数就是相同的,否则就是不同的.

(2) 函数的定义域通常按以下两种情形来确定:在实际问题中,函数的定义域由问题的实际意义来确定;如果函数是由没有明确指出范围的数学表达式给出的,那么函数的定义域就是指使表达式有意义的一切自变量的集合.

(3) 函数常用的表示法有解析法、图像法和列表法等.

例 1-1 已知自由落体运动规律为 $s=\dfrac{1}{2}gt^2$. 假定物体经过了时间 T 后着地,求此函数的定义域.

解 由实际情况知,此函数的定义域为 $0 \leqslant t \leqslant T$.

例 1-2 求下列函数的定义域:

(1) $y=\sqrt{4-x^2}$;　　　　(2) $y=\ln\dfrac{x-2}{1-x}$.

解 (1) 只有根式内的式子 $4-x^2 \geqslant 0$ 时函数才有意义,因此,该函数的定义域为区间 $[-2,2]$.

(2) 根据对数的定义,有 $\dfrac{x-2}{1-x}>0$;又根据分式中分母不等于零的要求,$1-x \neq 0$. 因此,求此函数的定义域,实际上是解不等式组:

$$\begin{cases} 1-x \neq 0, \\ \dfrac{x-2}{1-x}>0, \end{cases}$$

解之得

$$1<x<2,$$

即 $y=\ln\dfrac{x-2}{1-x}$ 的定义域为区间 $(1,2)$.

邻域是一个经常用到的概念,在此,我们借助区间给出邻域的定义.

以 x_0 为中心的任何开区间称为点 x_0 的**邻域**,记作 $U(x_0)$. 设 δ 为任一正数,称开区间 $(x_0-\delta, x_0+\delta)$ 为 x_0 的 **δ 邻域**,记作 $U(x_0, \delta)$,x_0 称为**邻域的中心**,δ 称为**邻域的半径**. 有时用到的邻域需要把中心去掉,x_0 的 δ 邻域去掉中心 x_0 后,称为点 x_0 的**去心 δ 邻域**,记作 $\overset{\circ}{U}(x_0, \delta)$.

二、函数的几种特性

(一) 单值性与多值性

对于自变量的每一个取值,函数 y 有唯一确定的值与之对应,这样的函数称为**单值函数**,否则称为**多值函数**.

例如,函数 $y=x^3$ 是单值函数;在直角坐标系中,半径为 r,圆心在原点的圆的方程为 $x^2+y^2=r^2$,该方程在闭区间 $[-r, r]$ 上确定一个以 x 为自变量、y 为因变量的函数. 当 x 取 $-r$ 或 r 时,对应的函数值只有一个,但当 x 取开区间 $(-r, r)$ 内的任一个数值时,对应的函数值就有两个,所以该函数是多值函数.

以后凡没有特别说明时,函数都指单值函数.

(二) 函数的单调性

设函数 $f(x)$ 的定义域为 D，区间 $I \subseteq D$. 如果对于区间 I 上任意两点 x_1 和 x_2，当 $x_1 < x_2$ 时，恒有 $f(x_1) < f(x_2)$，则称函数 $f(x)$ 在区间 I 上是**单调增加**的，如图 1-1 所示；如果对于区间 I 上任意两点 x_1 和 x_2，当 $x_1 < x_2$ 时，恒有 $f(x_1) > f(x_2)$，则称函数 $f(x)$ 在区间 I 上是**单调减少**的，如图 1-2 所示. 单调增加和单调减少的函数统称为**单调函数**.

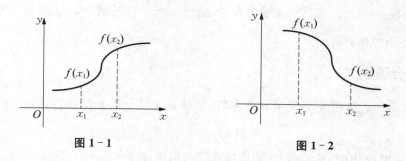

图 1-1   图 1-2

例如，函数 $f(x) = x^2$ 在区间 $[0, +\infty)$ 上是单调增加的，在区间 $(-\infty, 0]$ 上是单调减少的；在区间 $(-\infty, +\infty)$ 内函数 $f(x) = x^2$ 不是单调的.

又例如，函数 $f(x) = x^3$ 在区间 $(-\infty, +\infty)$ 内是单调增加的.

(三) 函数的奇偶性

设函数 $f(x)$ 的定义域 D 关于原点对称（即若 $x \in D$，则必有 $-x \in D$），如果对于任一 $x \in D$，

$$f(-x) = f(x)$$

恒成立，则称 $f(x)$ 为**偶函数**；如果对于任一 $x \in D$，

$$f(-x) = -f(x)$$

恒成立，则称 $f(x)$ 为**奇函数**.

例如，$f(x) = x^2$ 是偶函数，因为 $f(-x) = (-x)^2 = x^2 = f(x)$. 又例如，函数 $f(x) = x^3$ 是奇函数，因为 $f(-x) = (-x)^3 = -x^3 = -f(x)$.

奇函数的图像关于原点对称，偶函数的图像关于 y 轴对称.

(四) 函数的周期性

设函数 $f(x)$ 的定义域为 D，如果存在一个不为零的数 l，使得对于任一 $x \in D$，有 $(x \pm l) \in D$，且

$$f(x \pm l) = f(x)$$

恒成立，则称 $f(x)$ 为**周期函数**，l 为 $f(x)$ 的**周期**，通常所说周期函数的周期是指**最小正周期**.

例如，函数 $\sin x$，$\cos x$ 都是以 2π 为周期的周期函数；函数 $\tan x$，$\cot x$ 是以 π 为周期的周期函数.

（五）函数的有界性

若存在某个正数 M，使得不等式

$$|f(x)| \leqslant M$$

对于函数 $f(x)$ 的定义域 D 内的一切 x 值都成立，则称函数 $f(x)$ 在定义域内是**有界函数**；如果这样的正数 M 不存在，则称函数 $f(x)$ 在定义域 D 内是无界的.

例如，函数 $y = \sin x$ 在其定义域内有界，函数 $y = \dfrac{1}{x}$ 在区间 $(0, 1)$ 内是无界的，但在区间 $(1, +\infty)$ 内却是有界的.

三、复合函数

定义 1-2 若变量 y 是变量 u 的函数，变量 u 又是变量 x 的函数，即

$$y = f(u)，u = \varphi(x)，$$

且当 x 在定义域 D 上时，$u = \varphi(x)$ 的值域或部分值域使 $y = f(u)$ 有定义，则称 y 是 x 的**复合函数**，记作

$$y = f[\varphi(x)]，$$

其中 u 称为**中间变量**.

例如，函数 $y = \sin^3 x$ 是由函数 $y = u^3$，$u = \sin x$ 复合而成，它的定义域为 $(-\infty, +\infty)$. 复合函数的中间变量可以不止一个. 例如，函数 $y = \sqrt[3]{\lg(\sin^2 x)}$ 是由 $y = u^{\frac{1}{3}}$，$u = \lg v$，$v = w^2$，$w = \sin x$ 四个函数复合而成的，中间变量有三个：u，v，w.

需要注意的是，并不是任何两个函数都可以复合成一个复合函数. 例如，$y = \arcsin u$，$u = 2 + x^2$ 就不能复合成一个复合函数，这是因为 $u = 2 + x^2$ 总大于 1，从而使得 $y = \arcsin u$ 没有意义. 对于复合函数的定义域一般指自然定义域，可以不必写出.

四、初等函数

（一）六类基本初等函数

常值函数：$y = C$；

幂函数：$y = x^\alpha$（α 是实常数）；

指数函数：$y = a^x$（$a > 0$ 且 $a \neq 1$）；

对数函数：$y = \log_a x$（$a > 0$ 且 $a \neq 1$）；

三角函数：如 $y = \sin x$，$y = \cos x$，$y = \tan x$，$y = \cot x$ 等；

反三角函数：如 $y = \arcsin x$，$y = \arccos x$，$y = \arctan x$，$y = \text{arccot} x$ 等.

（二）基本初等函数的图像和性质

1. 幂函数 $y = x^\alpha$（α 为常数）

主要性质：定义域与 α 有关，$(0, +\infty)$ 是共同定义域；值域与 α 有关，$(0, +\infty)$ 是共同值域. 当 $\alpha > 0$ 时，函数在 $(0, +\infty)$ 内单调增加；当 $\alpha < 0$ 时，函数在 $(0, +\infty)$ 内单调减少. 函数图像如图 1-3 所示.

2. 指数函数 $y=a^x$（a 为常数，$a>0$，$a\neq1$）

主要性质：定义域 $(-\infty,+\infty)$，值域 $(0,+\infty)$. 当 $a>1$ 时，函数单调增加；当 $0<a<1$ 时，函数单调减少. x 轴是水平渐近线. 函数图像如图 1-4 所示.

3. 对数函数 $y=\log_a x$（a 为常数，$a>0$，$a\neq1$）

主要性质：定义域 $(0,+\infty)$，值域 $(-\infty,+\infty)$. 当 $a>1$ 时，函数单调增加；当 $0<a<1$ 时，函数单调减少. y 轴是铅直渐近线. 函数图像如图 1-5 所示.

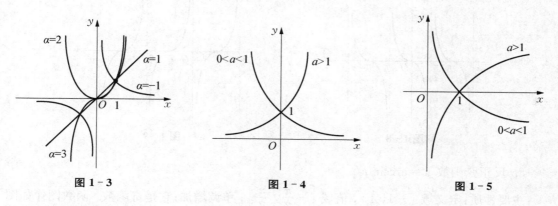

图 1-3　　　　　图 1-4　　　　　图 1-5

4. 正弦函数 $y=\sin x$

主要性质：定义域 $(-\infty,+\infty)$，值域 $[-1,1]$；以 2π 为周期，在区间 $\left[-\frac{\pi}{2}+2k\pi,\frac{\pi}{2}+2k\pi\right]$（$k\in\mathbb{Z}$）上函数单调增加，在区间 $\left[\frac{\pi}{2}+2k\pi,\frac{3\pi}{2}+2k\pi\right]$（$k\in\mathbb{Z}$）上函数单调减少；它是奇函数. 函数图像如图 1-6 所示.

5. 余弦函数 $y=\cos x$

主要性质：定义域 $(-\infty,+\infty)$，值域 $[-1,1]$；以 2π 为周期，在区间 $[(2k-1)\pi,2k\pi]$（$k\in\mathbb{Z}$）上函数单调增加，在区间 $[2k\pi,(2k+1)\pi]$（$k\in\mathbb{Z}$）上函数单调减少；它是偶函数. 函数图像如图 1-7 所示.

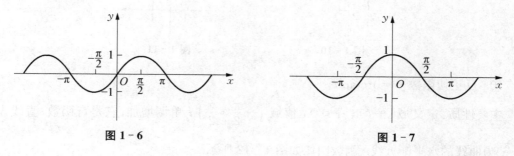

图 1-6　　　　　　　　图 1-7

6. 正切函数 $y=\tan x$

主要性质：定义域 $\left(k\pi-\frac{\pi}{2},k\pi+\frac{\pi}{2}\right)$（$k\in\mathbb{Z}$），值域 $(-\infty,+\infty)$；以 π 为周期，在区间 $\left(k\pi-\frac{\pi}{2},k\pi+\frac{\pi}{2}\right)$（$k\in\mathbb{Z}$）内单调增加；它是奇函数；直线 $x=k\pi+\frac{\pi}{2}$（$k\in\mathbb{Z}$）为曲

线的铅直渐近线. 函数图像如图 1-8 所示.

7. 余切函数 $y = \cot x$

主要性质:定义域 $(k\pi, k\pi + \pi)(k \in \mathbb{Z})$,值域 $(-\infty, +\infty)$;以 π 为周期,在区间 $(k\pi, k\pi + \pi)(k \in \mathbb{Z})$ 内单调减少;它是奇函数;直线 $x = k\pi(k \in \mathbb{Z})$ 为曲线的铅直渐近线. 函数图像如图 1-9 所示.

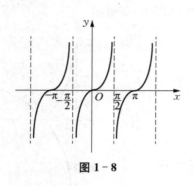
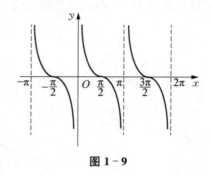

图 1-8   图 1-9

8. 反正弦函数 $y = \arcsin x$

主要性质:定义域 $[-1, 1]$,值域 $\left[-\dfrac{\pi}{2}, \dfrac{\pi}{2}\right]$;单调增加;它是奇函数. 函数图像如图 1-10 所示.

9. 反余弦函数 $y = \arccos x$

主要性质:定义域 $[-1, 1]$,值域 $[0, \pi]$;单调减少. 函数图像如图 1-11 所示.

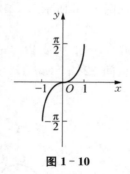
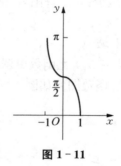

图 1-10   图 1-11

10. 反正切函数 $y = \arctan x$

主要性质:定义域 $(-\infty, +\infty)$,值域 $\left(-\dfrac{\pi}{2}, \dfrac{\pi}{2}\right)$;单调增加;它是奇函数;直线 $y = \pm\dfrac{\pi}{2}$ 为曲线的水平渐近线. 函数图像如图 1-12 所示.

11. 反余切函数 $y = \operatorname{arccot} x$

主要性质:定义域 $(-\infty, +\infty)$,值域 $(0, \pi)$;单调减少;直线 $y = 0$,$y = \pi$ 为曲线的水平渐近线. 函数图像如图 1-13 所示.

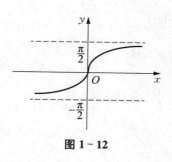

图 1-12

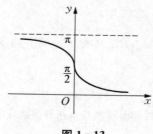

图 1-13

定义 1-3 由基本初等函数经过有限次四则运算或函数复合所构成的且只能由一个解析式表示的函数,称为**初等函数**.

例如,$y = a_0 + a_1 x + a_2 x^2 + \cdots + a_n x^n$,$y = \dfrac{a_0 + a_1 x + a_2 x^2 + \cdots + a_n x^n}{b_0 + b_1 x + b_2 x^2 + \cdots + b_m x^m}$ 和 $y = \ln(1 + \sqrt{1 + x^2}) \cdot \arcsin^3 x$ 等都是初等函数.

五、分段函数

定义 1-4 在自变量的不同变化范围中,对应法则用不同式子来表示的函数,通常称为**分段函数**.

例如,函数 $y = \begin{cases} 1 + x, & x \geqslant 0, \\ 1 - x, & x < 0 \end{cases}$ 和符号函数 $y = \operatorname{sgn} x = \begin{cases} 1, x > 0, \\ 0, x = 0, \\ -1, x < 0 \end{cases}$ 都是分段函数.

知识链接

函数概念的产生和发展

1637 年前后,笛卡儿在指出 y 和 x 是变量的时候,也注意到 y 依赖于 x 的变化而变化,这是函数思想的萌芽.1692 年莱布尼茨首先使用"函数"一词,但他指的是随曲线的变化而改变的几何量.1718 年约翰·贝努利给出:变量的函数就是变量和常量以任何方式组成的量.1748 年欧拉给出:如果某些变量,以这样一种方式依赖于另一些变量,即当后面这些变量变化时,前面这些变量随之而变化,则前面的变量称为后面变量的函数.1837 年狄利克雷给出:对于某区间上的每一个确定的 x 值,y 都有一个或多个确定的值,那么 y 叫作 x 的函数.19 世纪 70 年代后,康托尔的集合论出现以后,函数便明确地定义为集合之间的对应关系.

随堂练习 1-1

1. 求下列函数的定义域:

(1) $y = \dfrac{1}{\sqrt{2 - x^2}} + \arcsin\left(\dfrac{1}{2}x - 1\right)$; (2) $y = \dfrac{x}{\sin x}$;

(3) $y = \dfrac{1}{x} - \sqrt{x^2 - 4}$;   (4) $y = \dfrac{\sqrt{\ln(2+x)}}{x(x-4)}$.

2. 设函数 $y = f(x)$ 的定义域为 $[0, 1]$, 求下列函数的定义域:

(1) $f(\sin x)$;   (2) $f(\ln x + 1)$;

(3) $f(x^2)$;   (4) $f\left(x + \dfrac{1}{3}\right) + f\left(x - \dfrac{1}{3}\right)$.

3. 指出下列各函数是由哪些基本初等函数或简单函数复合而成的:

(1) $y = \sin 2x$;   (2) $y = \sin^3 \dfrac{x}{2}$;

(3) $y = \tan\sqrt{\dfrac{1+x}{1-x}}$;   (4) $y = e^{\arctan(2x+1)}$;

(5) $y = \sqrt{\sin^3(x+2)}$;   (6) $y = \cos \ln^3 \sqrt{x^2+1}$.

4. 已知 $f(e^x + 1) = e^{2x} + e^x + 1$, 求 $f(x)$ 的表达式.

5. 设 $f(x) = \begin{cases} 3x+1, & x < 1, \\ x, & x \geqslant 1, \end{cases}$ 求出 $f[f(x)]$ 的表达式.

6. 思考题:函数 $y = |x|$ 是否是初等函数?

第二节 极 限

一、极限的概念

极限是继函数的概念之后,高等数学中又一个基础性概念,它描述了自变量在某种变化过程中函数的变化趋势.本节分两种情形来讨论函数的极限,即当 $x \to \infty$ 时和当 $x \to x_0$ 时函数的极限.

下面分别给出这两种情形下函数极限的描述性定义.

(一) $x \to \infty$ 时的极限

定义 1-5   如果自变量 x 的绝对值无限增大,函数 $f(x)$ 无限趋近于一个常数 A,则称常数 A 为函数 $f(x)$ 当 $x \to \infty$ 时的**极限**,记作

$$\lim_{x \to \infty} f(x) = A \quad 或 \quad f(x) \to A(当\ x \to \infty\ 时).$$

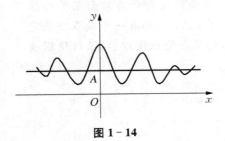

图 1-14

从几何上来看,极限 $\lim\limits_{x \to \infty} f(x) = A$ 表示:随着 $|x|$ 的增大,曲线 $y = f(x)$ 与直线 $y = A$ 越来越接近,即当 $x \to \infty$ 时,曲线 $y = f(x)$ 上的点与直线 $y = A$ 上对应点的距离 $|f(x) - A|$ 趋于零,如图 1-14 所示.

需要注意的是, $x \to \infty$ 包含 $x \to +\infty$ 和 $x \to -\infty$,定义 1-5 中 $x \to \infty$ 时 $f(x)$ 的极限为 A,是指无论 $x \to +\infty$ 还是 $x \to -\infty$, $f(x)$ 都无限趋近于 A.

在某些情况下只能考虑 $x \to +\infty$ 或 $x \to -\infty$,例如,当 $x \to \infty$ 时,函数 $y = \ln x$ 的极

限就只能考虑 $x \to +\infty$.

若当自变量 x 的变化沿 x 轴正方向无限增大(或沿 x 轴负方向绝对值无限增大)时,函数 $f(x)$ 无限趋近于一个常数 A,则称常数 A 为函数 $f(x)$ 的**单侧极限**,记为

$$\lim_{x \to +\infty} f(x) = A \quad 或 \quad \lim_{x \to -\infty} f(x) = A.$$

例 1-3 从几何意义可知下列等式成立:

(1) $\lim\limits_{x \to \infty} e^{-x^2} = 0$;   (2) $\lim\limits_{x \to -\infty} 3^x = 0$;   (3) $\lim\limits_{x \to -\infty} \text{arccot}\, x = \pi$.

解 (1) 由图 1-15 可知 $\lim\limits_{x \to \infty} e^{-x^2} = 0$;

(2) 由图 1-16 可知 $\lim\limits_{x \to -\infty} 3^x = 0$;

(3) 由图 1-13 可知 $\lim\limits_{x \to -\infty} \text{arccot}\, x = \pi$.

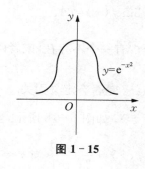

图 1-15

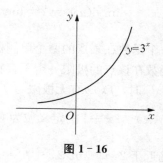

图 1-16

例 1-4 考察函数 $y = \cos x$ 当 $x \to \infty$ 时的极限.

解 当 $x \to \infty$ 时,$\cos x$ 的值在 1 和 -1 之间摆动,不趋近于任何常数,故 $\lim\limits_{x \to \infty} \cos x$ 不存在.

(二)$x \to x_0$ 时的极限

定义 1-6 设函数 $y = f(x)$ 在点 x_0 附近有定义(在点 x_0 可以没有定义),若 $x\,(x \neq x_0)$ 无论以怎样的方式趋近于 x_0,函数 $f(x)$ 都无限趋近于常数 A,则称常数 A 为函数 $f(x)$ 当 $x \to x_0$ 时的**极限**,记作

$$\lim_{x \to x_0} f(x) = A \quad 或 \quad f(x) \to A(当 x \to x_0 时).$$

从几何图形上看,极限 $\lim\limits_{x \to x_0} f(x) = A$ 表示当 x 无限接近 x_0 但不等于 x_0 时,曲线 $y = f(x)$ 上的点与直线 $y = A$ 上对应点的距离 $|f(x) - A|$ 趋于零,如图 1-17 所示.

需要注意的是:

(1) $x \to x_0$ 的方式是任意的,即 x 可以从 x_0 的左侧趋近于 x_0,也可以从 x_0 的右侧趋近于 x_0. $x \to x_0$ 时 $f(x)$ 的极限为 A,是指 x 无论以何种方式趋近于 x_0 时,$f(x)$ 都无限趋近于 A.

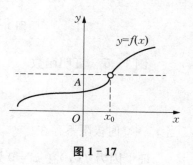

图 1-17

如果当 x 从 x_0 的左侧趋近于 x_0 时,函数 $f(x)$ 无限趋近于常数 A,那么称 A 为函数 $f(x)$ 在 x_0 处的**左极限**,记作

$$\lim_{x \to x_0^-} f(x) = A.$$

同理,如果当 x 从 x_0 的右侧趋近于 x_0 时,函数 $f(x)$ 无限趋近于常数 A,那么称 A 为函数 $f(x)$ 在 x_0 处的**右极限**,记作

$$\lim_{x \to x_0^+} f(x) = A.$$

左极限和右极限统称为**单侧极限**.

显然,函数 $f(x)$ 在 $x = x_0$ 处极限存在的充分必要条件就是函数 $f(x)$ 在 x_0 处的左右极限都存在并且相等,即

$$\lim_{x \to x_0} f(x) = A \Leftrightarrow \lim_{x \to x_0^-} f(x) = \lim_{x \to x_0^+} f(x) = A.$$

因此,如果一个函数在某点的两个单侧极限中至少有一个不存在,或者两个都存在但不相等,那么这个函数在该点的极限一定不存在.

(2) 当 $x \to x_0$ 时,$f(x)$ 有无极限与 $f(x)$ 在点 x_0 是否有定义无关.

例如,函数 $f(x) = 2x + 1$ 的定义域为 $(-\infty, +\infty)$,如图 $1-18$ 所示,当 x 趋近 $\dfrac{1}{2}$ 时,函数 $f(x)$ 无限趋近于 2,即 $\lim\limits_{x \to \frac{1}{2}}(2x + 1) = 2$;函数 $f(x) = \dfrac{4x^2 - 1}{2x - 1}$ 当 $x = \dfrac{1}{2}$ 时无定义,如图 $1-19$ 所示,当 x 趋近 $\dfrac{1}{2}$ 时,函数 $f(x)$ 也无限趋近于 2,即 $\lim\limits_{x \to \frac{1}{2}} \dfrac{4x^2 - 1}{2x - 1} = 2$.

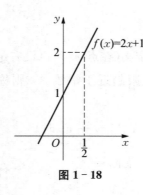

图 1 - 18

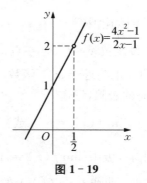

图 1 - 19

例 1-5 证明函数

$$f(x) = \mathrm{e}^{\frac{1}{x}}$$

当 $x \to 0$ 时极限不存在.

证 因为 $f(x)$ 在 $x = 0$ 处的左极限 $\lim\limits_{x \to 0^-} f(x) = \lim\limits_{x \to 0^-} \mathrm{e}^{\frac{1}{x}} = 0$,右极限 $\lim\limits_{x \to 0^+} f(x) = \lim\limits_{x \to 0^+} \mathrm{e}^{\frac{1}{x}}$

$=\infty$，右极限不存在，所以 $\lim\limits_{x \to 0} f(x)$ 不存在.

二、极限的四则运算

为了求比较复杂的函数的极限，需要掌握极限的四则运算法则.

定理 1-1　设函数 $f(x)$ 和 $g(x)$ 在自变量 x 的同一变化过程中极限分别为 A 和 B，即

$$\lim f(x) = A, \ \lim g(x) = B,$$

则

(1) $\lim[f(x) \pm g(x)] = \lim f(x) \pm \lim g(x) = A \pm B.$

(2) $\lim[f(x) \cdot g(x)] = \lim f(x) \cdot \lim g(x) = A \cdot B.$

特别地，

$$\lim[kf(x)] = k \lim f(x) = kA \ (k \text{ 为常数}).$$

(3) $\lim \dfrac{f(x)}{g(x)} = \dfrac{\lim f(x)}{\lim g(x)} = \dfrac{A}{B} \ (B \neq 0).$

注　定理 1-1 所指的"同一变化过程"是指 $x \to x_0$ 或 $x \to \infty$，另外，结论 (1)，(2) 可以推广到有限个函数的情形.

例 1-6　求 $\lim\limits_{x \to 1}(3x^2 - 2x + 1).$

解　$\begin{aligned}[t] \lim\limits_{x \to 1}(3x^2 - 2x + 1) &= \lim\limits_{x \to 1}(3x^2) - \lim\limits_{x \to 1}(2x) + \lim\limits_{x \to 1} 1 \\ &= 3\lim\limits_{x \to 1} x^2 - 2\lim\limits_{x \to 1} x + 1 \\ &= 3(\lim\limits_{x \to 1} x)^2 - 2\lim\limits_{x \to 1} x + 1 \\ &= 2. \end{aligned}$

例 1-7　求 $\lim\limits_{x \to 2} \dfrac{x(x-2)}{x^2 - 1}.$

解　$\lim\limits_{x \to 2} \dfrac{x(x-2)}{x^2-1} = \dfrac{\lim\limits_{x \to 2} x(x-2)}{\lim\limits_{x \to 2}(x^2-1)} = \dfrac{\lim\limits_{x \to 2} x \cdot \lim\limits_{x \to 2}(x-2)}{\lim\limits_{x \to 2}(x^2-1)} = \dfrac{2 \times 0}{4-1} = 0.$

例 1-8　求 $\lim\limits_{x \to 1} \dfrac{x^2 + 3x - 4}{x^2 - 5x + 4}.$

解　因为分母的极限为零，所以不能直接用定理 1-1 的结论. 注意到分子分母都有公因式 $x - 1$，而 $x \to 1$ 时 $x \neq 1$，可以约去这个不为零的公因式，所以

$$\lim\limits_{x \to 1} \frac{x^2 + 3x - 4}{x^2 - 5x + 4} = \lim\limits_{x \to 1} \frac{(x-1)(x+4)}{(x-1)(x-4)} = \lim\limits_{x \to 1} \frac{x+4}{x-4} = -\frac{5}{3}.$$

例 1-9　求 $\lim\limits_{x \to \infty} \dfrac{4x^3 + 2x^2 - 1}{3x^4 + 1}.$

解　当 $x \to \infty$ 时，分子分母的极限都不存在，因此，不能直接用定理 1-1 的结论，将分子分母都除以 x^4，得

$$\lim_{x \to \infty} \frac{4x^3 + 2x^2 - 1}{3x^4 + 1} = \frac{\lim\limits_{x \to \infty}\left(\dfrac{4}{x} + \dfrac{2}{x^2} - \dfrac{1}{x^4}\right)}{\lim\limits_{x \to \infty}\left(3 + \dfrac{1}{x^4}\right)} = \frac{0}{3} = 0.$$

例 1 - 10 求 $\lim\limits_{x \to \infty} \dfrac{2x^3 + 1}{8x^2 + 7x}$.

解 将分子分母同除以 x^3，得

$$\lim_{x \to \infty} \frac{2x^3 + 1}{8x^2 + 7x} = \lim_{x \to \infty} \frac{2 + \dfrac{1}{x^3}}{\dfrac{8}{x} + \dfrac{7}{x^2}}.$$

因为

$$\lim_{x \to \infty}\left(2 + \frac{1}{x^3}\right) = 2 \neq 0,$$

$$\lim_{x \to \infty}\left(\frac{8}{x} + \frac{7}{x^2}\right) = 0,$$

所以

$$\lim_{x \to \infty} \frac{2x^3 + 1}{8x^2 + 7x} = \infty.$$

从例 1 - 9、例 1 - 10 可知，在求 $x \to \infty$ 时有理分式的极限时，可以将分子分母同时除以分子分母的最高次幂，然后再求极限. 当 $x \to \infty$ 时，有理分式的极限有下面的规律：

$$\lim_{x \to \infty} \frac{a_m x^m + a_{m-1} x^{m-1} + \cdots + a_1 x + a_0}{b_n x^n + b_{n-1} x^{n-1} + \cdots + b_1 x + b_0} = \begin{cases} 0, & m < n, \\ \dfrac{a_m}{b_n}, & m = n, \quad (a_m \neq 0, \; b_n \neq 0). \\ \infty, & m > n \end{cases}$$

例 1 - 11 求 $\lim\limits_{x \to +\infty}\left[\sqrt{(x+1)(x+2)} - x\right]$.

解 当 $x \to +\infty$ 时，$\sqrt{(x+1)(x+2)}$ 与 x 的极限都不存在，所以不能直接用定理 1-1 来求解. 将待求极限的函数作恒等变形(分子有理化)：

$$\lim_{x \to +\infty}\left[\sqrt{(x+1)(x+2)} - x\right] = \lim_{x \to +\infty} \frac{\left[\sqrt{(x+1)(x+2)} - x\right]\left[\sqrt{(x+1)(x+2)} + x\right]}{\sqrt{(x+1)(x+2)} + x}$$

$$= \lim_{x \to +\infty} \frac{3x + 2}{\sqrt{x^2 + 3x + 2} + x} = \lim_{x \to +\infty} \frac{3 + \dfrac{2}{x}}{\sqrt{1 + \dfrac{3}{x} + \dfrac{2}{x^2}} + 1} = \frac{3}{2}.$$

例 1-12 设 $f(x)=\begin{cases} x, & x \leqslant 1, \\ ax^2+\dfrac{1}{2}, & x > 1 \end{cases}$ (a 为常数),求 a 的值,使 $\lim\limits_{x \to 1} f(x)$ 存在.

解 分段函数在分段点左、右的表达式不同,因此,讨论分段函数在分段点的极限时一定要考虑其左、右极限. 在本题中,$x=1$ 是 $f(x)$ 的分段点,

$$\lim_{x \to 1^-} f(x) = \lim_{x \to 1^-} x = 1,$$

$$\lim_{x \to 1^+} f(x) = \lim_{x \to 1^+} \left(ax^2 + \frac{1}{2} \right) = a + \frac{1}{2}.$$

要使 $\lim\limits_{x \to 1} f(x)$ 存在,则必须有 $\lim\limits_{x \to 1^-} f(x) = \lim\limits_{x \to 1^+} f(x)$,即 $a + \dfrac{1}{2} = 1$. 因此,当 $a = \dfrac{1}{2}$ 时,$\lim\limits_{x \to 1} f(x)$ 存在且等于 1.

三、两个重要极限

在计算极限的过程中,经常要用到下面两个重要的极限:

(1) $\lim\limits_{x \to 0} \dfrac{\sin x}{x} = 1$;

(2) $\lim\limits_{x \to \infty} \left(1 + \dfrac{1}{x} \right)^x = \mathrm{e}$ 或 $\lim\limits_{x \to 0} (1+x)^{\frac{1}{x}} = \mathrm{e}$,其中 $\mathrm{e} \approx 2.71828$ 是一个无理数.

注 (1) $\lim\limits_{x \to 0} \dfrac{\sin x}{x} = 1$ 应理解为 $\lim\limits_{(\ ) \to 0} \dfrac{\sin(\ )}{(\ )} = 1$,类似地,$\lim\limits_{(\ ) \to \infty} \left[1 + \dfrac{1}{(\ )} \right]^{(\ )} = \mathrm{e}$;

(2) $\lim\limits_{x \to \infty} \dfrac{\sin x}{x} = 0$.

例 1-13 求 $\lim\limits_{x \to 0} \dfrac{\sin kx}{x}$ (k 为非零常数).

解 令 $t = kx$,当 $x \to 0$ 时,$t \to 0$,于是有

$$\lim_{x \to 0} \frac{\sin kx}{x} = \lim_{x \to 0} k \frac{\sin kx}{kx} = k \lim_{t \to 0} \frac{\sin t}{t}$$
$$= k \times 1 = k.$$

例 1-14 求 $\lim\limits_{x \to 0} \dfrac{\tan x}{x}$.

解 $\lim\limits_{x \to 0} \dfrac{\tan x}{x} = \lim\limits_{x \to 0} \dfrac{\sin x}{x \cos x} = \lim\limits_{x \to 0} \dfrac{\dfrac{\sin x}{x}}{\cos x}$

$$= \frac{\lim\limits_{x \to 0} \dfrac{\sin x}{x}}{\lim\limits_{x \to 0} \cos x} = 1.$$

例 1-15 求 $\lim\limits_{x \to 0} \dfrac{1 - \cos x}{x^2}$.

解　$\lim\limits_{x \to 0} \dfrac{1-\cos x}{x^2} = \lim\limits_{x \to 0} \dfrac{2\sin^2 \dfrac{x}{2}}{4 \cdot \left(\dfrac{x}{2}\right)^2} = \dfrac{1}{2}.$

例 1-16　求 $\lim\limits_{x \to \infty} \left(1 + \dfrac{k}{x}\right)^x$($k$ 为非零常数).

解　令 $t = \dfrac{x}{k}$,当 $x \to \infty$ 时,$t \to \infty$,则

$$\lim_{x \to \infty} \left(1 + \frac{k}{x}\right)^x = \lim_{x \to \infty} \left(1 + \frac{1}{\dfrac{x}{k}}\right)^{\frac{x}{k} \cdot k} = \lim_{t \to \infty} \left[\left(1 + \frac{1}{t}\right)^t\right]^k$$

$$= \left[\lim_{t \to \infty} \left(1 + \frac{1}{t}\right)^t\right]^k = \mathrm{e}^k.$$

例 1-17　求 $\lim\limits_{x \to \infty} \left(\dfrac{x}{x-1}\right)^{3x-3}$.

解　$\lim\limits_{x \to \infty} \left(\dfrac{x}{x-1}\right)^{3x-3} = \lim\limits_{x \to \infty} \left(1 + \dfrac{1}{x-1}\right)^{3(x-1)}.$

令 $t = x-1$,当 $x \to \infty$ 时,$t \to \infty$,则

$$原式 = \lim_{x \to \infty} \left(1 + \frac{1}{x-1}\right)^{3(x-1)} = \lim_{t \to \infty} \left(1 + \frac{1}{t}\right)^{3t}$$

$$= \left[\lim_{t \to \infty} \left(1 + \frac{1}{t}\right)^t\right]^3 = \mathrm{e}^3.$$

四、无穷小量与无穷大量

定义 1-7　以零为极限的变量称为**无穷小量**,简称**无穷小**.

例如,因为 $\lim\limits_{x \to a}(x^2 - a^2) = 0$,所以,当 $x \to a$ 时,$x^2 - a^2$ 是无穷小量.

一个变量是不是无穷小量,要看其极限. 例如,$f(x) = \mathrm{e}^{-x}$,当 $x \to +\infty$ 时是无穷小量,当 $x \to 0$ 时就不是无穷小量. 无穷小量常常用小写希腊字母 α,β,γ 等表示.

除了零之外,任何一个无论多么小的常数都不是无穷小量.

需要注意的是,无穷小量实质是绝对值可以任意小的变量,去掉了"绝对值"三个字就会出现概念上的错误. 例如,$f(x) = -x$,当 $x \to +\infty$ 时它的值可以任意的小(实际上是绝对值任意大),它不是 $x \to +\infty$ 时的无穷小量.

定义 1-8　在某一变化过程中,绝对值无限增大的变量,称为**无穷大量**,简称**无穷大**.

例如,当 $x \to 1$ 时 $\left|\dfrac{1}{x-1}\right|$ 无限增大,所以,当 $x \to 1$ 时,$\dfrac{1}{x-1}$ 是无穷大量.

根据极限的定义可知,无穷大量的极限不存在,但为了表示无穷大量的特殊性质,称此变量的极限为无穷大,记为 $\lim f(x) = \infty$.

在无穷大量中,如果对应的函数值 $f(x)$ 总是取正值,那么称 $f(x)$ 为**正无穷大**,记为 $\lim f(x) = +\infty$;如果 $f(x)$ 总是取负值,那么称 $f(x)$ 为**负无穷大**,记为 $\lim f(x) = -\infty$.

例如 $\lim\limits_{x\to+\infty}\ln x=+\infty$，$\lim\limits_{x\to0^+}\ln x=-\infty$.

需要注意的是，无穷大量一定是无界变量，而无界变量并非一定是无穷大量.

容易看出，无穷小量与无穷大量有这样的关系：如果在同一个极限过程中，函数 $f(x)$ 是无穷大量，那么 $\dfrac{1}{f(x)}$ 是无穷小量；反之，如果在同一个极限过程中，函数 $f(x)$ 是非零的无穷小量，那么 $\dfrac{1}{f(x)}$ 是无穷大量. 例如，因为 $\lim\limits_{x\to1}\dfrac{x^2+3x-4}{x+2}=0$，则 $\lim\limits_{x\to1}\dfrac{x+2}{x^2+3x-4}=\infty$.

关于无穷小量的几个定理：

在以下几个定理中，函数的极限仅仅用 $\lim$ 表示，略去 $x\to x_0$ 或 $x\to\infty$，这是因为定理对两种情形都成立.

定理 1-2 在某一个极限过程中，函数 $f(x)$ 以 A 为极限 $[\lim f(x)=A]$ 的充分必要条件是 $f(x)-A$ 是同一极限过程中的无穷小量，即 $f(x)-A=\alpha$，或 $f(x)=A+\alpha$，其中 α 是同一极限过程中的无穷小量.

定理 1-3 有限个无穷小量的代数和仍是无穷小量.

定理 1-4 有界变量与无穷小量的乘积仍是无穷小量.

例 1-18 求极限 $\lim\limits_{x\to0}x\sin\dfrac{1}{x}$.

解 因为 $\left|\sin\dfrac{1}{x}\right|\leqslant1$，所以 $\sin\dfrac{1}{x}$ 是有界函数. 由于 $\lim\limits_{x\to0}x=0$，因而 x 是 $x\to0$ 过程中的无穷小量. 根据定理 1-4，$x\sin\dfrac{1}{x}$ 是 $x\to0$ 过程中的无穷小量，即 $\lim\limits_{x\to0}x\sin\dfrac{1}{x}=0$.

例 1-19 求 $\lim\limits_{x\to\infty}x\sin\dfrac{1}{x}$.

解 令 $u=\dfrac{1}{x}$，则当 $x\to\infty$ 时，$u\to0$，于是有

$$\lim\limits_{x\to\infty}x\sin\dfrac{1}{x}=\lim\limits_{x\to\infty}\dfrac{\sin\dfrac{1}{x}}{\dfrac{1}{x}}=\lim\limits_{u\to0}\dfrac{\sin u}{u}=1.$$

由定理 1-4，可得出以下推论：

推论 1-1 常数与无穷小量的乘积仍是无穷小量.

推论 1-2 有限个无穷小量的乘积仍是无穷小量.

无穷小量在微分学中占有很重要的地位，因此，有必要对无穷小量的关系作进一步说明. 由于事物的复杂性，在同一个过程中可能涉及多个无穷小量. 尽管它们都趋近于零，但速度可能不同. 例如，当 $x\to0$ 时，x，x^2，x^3 都是无穷小量，但它们趋近于零的速度却不一样. 下面讨论无穷小量的比较.

定义 1-9 设在某个极限过程中，α 和 β 都是无穷小量，且 $\alpha\neq0$，则

(1) 如果 $\lim \dfrac{\beta}{\alpha}=0$（或 $\lim \dfrac{\alpha}{\beta}=\infty$），那么，$\beta$ 是 α 的**高阶无穷小**，记为 $\beta=o(\alpha)$（或 α 是 β 的**低阶无穷小**）.

(2) 如果 $\lim \dfrac{\beta}{\alpha}=C$（$C$ 为不等于零的常数），那么，β 与 α 为**同阶无穷小**.

(3) 如果 $\lim \dfrac{\beta}{\alpha}=1$，那么，$\beta$ 与 α 为**等价无穷小**，记为 $\beta \sim \alpha$.

例如，因为 $\lim\limits_{x\to\infty} \dfrac{\frac{1}{x^2}}{\frac{1}{x}}=\lim\limits_{x\to\infty}\dfrac{1}{x}=0$，所以，当 $x\to\infty$ 时，$\dfrac{1}{x^2}$ 是 $\dfrac{1}{x}$ 的高阶无穷小量，$\dfrac{1}{x^2}=o\left(\dfrac{1}{x}\right)$.

因为 $\lim\limits_{x\to 0}\dfrac{x}{\sin^2 x}=\infty$，所以，当 $x\to 0$ 时，x 是 $\sin^2 x$ 的低阶无穷小量.

因为 $\lim\limits_{x\to 0}\dfrac{x}{5x}=\dfrac{1}{5}$，所以，当 $x\to 0$ 时，x 与 $5x$ 是同阶无穷小量.

因为 $\lim\limits_{x\to 0}\dfrac{\sin x}{x}=1$，$\lim\limits_{x\to 0}\dfrac{\tan x}{x}=1$，所以，当 $x\to 0$ 时，x，$\sin x$，$\tan x$ 都是等价无穷小量，即 $x\sim\sin x$，$x\sim\tan x$.

思政育人

中国古代的极限思想主要是在探索圆周率的过程中产生的. 在《周髀算经》中有"周三径一"的规定，即规定圆周率为 3.

到了三国时期，伟大的数学家刘徽不满足于以前粗略的圆周率，他发现"周三径一"是圆内接正六边形周长与直径的比，而不是圆周长与直径的比. 如果把圆内接正六边形的边数加倍，圆内接正 12 边形的周长就更接近于圆的周长，此时得到的圆周率就更接近于圆周率的理论数值. 用此思想，刘徽一直计算到圆内接正 3072 边形的周长，得到的圆周率为 3.1416，被称为"徽率". 刘徽称此方法为"割圆术"，并提出"割之弥细，所失弥少，割之又割以至于不可割，则与圆周合体而无所失矣". 此堪称中国古代极限思想的闪光体现.

到了南北朝时期，另一位伟大数学家祖冲之发扬了这种思想，计算出圆内接正 12288 边形的周长，将圆周率精确到小数点后 7 位，被称为"祖率"，领先世界 1000 多年. 另外祖氏父子创造了"祖暅原理"，解决了球体体积的计算问题，给出了正确的计算公式. "祖暅原理"完全体现了微积分思想，而微积分的基础就是极限思想. 可以说中国古代是独立于古希腊以外，另一个最早产生极限思想的文明.

随堂练习 1—2

1. 求下列函数的极限：

(1) $\lim\limits_{x\to 1}\dfrac{x^2-1}{2x^2-x-1}$;

(2) $\lim\limits_{x\to 1}\dfrac{x^3-1}{x-1}$;

(3) $\lim\limits_{x\to+\infty}\dfrac{\sqrt{x^2+1}-1}{x}$;

(4) $\lim\limits_{x\to\infty}\dfrac{x^2-1}{3x^2-x-1}$;

(5) $\lim\limits_{x\to\infty}(\sqrt{x^2+x}-\sqrt{x^2-x})$;

(6) $\lim\limits_{x\to 3}\dfrac{\sqrt{x+13}-2\sqrt{x+1}}{x^2-9}$;

(7) $\lim\limits_{x\to 1}\left(\dfrac{1}{1-x}-\dfrac{2}{1-x^2}\right)$;

(8) $\lim\limits_{x\to 1}\dfrac{2x-1}{x^2-5x+4}$.

2. 求下列函数的极限:

(1) $\lim\limits_{x\to 0}\dfrac{1-\cos x}{x\sin x}$;

(2) $\lim\limits_{x\to 1}(1-x)\tan\dfrac{\pi}{2}x$;

(3) $\lim\limits_{x\to 0}\dfrac{\tan x-\sin x}{x^3}$;

(4) $\lim\limits_{x\to 1}x^{\frac{2}{1-x}}$;

(5) $\lim\limits_{x\to\infty}\left(\dfrac{x-1}{1+x}\right)^{x-1}$;

(6) $\lim\limits_{x\to\infty}\left(\dfrac{2x+3}{2x+1}\right)^{x+1}$;

(7) $\lim\limits_{x\to 0}\sqrt[x]{1-2x}$;

(8) $\lim\limits_{x\to 0}\dfrac{x+\ln(1+x)}{3x-\ln(1+x)}$.

3. 已知 $\lim\limits_{x\to 1}\dfrac{x^2+bx+6}{1-x}=5$,试确定 b 的值.

4. 已知极限 $\lim\limits_{x\to+\infty}(2x-\sqrt{ax^2-x+1})$ 存在,试确定 a 的值,并求出极限值.

5. 已知当 $x\to 0$ 时,$\sqrt{1+ax^2}-1$ 与 $\sin^2 x$ 是等价无穷小,求 a 的值.

第三节   函数的连续性

　　自然界中有许多现象,如气温的变化、河水的流动、植物的生长等都是连续地变化着. 这种现象在函数关系上的表现,就是函数的连续性. 本节用极限来描述函数连续的定义,并讨论连续函数的性质以及初等函数的连续性.

一、连续的概念

　　当把函数 $y=f(x)$ 用它的图像来表示时,就会发现有些函数的图像大部分是连续不断的,只是在某些地方是断开的. 例如函数

$$y=\begin{cases} x+1, & -1\leqslant x\leqslant 0, \\ x, & 0<x\leqslant 1 \end{cases}$$

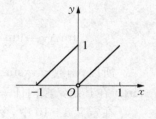

图 1-20

的图像,如图 1-20 所示. 它在 $x=0$ 是断开的,而在 $[-1,1]$ 的其他地方是连续不断的. 又例如,$y=x^2$ 的图像在区间 $(-\infty,+\infty)$ 内都是连续不断的. 因此,如果一个函数的图像在某一个区间上是连续不断的,就称这个函数在这一区间是连续的.

　　为了精确描述函数连续的概念,先引入函数增量的概念.

二、函数的连续性

(一)函数增量的概念

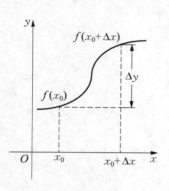

图 1-21

设函数 $y = f(x)$ 在点 x_0 及其附近有定义,当自变量 x 有一个增量 Δx(不妨设 x 从 x_0 变到 $x_0 + \Delta x$)时,函数 y 相应地从 $f(x_0)$ 变到 $f(x_0 + \Delta x)$,称函数值的差 $f(x_0 + \Delta x) - f(x_0)$ 为函数 $f(x)$ 在点 x_0 对应的**增量**,记为

$$\Delta y = f(x_0 + \Delta x) - f(x_0),$$

如图 1-21 所示.

从图中看出,如果一个函数在某点连续,那么,当自变量在该点发生极其微小的变化时,函数的相应变化也极其微小. 即对于函数 $y = f(x)$ 定义域内的一点 x_0,如果自变量在 x_0 处取得极其微小的增量 Δx,函数 y 的相应增量 Δy 也极其微小;即当 Δx 趋近于零时,Δy 也趋近于零,那么,函数 $y = f(x)$ 在点 x_0 处是连续的. 如果函数 $f(x)$ 在点 x_0 处的增量 Δx 趋近于零,Δy 不趋近于零,那么它在点 x_0 不连续.

(二)函数的连续性

下面给出函数在一点连续的定义.

定义 1-10 设函数 $y = f(x)$ 在点 x_0 及其附近有定义,如果给自变量 x 以增量 Δx,当 Δx 趋近于零时,对应的函数增量 $\Delta y = f(x_0 + \Delta x) - f(x_0)$ 也趋近于零,即

$$\lim_{\Delta x \to 0} \Delta y = \lim_{\Delta x \to 0} [f(x_0 + \Delta x) - f(x_0)] = 0,$$

那么,称函数 $y = f(x)$ 在点 x_0 处**连续**. 点 x_0 是函数 $y = f(x)$ 的**连续点**.

例 1-20 利用定义 1-10 证明函数 $y = \sin x$ 在其定义域内任一点处都连续.

证 设 x_0 是 $y = \sin x$ 定义域内任一点,当自变量在点 x_0 处有增量 Δx 时,对应的函数增量为

$$\Delta y = \sin(x_0 + \Delta x) - \sin(x_0) = 2\sin\frac{\Delta x}{2}\cos\left(x_0 + \frac{\Delta x}{2}\right),$$

$$\lim_{\Delta x \to 0} \Delta y = \lim_{\Delta x \to 0} 2\sin\frac{\Delta x}{2}\cos\left(x_0 + \frac{\Delta x}{2}\right) = 0(无穷小量的性质,定理 1-4).$$

所以,函数 $y = \sin x$ 在点 x_0 处连续. 由于 x_0 是函数定义域内任一点,所以,函数 $y = \sin x$ 在其定义域内任一点处都连续.

在定义 1-10 中,令 $x = x_0 + \Delta x$,则 $\Delta y = f(x) - f(x_0)$,这样,定义 1-10 中的 $\Delta x \to 0$ 等价于 $x \to x_0$,$\Delta y \to 0$ 等价于 $f(x) \to f(x_0)$. 因此,函数 $y = f(x)$ 在点 x_0 连续的定义可改述如下.

定义 1-11 设函数 $y = f(x)$ 在点 x_0 及其附近有定义,若

$$\lim_{x \to x_0} f(x) = f(x_0),$$

则称函数 $y = f(x)$ 在点 x_0 处**连续**,点 x_0 是函数 $y = f(x)$ 的**连续点**.

如果把定义 1-11 中的极限等于函数值换成左(右)极限等于函数值,即

$$\lim_{x \to x_0^-} f(x) = f(x_0) \left[\text{或} \lim_{x \to x_0^+} f(x) = f(x_0) \right],$$

则称函数 $y = f(x)$ 在点 x_0 处**左连续**(或**右连续**).

显然,函数 $f(x)$ 在 $x = x_0$ 处连续的充分必要条件是函数 $f(x)$ 在 x_0 处既左连续又右连续.

上面的定义只给出了函数 $y = f(x)$ 在点 x_0 的连续性,下面定义函数在区间上的连续性.

如果函数 $y = f(x)$ 在开区间 (a, b) 内每一点都连续,就称该函数在开区间 (a, b) 内连续;如果函数 $y = f(x)$ 在开区间 (a, b) 内连续,并且在区间的左端点 a 处右连续,即 $\lim\limits_{x \to a^+} f(x) = f(a)$,在区间的右端点 b 处左连续,即 $\lim\limits_{x \to b^-} f(x) = f(b)$,那么,就称函数 $y = f(x)$ 在闭区间 $[a, b]$ 上连续. 如果函数 $y = f(x)$ 在其定义域上的每一点都连续,就称它是一个**连续函数**.

三、函数的间断点

函数不连续的点称为函数的**间断点**. 由定义 1-11 知,若点 x_0 是函数 $y = f(x)$ 的间断点,必是下面三种情况之一:

(1) $f(x)$ 在点 x_0 无定义,即 $f(x_0)$ 不存在;

(2) $f(x)$ 在点 x_0 有定义,但极限 $\lim\limits_{x \to x_0} f(x)$ 不存在;

(3) $f(x)$ 在点 x_0 有定义,且极限 $\lim\limits_{x \to x_0} f(x)$ 存在,但 $\lim\limits_{x \to x_0} f(x) \neq f(x_0)$.

根据函数在间断点处左右极限的情况,可以把间断点分成两类:

设 x_0 是 $f(x)$ 的间断点,如果左右极限都存在,则称 x_0 为**第一类间断点**. 其中,若左右极限存在且相等,则称 x_0 为**可去间断点**;若左右极限存在但不相等,则称 x_0 为**跳跃间断点**. 除第一类间断点之外的间断点称为**第二类间断点**.

例 1-21 设 $f(x) = \dfrac{x^2 - 4}{x - 2}$,考察 $f(x)$ 在点 $x = 2$ 的连续性.

解 因为 $f(x)$ 在点 $x = 2$ 没有定义,所以,函数 $f(x)$ 在点 $x = 2$ 是间断的.

由于 $\lim\limits_{x \to 2} f(x) = \lim\limits_{x \to 2} \dfrac{x^2 - 4}{x - 2} = 4$,即函数 $f(x)$ 在点 $x = 2$ 的左右极限都存在且相等,所以,$x = 2$ 是第一类间断点中的可去间断点.

例 1-22 设 $f(x) = \begin{cases} x + 1, & x \neq 1, \\ 1, & x = 1, \end{cases}$ 考察函数 $f(x)$ 在点 $x = 1$ 处的连续性.

解 因为函数 $f(x)$ 在点 $x = 1$ 处有定义,且 $f(1) = 1$,$\lim\limits_{x \to 1} f(x) = \lim\limits_{x \to 1} (x + 1) = 2$,即 $f(x)$ 在点 $x = 1$ 的极限存在,但 $\lim\limits_{x \to 1} f(x) \neq f(1)$,所以,$x = 1$ 是函数 $f(x)$ 的间断点. 又函数 $f(x)$ 在点 $x = 1$ 的左右极限都存在且相等,所以,$x = 1$ 是函数 $f(x)$ 的第一类间断点中的可去间断点.

例 1-23 考察 $y = \sin \dfrac{1}{x}$ 的间断点.

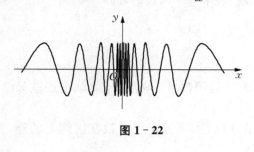

图 1-22

解 函数 $y = \sin \dfrac{1}{x}$ 在点 $x = 0$ 处没有定义，所以，$x = 0$ 是函数 $y = \sin \dfrac{1}{x}$ 的间断点. 而且当 $x \to 0$ 时，函数永远在 $y = -1$ 和 1 之间振荡（如图 1-22 所示），所以，$x = 0$ 是函数 $y = \sin \dfrac{1}{x}$ 的第二类间断点，又称为**振荡型间断点**.

例 1-24 考察函数 $y = \dfrac{1}{x}$ 在点 $x = 0$ 处的连续性.

解 因为函数 $y = \dfrac{1}{x}$ 在点 $x = 0$ 处没有定义，所以函数 $y = \dfrac{1}{x}$ 在点 $x = 0$ 处间断. 且

$$\lim_{x \to 0} f(x) = \lim_{x \to 0} \frac{1}{x} = \infty,$$

所以，点 $x = 0$ 是函数 $y = \dfrac{1}{x}$ 的第二类间断点，又称为**无穷型间断点**.

四、初等函数的连续性

经过简单证明可以知道，基本初等函数在其定义域内都是连续的. 由于初等函数是由基本初等函数经过有限次的四则运算或有限次的复合而成的，且只能用一个解析式表示的函数，因此，要研究初等函数的连续性，只需研究连续函数经过有限次四则运算和有限次复合而形成的函数的连续性问题即可.

定理 1-5 如果函数 $f(x)$ 与 $g(x)$ 在点 x_0 是连续的，那么 $f(x) \pm g(x)$，$f(x) \cdot g(x)$，$\dfrac{f(x)}{g(x)} [g(x) \neq 0]$ 在点 $x = x_0$ 也连续.

下面只证明 $f(x) \pm g(x)$ 在点 x_0 连续的情形，其他的证明都类似.

证 因为函数 $f(x)$ 与 $g(x)$ 在点 x_0 连续，故 $\lim\limits_{x \to x_0} f(x) = f(x_0)$，$\lim\limits_{x \to x_0} g(x) = g(x_0)$. 由极限的运算法则可知

$$\lim_{x \to x_0} [f(x) \pm g(x)] = \lim_{x \to x_0} f(x) \pm \lim_{x \to x_0} g(x) = f(x_0) \pm g(x_0),$$

所以，$f(x) \pm g(x)$ 在点 $x = x_0$ 连续.

此定理中的代数和与积的情形可以推广到有限多个函数.

定理 1-6 如果函数 $y = f(u)$ 在 $u = u_0$ 连续，函数 $u = \varphi(x)$ 在 $x = x_0$ 连续，且 $u_0 = \varphi(x_0)$，那么，复合函数 $y = f[\varphi(x)]$ 在 $x = x_0$ 连续.

证 因为 $y = f(u)$ 在 $u = u_0$ 连续，所以 $\lim\limits_{u \to u_0} f(u) = f(u_0)$；又因为 $u = \varphi(x)$ 在 $x = x_0$ 连续，所以有 $\lim\limits_{x \to x_0} \varphi(x) = \varphi(x_0)$ 或 $\lim\limits_{x \to x_0} u = u_0$，故

$$\lim_{x \to x_0} f[\varphi(x)] = \lim_{u \to u_0} f(u) = f(u_0) = f[\varphi(x_0)],$$

因此,复合函数 $y = f[\varphi(x)]$ 在 $x = x_0$ 连续.

根据基本初等函数的连续性,以及连续函数经过有限次的四则运算和有限次复合仍然连续的结论可知,**初等函数在其定义域内是连续的**.

根据初等函数的连续性可以知道:

(1) 求初等函数的连续区间,就是求这个函数的定义域;求初等函数的间断点,就是求这个函数无定义的点.

(2) 求初等函数 $y = f(x)$ 在定义域内点 x_0 处的极限 $\lim\limits_{x \to x_0} f(x)$,等同求函数在该点的函数值 $f(x_0)$.

(3) 求连续函数极限时,极限符号可以和函数符号交换次序. 这是因为

$$\lim_{x \to x_0} f[\varphi(x)] = \lim_{u \to u_0} f(u) = f(u_0) = f[\varphi(x_0)] = f\Big[\lim_{x \to x_0} \varphi(x)\Big].$$

例 1-25 求函数 $f(x) = \dfrac{x^2 - 4}{x^2 - 3x + 2}$ 的间断点,并判断间断点的类型.

解 因为

$$f(x) = \frac{x^2 - 4}{x^2 - 3x + 2} = \frac{(x+2)(x-2)}{(x-1)(x-2)},$$

$f(x)$ 是初等函数,而 $x = 1$, $x = 2$ 是 $f(x)$ 无定义的点,所以,$x = 1$,$x = 2$ 是 $f(x)$ 的间断点.

由于

$$\lim_{x \to 2} f(x) = \lim_{x \to 2} \frac{(x+2)(x-2)}{(x-1)(x-2)}$$
$$= \lim_{x \to 2} \frac{x+2}{x-1} = 4,$$
$$\lim_{x \to 1} f(x) = \lim_{x \to 1} \frac{x^2 - 4}{x^2 - 3x + 2} = \infty,$$

因此,$x = 2$ 是 $f(x)$ 的第一类间断点,为可去间断点;$x = 1$ 是 $f(x)$ 的第二类间断点.

例 1-26 讨论函数

$$f(x) = \begin{cases} e^{\frac{1}{x}} + 1, & x < 0, \\ 1, & x = 0, \\ \dfrac{1}{x} \ln(x+1), & x > 0 \end{cases} \text{ 的连续性.}$$

解 在区间 $(-\infty, 0)$ 上,$f(x) = e^{\frac{1}{x}} + 1$ 是初等函数且有定义,$f(x)$ 在 $(-\infty, 0)$ 上是连续的. 在区间 $(0, +\infty)$ 上,$f(x) = \dfrac{1}{x} \ln(1+x)$ 是初等函数且有定义,$f(x)$ 在 $(0, +\infty)$ 上是连续的. 所以,只需要考虑在 $x = 0$ 处函数 $f(x)$ 的连续性.

$$\lim_{x\to 0^-}f(x)=\lim_{x\to 0^-}(e^{\frac{1}{x}}+1)=1,$$

$$\lim_{x\to 0^+}f(x)=\lim_{x\to 0^+}\frac{1}{x}\ln(x+1)=\lim_{x\to 0^+}\ln(x+1)^{\frac{1}{x}}$$

$$=\ln\left[\lim_{x\to 0^+}(x+1)^{\frac{1}{x}}\right]=\ln e=1,$$

故 $\lim_{x\to 0}f(x)=1=f(0)$，即 $f(x)$ 在 $x=0$ 处连续.

综上所述,函数 $f(x)$ 在区间 $(-\infty,+\infty)$ 连续.

五、闭区间上连续函数的性质

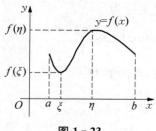

图 1-23

定理 1-7(最值定理)　若函数 $f(x)$ 在闭区间 $[a,b]$ 上连续,则 $f(x)$ 在该区间上一定有最大值和最小值.

证明从略.

该定理的几何解释如图 1-23 所示,一段连续曲线必有最高点和最低点,相应地有最大值 $f(\eta)$ 和最小值 $f(\xi)$.

定理 1-8(介值定理)　若函数 $f(x)$ 在闭区间 $[a,b]$ 上连续,且在两个端点处的函数值 $f(a)$ 和 $f(b)$ 不相等,则介于 $f(a)$ 与 $f(b)$ 之间的任何值 C,在开区间 (a,b) 内至少存在一点 ξ,使得

$$f(\xi)=C\ (a<\xi<b).$$

该定理的几何解释如图 1-24 所示,连续函数 $y=f(x)$ 与水平直线 $y=C$ 至少交于一点.

推论 1-3(零点定理)　若函数 $f(x)$ 在闭区间 $[a,b]$ 上连续,且 $f(a)$ 与 $f(b)$ 异号,则在开区间 (a,b) 内至少存在一点 ξ,使得

$$f(\xi)=0\ (a<\xi<b).$$

图 1-24

这个推论的几何解释如图 1-25 所示,若连续曲线从 x 轴的一侧延伸到另一侧,则曲线与 x 轴至少有一个交点.换句话说,方程 $f(x)=0$ 在 (a,b) 内至少有一个根.

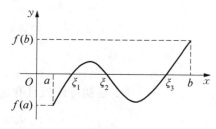

图 1-25

例 1-27 证明方程 $x - \cos x = 0$ 在区间 $\left(0, \dfrac{\pi}{2}\right)$ 内有实根.

证 令 $f(x) = x - \cos x$，则 $f(x)$ 在闭区间 $\left[0, \dfrac{\pi}{2}\right]$ 上连续，且

$$f(0) = -1 < 0, \ f\left(\dfrac{\pi}{2}\right) = \dfrac{\pi}{2} > 0.$$

由零点定理知，在区间 $\left(0, \dfrac{\pi}{2}\right)$ 内至少存在一个 ξ，使得 $f(\xi) = 0$，即 ξ 是所求方程的根.

随堂练习 1-3

1. 设 $f(x) = \begin{cases} e^x, & x < 0, \\ a + \ln(1+x), & x \geqslant 0 \end{cases}$ 在 $(-\infty, +\infty)$ 内连续，试确定 a 的值.

2. 讨论函数 $f(x) = \begin{cases} e^{\frac{1}{x}}, & x < 0, \\ 0, & x = 0, \\ x \sin \dfrac{1}{x}, & x > 0 \end{cases}$ 在点 $x = 0$ 处的连续性.

3. 设 $f(x) = \begin{cases} \dfrac{\ln(1+ax)}{x}, & x \neq 0, \\ 2, & x = 0 \end{cases}$ 在点 $x = 0$ 处连续，求 a 的值.

4. 确定下列函数的间断点与连续区间：

   (1) $y = \dfrac{x}{\ln x}$；

   (2) $y = \dfrac{x-2}{x^2 - 5x + 6}$；

   (3) $f(x) = \begin{cases} x - 1, & x \leqslant 1, \\ 3 - x, & x > 1; \end{cases}$

   (4) $y = \begin{cases} 1 - x^2, & x \geqslant 0, \\ \dfrac{\sin|x|}{x}, & x < 0. \end{cases}$

5. 设函数 $f(x)$ 在 $[a, b]$ 上连续，且 $f(a) < a$，$f(b) > b$，证明：方程 $f(x) = x$ 在 (a, b) 内至少有一实根.

复习题一

一、选择题

1. 函数 $y = \sqrt{1-x} + \arccos \dfrac{x+1}{2}$ 的定义域是（ ）.

   A. $(-\infty, 1]$ B. $[-3, 1]$

   C. $(-3, 1)$ D. $(-\infty, 1] \cup [-3, -1]$

2. 设 $f(x) = x^3 + 1$，则 $f(x^3 + 1) = $（ ）.

   A. $x^3 + 1$ B. $x^6 + 2$

   C. $x^9 + 2$ D. $x^9 + 3x^6 + 3x^3 + 2$

3. 当 $x \to 0$ 时，$\sin \dfrac{1}{x}$ 是（ ）.

   A. 无穷小量   B. 无穷大量

C. 有界变量   D. 无界变量

4. 当 $x \to 0$ 时，$\sqrt{1+x} - 1$ 与 x 相比是(   ).

　　A. 高阶无穷小   B. 低阶无穷小

　　C. 同阶无穷小   D. 等价无穷小

5. 如果 $\lim\limits_{x \to \infty} \left(\dfrac{x+C}{x-C} \right)^x = 4$，那么常数 $C = ($ $)$.

　　A. 2　　　　　　　B. 1　　　　　　　C. e^2　　　　　　　D. $\ln 2$

6. 当 $x \to ($ $)$ 时，$x \cdot \sin \dfrac{1}{x} \to 1$.

　　A. 0　　　　　　　B. ∞　　　　　　C. 1　　　　　　　D. -1

二、填空题

1. $\ln \sin x$ 的定义域是_____.

2. 设 $f(x) = \dfrac{x}{x-1} (x \neq 0, x \neq 1)$，则 $f\left[\dfrac{1}{f(x)} \right] = $_____.

3. 在某个极限过程中，如果 $f(x)$ 有界，α 为无穷小量，那么 $\lim \alpha f(x) = $_____.

4. 如果 $f(x) = A + \alpha$，α 是某个极限过程中的无穷小量，那么，在同一极限过程中 $\lim f(x) = $ _____.

5. 如果在某个极限过程中 $f(x)$ 是非零的无穷小量，$g(x)$ 是无穷大量，那么，在同一极限过程中，$\lim \dfrac{1}{f(x)} = $ _____，$\lim \dfrac{1}{g(x)} = $ _____.

6. 凡无穷小量皆以_____为极限.

三、判断题

1. $\lim\limits_{x \to 0} e^{\frac{1}{x}} = \infty$.   (   )

2. 对一切 $f(x)$，总有 $\lim\limits_{x \to 0} x f(x) = 0$.   (   )

3. $\dfrac{1}{x}$ 是无穷大量.   (   )

4. 如果函数在 x_0 处有极限，那么，函数在该点必有定义.   (   )

5. 函数 $y = \dfrac{1}{x}$ 在区间 $[1, 2]$ 上有界，而在 $[-1, 1]$ 上无界.   (   )

四、计算或证明题

1. 设 $y = f(x)$ 是定义在 $[-1, 1]$ 上的初等函数，求 $f(x+1)$ 及 $f(x)+1$ 的定义域.

2. 若 $f(2x-1) = x^2$，求 $f(x)$.

3. 已知 $f[\varphi(x)] = 1 + \cos x$，$\varphi(x) = \sin \dfrac{x}{2}$，求 $f(x)$.

4. 求下列函数的极限：

(1) $\lim\limits_{x \to 2} \dfrac{x^3 + 2x^2}{(x-2)^2}$;　　　　　　　　　(2) $\lim\limits_{x \to 1} \dfrac{x^2 - 2x + 1}{x^2 - 1}$;

(3) $\lim\limits_{x \to 1} \left(\dfrac{3}{1-x^3} - \dfrac{1}{1-x} \right)$;　　　　　　(4) $\lim\limits_{x \to +\infty} \left[\sqrt{(x+p)(x+q)} - x \right]$;

(5) $\lim\limits_{x \to \infty} \dfrac{x^2 + 1}{x^3 + x} (3 + \cos x)$;　　　　　(6) $\lim\limits_{x \to \infty} \dfrac{(2x-1)^{30}(3x-2)^{20}}{(2x+1)^{50}}$.

5. 求下列函数的极限：

(1) $\lim\limits_{x\to0}\dfrac{\sin 2x}{\sin 3x}$;

(2) $\lim\limits_{x\to0}\dfrac{x-\sin x}{x+\sin x}$;

(3) $\lim\limits_{x\to0}\dfrac{\tan x-\sin x}{\sin^3 x}$;

(4) $\lim\limits_{x\to0}\dfrac{\sin x+3x}{\tan x+2x}$;

(5) $\lim\limits_{x\to0}\dfrac{\tan 3x}{2x}$;

(6) $\lim\limits_{x\to0}\dfrac{\sqrt{1+x\sin x}-\sqrt{\cos x}}{x^2}$;

(7) $\lim\limits_{x\to0}\dfrac{\sin(x^n)}{(\sin x)^m}$;

(8) $\lim\limits_{x\to0}\dfrac{\sec x-1}{x^2}$;

(9) $\lim\limits_{x\to0}\left(x\sin\dfrac{1}{x}+\dfrac{1}{x}\sin x\right)$;

(10) $\lim\limits_{x\to\infty}\left(1-\dfrac{2}{x}\right)^{\frac{x}{2}-1}$;

(11) $\lim\limits_{x\to0}(1+3\tan^2 x)^{\cot^2 x}$;

(12) $\lim\limits_{x\to0}\dfrac{\ln(1+2x)}{\sin 3x}$.

6. 若 $\lim\limits_{x\to1}\dfrac{x^2+ax+b}{1-x}=5$，求 a,b 的值.

7. 给 $f(0)$ 补充定义一个什么数值,能使 $f(x)$ 在点 $x=0$ 处连续?

(1) $f(x)=\dfrac{\sqrt{1+x}-\sqrt{1-x}}{x}$;

(2) $f(x)=\sin x\cos\dfrac{1}{x}$;

(3) $f(x)=\ln(1+kx)^{\frac{m}{x}}$.

8. 设 $f(x)=\begin{cases}\dfrac{\cos x}{x+2}, & x\geqslant0,\\[2mm]\dfrac{\sqrt{a}-\sqrt{a-x}}{x}, & x<0,\end{cases}$ 其中 $a>0$,问当 a 为何值时, $f(x)$ 在点 $x=0$ 连续?

9. 证明曲线 $y=x^4-3x^2+7x-10$ 在 $x=1$ 及 $x=2$ 之间与 x 轴至少有一个交点.

第二章 导数与微分

情景描述：

　　自然社会存在着一些现象,如婴儿的出生、体内药物浓度的药性、肿瘤的生长等,这些现象会随着时间而不断地发生变化,那么它们的变化规律是怎样的? 我们如何更好地认识这些现象背后的规律,从而为我们带来便利呢?

学前导语：

　　医药学、生物学中的出生率、死亡率、自然生长率、人口增长率、细胞增殖速度等这些涉及变量变化速率的问题都可归结为求已知函数的导数问题.导数与微分是微分学中的两个重要概念,也是最早用来研究和解决变化率相关问题的重要的数学工具和方法.

　　微分学和积分学统称为微积分学,它是高等数学中最基本、最重要的组成部分.从本章开始我们将系统讲述一元函数微分学的基本理论和方法.本章将从两个实际例子出发,抽象出导数的概念,进而建立起计算导数、微分的方法,在此基础上,进一步讨论微分学的理论,最后介绍应用导数来研究函数的某些性态,并利用这些知识解决生物学、医药学等方面的实际问题.

第一节 导数的概念

　　导数是微分学中的一个重要概念,是许多自然现象在数量关系上抽象出来的研究变化率结构的数学模型,在各个领域中都有着重要的应用.在化学中,反应物的浓度关于时间的变化率(称为反应速度);在经济学中,生产 x 个产品的成本关于产量 x 的变化率(称为边际成本);在生物学中,种群数量关于时间的变化率(称为种群增长速度);等等,所有这些涉及变量变化速率的问题都可归结为求已知函数的导数问题.

一、引例

(一) 变速直线运动的瞬时速度

在中学物理中,我们知道速度＝距离÷时间.严格来说,这个公式应表述为平均速度＝位移的改变量÷时间的改变量.

当物体做匀速直线运动时,每时每刻的速度都恒定不变,可以用平均速度来衡量.但在实际生活中,运动往往是非匀速的,这时平均速度并不能精确刻画任意时刻物体运动的快慢程度,因此有必要讨论物体在任意时刻的瞬时速度.

引例 2-1 设质点做变速直线运动,其位移函数为 $s=s(t)$. 求质点在 t_0 时刻的瞬时速度 $v(t_0)$.

解 不妨考虑 $[t_0,t_0+\Delta t]$（或 $[t_0+\Delta t,t_0]$）这一时间间隔:时间的改变量为 Δt,位移的改变量为 $\Delta s=s(t_0+\Delta t)-s(t_0)$,容易计算在这一时间间隔内质点的平均速度为

$$\bar{v}=\frac{\Delta s}{\Delta t}=\frac{s(t_0+\Delta t)-s(t_0)}{\Delta t}.$$

由于变速运动的速度通常是连续变化的,因此虽然从整体来看,运动确实是变速的;但从局部来看,当时间间隔 $|\Delta t|$ 很短时,在这一时间间隔内速度变化不大,可以近似地看作匀速.因此可以用平均速度来近似瞬时速度 $v(t_0)$,而且时间间隔越小,近似程度越好,平均速度越接近瞬时速度.当 $\Delta t\to 0$ 时,平均速度 $\bar{v}$ 的极限就是瞬时速度 $v(t_0)$,即

$$v(t_0)=\lim_{\Delta t\to 0}\bar{v}=\lim_{\Delta t\to 0}\frac{\Delta s}{\Delta t}=\lim_{\Delta t\to 0}\frac{s(t_0+\Delta t)-s(t_0)}{\Delta t}.$$

（二）细菌的繁殖速度

引例 2-2 设某种细菌在繁殖的过程中,其数量会随着时间的推移而增多,求细菌在时刻 t_0 的瞬时繁殖速度.

解 设细菌在某一时刻 t 的总数为 N,可知 N 是时间 t 的函数

$$N=N(t).$$

那么从时刻 t_0 变化到 $t(t=t_0+\Delta t)$ 这段时间内,细菌的平均繁殖速度为

$$\bar{v}=\frac{\Delta N}{\Delta t}=\frac{N(t_0+\Delta t)-N(t_0)}{\Delta t}.$$

当时间间隔 $|\Delta t|$ 很小时,可以用平均繁殖速度来近似时刻 t_0 的瞬时繁殖速度,而 $|\Delta t|$ 愈小,它的近似程度愈好.当 $\Delta t\to 0$ 时, $\bar{v}$ 的极限值就是细菌在时刻 t_0 的瞬时繁殖速度,即

$$v(t_0)=\lim_{\Delta t\to 0}\bar{v}=\lim_{\Delta t\to 0}\frac{\Delta N}{\Delta t}=\lim_{\Delta t\to 0}\frac{N(t_0+\Delta t)-N(t_0)}{\Delta t}.$$

二、导数的定义及其几何意义

上面我们研究了变速直线运动的瞬时速度和细菌的繁殖速度问题,虽然这两个实际问题的具体意义不同,但从数学结构上看,却具有完全相同的形式,即函数增量与自变量增量之比当自变量增量趋于零时的极限.为此,我们把这种形式的极限定义为函数的导数.

(一) 导数的定义

定义 2-1 设函数 $y = f(x)$ 在点 x_0 的某个邻域内有定义,若自变量 x 在点 x_0 处有改变量 $\Delta x(\Delta x \neq 0$ 且 $x_0 + \Delta x$ 仍在该邻域内$)$,相应地,函数 $f(x)$ 有改变量 $\Delta y = f(x_0 + \Delta x) - f(x_0)$,若极限

$$\lim_{\Delta x \to 0} \frac{\Delta y}{\Delta x} = \lim_{\Delta x \to 0} \frac{f(x_0 + \Delta x) - f(x_0)}{\Delta x}$$

存在,则称函数 $y = f(x)$ 在点 x_0 处可导[或称函数 $y = f(x)$ 在点 x_0 处具有导数],并称该极限值为函数 $y = f(x)$ 在点 x_0 处的导数(或称瞬时变化率),记为 $f'(x_0)$,也可记作 $y'|_{x=x_0}$ 或 $\dfrac{\mathrm{d}y}{\mathrm{d}x}\Big|_{x=x_0}$ 或 $\dfrac{\mathrm{d}f(x)}{\mathrm{d}x}\Big|_{x=x_0}$,即函数 $f(x)$ 在点 x_0 处的导数为

$$f'(x_0) = \lim_{\Delta x \to 0} \frac{\Delta y}{\Delta x} = \lim_{\Delta x \to 0} \frac{f(x_0 + \Delta x) - f(x_0)}{\Delta x}.$$

若极限 $\lim\limits_{\Delta x \to 0} \dfrac{\Delta y}{\Delta x}$ 不存在,则称函数 $y = f(x)$ 在点 x_0 处不可导[或称函数 $f(x)$ 在点 x_0 处的导数不存在]. 为方便起见,若 $\lim\limits_{\Delta x \to 0} \dfrac{\Delta y}{\Delta x} = \infty$,也可称函数 $y = f(x)$ 在点 x_0 处的导数为无穷大.

注 导数的定义式有两种不同的表达形式:

若用定义 2-1 形式,则

$$f'(x_0) = \lim_{\Delta x \to 0} \frac{f(x_0 + \Delta x) - f(x_0)}{\Delta x};$$

若令 $x = x_0 + \Delta x$,则

$$f'(x_0) = \lim_{x \to x_0} \frac{\Delta y}{\Delta x} = \lim_{x \to x_0} \frac{f(x) - f(x_0)}{x - x_0}.$$

根据导数的定义,重新回顾上一段的两个引例:

(1) 做变速运动的质点在 t_0 时刻的瞬时速度 $v(t_0)$,就是其位移函数 $s(t)$ 在点 t_0 处的导数,即 $v(t_0) = s'(t_0) = \dfrac{\mathrm{d}s}{\mathrm{d}t}\Big|_{t=t_0}$.

(2) 细菌在 t_0 时刻的瞬时繁殖速度 $v(t_0)$,就是其数量函数 $N(t)$ 在点 t_0 处的导数,即 $v(t_0) = N'(t_0) = \dfrac{\mathrm{d}N}{\mathrm{d}t}\Big|_{t=t_0}$.

既然导数是比值 $\dfrac{\Delta y}{\Delta x}$ 当 $\Delta x \to 0$ 时的极限,那么,类似于左右极限的定义,可定义左右导数. 若极限

$$\lim_{\Delta x \to 0^-} \frac{\Delta y}{\Delta x} = \lim_{\Delta x \to 0^-} \frac{f(x_0 + \Delta x) - f(x_0)}{\Delta x} = \lim_{x \to x_0^-} \frac{f(x) - f(x_0)}{x - x_0},$$

$$\lim_{\Delta x \to 0^+} \frac{\Delta y}{\Delta x} = \lim_{\Delta x \to 0^+} \frac{f(x_0 + \Delta x) - f(x_0)}{\Delta x} = \lim_{x \to x_0^+} \frac{f(x) - f(x_0)}{x - x_0}$$

存在,则分别称其为函数 $f(x)$ 在点 x_0 处的左导数和右导数,记作 $f'_-(x_0)$ 和 $f'_+(x_0)$.

根据导数、左右导数的定义及极限性质可知:函数 $f(x)$ 在点 x_0 处可导的充分必要条件是函数 $f(x)$ 在点 x_0 处左导数、右导数存在且相等,即 $f'_-(x_0) = f'_+(x_0)$.

(二) 函数在区间 I 内的导函数定义

定义 2-2 设函数 $y = f(x)$ 在区间 I 内每一点都可导,则对 I 内每一点 x 都有一个导数值 $f'(x)$ 与之对应,这样就确定了一个新的函数,称为函数 $f(x)$ 在区间 I 内的**导函数**(简称为**导数**),记作 $f'(x)$,y',$\dfrac{\mathrm{d}y}{\mathrm{d}x}$ 或 $\dfrac{\mathrm{d}f(x)}{\mathrm{d}x}$,即函数 $f(x)$ 的导函数为

$$f'(x) = \lim_{\Delta x \to 0} \frac{\Delta y}{\Delta x} = \lim_{\Delta x \to 0} \frac{f(x + \Delta x) - f(x)}{\Delta x}.$$

注 (1) $f'(x_0)$ 是一个确定的数值,而 $f'(x)$ 是一个函数.

(2) 导函数 $f'(x)$ 在 $x = x_0$ 处的函数值就是 $f'(x_0)$,即 $f'(x_0) = f'(x)|_{x=x_0}$.

例 2-1 求函数 $f(x) = x^2$ 在任意点 x 处的导数,并求 $f'(2)$.

解 在 x 处给自变量一个增量 Δx,相应的函数改变量为

$$\Delta y = f(x + \Delta x) - f(x) = (x + \Delta x)^2 - x^2 = 2x\Delta x + (\Delta x)^2,$$

于是

$$\frac{\Delta y}{\Delta x} = \frac{2x\Delta x + (\Delta x)^2}{\Delta x} = 2x + \Delta x,$$

取极限

$$f'(x) = \lim_{\Delta x \to 0} \frac{\Delta y}{\Delta x} = \lim_{\Delta x \to 0} (2x + \Delta x) = 2x,$$

因此

$$f'(2) = f'(x)|_{x=2} = 2x|_{x=2} = 4.$$

(三) 导数的几何意义与曲线的切线和法线方程

为使我们对"导数是函数在某点处的变化率"有一直观的认识,下面讨论导数的几何意义.

设曲线 L 为函数 $y = f(x)$ 的图像,其上有一点 $P(x_0, f(x_0))$,给 x_0 增量 Δx,曲线上相应的点为 $Q(x_0 + \Delta x, f(x_0 + \Delta x))$,如图 2-1 所示,直线 PQ 为曲线上的割线,则

$$\Delta y = f(x_0 + \Delta x) - f(x_0).$$

计算割线 PQ 的斜率 $k_{割}$:

$$k_{割} = \frac{\Delta y}{\Delta x} = \frac{f(x_0 + \Delta x) - f(x_0)}{\Delta x}.$$

当 $\Delta x \to 0$ 时,点 Q 沿曲线无限接近于点 P,若割线 PQ

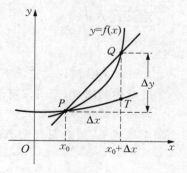

图 2-1

趋于极限位置(若存在的话)切线 PT,则割线斜率 $k_割$ 也趋于极限值切线斜率 $k_切$,即

$$k_切 = \lim_{\Delta x \to 0} k_割 = \lim_{\Delta x \to 0} \frac{\Delta y}{\Delta x} = \lim_{\Delta x \to 0} \frac{f(x_0 + \Delta x) - f(x_0)}{\Delta x} = f'(x_0).$$

导数的几何意义:曲线 $y = f(x)$ 在点 $(x_0, f(x_0))$ 处的切线斜率就是函数 $f(x)$ 在点 x_0 处的导数 $f'(x_0)$.

有了曲线在点 $(x_0, f(x_0))$ 处的切线斜率 $f'(x_0)$,由直线的点斜式方程就很容易写出曲线 L 上点 $(x_0, f(x_0))$ 处的切线方程,即

$$y - f(x_0) = f'(x_0)(x - x_0),$$

当 $f'(x_0) \neq 0$ 时,法线方程为

$$y - f(x_0) = -\frac{1}{f'(x_0)}(x - x_0).$$

若 $f'(x_0) = 0$,则曲线的切线方程为 $y = f(x_0)$,法线方程为 $x = x_0$.

若 $f'(x_0) = \infty$,则曲线的切线方程为 $x = x_0$,法线方程为 $y = f(x_0)$.

注 由上可知,"切线存在"与"导数存在"并没有一一对应的关系. 若导数不存在,但等于无穷大,此时曲线在切点处具有垂直于 x 轴的切线.

例 2 - 2 设曲线 $f(x) = x^2$,求曲线在点 $(2, 4)$ 处的切线方程和法线方程.

解 由例 2 - 1 计算得 $f'(x) = 2x$,$f'(2) = 4$,故有:

曲线在点 $(2, 4)$ 处的切线方程为 $y - 4 = 4(x - 2)$,即 $y = 4x - 4$;

曲线在点 $(2, 4)$ 处的法线方程为 $y - 4 = -\frac{1}{4}(x - 2)$,即 $y = -\frac{1}{4}x + \frac{9}{2}$.

(四) 根据定义求导数

根据定义求导数,可分解为 3 个步骤:

(1) 求函数的改变量 Δy;

(2) 算比值,求平均变化率 $\frac{\Delta y}{\Delta x}$;

(3) 取极限,计算瞬时变化率(即导数) $\lim_{\Delta x \to 0} \frac{\Delta y}{\Delta x}$.

思政育人

从导数的几何意义看量变到质变

德莫林斯说过:"没有数学,我们无法看透哲学的深度;没有哲学,人们也无法看透数学的深度;而若没有两者,人们就什么也看不透."导数的几何意义,蕴含着量变与质变思想. 从导数几何意义知道,曲线 $y = f(x)$ 在点 P 处的切线斜率就是割线斜率的极限,随着割线无限趋近切线,相应的割线斜率在不断地发生变化,但这只是一

个量变过程,它始终是割线的斜率.只有当割线与切线重合时,割线的斜率才发生质变,成为切线的斜率.我们知道量变是质变的必要准备,质变是量变的必然结果.我们要注重做"量变"的积累学习、工作,以求为达到质变的飞跃.

例2-3 求常数函数 $y=C$ 的导数(其中 C 为常数).

解 (1) 因为 $y=C$,因此不论 x 取什么值,y 恒等于 C,即函数改变量 $\Delta y=0$.

(2) 算比值:$\dfrac{\Delta y}{\Delta x}=0$.

(3) 取极限:$y'=\lim\limits_{\Delta x\to 0}\dfrac{\Delta y}{\Delta x}=\lim\limits_{\Delta x\to 0}(0)=0$.

直观来看,常数是恒定不变的,(瞬时)变化率当然为 0,即常数的导数为 0.

例2-4 设函数 $f(x)=\sqrt{x}$,根据导数定义计算 $f'(4)$.

解法1

$$f'(4)=\lim_{x\to 4}\frac{f(x)-f(4)}{x-4}=\lim_{x\to 4}\frac{\sqrt{x}-2}{x-4}=\lim_{x\to 4}\frac{\sqrt{x}-2}{(\sqrt{x}+2)(\sqrt{x}-2)}=\lim_{x\to 4}\frac{1}{\sqrt{x}+2}=\frac{1}{4}.$$

解法2 (1) 函数改变量

$$\Delta y=f(x+\Delta x)-f(x)=\sqrt{x+\Delta x}-\sqrt{x}.$$

(2) 算比值:$\dfrac{\Delta y}{\Delta x}=\dfrac{\sqrt{x+\Delta x}-\sqrt{x}}{\Delta x}=\dfrac{1}{\sqrt{x+\Delta x}+\sqrt{x}}.$

(3) 取极限:$f'(x)=\lim\limits_{\Delta x\to 0}\dfrac{\Delta y}{\Delta x}=\lim\limits_{\Delta x\to 0}\dfrac{1}{\sqrt{x+\Delta x}+\sqrt{x}}=\dfrac{1}{2\sqrt{x}}$,则

$$f'(4)=\frac{1}{2\sqrt{x}}\bigg|_{x=4}=\frac{1}{4}.$$

由例2-1、例2-4知,$(x^2)'=2x$,$(\sqrt{x})'=\dfrac{1}{2\sqrt{x}}$,更一般地,对于幂函数 $y=x^\alpha$ 的导数,有如下公式:

$$(x^\alpha)'=\alpha x^{\alpha-1},其中 \alpha 为任意实数.$$

例2-5 求函数 $y=\mathrm{e}^x$ 的导数.

解 (1) 函数改变量

$$\Delta y=f(x+\Delta x)-f(x)=\mathrm{e}^{x+\Delta x}-\mathrm{e}^x=\mathrm{e}^x(\mathrm{e}^{\Delta x}-1).$$

(2) 算比值:$\dfrac{\Delta y}{\Delta x}=\dfrac{\mathrm{e}^x(\mathrm{e}^{\Delta x}-1)}{\Delta x}=\mathrm{e}^x\dfrac{(\mathrm{e}^{\Delta x}-1)}{\Delta x}.$

(3) 取极限:$f'(x)=\lim\limits_{\Delta x\to 0}\dfrac{\Delta y}{\Delta x}=\lim\limits_{\Delta x\to 0}\mathrm{e}^x\dfrac{(\mathrm{e}^{\Delta x}-1)}{\Delta x}=\mathrm{e}^x\lim\limits_{\Delta x\to 0}\dfrac{(\mathrm{e}^{\Delta x}-1)}{\Delta x}$,其中,当 $\Delta x\to 0$ 时,

$\mathrm{e}^{\Delta x} - 1 \sim \Delta x$，则 $\lim\limits_{\Delta x \to 0} \dfrac{(\mathrm{e}^{\Delta x} - 1)}{\Delta x} = 1$. 即

$$(\mathrm{e}^x)' = \mathrm{e}^x.$$

例 2 - 6 求正弦函数 $y = \sin x$ 的导数.

解 （1）函数改变量

$$\Delta y = f(x + \Delta x) - f(x) = \sin(x + \Delta x) - \sin x = 2\cos\left(x + \frac{\Delta x}{2}\right)\sin\frac{\Delta x}{2}.$$

（2）算比值：$\dfrac{\Delta y}{\Delta x} = \dfrac{2\cos\left(x + \dfrac{\Delta x}{2}\right)\sin\dfrac{\Delta x}{2}}{\Delta x} = \cos\left(x + \dfrac{\Delta x}{2}\right)\dfrac{\sin\dfrac{\Delta x}{2}}{\dfrac{\Delta x}{2}}.$

（3）取极限：

$$\frac{\mathrm{d}y}{\mathrm{d}x} = \lim_{\Delta x \to 0} \frac{\Delta y}{\Delta x} = \lim_{\Delta x \to 0} \cos\left(x + \frac{\Delta x}{2}\right)\frac{\sin\dfrac{\Delta x}{2}}{\dfrac{\Delta x}{2}} = \lim_{\Delta x \to 0}\cos\left(x + \frac{\Delta x}{2}\right) \cdot \lim_{\Delta x \to 0}\frac{\sin\dfrac{\Delta x}{2}}{\dfrac{\Delta x}{2}} = \cos x,$$

即

$$(\sin x)' = \cos x.$$

同理可得

$$(\cos x)' = -\sin x.$$

例 2 - 3 至例 2 - 6 中的函数的导数可以作为公式熟记.

例 2 - 7 放射性同位素碘^{131}I 广泛用来研究甲状腺的机能. 现将含量为 N_0 的碘^{131}I 静脉推注于病人的血液中，血液中 t 时刻碘的含量为 $N(t) = N_0 \mathrm{e}^{-kt}$（其中 k 为正常数），试求血液中碘的减少速度.

解 $\Delta N = N(t + \Delta t) - N(t) = N_0 \mathrm{e}^{-k(t + \Delta t)} - N_0 \mathrm{e}^{-kt} = N_0 \mathrm{e}^{-kt}(\mathrm{e}^{-k\Delta t} - 1),$

$$\frac{\Delta N}{\Delta t} = N_0 \mathrm{e}^{-kt}\frac{\mathrm{e}^{-k\Delta t} - 1}{\Delta t},$$

$$\lim_{\Delta t \to 0}\frac{\Delta N}{\Delta t} = \lim_{\Delta t \to 0} N_0 \mathrm{e}^{-kt}\frac{\mathrm{e}^{-k\Delta t} - 1}{\Delta t} = -kN_0 \mathrm{e}^{-kt}\lim_{\Delta t \to 0}\frac{\mathrm{e}^{-k\Delta t} - 1}{-k\Delta t} = -kN_0 \mathrm{e}^{-kt},$$

由导数定义，血液中碘的减少速度为 $N'(t) = -kN_0 \mathrm{e}^{-kt}$.

三、可导与连续的关系

根据导数的定义，很容易推出"可导"与"连续"的关系. 如果函数 $y = f(x)$ 在点 x 处可导，有 $f'(x) = \lim\limits_{\Delta x \to 0}\dfrac{\Delta y}{\Delta x}$，于是

$$\lim_{\Delta x \to 0} \Delta y = \lim_{\Delta x \to 0} \left(\frac{\Delta y}{\Delta x} \cdot \Delta x \right) = \lim_{\Delta x \to 0} \frac{\Delta y}{\Delta x} \cdot \lim_{\Delta x \to 0} \Delta x = f'(x) \cdot 0 = 0,$$

故 $y = f(x)$ 在点 x 处连续. 由此可以得出以下定理.

定理 2-1　如果函数 $f(x)$ 在点 x 处可导,则 $f(x)$ 在点 x 处连续.

注　该定理的逆命题不一定成立. 即函数在点 x 处连续,但在点 x 处未必可导,例 2-8 即为反例.

例 2-8　讨论 $y = f(x) = |x| = \begin{cases} x, & x \geqslant 0, \\ -x, & x < 0 \end{cases}$ 在点 $x = 0$ 处的连续性与可导性.

解　(1) 由于

$$\lim_{x \to 0^+} f(x) = \lim_{x \to 0^-} f(x) = f(0) = 0,$$

易知 $f(x) = |x|$ 在点 $x = 0$ 是连续的.

(2) 由于

$$\lim_{x \to 0^+} \frac{f(x) - f(0)}{x - 0} = \lim_{x \to 0^+} \frac{x - 0}{x - 0} = 1,$$

$$\lim_{x \to 0^-} \frac{f(x) - f(0)}{x - 0} = \lim_{x \to 0^-} \frac{-x - 0}{x - 0} = -1,$$

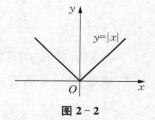

图 2-2

故 $f'(0) = \lim_{x \to 0} \frac{f(x) - f(0)}{x - 0}$ 不存在,即 $f(x) = |x|$ 在点 $x = 0$ 是不可导的,如图 2-2 所示.

点 滴 积 累

1. 掌握导数的概念(两种形式)及会用定义求函数在一点处的导数,包含左导数和右导数.

2. 掌握导数的几何意义及曲线的切线方程和法线方程.

3. 函数的可导性与连续性之间的关系:可导必连续,但连续不一定可导.

随堂练习 2-1

1. 判断下列命题是否正确. 如不正确,请举出反例:

(1) 若函数 $y = f(x)$ 在点 x_0 处不可导,则 $y = f(x)$ 在点 x_0 处一定不连续;

(2) 若函数 $y = f(x)$ 在点 x_0 处不连续,则 $y = f(x)$ 在点 x_0 处一定不可导;

(3) 初等函数在其定义区间内必定可导;

(4) 若函数 $y = f(x)$ 在点 x_0 处不可导,则曲线 $y = f(x)$ 在点 x_0 处必无切线.

2. 利用幂函数的求导公式 $(x^\alpha)' = \alpha x^{\alpha - 1}$ 分别求出下列函数的导数:

(1) $y = x^{50}$;　(2) $y = x^{-2}$;　(3) $y = x^{\frac{1}{2}}$;　(4) $y = x \sqrt[3]{x^2}$.

3. 若函数 $y = f(x)$ 在点 x_0 处可导,曲线 $y = f(x)$ 是否在点 $(x_0, f(x_0))$ 处有切线? 若曲线 $y = f(x)$ 在点 $(x_0, f(x_0))$ 处有切线,函数 $y = f(x)$ 是否在点 x_0 处必有导数?

第二节 求 导 法 则

简单函数的导数可以利用导数定义计算(如例 2-3 至例 2-6). 然而,从定义出发对绝大多数函数求导数是极其复杂的,计算量很大. 为方便应用,本节先依次介绍函数的和、差、积、商的求导法则,复合函数的求导法则,反函数的求导法则,随后介绍隐函数求导、对数求导法,给出初等函数的导数,最后举例说明高阶导数.

一、函数四则运算的求导法则

定理 2-2 设函数 $u=u(x)$,$v=v(x)$ 在点 x 处可导,则

(1) $(u \pm v)' = u' \pm v'$;

(2) $(u \cdot v)' = u' \cdot v + u \cdot v'$,特别地,$(C \cdot u)' = C \cdot u'$ (C 为常数);

(3) $\left(\dfrac{u}{v}\right)' = \dfrac{u' \cdot v - u \cdot v'}{v^2}$ ($v \neq 0$),特别地,当 $u=1$ 时,$\left(\dfrac{1}{v}\right)' = -\dfrac{v'}{v^2}$.

上述法则的证明可由导数的定义得出,此处从略.

例 2-9 求函数 $y = x^3 + \mathrm{e}^x - \sin \pi$ 的导数 y'.

解 $y' = (x^3 + \mathrm{e}^x - \sin \pi)' = (x^3)' + (\mathrm{e}^x)' - (\sin \pi)' = 3x^2 + \mathrm{e}^x - 0 = 3x^2 + \mathrm{e}^x$.

例 2-10 求函数 $y = (x^4 + 2x^2)\cos x$ 的导数 y'.

解
$$\begin{aligned}
y' &= \left[(x^4 + 2x^2)\cos x\right]' \\
&= (x^4 + 2x^2)'\cos x + (x^4 + 2x^2)(\cos x)' \\
&= (4x^3 + 4x)\cos x + (x^4 + 2x^2)(-\sin x) \\
&= 4x(x^2 + 1)\cos x - x^2(x^2 + 2)\sin x.
\end{aligned}$$

例 2-11 求函数 $y = \dfrac{1}{x}$ 的导数 y'.

解 $y' = \left(\dfrac{1}{x}\right)' = (x^{-1})' = -x^{-2} = -\dfrac{1}{x^2}$.

例 2-12 已知函数 $y = \log_a x$ ($a > 0$ 且 $a \neq 1$),求 y'.

解 $y' = (\log_a x)' = \left(\dfrac{\ln x}{\ln a}\right)' = \dfrac{1}{\ln a}(\ln x)' = \dfrac{1}{x \ln a}$. 其中,

$$\begin{aligned}
(\ln x)' &= \lim_{\Delta x \to 0} \frac{\ln(x + \Delta x) - \ln x}{\Delta x} \\
&= \lim_{\Delta x \to 0} \frac{1}{\Delta x} \ln\left(1 + \frac{\Delta x}{x}\right) \\
&= \lim_{\Delta x \to 0} \frac{1}{x} \ln\left(1 + \frac{\Delta x}{x}\right)^{\frac{x}{\Delta x}} \\
&= \frac{1}{x} \ln \mathrm{e} = \frac{1}{x}.
\end{aligned}$$

例 2-13　求函数 $y = \tan x$ 的导数 y'.

解

$$y' = \left(\frac{\sin x}{\cos x}\right)' = \frac{(\sin x)' \cos x - \sin x (\cos x)'}{\cos^2 x} = \frac{\sin^2 x + \cos^2 x}{\cos^2 x} = \frac{1}{\cos^2 x} = \sec^2 x,$$

即

$$(\tan x)' = \sec^2 x.$$

同理可得

$$(\cot x)' = -\csc^2 x.$$

例 2-14　求函数 $y = \sec x$ 的导数 y'.

解　$y' = \left(\frac{1}{\cos x}\right)' = -\frac{(\cos x)'}{\cos^2 x} = \frac{\sin x}{\cos^2 x} = \sec x \tan x,$

即

$$(\sec x)' = \sec x \tan x.$$

同理可得

$$(\csc x)' = -\csc x \cot x.$$

例 2-11 至例 2-14 中的函数的导数可以作为公式熟记.

例 2-15　求函数 $y = x \ln x + \dfrac{\ln x}{x}$ 的导数 $\dfrac{\mathrm{d}y}{\mathrm{d}x}$.

解　$\dfrac{\mathrm{d}y}{\mathrm{d}x} = (x \ln x)' + \left(\dfrac{\ln x}{x}\right)' = (x)' \ln x + x(\ln x)' + \dfrac{(\ln x)' x - (x)' \ln x}{x^2}$

$$= \ln x + x \cdot \frac{1}{x} + \frac{\dfrac{1}{x} \cdot x - \ln x}{x^2} = \ln x + 1 + \frac{1 - \ln x}{x^2}.$$

二、反函数的求导法则

定理 2-3　如果单调连续函数 $x = g(y)$ 在点 y 处可导且 $g'(y) \neq 0$,则其反函数 $y = f(x)$ 在对应点 x 处可导,且其导数为

$$\frac{\mathrm{d}y}{\mathrm{d}x} = \frac{1}{\dfrac{\mathrm{d}x}{\mathrm{d}y}} \quad \text{或} \quad f'(x) = \frac{1}{g'(y)}.$$

注　反函数的导数等于直接函数导数的倒数.

例 2-16　已知函数 $y = a^x (a > 0$ 且 $a \neq 1)$,求 y'.

解　$y = a^x$ 是函数 $x = \log_a y$ 的反函数,$x = \log_a y$ 在 $(0, +\infty)$ 内单调、可导,且

$$\frac{\mathrm{d}x}{\mathrm{d}y} = (\log_a y)' = \frac{1}{y \ln a} \neq 0,$$

故由反函数求导法则,有

$$(a^x)' = \frac{dy}{dx} = \frac{1}{\dfrac{dx}{dy}} = y\ln a = a^x \ln a,$$

即 $(a^x)' = a^x \ln a$;特别地,有 $(e^x)' = e^x$.

例 2 - 17 已知函数 $y = \arcsin x$,求 y'.

解 $y = \arcsin x$ 是函数 $x = \sin y$ 的反函数,$x = \sin y$ 在 $\left(-\dfrac{\pi}{2}, \dfrac{\pi}{2}\right)$ 内单调、可导,且

$$\frac{dx}{dy} = (\sin y)' = \cos y > 0,$$

故由反函数求导法则,

$$(\arcsin x)' = \frac{dy}{dx} = \frac{1}{\dfrac{dx}{dy}} = \frac{1}{\cos y} = \frac{1}{\sqrt{1-\sin^2 y}} = \frac{1}{\sqrt{1-x^2}},$$

即

$$(\arcsin x)' = \frac{1}{\sqrt{1-x^2}}.$$

同理可得

$$(\arccos x)' = -\frac{1}{\sqrt{1-x^2}}, \quad (\arctan x)' = \frac{1}{1+x^2}, \quad (\text{arccot}\, x)' = -\frac{1}{1+x^2}.$$

例 2 - 16、例 2 - 17 中的函数的导数可以作为公式熟记.

三、复合函数的求导法则

产生初等函数的方法,除了四则运算外,还有函数的复合.而复合函数的求导法则是求导运算经常用到的一个非常重要的法则,需要熟练地掌握.

定理 2 - 4 设函数 $u = g(x)$ 在点 x 处可导,而函数 $y = f(u)$ 在对应点 u 处可导,则复合函数 $y = f[g(x)]$ 在点 x 处可导,且其导数为

$$\frac{dy}{dx} = \frac{dy}{du} \cdot \frac{du}{dx},$$

或记作

$$\{f[g(x)]\}' = f'(u) \cdot g'(x).$$

注 (1) 复合函数的导数等于外层(函数对中间变量)求导乘以内层(函数对自变量)求导.

(2) 注意 $\{f[g(x)]\}'$ 和 $f'[g(x)]$ 的区别,$\{f[g(x)]\}'$ 表示的是复合函数对 x 求导,

$f'[g(x)]$ 表示的是将 $g(x)$ 看成一个变量，$f[g(x)]$ 关于 $g(x)$ 求导.

（3）复合函数的求导法则，又称为链式法则，可推广到有限次复合的情形. 例如，对于由函数 $y = f(u)$，$u = g(v)$，$v = h(x)$ 复合而成的函数 $y = f\{g[h(x)]\}$，其导数为

$$\frac{\mathrm{d}y}{\mathrm{d}x} = \frac{\mathrm{d}y}{\mathrm{d}u} \cdot \frac{\mathrm{d}u}{\mathrm{d}v} \cdot \frac{\mathrm{d}v}{\mathrm{d}x} \quad \text{或} \quad \{f\{g[h(x)]\}\}' = f'(u) \cdot g'(v) \cdot h'(x).$$

例 2-18 已知函数 $y = \sin 2x$，求 y'.

解 函数 $y = \sin 2x$ 可以看作由函数 $y = \sin u$ 与 $u = 2x$ 复合而成，由复合函数求导法则得

$$y' = \frac{\mathrm{d}y}{\mathrm{d}x} = \frac{\mathrm{d}y}{\mathrm{d}u} \cdot \frac{\mathrm{d}u}{\mathrm{d}x} = (\sin u)' \cdot (2x)' = \cos u \cdot 2 = 2\cos 2x.$$

例 2-19 求函数 $y = \ln(x^2 + 3x)$ 的导数.

解 函数 $y = \ln(x^2 + 3x)$ 可以看作由函数 $y = \ln u$ 与 $u = x^2 + 3x$ 复合而成，由复合函数求导法则得

$$y' = \frac{\mathrm{d}y}{\mathrm{d}x} = \frac{\mathrm{d}y}{\mathrm{d}u} \cdot \frac{\mathrm{d}u}{\mathrm{d}x} = (\ln u)' \cdot (x^2 + 3x)' = \frac{1}{u} \cdot (2x + 3) = \frac{2x + 3}{x^2 + 3x}.$$

在熟练掌握复合函数求导法则后，可以省略中间变量，按照复合函数的复合次序直接计算.

例 2-20 已知函数 $y = (4x + 3)^{100}$，求 y'.

解 $$y' = [(4x + 3)^{100}]' = 100(4x + 3)^{99} \cdot (4x + 3)'$$
$$= 100(4x + 3)^{99} \cdot 4 = 400 \cdot (4x + 3)^{99}.$$

例 2-21 已知函数 $y = \sin^2(3x)$，求 y'.

解 $$y' = [\sin^2(3x)]' = 2\sin 3x \cdot (\sin 3x)'$$
$$= 2\sin 3x \cdot \cos 3x \cdot (3x)'$$
$$= 2\sin 3x \cdot \cos 3x \cdot 3 = 3\sin 6x.$$

例 2-22 已知函数 $y = \ln \tan \frac{x}{2}$，求 y'.

解 $$y' = \left(\ln \tan \frac{x}{2}\right)' = \frac{1}{\tan \frac{x}{2}} \cdot \left(\tan \frac{x}{2}\right)' = \frac{1}{\tan \frac{x}{2}} \cdot \sec^2 \frac{x}{2} \cdot \left(\frac{x}{2}\right)'$$

$$= \frac{\cos \frac{x}{2}}{\sin \frac{x}{2}} \cdot \frac{1}{\cos^2 \frac{x}{2}} \cdot \frac{1}{2} = \frac{1}{\sin x} = \csc x.$$

例 2-23 已知函数 $y = x^{\sin x}$，求 y'.

解 $y = x^{\sin x}$ 为幂指函数，求导时可先化为指数形式 $y = \mathrm{e}^{\sin x \ln x}$，则

$$y' = \mathrm{e}^{\sin x \ln x}(\sin x \ln x)' = x^{\sin x}[(\sin x)'\ln x + \sin x(\ln x)'] = x^{\sin x}\left(\cos x \ln x + \frac{\sin x}{x}\right).$$

例2-24 已知函数 $y = x\cos 2x - \sin 2x \ln \cos x$，求 y'.

解
$$y' = (x\cos 2x)' - (\sin 2x \ln \cos x)'$$
$$= \cos 2x - 2x\sin 2x - \left(2\cos 2x \ln \cos x + \sin 2x \cdot \frac{-\sin x}{\cos x}\right)$$
$$= 1 - 2x\sin 2x - 2\cos 2x \ln \cos x.$$

由以上例子可知，复合函数求导法则是求导的灵魂. 如果用变化率来解释导数的话，复合函数求导法则的意义就是：$y = f[g(x)]$ 相对于 x 的变化率，等于 $y = f(u)$ 相对于 u 的变化率乘以 $u = g(x)$ 相对于 x 的变化率.

例2-25 许多肿瘤的生长规律为 $v = v_0 e^{\frac{A}{\alpha}(1-e^{-at})}$，其中，$v$ 表示 t 时刻的肿瘤的大小（或体积），v_0 为开始（$t=0$）观察时肿瘤的大小，α 和 A 为正常数. 问肿瘤 t 时刻的增长速度是多少？

解
$$\frac{dv}{dt} = (v_0 e^{\frac{A}{\alpha}(1-e^{-at})})' = v_0 e^{\frac{A}{\alpha}(1-e^{-at})} \cdot \left(-\frac{A}{\alpha} e^{-at}\right) \cdot (-\alpha) = v_0 A e^{\frac{A}{\alpha}(1-e^{-at})} e^{-at}.$$

因此，肿瘤 t 时刻的增长速度是 $v_0 A e^{\frac{A}{\alpha}(1-e^{-at})} e^{-at}$.

例2-26 设气体以 $100\,\text{cm}^3/\text{s}$ 的常速注入球状气球，假定气体的压力不变，那么当半径为 $10\,\text{cm}$ 时，气球半径增加的速率是多少？

解 分别用字母 V，r 表示气球的体积和半径，它们都是时间 t 的函数，且在 t 时刻气球体积与半径的关系为 $V(t) = \frac{4}{3}\pi[r(t)]^3$. 由复合函数求导法则，有

$$\frac{dV}{dt} = \frac{dV}{dr} \cdot \frac{dr}{dt}.$$

容易求得

$$\frac{dV}{dr} = \frac{4}{3}\pi \cdot 3r^2 = 4\pi r^2,$$

又根据题意知 $\frac{dV}{dt} = 100\,\text{cm}^3/\text{s}$，代入上式得

$$100 = 4\pi r^2 \frac{dr}{dt},$$

即

$$\frac{dr}{dt} = \frac{25}{\pi r^2}.$$

因此，当半径为 $10\,\text{cm}$ 时，气球半径增加的速率

$$\frac{dr}{dt} = \frac{25}{\pi \cdot (10)^2} = \frac{1}{4\pi}\,(\text{cm/s}).$$

四、隐函数的导数

(一) 隐函数求导

定义 2-3　由二元方程 $F(x, y)=0$ 所确定的 y 与 x 的函数关系称为**隐函数**,其中因变量 y 不一定能用自变量 x 直接表示出来.而像 $y=f(x)$ 这样能直接用自变量 x 的表达式来表示因变量 y 的函数关系称为**显函数**.

之前我们介绍的方法适用于显函数求导.有些隐函数如 $x+3y=4$ 可以化为显函数形式 $y=\dfrac{1}{3}(4-x)$,再按显函数的求导法求其导数.但有些隐函数很难甚至不能化为显函数形式,如由方程 $xy+\mathrm{e}^x-\mathrm{e}^y=0$ 确定的函数.因此,有必要找出直接由方程 $F(x, y)=0$ 来求隐函数的导数的方法.

隐函数求导法　欲求方程 $F(x, y)=0$ 确定的隐函数 $y=f(x)$ 的导数,只要将 y 看成是 x 的函数,利用复合函数的求导法则,在方程两边同时对 x 求导,得到一个关于 $\dfrac{\mathrm{d}y}{\mathrm{d}x}$ 的方程,再从中解出 $\dfrac{\mathrm{d}y}{\mathrm{d}x}$ 即可.

例 2-27　求由方程 $xy+\mathrm{e}^x-\mathrm{e}^y=0$ 确定的函数的导数.

解　将 y 看成是 x 的函数 $y(x)$,注意到 e^y 是复合函数,在方程两边同时对 x 求导,得

$$y+x \cdot \frac{\mathrm{d}y}{\mathrm{d}x}+\mathrm{e}^x-\mathrm{e}^y \cdot \frac{\mathrm{d}y}{\mathrm{d}x}=0,$$

解出隐函数的导数

$$\frac{\mathrm{d}y}{\mathrm{d}x}=\frac{\mathrm{e}^x+y}{\mathrm{e}^y-x} \quad (\mathrm{e}^y-x \neq 0).$$

例 2-28　求由方程 $x+y^2-\sin y=0$ 确定的函数的导数.

解　将 y 看成是 x 的函数 $y(x)$,注意到 y^2,$\sin y$ 是复合函数,在方程两边同时对 x 求导,得

$$1+2y \cdot \frac{\mathrm{d}y}{\mathrm{d}x}-\cos y \cdot \frac{\mathrm{d}y}{\mathrm{d}x}=0,$$

解出隐函数的导数

$$\frac{\mathrm{d}y}{\mathrm{d}x}=\frac{1}{\cos y-2y} \quad (\cos y-2y \neq 0).$$

(二) 对数求导法

对有些显函数,直接求导会很麻烦,而根据隐函数求导,我们可以得到一个简化求导运算的方法.这个方法是先通过对显函数两边取自然对数,化乘、除为加、减,化乘方、开方为乘除,然后利用隐函数求导法求导,因此称为对数求导法.对数求导法适合用于由几个因子通过乘、除、乘方、开方所构成的比较复杂的函数的求导,以及幂指函数求导.

例 2 - 29 已知函数 $y = \sqrt[3]{\dfrac{(x-2)^2(3x+4)}{(x-3)(x+2)}}$，求 y'.

解 两边取对数，得

$$\ln y = \frac{1}{3}\left[2\ln(x-2)+\ln(3x+4)-\ln(x-3)-\ln(x+2)\right].$$

两边对 x 求导，得

$$\frac{1}{y}y' = \frac{1}{3}\left(\frac{2}{x-2}+\frac{3}{3x+4}-\frac{1}{x-3}-\frac{1}{x+2}\right),$$

于是

$$y' = \frac{1}{3}y\left(\frac{2}{x-2}+\frac{3}{3x+4}-\frac{1}{x-3}-\frac{1}{x+2}\right)$$
$$= \frac{1}{3}\sqrt[3]{\frac{(x-2)^2(3x+4)}{(x-3)(x+2)}}\left(\frac{2}{x-2}+\frac{3}{3x+4}-\frac{1}{x-3}-\frac{1}{x+2}\right).$$

注 对数求导法求导后，结果中不允许含有 y，一定要用其表达式代回.

例 2 - 30 求函数 $y = (\sin x)^{\tan x}$ 的导数.

解 两边取对数，得

$$\ln y = \tan x \ln \sin x.$$

两边对 x 求导，得

$$\frac{1}{y}y' = \sec^2 x \ln \sin x + \tan x \frac{1}{\sin x}\cos x,$$

于是

$$y' = y(\sec^2 x \ln \sin x + 1) = (\sin x)^{\tan x}(\sec^2 x \ln \sin x + 1).$$

注 对于一般形式的幂指函数 $y = u(x)^{v(x)}$，可像例 2 - 30 那样利用对数求导法求导，也可像例 2 - 23 那样，把幂指函数表示为指数形式 $y = e^{v(x)\ln u(x)}$，这样便可利用复合函数求导法求导.

五、初等函数的导数

初等函数是由基本初等函数经过有限次的四则运算或有限次的函数复合而构成的仅由一个解析式表达的函数. 我们已经求出了所有基本初等函数的导数，建立了函数的四则运算求导法则、复合函数的求导法则、反函数的求导法则等，这样就完全可以求出初等函数的导数. 这些公式、法则在初等函数的求导运算中起着重要的作用，我们必须熟练掌握它们. 为了便于查阅，现将导数公式、求导法则汇总如下.

（一）基本初等函数的求导公式

常量函数　$C' = 0$（C 为常数）；

幂函数　　$(x^\alpha)' = \alpha x^{\alpha-1}$（$\alpha$ 为实数）；

指数函数 $(a^x)' = a^x \ln a$ $(a > 0$ 且 $a \neq 1)$,特别地,有 $(e^x)' = e^x$;

对数函数 $(\log_a x)' = \dfrac{1}{x \ln a}$ $(a > 0$ 且 $a \neq 1)$,特别地,有 $(\ln x)' = \dfrac{1}{x}$;

三角函数 $(\sin x)' = \cos x$, $\qquad\qquad\qquad (\cos x)' = -\sin x$,

$\qquad\qquad (\tan x)' = \dfrac{1}{\cos^2 x} = \sec^2 x$, $\qquad (\cot x)' = -\dfrac{1}{\sin^2 x} = -\csc^2 x$,

$\qquad\qquad (\sec x)' = \sec x \tan x$, $\qquad\qquad (\csc x)' = -\csc x \cot x$;

反三角函数 $(\arcsin x)' = \dfrac{1}{\sqrt{1-x^2}}$, $\qquad (\arccos x)' = -\dfrac{1}{\sqrt{1-x^2}}$,

$\qquad\qquad (\arctan x)' = \dfrac{1}{1+x^2}$, $\qquad\qquad (\operatorname{arccot} x)' = -\dfrac{1}{1+x^2}$.

(二)四则运算求导法则

设函数 $u = u(x)$,$v = v(x)$ 在点 x 处可导,则

(1) $(u \pm v)' = u' \pm v'$;

(2) $(u \cdot v)' = u' \cdot v + u \cdot v'$,特别地,$(C \cdot u)' = C \cdot u'$($C$ 为常数);

(3) $\left(\dfrac{u}{v}\right)' = \dfrac{u' \cdot v - u \cdot v'}{v^2}$ $(v \neq 0)$,特别地,当 $u = 1$ 时,$\left(\dfrac{1}{v}\right)' = -\dfrac{v'}{v^2}$.

(三)复合函数求导法则

设函数 $u = g(x)$ 在点 x 处可导,而函数 $y = f(u)$ 在对应点 u 处可导,则复合函数 $y = f[g(x)]$ 在点 x 处可导,且其导数为

$$\frac{\mathrm{d}y}{\mathrm{d}x} = \frac{\mathrm{d}y}{\mathrm{d}u} \cdot \frac{\mathrm{d}u}{\mathrm{d}x},$$

或记作

$$\{f[g(x)]\}' = f'(u) \cdot g'(x).$$

(四)反函数求导法则

如果单调连续函数 $x = g(y)$ 在点 y 处可导且 $g'(y) \neq 0$,则其反函数 $y = f(x)$ 在对应点 x 处可导,且其导数为

$$\frac{\mathrm{d}y}{\mathrm{d}x} = \frac{1}{\dfrac{\mathrm{d}x}{\mathrm{d}y}} \quad 或 \quad f'(x) = \frac{1}{g'(y)}.$$

六、高阶导数

由第一节中变速直线运动的例子可知:位移函数 $s(t)$ 对时间 t 的导数是速度 $v(t)$;而速度 $v(t)$ 对时间 t 的导数是加速度 $a(t)$,即

$$速度 \ v(t) = s'(t) = \frac{\mathrm{d}s}{\mathrm{d}t};$$

$$加速度 \ a(t) = v'(t) = \frac{\mathrm{d}v}{\mathrm{d}t}.$$

显然,加速度是位移对时间 t 求了一次导后,再求一次导的结果:

$$a(t) = [s'(t)]' = \frac{\mathrm{d}}{\mathrm{d}t}\left(\frac{\mathrm{d}s}{\mathrm{d}t}\right),$$

所以,加速度就是位移函数 $s(t)$ 对时间 t 的二阶导数,记为

$$a(t) = s''(t) = \frac{\mathrm{d}^2 s}{\mathrm{d}t^2}.$$

一般地,若函数 $y = f(x)$ 的导函数 $f'(x)$ 仍可导,则称 $f'(x)$ 的导数为函数 $y = f(x)$ 的二阶导数,记作 $f''(x)$,y'',$\dfrac{\mathrm{d}^2 y}{\mathrm{d}x^2}$ 或 $\dfrac{\mathrm{d}^2 f(x)}{\mathrm{d}x^2}$,即

$$y'' = (y')' = f''(x), \ 或 \ \frac{\mathrm{d}^2 y}{\mathrm{d}x^2} = \frac{\mathrm{d}}{\mathrm{d}x}\left(\frac{\mathrm{d}y}{\mathrm{d}x}\right).$$

类似地,二阶导数的导数叫作三阶导数,三阶导数的导数叫作四阶导数……一般地,$y = f(x)$ 的 $n-1$ 阶导数的导数叫作 n 阶导数,分别记作

$$y''', \ y^{(4)}, \ \cdots, \ y^{(n)}; \ f'''(x), \ f^{(4)}(x), \ \cdots, \ f^{(n)}(x)$$

或

$$\frac{\mathrm{d}^3 y}{\mathrm{d}x^3}, \ \frac{\mathrm{d}^4 y}{\mathrm{d}x^4}, \ \cdots, \ \frac{\mathrm{d}^n y}{\mathrm{d}x^n}.$$

二阶及二阶以上的导数统称为**高阶导数**.

求高阶导数就是逐阶求导,直到所要求的阶数即可,所以仍可应用前面学过的求导方法来计算高阶导数.

例 2 - 31 设函数 $y = \mathrm{e}^{3x} + x^2$,求其二阶导数 y''.

解
$$y' = (\mathrm{e}^{3x})' + (x^2)' = 3\mathrm{e}^{3x} + 2x,$$
$$y'' = (3\mathrm{e}^{3x} + 2x)' = (3\mathrm{e}^{3x})' + (2x)' = 9\mathrm{e}^{3x} + 2.$$

例 2 - 32 求 n 次多项式 $y = a_0 x^n + a_1 x^{n-1} + \cdots + a_{n-1} x + a_n$ 的各阶导数.

解
$$y' = n a_0 x^{n-1} + (n-1) a_1 x^{n-2} + \cdots + a_{n-1},$$
$$y'' = n(n-1) a_0 x^{n-2} + (n-1)(n-2) a_1 x^{n-3} + \cdots + 2a_{n-2},$$

每求一次导数,多项式的次数就降低一次,不难得到 y 的 n 阶导数是

$$y^{(n)} = n! \, a_0,$$

而

$$y^{(n+1)} = y^{(n+2)} = \cdots = 0.$$

于是,n 次多项式的一切高于 n 阶的导数都是零.

例 2 - 33 设函数 $f(x) = x \cdot \ln x$，求 $f''(1)$.

解
$$f'(x) = (x)' \cdot \ln x + x \cdot (\ln x)' = \ln x + 1,$$
$$f''(x) = (\ln x)' + 0 = \frac{1}{x},$$

故 $f''(1) = 1$.

注 欲求函数在某点处的导数值，必须先求导再代入求值. 若颠倒次序，其结果总是零.

点 滴 积 累

1. 掌握导数的四则运算法则和复合函数的求导法则（重点及难点）.

2. 掌握基本初等函数的导数公式.

3. 隐函数求导法：在方程 $F(x, y) = 0$ 两边分别对 x 求导，求导过程中要注意 y 是 x 的函数；对数求导法：对函数 $y = f(x)$ 两边同时取对数，再利用隐函数求导法求导.

4. 掌握高阶导数的概念及求简单函数的高阶导数的方法.

随堂练习 2 - 2

1. 判断下列命题是否正确. 如不正确，请举出反例：

   (1) 若函数 $u(x)$，$v(x)$ 在点 x_0 处不可导，则函数 $u(x) + v(x)$ 在点 x_0 处必定不可导；

   (2) 若函数 $u(x)$ 在点 x_0 处可导，$v(x)$ 在点 x_0 处不可导，则函数 $u(x) + v(x)$ 在点 x_0 处必定不可导.

2. 下列导数计算中有无错误？若有错误，请指出来：

   (1) 设函数 $y = \ln(1 - x)$，则 $y' = \dfrac{1}{1 - x}$；

   (2) 设函数 $y = e^{-x}$，则 $y' = -e^{-x}$，$y'' = -e^{-x}$；

   (3) 设函数 $y = x^x$，则 $y = x \cdot x^{x-1}$.

3. $f'(x_0)$ 与 $[f(x_0)]'$ 有无区别？为什么？

4. 设 A 是半径为 r 的圆的面积，如果圆面积随时间的增加而增大，请用 $\dfrac{\mathrm{d}r}{\mathrm{d}t}$ 表示 $\dfrac{\mathrm{d}A}{\mathrm{d}t}$.

5. 求曲线 $3y^2 = x^2(x + 1)$ 在点 $(2, 2)$ 处的切线方程和法线方程.

第三节　微　　分

在实际问题中，常常需要研究在自变量 x 有微小变化时，确定函数 $y = f(x)$ 相应地改变了多少. 这个问题看似简单，利用公式 $\Delta y = f(x_0 + \Delta x) - f(x_0)$ 直接计算即可. 然而，要精确计算 Δy 是非常困难的. 为使得计算既简单又有较好的精确度，下面通过两个实例，引出微分学的另一基本概念——微分.

一、微分的定义

引例 2-3（面积的改变量）

一块正方形金属薄片受热均匀膨胀,边长从 x_0 变为 $x_0 + \Delta x$,问此薄片的面积改变了多少?

解 设此薄片的边长为 x,面积为 y,则 $y = x^2$. 薄片受热时面积的改变量,可以看成当自变量 x 从 x_0 变为 $x_0 + \Delta x$ 时,函数相应的增量 Δy,即

$$\Delta y = (x_0 + \Delta x)^2 - x_0^2 = 2x_0 \Delta x + (\Delta x)^2.$$

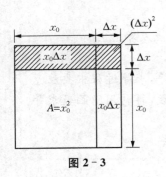

图 2-3

显然 Δy 包含两部分:第一部分 $2x_0 \Delta x$ 是 Δx 的线性函数,即图 2-3 中两个矩形面积之和;第二部分 $(\Delta x)^2$ 是图中右上角的小正方形面积. 当 $\Delta x \to 0$ 时,$(\Delta x)^2$ 是比 Δx 高阶的无穷小,即 $(\Delta x)^2 = o(\Delta x)$,说明 $(\Delta x)^2$ 比 $2x_0 \Delta x$ 要小得多,可以忽略. 因此,当 $\Delta x \to 0$ 时,面积的改变量 Δy 可以近似地用 $2x_0 \Delta x$ 表示,即 $\Delta y \approx 2x_0 \Delta x$,并且称 $2x_0 \Delta x$ 是面积函数 $y = x^2$ 在点 x_0 处的微分.

由此导出微分的概念.

定义 2-4 设函数 $y = f(x)$ 在点 x_0 的某个邻域内有定义,当自变量 x 从 x_0 变为 $x_0 + \Delta x$,相应的函数改变量为 $\Delta y = f(x_0 + \Delta x) - f(x_0)$. 若 Δy 可以表示为

$$\Delta y = A\Delta x + o(\Delta x),$$

其中 $A\Delta x$ 是 Δy 的线性主部,则称函数 $f(x)$ 在点 x_0 处**可微**,并且称线性主部 $A\Delta x$ 是函数 $f(x)$ 在点 x_0 处的**微分**,记为 $\mathrm{d}y = A\Delta x$.

注 (1) 当 $\Delta x \to 0$ 时,$o(\Delta x)$ 是比 Δx 高阶的无穷小,即 $A\Delta x$ 是 Δy 中的主要部分,因此微分就是函数改变量中的线性主部;

(2) A 必须是与 Δx 无关的常数,即 $A\Delta x$ 是 Δx 的线性函数.

下面讨论函数可微的条件. 若函数 $y = f(x)$ 在点 x_0 可微,由微分定义有 $\Delta y = A\Delta x + o(\Delta x)$,两边同除以 Δx,并取 $\Delta x \to 0$ 时的极限,有 $\lim\limits_{\Delta x \to 0} \dfrac{\Delta y}{\Delta x} = \lim\limits_{\Delta x \to 0} \left[A + \dfrac{o(\Delta x)}{\Delta x} \right] = A$,即 $A = f'(x_0)$.

由此有以下定理.

定理 2-5(可微与可导的关系) 函数 $y = f(x)$ 在点 x_0 处可微的充要条件是函数 $f(x)$ 在点 x_0 处可导,且其微分 $\mathrm{d}y = f'(x_0)\Delta x$.

当函数 $f(x) = x$ 时,函数的微分 $\mathrm{d}f(x) = \mathrm{d}x = x'\Delta x = \Delta x$,即 $\mathrm{d}x = \Delta x$. 因此我们规定自变量的微分等于自变量的增量,于是函数 $y = f(x)$ 的微分又可记作

$$\mathrm{d}y = f'(x_0)\mathrm{d}x.$$

在上式两边同时除以 $\mathrm{d}x$,即得 $\dfrac{\mathrm{d}y}{\mathrm{d}x} = f'(x_0)$. 可见,导数可以看作函数的微分与自变量的微

分之商,故导数又名"微商".

由微分的定义与定理 2－5 可知,只要求出导数,微分就求出来了.因此求微分的问题,可归结为求导数的问题,故求导数的方法又称为微分法.

例 2－34 求函数 $y = x^2$ 在 $x_0 = 2$,$\Delta x = 0.01$ 时的改变量及微分.

解 $\Delta y = (x + \Delta x)^2 - x^2 = 2.01^2 - 2^2 = 0.0401$.

已知 $\mathrm{d}x = \Delta x = 0.01$,$x = 2$,易知 $y'|_{x=2} = 2x|_{x=2} = 4$,则微分

$$\mathrm{d}y|_{x=2} = y'|_{x=2}\mathrm{d}x = 4 \times 0.01 = 0.04.$$

二、微分的几何意义

为了对微分有比较直观的了解,我们来看看微分的几何意义.

在直角坐标系中,函数 $y = f(x)$ 的图形是一条曲线.对于某一固定的 x_0 值,曲线上有一个确定点 $P(x_0, f(x_0))$,当自变量 x 有微小增量 Δx 时,就得到曲线上另一点 $Q(x_0 + \Delta x, f(x_0 + \Delta x))$,显然 $PS = \Delta x$,$QS = \Delta y$,如图 2－4 所示.

过点 P 作曲线的切线 PT,根据导数的几何意义,切线 PT 的斜率 $k = \dfrac{TS}{PS} = f'(x_0)$,则 $TS = f'(x_0) \cdot PS = f'(x_0)\Delta x$,即 $\mathrm{d}y = TS$.

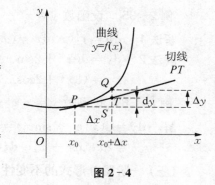

图 2－4

由此可见,微分 $\mathrm{d}y = f'(x_0)\mathrm{d}x$ 在几何上表示当自变量 x 从 x_0 变为 $x_0 + \Delta x$ 时,曲线 $y = f(x)$ 在点 x_0 处的切线的纵坐标的改变量.

一般地,$\Delta y \neq \mathrm{d}y$.但是当自变量的改变量 $|\Delta x|$ 很小时,可以用函数的微分 $\mathrm{d}y$ 近似地代替函数的改变量 Δy.从几何上看就是局部用切线的改变量近似地代替曲线函数的改变量(**以直代曲**),这在数学上称为非线性函数的局部线性化,这是微分学的基本思想方法之一.

三、基本微分公式与运算法则

由公式 $\mathrm{d}y = f'(x)\mathrm{d}x$ 可知,要计算函数 $y = f(x)$ 的微分,只要求出导数 $f'(x)$ 后再乘以自变量的微分即可.因此根据基本求导公式和求导法则,容易推导出相应的微分基本公式和运算法则.

(一) 微分的基本公式

常量函数　$\mathrm{d}(C) = 0$(C 为常数);

幂函数　$\mathrm{d}(x^\alpha) = \alpha x^{\alpha-1}\mathrm{d}x$ (α 为实数);

指数函数　$\mathrm{d}(a^x) = a^x \ln a\,\mathrm{d}x$ ($a > 0$ 且 $a \neq 1$),特别地,有 $\mathrm{d}(\mathrm{e}^x) = \mathrm{e}^x\mathrm{d}x$;

对数函数　$\mathrm{d}(\log_a x) = \dfrac{1}{x \ln a}\mathrm{d}x$ ($a > 0$ 且 $a \neq 1$),特别地,有 $\mathrm{d}(\ln x) = \dfrac{1}{x}\mathrm{d}x$;

三角函数　$\mathrm{d}(\sin x) = \cos x\,\mathrm{d}x$,　　　　　　$\mathrm{d}(\cos x) = -\sin x\,\mathrm{d}x$,

$\mathrm{d}(\tan x) = \dfrac{1}{\cos^2 x}\mathrm{d}x = \sec^2 x\,\mathrm{d}x$,　　$\mathrm{d}(\cot x) = -\dfrac{1}{\sin^2 x}\mathrm{d}x = -\csc^2 x\,\mathrm{d}x$,

$$d(\sec x) = \sec x \tan x \, dx, \qquad d(\csc x) = -\csc x \cot x \, dx;$$

反三角函数 $\quad d(\arcsin x) = \dfrac{1}{\sqrt{1-x^2}} dx, \qquad d(\arccos x) = -\dfrac{1}{\sqrt{1-x^2}} dx,$

$$d(\arctan x) = \dfrac{1}{1+x^2} dx, \qquad d(\text{arccot}\, x) = -\dfrac{1}{1+x^2} dx.$$

(二) 微分的四则运算法则

设函数 $u = u(x)$，$v = v(x)$ 在点 x 处可微，则有

(1) $d(u \pm v) = du \pm dv$；

(2) $d(uv) = v \, du + u \, dv$，特别地，$d(C \cdot u) = C \, du$（$C$ 为常数）；

(3) $d\left(\dfrac{u}{v}\right) = \dfrac{v \, du - u \, dv}{v^2}$（$v \neq 0$）.

例 2 - 35 设函数 $y = x^3 + 2\sin x$，求微分 dy.

解法 1 $\quad dy = f'(x) dx = (x^3 + 2\sin x)' dx = (3x^2 + 2\cos x) dx.$

解法 2 $\quad dy = d(x^3 + 2\sin x) = d(x^3) + d(2\sin x) = 3x^2 dx + 2\cos x \, dx$
$$= (3x^2 + 2\cos x) dx.$$

例 2 - 36 设函数 $y = x^2 e^x + \sin x$，求微分 dy.

解 $\quad dy = d(x^2 e^x + \sin x) = d(x^2 e^x) + d(\sin x) = e^x d(x^2) + x^2 d(e^x) + \cos x \, dx$
$$= 2x e^x dx + x^2 e^x dx + \cos x \, dx = (2x e^x + x^2 e^x + \cos x) dx.$$

(三) 一阶微分形式的不变性

设函数 $y = f(u)$ 可微，则它的微分为 $dy = f'(u) du.$

设函数 $y = f(u)$，$u = g(x)$ 都可微，则复合函数 $y = f[g(x)]$ 的微分为

$$dy = \{f[g(x)]\}' dx = f'[g(x)] g'(x) dx.$$

而函数 $u = g(x)$ 的微分 $du = g'(x) dx$，故 $y = f[g(x)]$ 的微分也可写成

$$dy = f'(u) du.$$

由此可见，不论 u 是自变量还是中间变量，它的微分形式都是一样的，这一性质称为一阶微分形式不变性.

因此，函数 $y = f(u)$ 的微分形式总可以写成

$$dy = f'(u) du.$$

例 2 - 37 设函数 $y = e^{x^2}$，求微分 dy.

解法 1 利用微分公式，有

$$dy = (e^{x^2})' dx = e^{x^2} (x^2)' dx = 2x e^{x^2} dx.$$

解法 2 利用一阶微分形式不变性，有

$$dy = de^{x^2} = e^{x^2} dx^2 = 2x e^{x^2} dx.$$

例 2 - 38 设函数 $y = \ln(x^2 + 3x + 1)$，求微分 dy.

解法 1 利用微分公式,有

$$\mathrm{d}y = [\ln(x^2 + 3x + 1)]'\mathrm{d}x = \frac{1}{x^2 + 3x + 1}(x^2 + 3x + 1)'\mathrm{d}x = \frac{2x + 3}{x^2 + 3x + 1}\mathrm{d}x.$$

解法 2 利用一阶微分形式不变性,有

$$\mathrm{d}y = \mathrm{d}[\ln(x^2 + 3x + 1)] = \frac{1}{x^2 + 3x + 1}\mathrm{d}(x^2 + 3x + 1) = \frac{2x + 3}{x^2 + 3x + 1}\mathrm{d}x.$$

例 2-39 求由方程 $x^2 + 2xy - y^2 = 25$ 确定的隐函数的微分 $\mathrm{d}y$ 及导数 $\dfrac{\mathrm{d}y}{\mathrm{d}x}$.

解 对方程两边求微分,得

$$2x\,\mathrm{d}x + 2(y\,\mathrm{d}x + x\,\mathrm{d}y) - 2y\,\mathrm{d}y = 0,$$

即

$$(y - x)\mathrm{d}y = (x + y)\mathrm{d}x,$$

解得隐函数的微分

$$\mathrm{d}y = \frac{y + x}{y - x}\mathrm{d}x,$$

$$\frac{\mathrm{d}y}{\mathrm{d}x} = \frac{y + x}{y - x}.$$

四、微分在近似计算中的应用

由微分的几何意义知道,当函数 $y = f(x)$ 在 x_0 处的导数 $f'(x_0) \neq 0$,且 $|\Delta x|$ 很小时,可以用 $\mathrm{d}y$ 近似函数的改变量 Δy,即 $\Delta y \approx \mathrm{d}y$. 又由微分概念 $\Delta y = f(x_0 + \Delta x) - f(x_0)$,$\mathrm{d}y = f'(x_0)\Delta x$,可得

$$f(x_0 + \Delta x) - f(x_0) \approx f'(x_0)\Delta x,$$

或

$$f(x_0 + \Delta x) \approx f(x_0) + f'(x_0)\Delta x.$$

若已知 $f(x_0)$,但在点 x_0 附近的函数值 $f(x_0 + \Delta x)$ 不易计算时,这个公式提供了求函数近似值的办法.

上式中,令 $x_0 + \Delta x = x$,则

$$f(x) \approx f(x_0) + f'(x_0)(x - x_0).$$

若取 $x_0 = 0$,当 $|x| = |\Delta x|$ 很小时,有

$$f(x) \approx f(0) + f'(0)x.$$

因此,当 $|x|$ 很小时,可推得一些常用的近似公式:

(1) $\sqrt[n]{1 + x} \approx 1 + \dfrac{1}{n}x$; $\qquad$ (2) $\ln(1 + x) \approx x$; $\qquad$ (3) $\mathrm{e}^x \approx 1 + x$;

(4) $\sin x \approx x$（x 用弧度单位）;　　　(5) $\tan x \approx x$（x 用弧度单位）.

例 2-40　计算 $\sqrt{1.06}$ 的近似值.

解　设 $f(x)=\sqrt{x}$，注意到 $f(1.06)=\sqrt{1.06}$ 不易计算，但 $f(1)=1$，这里 $x_0=1$，$x=1.06$，由于点 x 很接近 x_0，故 $f(x)$ 在点 $x_0=1$ 处的函数值近似为

$$f(x) \approx f(x_0)+f'(x_0)(x-x_0)=f(1)+f'(1)(1.06-1)=1+\frac{1}{2}(0.06)=1.03.$$

例 2-41　某球体的半径从 $1\,\mathrm{cm}$ 增加到 $1.01\,\mathrm{cm}$，试求其体积的增量的近似值.

解　设球体的半径为 r，体积 $V=\frac{4}{3}\pi r^3$，而球体体积的增量就是当半径 r 自 r_0 取得增量 Δr 时的增量 ΔV. 我们先求导数

$$V'(r_0)=\left(\frac{4}{3}\pi r^3\right)' \bigg|_{r=r_0}=4\pi r_0^2,$$

现 $r_0=1$，$\Delta r=0.01$，由式 $\Delta y \approx f'(x_0)\Delta x$ 得

$$\Delta V \approx V'(r_0)\Delta r=4\pi r_0^2 \Delta r \approx 4 \times 3.14 \times 1^2 \times 0.01=0.126(\mathrm{cm}^3).$$

即球体的体积的增量大约为 $0.126\,\mathrm{cm}^3$.

点 滴 积 累

1. 函数在点 x_0 可微：函数增量可以写成形式 $\Delta y=A\Delta x+o(\Delta x)$.

函数在点 x_0 处的微分：$\mathrm{d}y=f'(x_0)\Delta x$.

导数与微分的关系：函数在点 x_0 处可微 $\Longleftrightarrow$ 函数 $f(x)$ 在点 x_0 处可导.

微分的计算：$\mathrm{d}y=f'(x)\mathrm{d}x$.

2. 掌握基本微分公式与微分运算法则.

3. 掌握微分的应用——近似计算：$f(x_0+\Delta x) \approx f(x_0)+f'(x_0)\Delta x$.

随堂练习 2-3

1. 判断下列命题是否正确. 如正确，请说明原因；如不正确，请举出反例：

(1) 若函数 $y=f(x)$ 在点 x 处可微，则函数 $y=f(x)$ 在点 x 处连续；

(2) 若函数 $y=f(x)$ 在点 x 处连续，则函数 $y=f(x)$ 在点 x 处可微.

2. "微分"与"导数"有何联系？又有何区别？其几何意义又是什么？

3. 求下列函数的微分：

　(1) $f(x)=3x^3$;　　　　　　　(2) $y=2e^{2x}$;　　　　　　　(3) $y=\sin ax$.

4. 求 $\sqrt[3]{1.01}$，$\sin 31°$ 的近似值.

第四节　导数的应用

我们已经研究了导数概念及求导法则，本节将利用导数来进一步研究函数的某些性态，

并利用这些知识来解决一些实际问题. 下面介绍在微分学中非常重要的中值定理——拉格朗日中值定理.

一、拉格朗日中值定理

定理 2-6(拉格朗日中值定理)　若函数 $f(x)$ 满足：

(1) 在闭区间 $[a,b]$ 上连续；

(2) 在开区间 (a,b) 内可导；

则在开区间 (a,b) 内至少存在一点 ξ，使得

$$f(b)-f(a)=f'(\xi)(b-a),$$

或

$$\frac{f(b)-f(a)}{b-a}=f'(\xi).$$

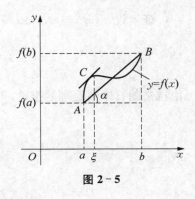

图 2-5

如图 2-5 所示，弦 AB 的斜率为 $\dfrac{f(b)-f(a)}{b-a}$，点 C 处的切线斜率为 $f'(\xi)$. 定理 2-6 的几何意义是：如果连续曲线 $f(x)$ 的弧 $\overset{\frown}{AB}$ 上除端点外，处处具有不垂直于 x 轴的切线，则在曲线弧 $\overset{\frown}{AB}$ 上至少存在一点 C，使点 C 的切线平行于弦 AB.

图 2-6 表明，如果定理中有任一条件不满足，则定理的结论就可能不成立，即不能保证在曲线弧上存在点 C，使该点的切线平行于弦 AB.

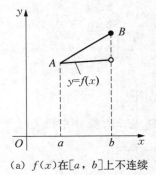
(a) $f(x)$ 在 $[a,b]$ 上不连续

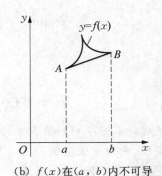
(b) $f(x)$ 在 (a,b) 内不可导

图 2-6

推论 2-1　若函数 $f(x)$ 在区间 (a,b) 内 $f'(x)=0$，则在 (a,b) 内 $f(x)=C$（C 为常数）.

推论 2-2　若函数 $f(x)$，$g(x)$ 在区间 (a,b) 内满足 $f'(x)=g'(x)$，则在 (a,b) 内 $f(x)=g(x)+C$（C 为常数）.

例 2-42　写出函数 $f(x)=\sqrt{x}$ 在闭区间 $[1,4]$ 上所满足的拉格朗日公式，并求出满足拉格朗日公式的 ξ.

解 由于 $f(x)=\sqrt{x}$ 在闭区间 $[1,4]$ 上连续,在开区间 $(1,4)$ 内可导,所以,开区间 $(1,4)$ 内至少存在一点 ξ,使得满足拉格朗日公式

$$\sqrt{4}-\sqrt{1}=\frac{1}{2\sqrt{\xi}}(4-1),$$

解得

$$\xi=\frac{9}{4}.$$

例 2-43 证明:$\arcsin x+\arccos x=\dfrac{\pi}{2}$,$x\in[-1,1]$.

证 设 $f(x)=\arcsin x+\arccos x$,则 $f(x)$ 在 $(-1,1)$ 内可导,且

$$f'(x)=\frac{1}{\sqrt{1-x^2}}+\frac{-1}{\sqrt{1-x^2}}=0,$$

由拉格朗日中值定理的推论,得

$$f(x)=\arcsin x+\arccos x=C.$$

取 $x=\dfrac{1}{2}$,有

$$f\left(\frac{1}{2}\right)=\arcsin\frac{1}{2}+\arccos\frac{1}{2}=C,$$

即 $C=\dfrac{\pi}{2}$. 又 $f(-1)=f(1)=\dfrac{\pi}{2}$,所以

$$\arcsin x+\arccos x=\frac{\pi}{2}.$$

🕮 知识链接

罗尔中值定理

罗尔中值定理是微分学中一条重要的定理,是三大微分中值定理之一,其余两个为拉格朗日中值定理、柯西中值定理.

罗尔中值定理 若函数 $f(x)$ 满足:

(1) 在闭区间 $[a,b]$ 上连续;

(2) 在开区间 (a,b) 内可导;

(3) 在区间端点处的函数值相等,即 $f(a)=f(b)$;

那么在 (a,b) 内至少存在一点 ξ,使得 $f'(\xi)=0$.

罗尔中值定理的几何意义是,在每一点都可导的一段连续曲线上,如果曲线的两端点高度相同,则至少存在一条水平切线.

定理中的 3 个条件缺少任意一个,结论都不成立. 若把第三个条件取消,但仍保留其余两个条件,就得到微分学中十分重要的拉格朗日中值定理.

二、洛必达法则

(一) 柯西中值定理

柯西中值定理是拉格朗日中值定理的一个推广. 这种推广的主要意义在于给出洛必达法则.

定理 2–7(柯西中值定理)　设 $y=f(x)$ 与 $y=g(x)$ 在 $[a,b]$ 上连续, 在 (a,b) 内可导, 且 $g'(x)\neq 0$, 则在 (a,b) 内至少存在一点 ξ, 使得

$$\frac{f(b)-f(a)}{g(b)-g(a)}=\frac{f'(\xi)}{g'(\xi)}.$$

作为特例, 当 $g(x)=x$ 时, 上式就变成拉格朗日公式

$$\frac{f(b)-f(a)}{b-a}=f'(\xi),$$

从而表明柯西中值定理是拉格朗日中值定理的推广.

(二) 洛必达法则

如果当 $x\to x_0$ 时, 函数 $f(x)$ 与 $g(x)$ 都趋于 0 或 ∞, 即它们的极限 $\lim\limits_{x\to x_0}f(x)=0$ 或 ∞, $\lim\limits_{x\to x_0}g(x)=0$ 或 ∞, 那么极限 $\lim\limits_{x\to x_0}\dfrac{f(x)}{g(x)}$ 可能存在, 也可能不存在, 通常把它称为**未定式** (或**不定式**), 用 $\dfrac{0}{0}$ 或 $\dfrac{\infty}{\infty}$ 表示. 例如, $\lim\limits_{x\to 0}\dfrac{\sin x}{x}$ 就是一 $\dfrac{0}{0}$ 型未定式, $\lim\limits_{x\to+\infty}\dfrac{\ln x}{x}$ 则是 $\dfrac{\infty}{\infty}$ 型未定式. 洛必达法则就是以导数为工具计算未定式极限的方法.

下面我们着重讨论当 $x\to x_0$ 时的 $\dfrac{0}{0}$ 型 $\left(\text{或}\dfrac{\infty}{\infty}\text{型}\right)$ 未定式的洛必达法则.

定理 2–8(洛必达法则)　设
(1) 当 $x\to x_0$ 时, $f(x)$ 及 $g(x)$ 都趋于 0 或都趋于无穷大;
(2) 在点 x_0 的某去心邻域内, $f'(x)$, $g'(x)$ 均存在, 且 $g'(x)\neq 0$;
(3) $\lim\limits_{x\to x_0}\dfrac{f'(x)}{g'(x)}$ 存在或为无穷大, 则

$$\lim\limits_{x\to x_0}\frac{f(x)}{g(x)}=\lim\limits_{x\to x_0}\frac{f'(x)}{g'(x)}.$$

证　由于极限 $\lim\limits_{x\to x_0}\dfrac{f(x)}{g(x)}$ 与 $f(x_0)$, $g(x_0)$ 无关, 不妨设 $f(x_0)=g(x_0)=0$. 如果 x 为点 x_0 的某去心邻域内的任意一点, 由条件(2)可知, $f(x)$, $g(x)$ 在 $[x_0,x]$ (或 $[x,x_0]$) 上满足柯西中值定理, 有

$$\frac{f(x)}{g(x)}=\frac{f(x)-f(x_0)}{g(x)-g(x_0)}=\frac{f'(\xi)}{g'(\xi)}\ (\xi \text{ 在 } x_0 \text{ 与 } x \text{ 之间}).$$

当 $x\to x_0$ 时, $\xi\to x_0$, 上式两端求极限, 由条件(3)可得

$$\lim_{x \to x_0} \frac{f(x)}{g(x)} = \lim_{\xi \to x_0} \frac{f'(\xi)}{g'(\xi)} = \lim_{x \to x_0} \frac{f'(x)}{g'(x)}.$$

可以证明，将上边定理中的 $x \to x_0$，换成 $x \to \infty$，$x \to +\infty$ 或 $x \to -\infty$，调整相应条件，定理也成立.

例 2-44　求 $\lim\limits_{x \to 1} \dfrac{x^2 - x}{e^x - e}$.

解　$\lim\limits_{x \to 1} \dfrac{x^2 - x}{e^x - e} \overset{\frac{0}{0}}{=\!=\!=} \lim\limits_{x \to 1} \dfrac{(x^2 - x)'}{(e^x - e)'} = \lim\limits_{x \to 1} \dfrac{2x - 1}{e^x} = \dfrac{1}{e}$.

如果 $\dfrac{f'(x)}{g'(x)}$ 的极限仍属 $\dfrac{0}{0}$ 或 $\dfrac{\infty}{\infty}$ 型，且满足定理中的条件，那么可以继续施用洛必达法则，即

$$\lim \frac{f(x)}{g(x)} = \lim \frac{f'(x)}{g'(x)} = \lim \frac{f''(x)}{g''(x)},$$

直到它不再是未定式或不满足洛必达法则的条件为止.

例 2-45　求 $\lim\limits_{x \to 0} \dfrac{x - \sin x}{x^3}$.

解　$\lim\limits_{x \to 0} \dfrac{x - \sin x}{x^3} \overset{\frac{0}{0}}{=\!=\!=} \lim\limits_{x \to 0} \dfrac{(x - \sin x)'}{(x^3)'} = \lim\limits_{x \to 0} \dfrac{1 - \cos x}{3x^2} \overset{\frac{0}{0}}{=\!=\!=} \lim\limits_{x \to 0} \dfrac{\sin x}{6x} = \dfrac{1}{6}$.

例 2-46　求 $\lim\limits_{x \to 1} \dfrac{x^3 - 3x + 2}{x^3 - x^2 - x + 1}$.

解　$\lim\limits_{x \to 1} \dfrac{x^3 - 3x + 2}{x^3 - x^2 - x + 1} = \lim\limits_{x \to 1} \dfrac{3x^2 - 3}{3x^2 - 2x - 1} = \lim\limits_{x \to 1} \dfrac{6x}{6x - 2} = \dfrac{3}{2}$.

例 2-47　求 $\lim\limits_{x \to +\infty} \dfrac{x^2}{e^x}$.

解　$\lim\limits_{x \to +\infty} \dfrac{x^2}{e^x} \overset{\frac{\infty}{\infty}}{=\!=\!=} \lim\limits_{x \to +\infty} \dfrac{2x}{e^x} \overset{\frac{\infty}{\infty}}{=\!=\!=} \lim\limits_{x \to +\infty} \dfrac{2}{e^x} = 0$.

例 2-48　求 $\lim\limits_{x \to 0^+} \dfrac{\ln \sin x}{\ln x}$.

解　$\lim\limits_{x \to 0^+} \dfrac{\ln \sin x}{\ln x} \overset{\frac{\infty}{\infty}}{=\!=\!=} \lim\limits_{x \to 0^+} \dfrac{\frac{\cos x}{\sin x}}{\frac{1}{x}} = \lim\limits_{x \to 0^+} \left(\dfrac{x}{\sin x} \cdot \cos x \right) = 1$.

注　（1）每次使用洛必达法则求未定式时，必须检验所求极限是否属于 $\dfrac{0}{0}$ 或 $\dfrac{\infty}{\infty}$ 型未定式，例如 $\lim\limits_{x \to 0} \dfrac{\cos x}{x - 1}$ 不是 $\dfrac{0}{0}$ 或 $\dfrac{\infty}{\infty}$ 型未定式，就不能用洛必达法则.

（2）应用洛必达法则求未定式时，若能灵活应用等价无穷小替换或恒等变形进行简化，可使运算更简捷.

（3）当 $\lim \dfrac{f'(x)}{g'(x)}$ 不存在（不包括 ∞）时，并不能判定极限 $\lim \dfrac{f(x)}{g(x)}$ 也不存在，此时应使用其他方法求极限.

例 2-49 求 $\lim\limits_{x\to 0}\dfrac{\tan x-x}{x^2\sin x}$.

分析：若直接用洛必达法则计算，分母求导会较烦琐. 但如果借助当 $x\to 0$ 时，$\sin x\sim x$ 进行等价无穷小替换，运算就简便多了.

解
$$\lim_{x\to 0}\frac{\tan x-x}{x^2\sin x}=\lim_{x\to 0}\frac{\tan x-x}{x^3}=\lim_{x\to 0}\frac{\sec^2 x-1}{3x^2}$$
$$=\lim_{x\to 0}\frac{\tan^2 x}{3x^2}=\lim_{x\to 0}\frac{x^2}{3x^2}=\frac{1}{3}.$$

例 2-50 证明 $\lim\limits_{x\to\infty}\dfrac{x-\sin x}{x+\sin x}$ 存在，但不能用洛必达法则求解.

证 $\lim\limits_{x\to\infty}\dfrac{x-\sin x}{x+\sin x}$ 属于 $\dfrac{\infty}{\infty}$ 型未定式，如果按照洛必达法则有

$$\lim_{x\to\infty}\frac{x-\sin x}{x+\sin x}=\lim_{x\to\infty}\frac{1-\cos x}{1+\cos x},$$

因为 $\lim\limits_{x\to\infty}\cos x$ 不存在，所以上式中最后一式的极限不存在，不能用洛必达法则求出. 但并不表明原未定式不存在，这是因为

$$\lim_{x\to\infty}\frac{x-\sin x}{x+\sin x}=\lim_{x\to\infty}\frac{1-\dfrac{\sin x}{x}}{1+\dfrac{\sin x}{x}}=\frac{\lim\limits_{x\to\infty}\left(1-\dfrac{\sin x}{x}\right)}{\lim\limits_{x\to\infty}\left(1+\dfrac{\sin x}{x}\right)}=1.$$

除了 $\dfrac{0}{0}$ 和 $\dfrac{\infty}{\infty}$ 型之外，未定式还有其他几种类型，如 $0\cdot\infty$，1^∞，0^0，∞^0，$\infty-\infty$ 等，都可以通过恒等变形化为 $\dfrac{0}{0}$ 或 $\dfrac{\infty}{\infty}$ 型处理.

例 2-51 求 $\lim\limits_{x\to 0^+}x^n\ln x\,(n>0)$.

解 这是 $0\cdot\infty$ 型未定式，将其化为 $\dfrac{\infty}{\infty}$ 型，有

$$\lim_{x\to 0^+}x^n\ln x=\lim_{x\to 0^+}\frac{\ln x}{x^{-n}}=\lim_{x\to 0^+}\frac{\dfrac{1}{x}}{-nx^{-n-1}}=-\lim_{x\to 0^+}\frac{x^n}{n}=0.$$

例 2-52 求 $\lim\limits_{x\to\frac{\pi}{2}}(\sec x-\tan x)$.

解 这是 $\infty-\infty$ 型未定式，通分后将其化为 $\dfrac{0}{0}$ 型，有

$$\lim_{x\to\frac{\pi}{2}}(\sec x-\tan x)=\lim_{x\to\frac{\pi}{2}}\frac{1-\sin x}{\cos x}=\lim_{x\to\frac{\pi}{2}}\frac{0-\cos x}{-\sin x}=0.$$

例 2-53 求 $\lim\limits_{x \to 0} x^{\sin x}$.

解 这是 0^0 型未定式,恒等变形后有

$$\lim_{x \to 0} x^{\sin x} = \lim_{x \to 0} e^{\sin x \ln x} = e^{\lim\limits_{x \to 0} \sin x \ln x} = e^0 = 1.$$

其中,

$$\lim_{x \to 0} \sin x \ln x = \lim_{x \to 0} \frac{\ln x}{\csc x} = \lim_{x \to 0} \frac{\dfrac{1}{x}}{-\csc x \cot x} = -\lim_{x \to 0} \left(\frac{\sin x}{x} \cdot \tan x \right) = 0.$$

三、函数的单调性

第一章中已经介绍了函数在区间上单调的概念.下面利用导数对函数的单调性进行研究.

如图 2-7 所示,如果函数 $y = f(x)$ 在 $[a, b]$ 上单调增加(或单调减少),则它的图形是一条沿 x 轴正向上升(或下降)的曲线,曲线上各点处的切线与 x 轴正向的夹角是锐角(或钝角),即切线斜率 $f'(x) > 0$(或 < 0). 由此可见,函数单调性与其导数的正负有关,下面给出判断函数单调性的充分条件.

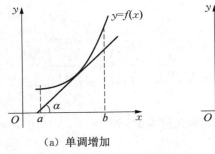
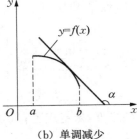

(a) 单调增加   (b) 单调减少

图 2-7

定理 2-9(函数单调性的判定法) 设函数 $y = f(x)$ 在 $[a, b]$ 上连续,在 (a, b) 内可导,那么

(1) 如果在 (a, b) 内 $f'(x) > 0$,则函数 $y = f(x)$ 在 $[a, b]$ 上单调增加;

(2) 如果在 (a, b) 内 $f'(x) < 0$,则函数 $y = f(x)$ 在 $[a, b]$ 上单调减少.

证 在 (a, b) 内任取两点,不妨设 $x_1 < x_2$,则 $f(x)$ 在 $[x_1, x_2]$ 上满足拉格朗日中值定理的条件,即在 (x_1, x_2) 内至少存在一点 ξ,使

$$f(x_2) - f(x_1) = f'(\xi)(x_2 - x_1).$$

由于在 (a, b) 内 $f'(x) > 0$,自然 $f'(\xi) > 0$,且 $x_2 - x_1 > 0$,有 $f(x_2) - f(x_1) = f'(\xi)(x_2 - x_1) > 0$,即 $f(x_2) > f(x_1)$. 由于 x_1,x_2 的任意性,因此函数 $f(x)$ 在 $[a, b]$ 上单调增加.

同理可证,如果 $f'(x) < 0$,则函数 $f(x)$ 在 $[a, b]$ 上单调减少.

注 (1) 定理2-9中的有限区间改成各种无限区间,结论仍成立.

(2) 定理2-9中的条件 $f'(x)>0$(或<0)改为 $f'(x)\geqslant 0$(或$\leqslant 0$),结论仍成立,即区间内个别点处导数为零并不影响函数在该区间上的单调性. 例如,虽然 $y=x^3$ 的导数 $y'=3x^2$ 在 $x=0$ 处为零,但 $y=x^3$ 在 $(-\infty,+\infty)$ 内单调增加.

例2-54 讨论函数 $y=1+x-e^x$ 的单调性.

解 所给函数的定义域为 $(-\infty,+\infty)$,且

$$y'=1-e^x.$$

令 $y'=0$,得 $x=0$,它将定义域分成两个子区间:$(-\infty,0)$,$(0,+\infty)$.

当 $x<0$ 时,$y'>0$,则函数在区间 $(-\infty,0]$ 内单调增加.

当 $x>0$ 时,$y'<0$,则函数在区间 $[0,+\infty)$ 内单调减少.

例2-55 讨论函数 $y=3x^2-x^3$ 的单调性.

解 所给函数的定义域为 $(-\infty,+\infty)$,且

$$y'=6x-3x^2=3x(2-x).$$

令 $y'=0$,得两个根 $x=0$,$x=2$. 它们将定义域分成3个子区间:$(-\infty,0)$,$(0,2)$,$(2,+\infty)$.

在区间 $(-\infty,0)$ 和 $(2,+\infty)$ 内,$y'<0$,则函数在区间 $(-\infty,0]$ 和 $[2,+\infty)$ 内单调减少;在区间 $(0,2)$ 内,$y'>0$,则函数在区间 $[0,2]$ 内单调增加,如图2-8所示.

例2-56 讨论函数 $y=\sqrt[3]{x^2}$ 的单调性.

解 所给函数的定义域为 $(-\infty,+\infty)$,且当 $x\neq 0$ 时,

$$y'=\frac{2}{3\sqrt[3]{x}}.$$

显然,当 $x=0$ 时,函数的导数不存在,但在 $(-\infty,0)$ 内,$y'<0$,因此函数在该区间内单调减少;在区间 $(0,+\infty)$ 内,$y'>0$,则函数在该区间内单调增加.

如图2-9所示,$x=0$ 是函数 $y=\sqrt[3]{x^2}$ 单调增加与单调减少的分界点,而在该点处导数不存在.

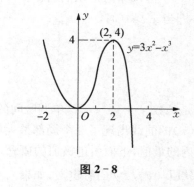

图2-8

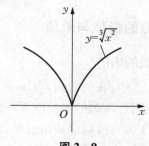

图2-9

由上述两例,可得确定函数 $y=f(x)$ 单调性的步骤如下:

(1) 确定函数的定义域,求出一阶导数 y';

(2) 求出所有可能极值点,即 $y'=0$ 的点(称为驻点)和不存在的点(称为不可导点);

(3) 可能极值点把定义域划分成若干个小区间,讨论在各个小区间上的导数符号,判定在各个小区间上的函数的单调性.

例 2-57 　确定函数 $y=(2x-5)\sqrt[3]{x^2}$ 的单调区间.

解 　(1) 函数定义域为 $(-\infty,+\infty)$,且

$$y'=2\sqrt[3]{x^2}+(2x-5)\frac{2}{3\sqrt[3]{x}}=\frac{10(x-1)}{3\sqrt[3]{x}}.$$

(2) 令 $y'=0$,解得 $x=1$;而当 $x=0$ 时,y' 不存在.

(3) 用 $x=0$,$x=1$ 把定义域 $(-\infty,+\infty)$ 划分成 3 个小区间,$(-\infty,0)$,$(0,1)$ 和 $(1,+\infty)$.

在区间 $(-\infty,0)$ 内 $y'>0$,所以函数在区间 $(-\infty,0)$ 内单调增加;在区间 $(0,1]$ 内,$y'<0$,所以函数在区间 $(0,1]$ 内单调减少;在区间 $[1,+\infty)$ 内,$y'>0$,则函数在区间 $[1,+\infty)$ 内单调增加.

也可列表 2-1 讨论.可见函数在 $(-\infty,0)$,$(1,+\infty)$ 上单调增加,在 $(0,1)$ 上单调减少.

表 2-1

x	$(-\infty,0)$	0	$(0,1)$	1	$(1,+\infty)$
y'	+	不存在	−	0	+
y	↗		↘		↗

下面我们举一个利用函数的单调性证明不等式的例子.

例 2-58 　证明:当 $x>0$ 时,$e^x>x$.

证 　令 $f(x)=e^x-x$,可知 $f(x)$ 在 $[0,+\infty)$ 上连续,又 $f'(x)=e^x-1$,所以,在区间 $(0,+\infty)$ 内,有 $f'(x)>0$,因此,$f(x)$ 在 $[0,+\infty)$ 上单调增加,从而当 $x>0$ 时,有 $f(x)>f(0)=1>0$,即当 $x>0$ 时,$e^x-x>0$,亦即当 $x>0$ 时,$e^x>x$.

四、函数的极值与最值

(一) 函数的极值

在例 2-55 中,我们看到,点 $x=0$ 及 $x=2$ 是函数 $y=3x^2-x^3$ 单调区间的分界点,即函数在这些点附近两侧的单调性不一致,从而 $f(x)$ 的曲线出现了一个局部最大值或局部最小值,为了便于像这样局部地研究函数在某邻域内的最值,下面引进极值的概念.

定义 2-5 　设函数 $y=f(x)$ 在 x_0 的某邻域 $U(x_0,\delta)$ 内有定义,如果当 $x\in\mathring{U}(x_0,\delta)$ 时,恒有 $f(x)>f(x_0)$[或 $f(x)<f(x_0)$],则称 $f(x_0)$ 是函数 $y=f(x)$ 的一个**极小值**(或**极大值**).函数的极小值和极大值统称为函数的**极值**,使函数取得极值的点称为**极**

值点.

注 （1）极值是局部概念,故有可能发生极小值大于极大值的情况. 例如,在图 2−10 中,$f(x_1)$, $f(x_4)$, $f(x_6)$ 是极大值,$f(x_2)$, $f(x_5)$ 是极小值,显然极小值 $f(x_5)$ 大于极大值 $f(x_1)$.

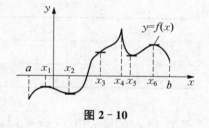

图 2−10

（2）观察图 2−10 中的极值点,发现取到极值的点不外乎两类情况:不可导的点（如 x_4）及**驻点**（如 x_6,该点具有水平切线,即一阶导数为零）. 反之,这样的点不一定是极值点（如 x_3）. 因此,可能极值点从函数的驻点和不可导的点处取得.

定理 2−10(极值的必要条件) 如果函数 $f(x)$ 在点 x_0 处可导,且在 x_0 处取得极值,则 $f'(x_0)=0$.

定理 2−10 告诉我们,可导函数 $f(x)$ 的极值点必是 $f(x)$ 的驻点. 反过来,驻点却不一定是 $f(x)$ 的极值点. 如 $x=0$ 是函数 $y=x^3$ 的驻点,但不是其极值点.

对于可能极值点,还须进一步分析判定是否在该点取到极值. 观察图 2−10,容易发现:在极值点的左右两侧函数单调性相反（对于极大值点两侧,是先增后减;对于极小值点两侧,是先减后增）,而在非极值点（如 x_3）的左右两侧,函数的单调性相同. 结合定理 2−10,下面给出求极值的第一充分条件.

定理 2−11(极值第一判别法) 设 $f(x)$ 在点 x_0 处连续,在点 x_0 的某一空心邻域内可导,那么

（1）若当 $x<x_0$ 时,$f'(x)>0$,而当 $x>x_0$ 时,$f'(x)<0$,则 $f(x_0)$ 是函数 $f(x)$ 的极大值;

（2）若当 $x<x_0$ 时,$f'(x)<0$,而当 $x>x_0$ 时,$f'(x)>0$,则 $f(x_0)$ 是函数 $f(x)$ 的极小值;

（3）如果在 x_0 的左右邻域内 $f'(x)$ 同号,则 $f(x_0)$ 不是 $f(x)$ 的极值.

综上分析,求连续函数 $f(x)$ 极值的步骤如下:

（1）确定函数的定义域,求出一阶导数 $f'(x)$;

（2）求出 $f(x)$ 在定义域内的全部驻点及不可导点;

（3）用驻点与不可导点把定义域划分成若干个小区间,确定各个小区间上 $f'(x)$ 的符号,进而确定函数的极值点;

（4）算出各极值点的函数值,得到 $f(x)$ 的全部极值.

例 2−59 求 $f(x)=(5-x)x^{\frac{2}{3}}$ 的极值.

解 $f(x)$ 在定义域 $(-\infty, +\infty)$ 上连续,且

$$f'(x)=-x^{\frac{2}{3}}+(5-x)\cdot\frac{2}{3}x^{-\frac{1}{3}}=\frac{-5(x-2)}{3\sqrt[3]{x}}.$$

令 $f'(x_0)=0$,得驻点 $x=2$,而当 $x=0$ 时,$f'(x)$ 不存在. 列表 2−2 讨论:

表 2-2

x	$(-\infty, 0)$	0	$(0, 2)$	2	$(2, +\infty)$
$f'(x)$	—	不存在	+	0	—
$f(x)$	↓	极小值	↑	极大值	↓

算出 $f(x)$ 的极大值 $f(2)=3\sqrt[3]{4}$,极小值 $f(0)=0$.

如果函数 $f(x)$ 在驻点处具有非零二阶导数,则可以利用下述定理来判定驻点是否为极值点.

定理 2-12(极值第二判别法) 设 $f(x)$ 在 x_0 处具有二阶导数,且 $f'(x_0)=0$,$f''(x_0)\neq 0$,那么

(1) 当 $f''(x_0)<0$ 时,则 $f(x)$ 在 x_0 处取得极大值;

(2) 当 $f''(x_0)>0$ 时,则 $f(x)$ 在 x_0 处取得极小值.

例 2-60 求函数 $f(x)=x^3-6x^2+9x$ 的极值.

解 $f(x)$ 的定义域是 $(-\infty, +\infty)$,且 $f'(x)=3x^2-12x+9$,$f''(x)=6x-12$.

令 $f'(x)=0$,得驻点 $x_1=1$,$x_2=3$.

因 $f''(1)=-6<0$,故 $f(1)=4$ 为极大值.

$f''(3)=6>0$,故 $f(3)=0$ 为极小值.

例 2-61 求函数 $f(x)=(x^2-1)^3+1$ 的极值.

解 $f(x)$ 的定义域是 $(-\infty, +\infty)$,且

$$f'(x)=6x(x^2-1)^2, \quad f''(x)=6(x^2-1)(5x^2-1).$$

令 $f'(x)=0$,得驻点 $x_1=-1$,$x_2=0$,$x_3=1$.

因 $f''(0)=6>0$,故 $f(0)=0$ 为极小值.

因 $f''(-1)=f''(1)=0$,故用定理 2-12 无法判别.考察一阶导数 $f'(x)$ 在驻点 $x_1=-1$ 及 $x_3=1$ 左右邻近的符号,$x=-1$ 处左端 $f'(x)<0$,右端即区间 $(-1, 0)$ 内,$f'(x)<0$,按定理 2-11,$f(x)$ 在 $x_1=-1$ 处没有极值,同理函数在 $x_3=1$ 也没有极值.

由例 2-61 可知,如果函数具有不可导的点或者在驻点处的二阶导数为零,那么只能用定理 2-11 判定极值.

(二) 函数的最值

在医药学中,常常会遇到这些问题:口服或肌注一定剂量的某种药物后,血药浓度何时能达到最高值? 在一定条件下,如何使用药物"最经济"? "疗效最佳"? "毒性最小"? 等等. 这类问题在数学上常常可归结为求某一函数的最大值或最小值. 这里以导数为工具,研究这类最值问题.

从前面的讨论可知,函数的最值与函数的极值是两个不同的概念. 前者是整体概念,是就整个定义域而言的;后者是局部概念,仅就某个邻域而言.

在第一章中,我们已经知道,闭区间上的连续函数一定存在最大值和最小值. 函数在闭区间上的最大值和最小值只能是区间内的极值点及端点的函数值. 因此,求闭区间上连续函

数的最大值和最小值时，只需将可能极值点（驻点及导数不存在的点）和端点的函数值求出来，比较这些数值的大小，即可得出这些函数的最大值和最小值.

综上分析，求闭区间 $[a,b]$ 上连续函数 $f(x)$ 的最值的步骤如下：

（1）求出函数 $f(x)$ 在开区间 (a,b) 内的所有驻点及不可导点；

（2）比较端点 a,b 及（1）中求得点处的函数值，函数值最大者为最大值，最小者为最小值.

例 2-62 求函数 $f(x) = x^3 + 3x^2$ 在 $[-5,5]$ 上的最大值及最小值.

解 函数 $f(x)$ 在定义区间 $(-\infty, +\infty)$ 内连续，自然在 $[-5,5]$ 上连续，所以 $f(x)$ 在 $[-5,5]$ 上存在最大值和最小值.

（1）求函数的导数 $f'(x) = 3x(x+2)$. 令 $f'(x) = 0$，得驻点 $x = -2$，$x = 0$.

（2）计算函数值 $f(-2) = 4$，$f(0) = 0$，$f(-5) = -50$，$f(5) = 200$.

比较这些函数值，可得 $f(x)$ 在 $[-5,5]$ 上的最大值是 $f(5) = 200$，最小值是 $f(-5) = -50$.

注 （1）如果函数在 $[a,b]$ 上是单调函数，则最值分别在两个端点处取到；

（2）如果连续函数 $f(x)$ 在区间（包括无限区间）内具有唯一极值，或者是极大值，或者是极小值，则该极值同时也是函数的最大值或最小值，如图 2-11 所示.

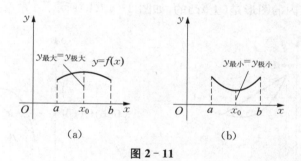

图 2-11

求实际问题的最值，首先必须建立函数关系. 由于实际意义的考量，往往只需要求目标函数的最大值或最小值. 如果实际问题存在相应最值，且在所讨论的区间内函数 $f(x)$ 具有唯一驻点 x_0，则函数 $f(x)$ 必在该点 x_0 取到相应的最值.

例 2-63 已知口服一定剂量的某种药物后，其血中的药物浓度 C 与时间 t 的关系可表示为 $C = 36(e^{-0.4t} - e^{-2.4t})$，问 t 为何值时，血药浓度最高？并求其最高浓度.

解 由实际意义可知浓度函数 C 的定义域为 $[0, +\infty)$，且

$$C' = 36(-0.4e^{-0.4t} + 2.4e^{-2.4t}).$$

令 $C' = 0$，可得唯一驻点 $t = \dfrac{\ln 6}{2}$. $C'' = 36(0.16e^{-0.4t} - 5.76e^{-2.4t})$，而 $C''\left(\dfrac{\ln 6}{2}\right) =$

$36(0.16e^{-0.4 \cdot \frac{\ln 6}{2}} - 5.76e^{-2.4 \cdot \frac{\ln 6}{2}}) < 0$. 故当 $t = \dfrac{\ln 6}{2}$ 时，C 取极大值，为 $C\left(\dfrac{\ln 6}{2}\right) = 20.96$.

由于 C 在 $[0, +\infty)$ 只有一个极大值点，因此当 $t = \dfrac{\ln 6}{2} \approx 0.90$ 时，函数 C 达到最大值，即当时间 $t \approx 0.90$ 时，血药浓度最大，其最大浓度为 20.96.

五、函数曲线的凹凸性与拐点

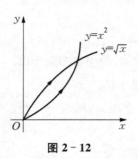

图 2 - 12

前面我们研究了函数的单调性与极值,这对描绘函数的图形有很大帮助.但仅仅知道这些,还不能比较准确地描绘出函数的图形.例如,图 2 - 12 中两曲线 $y=x^2$ 与 $y=\sqrt{x}$ 在 $[0,+\infty)$ 内虽然都是单调上升的,但上升时的弯曲方向明显不同.因此研究函数曲线凹凸性及拐点(曲线改变弯曲方向的点)是十分必要的.

定义 2 - 6 设函数 $f(x)$ 在 (a,b) 内连续,如果对 (a,b) 内任意两点 x_1,x_2,恒有

$$f\left(\frac{x_1+x_2}{2}\right) < \frac{f(x_1)+f(x_2)}{2},$$

则称 $f(x)$ 在 (a,b) 内的图形是(上)**凹的**,如图 2 - 13(a)所示;如果恒有

$$f\left(\frac{x_1+x_2}{2}\right) > \frac{f(x_1)+f(x_2)}{2},$$

则称 $f(x)$ 在 (a,b) 内的图形是(上)**凸的**,如图 2 - 13(b)所示.

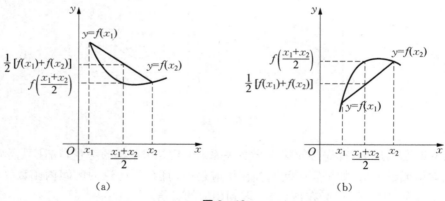

(a)   (b)

图 2 - 13

按照定义,我们称 $y=x^2$ 的图形在 $[0,+\infty)$ 上是(上)凹的,$y=\sqrt{x}$ 的图形在 $[0,+\infty)$ 上是(上)凸的.

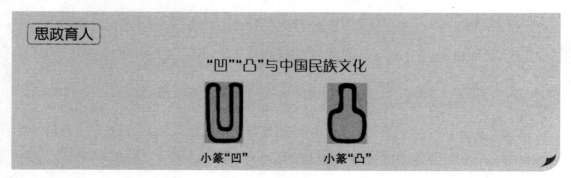

思政育人

"凹""凸"与中国民族文化

小篆"凹"   小篆"凸"

凹凸是汉语文字中较为异类的两个字,也是中国汉字最为典型的象形字之一.凹的形状呈洼陷,四周高而中间低;凸字与凹正相反,周围低而中凸起,这也正好与函数 $f(x)$ 图形凹的或凸的定义保持一致,或者说符合了曲线凹凸形状.由此说明,中国汉民族文化很伟大.汉字不仅具有独特的形态美,其表意特征更使其具有极其深远的内涵和意义,是我国传统文化和民族精神的重要载体,我们应该保护中国民族文化,使其能继续传承下去!

下面给出函数图形凹凸性的导数判定法.

定理 2-13(函数图形凹凸性的判别法) 设 $f(x)$ 在 $[a,b]$ 上连续,在 (a,b) 内具有二阶导数,那么

(1) 如果在 (a,b) 内 $f''(x) > 0$,则 $f(x)$ 在 (a,b) 内的图形是凹的;

(2) 如果在 (a,b) 内 $f''(x) < 0$,则 $f(x)$ 在 (a,b) 内的图形是凸的.

例 2-64 判断曲线 $y = x^3$ 的凹凸性.

解 函数 $y = x^3$ 的定义域为 $(-\infty, +\infty)$,且

$$y' = 3x^2, \quad y'' = 6x.$$

当 $x < 0$ 时,$y'' < 0$,所以曲线 $y = x^3$ 在 $(-\infty, 0)$ 内是凸的;

当 $x > 0$ 时,$y'' > 0$,所以曲线 $y = x^3$ 在 $(0, +\infty)$ 内是凹的,如图 2-14 所示.

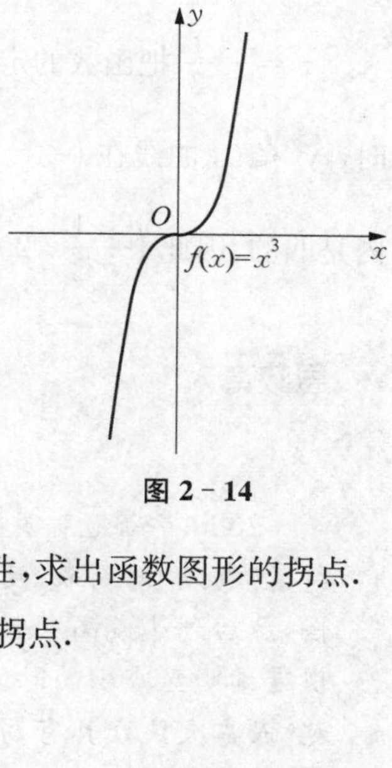

由图 2-14 可见,$(0, 0)$ 点是函数图形由凸变凹的分界点,我们称曲线凹凸的分界点为拐点.由于拐点左右两侧的 y'' 异号,因此在拐点处要么 $y'' = 0$,要么 y'' 不存在.

图 2-14

综上所述,求函数图形的凹凸区间与拐点的一般步骤如下:

(1) 写出函数 $f(x)$ 的定义域,求出 $f'(x)$,$f''(x)$;

(2) 求出所有 $f''(x) = 0$ 的点与 $f''(x)$ 不存在的点;

(3) 用(2)中求得的点,把定义域划分成若干个小区间,讨论各个小区间上 $f''(x)$ 的符号,判定各小区间上函数图形的凹凸性,求出函数图形的拐点.

例 2-65 讨论函数 $f(x) = (x-1)\sqrt[3]{x^2}$ 图形的凹凸性及拐点.

解 (1) 定义域为 $(-\infty, +\infty)$,且

$$f'(x) = \frac{5}{3}x^{\frac{2}{3}} - \frac{2}{3}x^{-\frac{1}{3}},$$

$$f''(x) = \frac{10}{9}x^{-\frac{1}{3}} + \frac{2}{9}x^{-\frac{4}{3}} = \frac{10x + 2}{9\sqrt[3]{x^4}}.$$

(2) 令 $f''(x) = 0$,得 $x = -\dfrac{1}{5}$,而当 $x = 0$ 时,$f''(x)$ 不存在.

(3) 列表 2-3 判定.

表 2-3

x	$\left(-\infty, -\dfrac{1}{5}\right)$	$-\dfrac{1}{5}$	$\left(-\dfrac{1}{5}, 0\right)$	0	$(0, +\infty)$
$f''(x)$	$-$	0	$+$	不存在	$+$
$f(x)$	凸	拐点	凹		凹

由表 2-3 可知,在 $\left(-\infty, -\dfrac{1}{5}\right)$ 内函数图形是凸的,在 $\left(-\dfrac{1}{5}, 0\right)$ 与 $(0, +\infty)$ 内函数图形是凹的;点 $\left(-\dfrac{1}{5}, -\dfrac{6}{25}\sqrt[3]{5}\right)$ 为函数图形的拐点,点 $(0, 0)$ 不是函数图形的拐点.

例 2-66 求曲线 $y = 2x^3 + 3x^2 - 12x + 14$ 的拐点.

解 定义域为 $(-\infty, +\infty)$,且

$$y' = 6x^2 + 6x - 12,$$
$$y'' = 12x + 6 = 12\left(x + \dfrac{1}{2}\right).$$

令 $y'' = 0$,得 $x = -\dfrac{1}{2}$.

$x = -\dfrac{1}{2}$ 把函数的定义域分成两个子区间 $\left(-\infty, -\dfrac{1}{2}\right)$,$\left(-\dfrac{1}{2}, +\infty\right)$. 当 $x < -\dfrac{1}{2}$ 时,$y'' < 0$,曲线在 $\left(-\infty, -\dfrac{1}{2}\right)$ 内是凸的;当 $x > -\dfrac{1}{2}$ 时,$y'' > 0$,曲线在 $\left(-\dfrac{1}{2}, +\infty\right)$ 内是凹的,因此 $\left(-\dfrac{1}{2}, 20\dfrac{1}{2}\right)$ 是该曲线的拐点.

[思政育人]

拐点与社会责任感

2020 年新冠肺炎疫情突如其来,看着每日攀升的感染人数,全世界人民都在期待着"拐点"的到来.疫情拐点是指在该点过后,病例曲线应该会继续上升但是增速放慢,然后到达最高点后转而开始降低."拐点"到了也就意味着新增确诊及疑似病例出现连续明显减少的时间点到了. 为抗击新冠肺炎疫情,中央、各地方都采取了具体措施,而广大民众具有高度的社会责任感,以居家隔离为责任,知行合一,不为防疫"抗疫"添乱,积极传播正能量,为促进拐点的尽早出现,为打赢这场"抗疫"大战做出了应有的贡献,形成了对新冠病毒的有力阻击.

六、函数曲线的渐近线

为了更准确地描绘函数的图形,下面给出渐近线的定义.

定义 2-7 当曲线 C 上的动点 P 沿着曲线 C 无限远离原点时,点 P 与某一固定直线

L 的距离趋于零,则称此直线 L 为曲线 C 的渐近线.

并不是任何曲线都有渐近线,曲线的渐近线有 3 种:斜渐近线、铅直渐近线、水平渐近线.

(1) **斜渐近线**. 若 $f(x)$ 满足 $\lim\limits_{x \to \infty} \dfrac{f(x)}{x} = k$,$\lim\limits_{x \to \infty}[f(x) - kx] = b$,则曲线 $y = f(x)$ 有斜渐近线 $y = kx + b$.

例 2-67 求曲线 $f(x) = \dfrac{x^2 - x}{x + 4}$ 的斜渐近线.

解 由于

$$k = \lim_{x \to \infty} \frac{f(x)}{x} = \lim_{x \to \infty} \frac{x - 1}{x + 4} = 1,$$

$$b = \lim_{x \to \infty}[f(x) - kx] = \lim_{x \to \infty}\left(\frac{x^2 - x}{x + 4} - x\right) = -5,$$

故得曲线的斜渐近线为 $y = x - 5$.

(2) **铅直渐近线**. 若 $f(x)$ 满足 $\lim\limits_{x \to x_0} f(x) = \infty$ $\left[\text{或} \lim\limits_{x \to x_0^-} f(x) = \infty \text{ 或} \lim\limits_{x \to x_0^+} f(x) = \infty\right]$,则曲线 $y = f(x)$ 有铅直渐近线 $x = x_0$.

例如,由于 $\lim\limits_{x \to 0} \dfrac{1}{x} = \infty$,则曲线 $y = \dfrac{1}{x}$ 有铅直渐近线 $x = 0$.

(3) **水平渐近线**. 若 $f(x)$ 满足 $\lim\limits_{x \to \infty} f(x) = C$ $\left[\text{或} \lim\limits_{x \to -\infty} f(x) = C \text{ 或} \lim\limits_{x \to +\infty} f(x) = C\right]$,则曲线 $y = f(x)$ 有水平渐近线 $y = C$.

例如,由于 $\lim\limits_{x \to \infty} \dfrac{1}{x} = 0$,则曲线 $y = \dfrac{1}{x}$ 有水平渐近线 $y = 0$.

例 2-68 求曲线 $y = \dfrac{x - 2}{x^2 - 4}$ 的渐近线.

解 由于 $\lim\limits_{x \to \infty} \dfrac{x - 2}{x^2 - 4} = 0$,因此曲线 $y = \dfrac{x - 2}{x^2 - 4}$ 有水平渐近线 $y = 0$. 又因为 $\lim\limits_{x \to -2} \dfrac{x - 2}{x^2 - 4}$ $= \lim\limits_{x \to -2} \dfrac{1}{x + 2} = \infty$,因此该曲线有铅直渐近线 $x = -2$. 而 $\lim\limits_{x \to 2} \dfrac{x - 2}{x^2 - 4} = \lim\limits_{x \to 2} \dfrac{1}{x + 2} = \dfrac{1}{4}$,因此直线 $x = 2$ 不是曲线的渐近线.

*七、函数图形的描绘

根据上面的讨论,给出利用导数描绘一元函数图形的步骤如下:

(1) 确定函数的定义域及值域,判断函数的奇偶性(或对称性)、周期性;

(2) 求函数的一阶导数和二阶导数;

(3) 在定义域内求一阶导数及二阶导数的零点与不可导点;

(4) 用(3)所得的零点及不可导点把定义域划分成若干个小区间,列表讨论函数在各个小区间上的单调性、凹凸性,确定极值点、拐点横坐标;

(5) 确定函数图形的渐近线;

(6) 算出极值和拐点,必要时再补充一些点(如曲线与坐标轴的交点);

(7) 根据以上讨论,在 xOy 坐标平面上画出渐近线,描出极值点、拐点及补充点,再根据单调性、凹凸性,把这些点用光滑曲线连接起来.

例 2-69 描绘高斯函数 $f(x)=\mathrm{e}^{-\frac{x^2}{2}}$ 的图形.

解 (1) 定义域为 $(-\infty,+\infty)$. 由于 $f(-x)=\mathrm{e}^{-\frac{x^2}{2}}=f(x)$,所以 $f(x)$ 为偶函数,即函数图形关于 y 轴对称.

(2) $f'(x)=-x\mathrm{e}^{-\frac{x^2}{2}}$,$f''(x)=-\left(\mathrm{e}^{-\frac{x^2}{2}}-x^2\mathrm{e}^{-\frac{x^2}{2}}\right)=(x^2-1)\mathrm{e}^{-\frac{x^2}{2}}$.

(3) 令 $f'(x)=0$,得驻点 $x=0$;令 $f''(x)=0$,得 $x=\pm1$.

(4) 列表 2-4 判定(考虑到对称性,可以只列出表的一半).

(5) 算出极大值 $f(0)=1$,拐点 $\left(-1,\dfrac{1}{\sqrt{e}}\right)$,$\left(1,\dfrac{1}{\sqrt{e}}\right)$,再补充两点 $\left(-2,\dfrac{1}{e^2}\right)$,$\left(2,\dfrac{1}{e^2}\right)$.

表 2-4

x	$(-\infty,-1)$	-1	$(-1,0)$	0	$(0,1)$	1	$(1,+\infty)$
$f'(x)$	$+$	$+$	$+$	0	$-$	$-$	$-$
$f''(x)$	$+$	0	$-$			0	$+$
$f(x)$	↗	拐点	↗	极大值	↘	拐点	↘

(6) 因为 $\lim\limits_{x\to\infty}\mathrm{e}^{-\frac{x^2}{2}}=0$,所以 $y=0$ 为函数图形的水平渐近线.

(7) 作出图形,如图 2-15 所示.

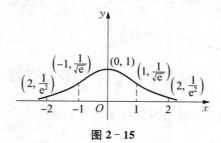

图 2-15

点 滴 积 累

1. 拉格朗日中值定理可用来证明不等式及解决相关实际问题.

2. 掌握洛必达法则及用洛必达法则求 $\dfrac{0}{0}$,$\dfrac{\infty}{\infty}$,$0\cdot\infty$,$\infty-\infty$ 型等未定式的极限.

3. 导数可用来判断函数的单调性、求函数的极值和最值,以及求简单一元函数的最大值和最小值的应用问题,而函数的单调性可证明不等式.

4. 掌握用导数判断曲线的凹凸性及求曲线的拐点;利用极限判断曲线的斜渐近线、水平渐近线与铅直渐近线.

随堂练习2－4

1. 请回答下列问题：

(1) 罗尔中值定理与拉格朗日中值定理有什么联系与区别？

(2) 不用求出函数 $f(x)=(x-1)(x-2)(x-3)$ 的导数，说明方程 $f'(x)=0$ 有几个实根，并指出它们所在的区间.

2. 填空题：

(1) 设 $f(x)$ 在 x_0 的某邻域内连续，则 x_0 为函数 $f(x)$ 的驻点或不可导点是 $f(x)$ 在 x_0 处取得极值的_____条件.（选填"充分"、"必要"或"充要"）

(2) 设 $f(x)$ 在 (a,b) 上具有二阶导数，且 $f'(x)$_____0，$f''(x)$_____0，则函数图形在 (a,b) 上单调增加且是凹的.

3. 指出下列运算中的错误，并给出正确的解法：

(1) $\lim\limits_{x\to1}\dfrac{2x^2-x-1}{x^3-2x^2+1}=\lim\limits_{x\to1}\dfrac{4x-1}{3x^2-4x}=\lim\limits_{x\to1}\dfrac{4}{6x-4}=2$;

(2) $\lim\limits_{x\to\infty}\dfrac{\sin x}{x}=\lim\limits_{x\to\infty}\dfrac{\cos x}{1}=1$;

(3) $\lim\limits_{x\to\infty}\dfrac{x+\cos x}{x-\cos x}=\lim\limits_{x\to\infty}\dfrac{1-\sin x}{1+\sin x}=\lim\limits_{x\to\infty}\dfrac{-\cos x}{\cos x}=-1$;

(4) $\lim\limits_{x\to1}\left(\dfrac{x}{x-1}-\dfrac{1}{\ln x}\right)=\infty-\infty=0$.

4. 用洛必达法则求下列极限：

(1) $\lim\limits_{x\to\frac{\pi}{2}}\dfrac{\cos x}{x-\dfrac{\pi}{2}}$;

(2) $\lim\limits_{x\to+\infty}\dfrac{x}{\mathrm{e}^x}$.

5. 求函数的单调区间，并求极值：

(1) $f(x)=-3x^2+6x$;

(2) $f(x)=(x-1)\sqrt[3]{x}$.

6. 判断函数图形的凹凸性，并求出图形的拐点：

(1) $f(x)=\sqrt[3]{x}$;

(2) $f(x)=x^2+\dfrac{1}{x}$.

复 习 题 二

一、选择题

1. 设函数 $f(x)$ 在点 x_0 处不连续，则下列说法正确的是（　　）.

A. $f'(x_0)$ 必存在

B. $f'(x_0)$ 必不存在

C. $\lim\limits_{x\to x_0}f(x)$ 必存在

D. $\lim\limits_{x\to x_0}f(x)$ 必不存在

2. 下列命题正确的是（　　）.

A. 若极限 $\lim\limits_{t\to\infty}\dfrac{f\left(x_0+\dfrac{1}{t}\right)-f(x_0)}{\dfrac{1}{t}}$ 存在，则函数 $y=f(x)$ 在点 x_0 处可导

B. 函数 $y=f(x)$ 在点 x_0 处的导数等于 $\left[f(x_0)\right]'$

C. 若函数 $y=f(x)$ 在点 x_0 处可导，则 $|f(x)|$ 在点 x_0 处可导

D. 若函数 $y = f(x)$ 在点 x_0 处切线存在,则 $f(x)$ 在点 x_0 处可导

3. 若函数 $f(x)$ 在点 x_0 处可导,则 $\lim\limits_{h \to 0} \dfrac{f(x_0 - 2h) - f(x_0)}{2h} = ($ $).$

   A. $f'(x_0)$ B. $2f'(x_0)$

   C. $-f'(x_0)$ D. $-2f'(x_0)$

4. 曲线 $y = e^{2x}$ 在 $x = 2$ 处切线的斜率是(   ).

   A. e^4 B. e^2

   C. $2e^4$ D. $2e^2$

5. 下列函数中,在$[1, e]$上满足拉格朗日中值定理条件的是(   ).

   A. $\ln \ln x$ B. $\ln x$

   C. $\dfrac{1}{\ln x}$ D. $\ln(2 - x)$

6. 函数 $y = \dfrac{x^3}{3} - x$ 的单调增加区间是(   ).

   A. $(-\infty, -1)$ B. $(-1, 1)$

   C. $(1, +\infty)$ D. $(-\infty, -1)$和$(1, +\infty)$

7. 若 $f(x)$ 在 (a, b) 内二阶可导,且 $f'(x) > 0$,$f''(x) < 0$,则 $f(x)$ 在 (a, b) 内(   ).

   A. 单调增加且是凹的   B. 单调增加且是凸的

   C. 单调减少且是凹的   D. 单调减少且是凸的

8. 设 $f'(x_0) = 0$,$f''(x_0) = 0$,则函数 $y = f(x)$ 在点 $x = x_0$ 处(   ).

   A. 一定有极大值   B. 一定有极小值

   C. 不一定有极值   D. 一定没有极值

二、填空题

1. 根据导数的定义(不用计算结果),$f'(0) = \lim\limits_{x \to 0}$ _____ ,$f'(1) = \lim\limits_{\Delta x \to 0}$ _____.

2. 设曲线为 $y = \dfrac{1}{x^2}$,则它在点 $x = 1$ 处的切线斜率为 _____ ,切线方程为 _____ ,法线方程为 _____ .

3. 设 $f\left(\dfrac{1}{x}\right) = \dfrac{1}{x + 1}$,则 $\mathrm{d}f(x) =$ _____ .

4. 函数 $y = x^3$ 在区间 $[0, 1]$ 上满足拉格朗日中值定理的 $\xi =$ _____ .

5. 曲线 $y = x^3 - 3x^2 + 5x - 4$ 的拐点坐标为 _____ .

6. 曲线 $y = e^{\frac{1}{x-1}}$ 的水平渐近线为 _____ ,铅直渐近线为 _____ .

三、计算题

1. 求下列导函数或者在指定点处的导数值:

   (1) $y = \dfrac{1}{x + \cos x}$;

   (2) $y = (\sin x - \cos x)\ln x$;

   (3) $y = \arcsin(1 + 2x)$;

   (4) $y = (\sqrt{x} - 1)(x + 1)$;

   (5) $y = \ln \ln \ln x$;

   (6) $y = \sin(x^3 - 1)$;

   (7) $y = x^2 \cdot 2^x + e^{\sqrt{2}}$;

(8) $x + e^y = \ln(x+y)$;

(9) $\arctan(xy) = \ln(1 + x^2 y^2)$;

(10) $y = \dfrac{(2x+3)\sqrt[4]{x-6}}{\sqrt[3]{x+1}}$;

(11) $y = (\sin x)^{\cos x}\ (\sin x > 0)$;

(12) $y = (1 + x^3)\left(5 - \dfrac{1}{x^2}\right)$，在 $x = 1$ 处.

2. 求下列函数的二阶导数：

(1) $y = x^5 + 4x^3 + 2x$；

(2) $y = x e^{2x}$，在 $x = 0$ 处.

3. 求下列函数的微分：

(1) $y = \ln(\sin 3x)$；

(2) $y = e^x \cos x$；

(3) $y = \sqrt{4 - x}$；

(4) $y = \arctan(e^x)$；

(5) $xy = e^{x+y}$；

(6) $3y^2 = x^2(x+1)$.

4. 利用微分求近似值：

(1) $\sqrt[3]{998.5}$；

(2) $\sin 46°$.

5. 设函数 $f(x) = \begin{cases} x^2, & x \leqslant 1, \\ ax + b, & x > 1 \end{cases}$ 在 $x = 1$ 处可导，求 a, b 的值.

6. 用洛必达法则求下列极限：

(1) $\lim\limits_{x \to 0} \dfrac{\sin ax}{\sin bx}\ (b \neq 0)$；

(2) $\lim\limits_{x \to 0} \dfrac{e^x + e^{-x} - 2}{1 - \cos x}$；

(3) $\lim\limits_{x \to 0^+} x \ln x$；

(4) $\lim\limits_{x \to 0}\left(\dfrac{1}{x} - \dfrac{1}{e^x - 1}\right)$.

7. 求下列函数的单调区间和极值：

(1) $f(x) = x^3 - 6x^2 + 9x$；

(2) $f(x) = (x - 4)\sqrt[3]{(x+1)^2}$.

8. 求下列函数在给定区间上的最大值和最小值：

(1) $f(x) = x^3 - 3x + 3$，区间 $\left[-3, \dfrac{3}{2}\right]$；

(2) $f(x) = 2^x$，区间 $[1, 5]$.

9. 求下列函数的凹凸区间和拐点：

(1) $y = \ln(1 + x^2)$；

(2) $y = x + x^{\frac{5}{3}}$.

10. 应用题：

(1) 设曲线方程为 $y = \dfrac{1}{3}x^3 - x^2 + 2$，求其平行于 x 轴的切线方程.

(2) 在曲线 $y = x^3 (x > 0)$ 上求一点 A，使过点 A 的切线平行于直线 $3x - y - 1 = 0$.

(3) 一个雪球受热融化，其体积以 $100 \text{ cm}^3/\text{min}$ 的速率减小，假定雪球在融化过程中仍然保持圆球状，那么当雪球的直径为 10 cm 时，其直径减小的速率是多少？

(4) 半径为 10 cm 的金属圆片受热后均匀膨胀，半径增加了 0.05 cm，问面积大约增加了多少？

(5) 水管壁的横截面是一个圆环，设其内径为 r，壁厚为 h，试用微分计算该圆环面积的近似值.

(6) 静脉推注某种药物后，药物排泄的血药浓度 C 与时间 t 的关系可用 $C = C_0(1 - e^{-kt})$ 表示，其

中 C_0 表示 $t = 0$ 时的血药浓度,k 为药物在人体内的消除速率常数,试求药物的排泄速度.

(7) 某地沙眼的患病率 y 与年龄 t(岁)的关系可表示为

$$y = 2.27(e^{-0.050t} - e^{-0.072t}),$$

试简述该地区沙眼的患病率与年龄的变化趋势(提示:沙眼的患病率 y 随着年龄 t 增长而增加,到一定年龄后又随着年龄增长而降低).

第三章　一元函数积分学

情景描述:

1. 在微分学中,我们对已知函数求其变化率即导数或微分的问题已有研究.但在实际应用的领域中,我们却经常要解决其相反的问题,如已知一个函数的导数或微分,求此函数表达式.

2. 在初等数学中,我们知道如何计算一个规则图形的面积或体积,知道如何计算做匀加速直线运动物体的路程.当图形不规则或运动变化无规律时,则无高效、统一的方法来解决.

学前导语:

由已知某函数的导数或微分求解此函数表达式的运算就是本章所要学习的内容之一——不定积分.

本章展示了如何利用若干个矩形面积的和近似计算一个不规则图形的面积.当矩形的个数无限增大时,不规则图形的精确面积等于矩形面积和的极限——这就是定积分的来源,但其计算相当复杂.牛顿和莱布尼茨给出了解决的方法,这就是微积分学基本公式——牛顿-莱布尼茨公式.这个公式将导数和积分两个概念建立了紧密的联系,给出了解决一般性问题的高效方法.

第一节　不定积分

一、定义

(一) 原函数与不定积分

定义 3-1　设函数 $f(x)$ 定义在某区间上,若存在函数 $F(x)$,使得在该区间上任意一点,都有

$$F'(x) = f(x),$$

则称 $F(x)$ 为 $f(x)$ 在该区间上的一个**原函数**.

例如 $(x^3)' = 3x^2$,则 x^3 是 $3x^2$ 的一个原函数.而 $(x^3 + C)' = 3x^2$(C 为任意常数),则

$x^3 + C$ 也是 $3x^2$ 的一个原函数.

显然,**原函数若存在,则有无穷多个.**

那么函数满足什么条件才存在原函数? 任意两个原函数之间有何关系?

定理 3-1 若函数 $f(x)$ 在区间 I 内连续,则在该区间内存在可导函数 $F(x)$,使得对于任意 $x \in I$,都有

$$F'(x) = f(x),$$

亦即**连续函数一定存在原函数.** 证明见本章定理 3-8.

定理 3-2 若 $F(x)$ 与 $G(x)$ 都是 $f(x)$ 的原函数,则 $F(x)$ 与 $G(x)$ 只相差一个常数.

证 因为

$$F'(x) = f(x), \quad G'(x) = f(x),$$

所以

$$[G(x) - F(x)]' = f(x) - f(x) = 0,$$

由拉格朗日中值定理的推论可得

$$G(x) - F(x) = C,$$

即

$$G(x) = F(x) + C.$$

这就说明了 $F(x) + C$ 为 $f(x)$ 的全体原函数.

定义 3-2 函数 $f(x)$ 的原函数的全体,称为 $f(x)$ 的不定积分,记作

$$\int f(x) \mathrm{d}x.$$

上式中 $\int$ 称为积分号,$f(x)$ 称为被积函数,x 为积分变量,$f(x)\mathrm{d}x$ 称为被积表达式,任意常数 C 称为积分常数.

设 $F(x)$ 是 $f(x)$ 的一个原函数,则有

$$\int f(x)\mathrm{d}x = F(x) + C.$$

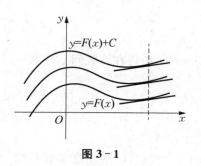

图 3-1

设 $f(x)$ 的原函数是 $F(x)$,则曲线 $y = F(x)$ 称为 $f(x)$ 的一条积分曲线. 因此 $f(x)$ 的不定积分在几何上表示一簇积分曲线. 这簇积分曲线中,横坐标为 x 的点处各曲线的切线都相互平行,且切线斜率等于 $f(x)$. 这便是不定积分的几何意义,见图 3-1.

由不定积分的定义可知,求一个函数的不定积分,只需要求出它的一个原函数,再加上任意常数 C 即可.

例 3 – 1 求积分 $\int \cos x \, \mathrm{d}x$.

解 因为 $(\sin x)' = \cos x$，所以

$$\int \cos x \, \mathrm{d}x = \sin x + C.$$

例 3 – 2 求积分 $\int \dfrac{1}{\sqrt{1-x^2}} \, \mathrm{d}x$.

解 因为 $(\arcsin x)' = \dfrac{1}{\sqrt{1-x^2}}$，所以

$$\int \frac{1}{\sqrt{1-x^2}} \, \mathrm{d}x = \arcsin x + C.$$

(二) 不定积分的性质

根据不定积分的定义，可以直接推出不定积分的性质.

性质 3 – 1 $\left[\int f(x) \, \mathrm{d}x \right]' = f(x)$ 或 $\mathrm{d} \int f(x) \, \mathrm{d}x = f(x) \, \mathrm{d}x$.

性质 3 – 2 $\int f'(x) \, \mathrm{d}x = f(x) + C$ 或 $\int \mathrm{d}f(x) = f(x) + C$.

以上两个性质充分表明，不定积分与微分是互逆运算. 若不计常数，两种运算相互抵消.

性质 3 – 3 $\int k f(x) \, \mathrm{d}x = k \int f(x) \, \mathrm{d}x \ (k \neq 0)$.

证 对上式右边求导，由性质 3 – 1 及导数运算法则得

$$\left[k \int f(x) \, \mathrm{d}x \right]' = k f(x),$$

因此 $k \int f(x) \, \mathrm{d}x$ 是 $k f(x)$ 的原函数，即 $\int k f(x) \, \mathrm{d}x = k \int f(x) \, \mathrm{d}x$，性质 3 – 3 成立.

性质 3 – 4 $\int [f(x) \pm g(x)] \, \mathrm{d}x = \int f(x) \, \mathrm{d}x \pm \int g(x) \, \mathrm{d}x$.

这一性质可以推广到有限个函数代数和的情况.

(三) 基本积分公式

由定义及性质 3 – 1 和性质 3 – 2 可见，求不定积分与求导数是互逆运算，所以由导数基本公式可以直接得到不定积分的基本公式.

(1) $\int k \, \mathrm{d}x = kx + C$（$k$ 为常数）；

(2) $\int x^\mu \, \mathrm{d}x = \dfrac{1}{\mu + 1} x^{\mu + 1} + C$（$\mu \neq -1$）；

(3) $\int \dfrac{1}{x} \, \mathrm{d}x = \ln |x| + C$；

(4) $\int a^x \, \mathrm{d}x = \dfrac{1}{\ln a} a^x + C$；

(5) $\int e^x \, dx = e^x + C$;

(6) $\int \cos x \, dx = \sin x + C$;

(7) $\int \sin x \, dx = -\cos x + C$;

(8) $\int \sec^2 x \, dx = \tan x + C$;

(9) $\int \csc^2 x \, dx = -\cot x + C$;

(10) $\int \sec x \tan x \, dx = \sec x + C$;

(11) $\int \csc x \cot x \, dx = -\csc x + C$;

(12) $\int \dfrac{1}{\sqrt{1-x^2}} \, dx = \arcsin x + C = -\arccos x + C$;

(13) $\int \dfrac{1}{1+x^2} \, dx = \arctan x + C = -\operatorname{arccot} x + C$.

以上公式是求不定积分的基础,必须熟记并灵活应用.

需要注意的是:**不定积分结果的形式不是唯一的!** 对同一个函数,采用不同的积分方法求得的原函数,形式上可能完全不同,但实际上相互之间仅相差一个常数. 如上述公式(12)和(13).

利用不定积分的定义、性质与基本积分公式可以求出一些简单函数的不定积分.

例 3 - 3　求积分 $\int (1 - \sqrt{x})^2 \, dx$.

解　$\begin{aligned} \int (1 - \sqrt{x})^2 \, dx &= \int (1 - 2\sqrt{x} + x) \, dx \\ &= \int dx - 2 \int \sqrt{x} \, dx + \int x \, dx \\ &= x - \frac{4}{3} x^{\frac{3}{2}} + \frac{1}{2} x^2 + C. \end{aligned}$

例 3 - 4　求积分 $\int 2^x e^x \, dx$.

解　$\int 2^x e^x \, dx = \int (2e)^x \, dx = \dfrac{1}{\ln 2e} (2e)^x + C = \dfrac{1}{\ln 2 + 1} 2^x e^x + C$.

例 3 - 5　求积分 $\int \tan^2 x \, dx$.

解　$\begin{aligned} \int \tan^2 x \, dx &= \int (\sec^2 x - 1) \, dx = \int \sec^2 x \, dx - \int dx \\ &= \tan x - x + C. \end{aligned}$

例 3 - 6　求积分 $\int \sin^2 \dfrac{x}{2} \, dx$.

解　$\int \sin^2 \dfrac{x}{2} \, dx = \int \dfrac{1}{2} (1 - \cos x) \, dx = \dfrac{1}{2} (x - \sin x) + C$.

例 3-7 求积分 $\displaystyle\int \frac{1}{\sin^2 x \cos^2 x}\,\mathrm{d}x$.

解 $\displaystyle\int \frac{1}{\sin^2 x \cos^2 x}\,\mathrm{d}x = \int \frac{\sin^2 x + \cos^2 x}{\sin^2 x \cos^2 x}\,\mathrm{d}x = \int \left(\frac{1}{\cos^2 x} + \frac{1}{\sin^2 x}\right)\mathrm{d}x$

$$= \tan x - \cot x + C.$$

例 3-8 求积分 $\displaystyle\int \frac{1 + x + x^2}{x(1 + x^2)}\,\mathrm{d}x$.

解 $\displaystyle\int \frac{1 + x + x^2}{x(1 + x^2)}\,\mathrm{d}x = \int \left(\frac{1}{x} + \frac{1}{1 + x^2}\right)\mathrm{d}x = \ln|x| + \arctan x + C.$

例 3-9 求积分 $\displaystyle\int \frac{1 - \mathrm{e}^{2x}}{\mathrm{e}^x + 1}\,\mathrm{d}x$.

解 $\displaystyle\int \frac{1 - \mathrm{e}^{2x}}{\mathrm{e}^x + 1}\,\mathrm{d}x = \int (1 - \mathrm{e}^x)\mathrm{d}x = x - \mathrm{e}^x + C.$

例 3-10 求积分 $\displaystyle\int \frac{x^4 + 4}{1 + x^2}\,\mathrm{d}x$.

解 $\displaystyle\int \frac{x^4 + 4}{1 + x^2}\,\mathrm{d}x = \int \frac{x^4 - 1 + 5}{1 + x^2}\,\mathrm{d}x = \int \left(x^2 - 1 + \frac{5}{1 + x^2}\right)\mathrm{d}x$

$$= \frac{1}{3}x^3 - x + 5\arctan x + C.$$

例 3-11 求积分 $\displaystyle\int \frac{1}{1 + \cos 2x}\,\mathrm{d}x$.

解 $\displaystyle\int \frac{1}{1 + \cos 2x}\,\mathrm{d}x = \int \frac{1}{2\cos^2 x}\,\mathrm{d}x = \frac{1}{2}\tan x + C.$

二、换元积分法

利用不定积分的基本公式和性质,可以直接求出积分的函数是非常有限的. 为了求得更多函数的积分,还需要进一步研究求不定积分的方法和技巧. 首先介绍换元积分法.

(一) 第一类换元积分法("凑"微分法)

定理 3-3 设 $f(u)$ 具有原函数 $F(u)$,而 $u = \varphi(x)$ 存在连续导函数,则有

$$\int f[\varphi(x)]\varphi'(x)\,\mathrm{d}x = \int f(u)\,\mathrm{d}u = F(u) + C = F[\varphi(x)] + C.$$

证 由复合函数求导法则,

$$\{F[\varphi(x)]\}' = F'(u) \cdot \varphi'(x) = f[\varphi(x)] \cdot \varphi'(x),$$

故 $F[\varphi(x)]$ 是 $f[\varphi(x)] \cdot \varphi'(x)$ 的一个原函数,定理成立.

定理应用的关键是找出中间变量 u,并凑出微分 $\varphi'(x)\mathrm{d}x = \mathrm{d}u$. 故第一类换元积分法习惯上称为凑微分法,这一方法可有效解决大多数涉及复合函数的积分问题. 下面通过例题来体会凑微分法.

例 3-12 求积分 $\displaystyle\int \mathrm{e}^{3x}\,\mathrm{d}x$.

解 $\int e^{3x}\,dx = \int e^{3x}\,\frac{1}{3}d(3x) \xrightarrow{\ \diamondsuit\ u=3x\ } \frac{1}{3}\int e^u\,du = \frac{1}{3}e^u + C = \frac{1}{3}e^{3x} + C.$

例 3 – 13 求积分 $\int (2x+3)^9\,dx.$

解 $\int (2x+3)^9\,dx = \int (2x+3)^9\,\frac{1}{2}d(2x+3) \xrightarrow{\ u=2x+3\ } \int u^9\,\frac{1}{2}du$

$\qquad = \frac{1}{2}\cdot\frac{1}{10}u^{10} + C = \frac{1}{20}(2x+3)^{10} + C.$

例 3 – 14 求积分 $\int 2^{1-3x}\,dx.$

解 $\int 2^{1-3x}\,dx = \int 2^{1-3x}\cdot\left(-\frac{1}{3}\right)d(1-3x) \xrightarrow{\ u=1-3x\ } \int 2^u\left(-\frac{1}{3}du\right).$

$\qquad = -\frac{1}{3\ln 2}2^u + C = -\frac{1}{3\ln 2}2^{1-3x} + C.$

熟练后换元过程可以省略.

例 3 – 15 求积分 $\int \dfrac{\ln^2 x}{x}\,dx.$

解 $\int \dfrac{\ln^2 x}{x}\,dx = \int \ln^2 x\,d(\ln x) = \frac{1}{3}\ln^3 x + C.$

例 3 – 16 求积分 $\int x\,e^{x^2}\,dx.$

解 $\int x\,e^{x^2}\,dx = \int e^{x^2}\left(\frac{1}{2}dx^2\right) = \frac{1}{2}e^{x^2} + C.$

例 3 – 17 求积分 $\int \tan x\,dx.$

解 $\int \tan x\,dx = \int \dfrac{\sin x}{\cos x}\,dx = \int \dfrac{-d(\cos x)}{\cos x} = -\ln|\cos x| + C.$

例 3 – 18 求积分 $\int \sin^2 x\,dx.$

解 $\int \sin^2 x\,dx = \int \dfrac{1-\cos 2x}{2}\,dx = \frac{1}{2}\int (1-\cos 2x)\,dx$

$\qquad = \frac{1}{2}x - \frac{1}{4}\sin 2x + C.$

例 3 – 19 求积分 $\int \sin x\cos^2 x\,dx.$

解 $\int \sin x\cos^2 x\,dx = \int \cos^2 x\,(-d\cos x) = -\frac{1}{3}\cos^3 x + C.$

例 3 – 20 求积分 $\int \dfrac{1}{a^2+x^2}\,dx.$

解 $\int \dfrac{1}{a^2+x^2}\,dx = \dfrac{1}{a^2}\int \dfrac{1}{1+\left(\frac{x}{a}\right)^2}\,dx = \dfrac{1}{a}\int \dfrac{1}{1+\left(\frac{x}{a}\right)^2}\,d\left(\frac{x}{a}\right) = \dfrac{1}{a}\arctan\dfrac{x}{a} + C.$

例 3－21 求积分 $\displaystyle\int \frac{1}{\sqrt{a^2-x^2}}\mathrm{d}x$.

解 $\displaystyle\int \frac{1}{\sqrt{a^2-x^2}}\mathrm{d}x=\frac{1}{a}\int \frac{1}{\sqrt{1-\left(\frac{x}{a}\right)^2}}\mathrm{d}x=\int \frac{1}{\sqrt{1-\left(\frac{x}{a}\right)^2}}\mathrm{d}\left(\frac{x}{a}\right)=\arcsin \frac{x}{a}+C.$

例 3－22 求积分 $\displaystyle\int \frac{1}{x^2-a^2}\mathrm{d}x$.

解 $\displaystyle\int \frac{1}{x^2-a^2}\mathrm{d}x=\frac{1}{2a}\int \left(\frac{1}{x-a}-\frac{1}{x+a}\right)\mathrm{d}x$

$\displaystyle\qquad\qquad\quad =\frac{1}{2a}\left[\int \frac{1}{x-a}\mathrm{d}(x-a)-\int \frac{1}{x+a}\mathrm{d}(x+a)\right]$

$\displaystyle\qquad\qquad\quad =\frac{1}{2a}\ln \left|\frac{x-a}{x+a}\right|+C.$

例 3－23 求积分 $\displaystyle\int \frac{1}{\sin x}\mathrm{d}x$.

解 $\displaystyle\int \frac{1}{\sin x}\mathrm{d}x=\int \frac{\sin x}{\sin^2 x}\mathrm{d}x=\int \frac{\mathrm{d}(\cos x)}{\cos^2 x-1}$

$\displaystyle\qquad\quad =\frac{1}{2}\ln \left|\frac{\cos x-1}{\cos x+1}\right|+C=\frac{1}{2}\ln \left|\frac{(1-\cos x)^2}{1-\cos^2 x}\right|+C$

$\displaystyle\qquad\quad =\ln \left|\frac{1-\cos x}{\sin x}\right|+C=\ln |\csc x-\cot x|+C.$

类似可以求出 $\displaystyle\int \frac{1}{\cos x}\mathrm{d}x=\ln |\sec x+\tan x|+C$.

例 3－24 求积分 $\displaystyle\int \frac{\mathrm{e}^{\sqrt{x}}}{\sqrt{x}}\mathrm{d}x$.

解 $\displaystyle\int \frac{\mathrm{e}^{\sqrt{x}}}{\sqrt{x}}\mathrm{d}x=\int \mathrm{e}^{\sqrt{x}}2\mathrm{d}\sqrt{x}=2\mathrm{e}^{\sqrt{x}}+C.$

例 3－25 求积分 $\displaystyle\int \cos 3x\cos 2x\,\mathrm{d}x$.

解 利用三角函数中的积化和差公式，

$\displaystyle\int \cos 3x\cos 2x\,\mathrm{d}x=\int \frac{1}{2}(\cos x+\cos 5x)\mathrm{d}x=\frac{1}{2}\sin x+\frac{1}{10}\sin 5x+C.$

（二）第二类换元积分法（变量代换法）

定理 3－4 设 $x=\varphi(t)$ 是单调可导函数，并且 $\varphi'(t)\neq 0$，又 $f[\varphi(t)]\varphi'(t)$ 具有原函数 $\Phi(t)$，则有

$$\int f(x)\mathrm{d}x=\int f[\varphi(t)]\varphi'(t)\mathrm{d}t=\Phi(t)+C=\Phi[\varphi^{-1}(x)]+C,$$

其中 $\varphi^{-1}(x)$ 是 $x=\varphi(t)$ 的**反函数**.

定理的意义在于以 x 为积分变量时，积分 $\displaystyle\int f(x)\mathrm{d}x$ 不容易求出. 进行变量代换 $x=$

$\varphi(t)$ 后，很容易求得原函数 $\Phi(t)$，回代后便得到 $f(x)$ 的原函数. 此类方法对解决一些涉及无理函数的积分比较有效.

1. 根式代换法

当被积函数中含有形如 $\sqrt[k]{ax+b}$ 的根式时，常常直接做根式代换.

例 3-26 求积分 $\displaystyle\int \frac{x}{\sqrt{x-3}}dx$.

解 设 $t=\sqrt{x-3}$，则 $x=t^2+3$，$dx=2tdt$，于是

$$\int \frac{x}{\sqrt{x-3}}dx = \int \frac{t^2+3}{t} \cdot 2tdt = 2\int (t^2+3)dt$$

$$= 2\left(\frac{t^3}{3}+3t\right)+C = \frac{2}{3}(x+6)\sqrt{x-3}+C.$$

例 3-27 求积分 $\displaystyle\int \frac{1}{\sqrt{x}(1+\sqrt[3]{x})}dx$.

解 设 $t=\sqrt[6]{x}$，则 $x=t^6$，$dx=6t^5dt$，于是

$$\int \frac{1}{\sqrt{x}(1+\sqrt[3]{x})}dx = \int \frac{1}{t^3(1+t^2)} \cdot 6t^5dt = 6\int \frac{t^2}{1+t^2}dt = 6\int \left(1-\frac{1}{1+t^2}\right)dt$$

$$= 6(t-\arctan t)+C = 6(\sqrt[6]{x}-\arctan \sqrt[6]{x})+C.$$

2. 三角代换法

当被积函数中含有形如 $\sqrt{a^2-x^2}$，$\sqrt{a^2+x^2}$，$\sqrt{x^2-a^2}$ 的根式时，经常做三角代换.

例 3-28 求积分 $\displaystyle\int \sqrt{a^2-x^2}\,dx$ $(a>0)$.

解 设 $x=a\sin t$，$t\in\left[-\dfrac{\pi}{2},\dfrac{\pi}{2}\right]$，则 $t=\arcsin \dfrac{x}{a}$，$dx=a\cos tdt$，从而

$$\int \sqrt{a^2-x^2}\,dx = \int \sqrt{a^2-a^2\sin^2 t}\cdot a\cos tdt = a^2\int \cos^2 tdt$$

$$= a^2\int \frac{1+\cos 2t}{2}dt = \frac{a^2}{2}\left(t+\frac{\sin 2t}{2}\right)+C$$

$$= \frac{a^2}{2}(t+\sin t\cos t)+C$$

$$= \frac{a^2}{2}\left(\arcsin \frac{x}{a}+\frac{x}{a}\cdot \frac{\sqrt{a^2-x^2}}{a}\right)+C$$

$$= \frac{a^2}{2}\arcsin \frac{x}{a}+\frac{x}{2}\sqrt{a^2-x^2}+C.$$

例 3-29 求积分 $\displaystyle\int \frac{1}{\sqrt{x^2-a^2}}dx$ $(a>0)$.

解 设 $x=a\sec t$，则 $dx=a\sec t\tan tdt$，于是

$$\int \frac{1}{\sqrt{x^2-a^2}}dx = \int \frac{a\sec t\cdot \tan t}{a\tan t}dt = \int \sec tdt$$

$$
\begin{aligned}
&= \ln|\sec t + \tan t| + C_1 \\
&= \ln\left|\frac{x}{a} + \frac{\sqrt{x^2 - a^2}}{a}\right| + C_1 \\
&= \ln\left|x + \sqrt{x^2 - a^2}\right| + C.
\end{aligned}
$$

同理，对于 $\int \dfrac{1}{\sqrt{x^2 + a^2}}\mathrm{d}x$，设 $x = a\tan t$，可得

$$
\int \frac{1}{\sqrt{x^2 + a^2}}\mathrm{d}x = \ln(x + \sqrt{x^2 + a^2}) + C.
$$

形如 $\int \dfrac{1}{\sqrt{Ax^2 + Bx + C}}\mathrm{d}x$ 或 $\int \sqrt{Ax^2 + Bx + C}\,\mathrm{d}x$ 的积分，经过配方后，再利用以上结论可使运算简便.

例 3 – 30　求积分 $\int \sqrt{3 + 2x - x^2}\,\mathrm{d}x$.

解
$$
\begin{aligned}
\int \sqrt{3 + 2x - x^2}\,\mathrm{d}x &= \int \sqrt{2^2 - (x-1)^2}\,\mathrm{d}(x - 1) \\
&= 2\arcsin\frac{x-1}{2} + \frac{x-1}{2}\sqrt{2^2 - (x-1)^2} + C \\
&= 2\arcsin\frac{x-1}{2} + \frac{x-1}{2}\sqrt{3 + 2x - x^2} + C.
\end{aligned}
$$

例 3 – 31　求积分 $\int \dfrac{2x + 1}{\sqrt{x^2 + 2x + 5}}\mathrm{d}x$.

解
$$
\begin{aligned}
\int \frac{2x+1}{\sqrt{x^2 + 2x + 5}}\mathrm{d}x &= \int \frac{2x+1}{\sqrt{(x+1)^2 + 2^2}}\mathrm{d}x \xlongequal{u = x+1} \int \frac{2u - 1}{\sqrt{u^2 + 2^2}}\mathrm{d}u \\
&= \int \frac{\mathrm{d}(u^2 + 2^2)}{\sqrt{u^2 + 2^2}} - \int \frac{1}{\sqrt{u^2 + 2^2}}\mathrm{d}u \\
&= 2\sqrt{u^2 + 2^2} - \ln(u + \sqrt{u^2 + 2^2}) + C \\
&= 2\sqrt{x^2 + 2x + 5} - \ln(x + 1 + \sqrt{x^2 + 2x + 5}) + C.
\end{aligned}
$$

前面例题中讨论过的一些简单而常用函数的积分，也可以作为公式使用.
现将基本积分公式扩充如下：

(14) $\int \tan x\,\mathrm{d}x = -\ln|\cos x| + C$；

(15) $\int \cot x\,\mathrm{d}x = \ln|\sin x| + C$；

(16) $\int \sec x\,\mathrm{d}x = \ln|\sec x + \tan x| + C$；

(17) $\int \csc x\,\mathrm{d}x = \ln|\csc x - \cot x| + C$；

(18) $\int \dfrac{1}{x^2 - a^2}\mathrm{d}x = \dfrac{1}{2a}\ln\left|\dfrac{x-a}{x+a}\right| + C$；

(19) $\displaystyle\int \frac{1}{\sqrt{x^2 \pm a^2}}dx = \ln\left|x + \sqrt{x^2 \pm a^2}\right| + C;$

(20) $\displaystyle\int \sqrt{a^2 - x^2}\,dx = \frac{a^2}{2}\arcsin\frac{x}{a} + \frac{x}{2}\sqrt{a^2 - x^2} + C.$

三、分部积分法

分部积分法是求不定积分的另一种重要的基本方法. 它是由两个函数乘积的求导法则变形推出的, 常用于解决不同的两类简单函数乘积的积分问题.

定理 3-5 设 $u(x)$, $v(x)$ 都是可导函数, 则

$$\int u(x)v'(x)dx = u(x)v(x) - \int u'(x)v(x)dx.$$

简记为

$$\int uv'dx = uv - \int u'vdx \quad \text{或} \quad \int u\,dv = uv - \int v\,du.$$

证 因为

$$(uv)' = u'v + uv',$$

所以

$$uv' = (uv)' - u'v,$$

两边积分得

$$\int uv'dx = uv - \int u'vdx, \text{即} \int u\,dv = uv - \int v\,du.$$

分部积分公式的实质是将不容易求出的积分 $\displaystyle\int u\,dv$, 转化为容易求出的积分 $\displaystyle\int v\,du$. 应用的关键是如何恰当地选择 u 和 dv, 通过求导的转移, 使被积函数简化.

例 3-32 求积分 $\displaystyle\int x\cos x\,dx$.

解 设 $u = x$, $dv = \cos x\,dx = d\sin x$, 则 $du = dx$, $v = \sin x$, 于是

$$\int x\cos x\,dx = \int x\,d\sin x = x\sin x - \int \sin x\,dx$$
$$= x\sin x + \cos x + C.$$

例 3-33 求积分 $\displaystyle\int x\ln x\,dx$.

解 设 $u = \ln x$, $dv = x\,dx = d\left(\frac{1}{2}x^2\right)$, 则 $du = \frac{1}{x}dx$, $v = \frac{1}{2}x^2$, 于是

$$\int x\ln x\,dx = \int \ln x\,d\left(\frac{1}{2}x^2\right) = \frac{1}{2}x^2\ln x - \frac{1}{2}\int x\,dx$$

$$=\frac{1}{2}x^2\ln x-\frac{1}{4}x^2+C.$$

熟练以后就不必把 u，$\mathrm{d}v$ 写出，直接用分部积分公式计算即可．

例 3-34　求积分 $\displaystyle\int\arctan x\,\mathrm{d}x$．

解
$$\int\arctan x\,\mathrm{d}x=x\arctan x-\int\frac{x}{1+x^2}\mathrm{d}x$$
$$=x\arctan x-\frac{1}{2}\int\frac{1}{1+x^2}\mathrm{d}(1+x^2)$$
$$=x\arctan x-\frac{1}{2}\ln(1+x^2)+C.$$

对某些积分需要多次应用分部积分公式才能得出结果．

例 3-35　求积分 $\displaystyle\int x^2\mathrm{e}^x\,\mathrm{d}x$．

解
$$\int x^2\mathrm{e}^x\,\mathrm{d}x=\int x^2\mathrm{d}\mathrm{e}^x=x^2\mathrm{e}^x-2\int x\mathrm{e}^x\,\mathrm{d}x$$
$$=x^2\mathrm{e}^x-2\int x\mathrm{d}\mathrm{e}^x$$
$$=x^2\mathrm{e}^x-2\left(x\mathrm{e}^x-\int\mathrm{e}^x\,\mathrm{d}x\right)$$
$$=\mathrm{e}^x(x^2-2x+2)+C.$$

例 3-36　求积分 $\displaystyle\int\mathrm{e}^x\sin x\,\mathrm{d}x$．

解
$$\int\mathrm{e}^x\sin x\,\mathrm{d}x=\int\sin x\,\mathrm{d}\mathrm{e}^x=\mathrm{e}^x\sin x-\int\mathrm{e}^x\mathrm{d}\sin x$$
$$=\mathrm{e}^x\sin x-\int\mathrm{e}^x\cos x\,\mathrm{d}x=\mathrm{e}^x\sin x-\int\cos x\,\mathrm{d}\mathrm{e}^x$$
$$=\mathrm{e}^x\sin x-\left[\mathrm{e}^x\cos x-\int\mathrm{e}^x\mathrm{d}\cos x\right]$$
$$=\mathrm{e}^x\sin x-\mathrm{e}^x\cos x-\int\mathrm{e}^x\sin x\,\mathrm{d}x,$$

移项得

$$\int\mathrm{e}^x\sin x\,\mathrm{d}x=\frac{1}{2}\mathrm{e}^x(\sin x-\cos x)+C.$$

利用分部积分法可以解决常见的积分类型有：

(1) $\displaystyle\int x^n\mathrm{e}^{ax}\,\mathrm{d}x$，$\displaystyle\int x^n\sin ax\,\mathrm{d}x$，$\displaystyle\int x^n\cos ax\,\mathrm{d}x$，可设 $u=x^n$．

此类是幂函数与指数函数或正余弦函数乘积的积分，分部积分后，幂函数被降次直至没有．

(2) $\displaystyle\int x^n\ln x\,\mathrm{d}x$，$\displaystyle\int x^n\arcsin x\,\mathrm{d}x$，$\displaystyle\int x^n\arctan x\,\mathrm{d}x$，可设 $\mathrm{d}v=x^n\mathrm{d}x$．

此类是幂函数与对数函数或反三角函数乘积的积分,通过分部积分,将无法直接积分的对数函数或反三角函数转化为对其进行微分运算,简化被积函数,求出原函数.

(3) $\int e^{ax} \sin bx\, dx$,$\int e^{ax} \cos bx\, dx$,可设 $u = e^{ax}$,也可设 $dv = e^{ax}\, dx$.

此类是指数函数与正余弦函数乘积的积分,通过被积表达式的自身"复制"求出原函数.

点 滴 积 累

1. 凑微分法求不定积分,关键步骤如下:

(1) 认准 u;(2)凑出 du;(3)易求 $F(u)$.

2. 第二类换元积分法求不定积分:

被积函数中含有形如 $\sqrt[k]{ax+b}$ 的根式时,直接做根式代换;被积函数中含有形如 $\sqrt{a^2-x^2}$,$\sqrt{a^2+x^2}$,$\sqrt{x^2-a^2}$ 的根式时,做相应的三角代换.

3. 分部积分法求不定积分:

关键是 $u(x)$ 的选取及 $v(x)$ 的确定.一般按顺序优先选取下列函数为 $u(x)$:对数函数、反三角函数、多项式函数或幂函数.

随堂练习 3－1

求不定积分:

(1) $\int \dfrac{1}{x^2(1+x^2)}dx$;

(2) $\int \tan^2 x\, dx$;

(3) $\int \dfrac{1}{\sqrt[3]{5-2x}}dx$;

(4) $\int \dfrac{\cos\sqrt{x}}{\sqrt{x}}dx$;

(5) $\int \dfrac{\sqrt{x-1}}{x}dx$;

(6) $\int x\sqrt{1+x^2}\, dx$;

(7) $\int (1+x)e^x\, dx$;

(8) $\int x\arctan x\, dx$.

第二节　定　积　分

一、引例与定义

(一) 引例

1. 曲边梯形的面积

所谓曲边梯形是指在直角坐标系中,由闭区间 $[a,b]$ 上的连续曲线 $y = f(x)[f(x) \geqslant 0]$,直线 $x = a$,$x = b$ 与 x 轴围成的平面图形,如图3-2所示.其中的曲线弧称为曲边,x 轴上对应区间$[a,b]$的线段称为底边. 我们的问题是,如何计算此曲边梯形的面积?

在初等数学中,可以解决规则图形及多边形面积的计算问题,对于曲边梯形,由于其中一条边是不规则变化的,显然不能像矩形、梯形那样用一个公式来计算面积,而是需要用极限的思想来解决这个问题.

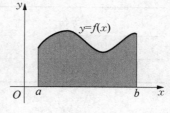

图 3-2

例如计算 $y=x^2$ 与 $x=0$, $x=1$ 及 x 轴所围成的面积.

设这个面积为 S,首先如图 3-3(a)将区间$[0,1]$平均分成 5 份,在$[0,0.2]$,$[0.2,0.4]$,$[0.4,0.6]$,$[0.6,0.8]$,$[0.8,1]$上取右端点,以右端点的函数值为高作矩形,用该矩形面积来近似计算原来曲边梯形的面积. 每个矩形的底都是 0.2,则这些矩形面积的和为

$$R_5 = 0.2 \times 0.2^2 + 0.2 \times 0.4^2 + 0.2 \times 0.6^2 + 0.2 \times 0.8^2 + 0.2 \times 1^2 = 0.44,$$

显然 $S < 0.44$.

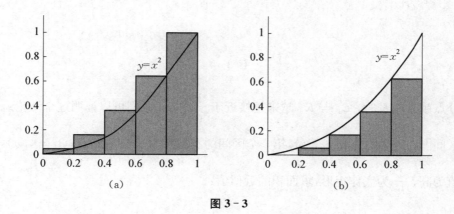

图 3-3

若以每个区间左端点的函数值为高作矩形近似计算原来曲边梯形的面积,如图 3-3(b)所示. 每个矩形的底都是 0.2,则这些矩形面积的和为

$$L_5 = 0.2 \times 0^2 + 0.2 \times 0.2^2 + 0.2 \times 0.4^2 + 0.2 \times 0.6^2 + 0.2 \times 0.8^2 = 0.24,$$

显然 $S > 0.24$,则有 $0.24 < S < 0.44$.

可以通过加密分点,重复以上过程,得到更好的近似值,表 3-1 展示了当把底边分成 n 等份,取右端点对应的函数值为高时所得面积的近似值 R_n,以及取左端点对应的函数值为高时所得面积的近似值 L_n. 图 3-4 为 $n=50$ 的情形.

表 3-1

n 等份	L_n	R_n
10	0.285 000 0	0.385 000 0
30	0.316 851 9	0.350 185 2
50	0.323 400 0	0.343 400 0

n 等份	L_n	R_n
100	0.328 350 0	0.338 350 0
1 000	0.332 833 5	0.333 833 5

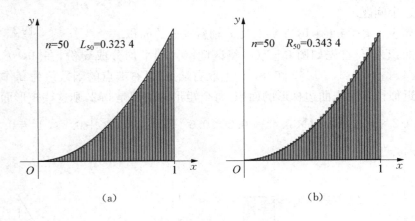

$$\text{(a)} \qquad\qquad \text{(b)}$$

图 3-4

当分点越来越密时，L_n 与 R_n 越来越接近于 $\dfrac{1}{3}$. 实际我们可以证明这个结论.

将区间 $[0,1]$ 平均分成 n 等份，第 i 个区间的右端点为 $\dfrac{i}{n}$($i=1,2,3,\cdots,n$)，以右端点函数值为高、$\dfrac{1}{n}$ 为底作矩形，求面积的近似值：

$$
\begin{aligned}
R_n &= \frac{1}{n} \times \left(\frac{1}{n}\right)^2 + \frac{1}{n} \times \left(\frac{2}{n}\right)^2 + \cdots + \frac{1}{n} \times \left(\frac{n}{n}\right)^2 \\
&= \frac{(n+1)(2n+1)}{6n^2},
\end{aligned}
$$

$$\lim_{n\to\infty} R_n = \lim_{n\to\infty} \frac{(n+1)(2n+1)}{6n^2} = \frac{1}{3}.$$

同理可以证明 $\lim\limits_{n\to\infty} L_n = \dfrac{1}{3}$，这就是 S 的精确值.

上述过程可归纳为如下步骤.

(1) 分割：将曲边梯形分割成 n 个小曲边梯形.

在 $[a,b]$ 内任意插入 $n-1$ 个分点：$a = x_0 < x_1 < x_2 < \cdots < x_{n-1} < x_n = b$，把区间 $[a,b]$ 分成 n 个小区间：$[x_0,x_1]$，$[x_1,x_2]$，$\cdots$，$[x_{i-1},x_i]$，$\cdots$，$[x_{n-1},x_n]$. 每个小区间的长度依次为：$\Delta x_1 = x_1 - x_0$，$\Delta x_2 = x_2 - x_1$，$\cdots$，$\Delta x_i = x_i - x_{i-1}$，$\cdots$，$\Delta x_n = x_n - x_{n-1}$.

过每一分点作平行于 y 轴的直线与曲边相交，便把曲边梯形分成 n 个小曲边梯形，每个小曲边梯形的面积记为 ΔA_i($i=1,2,\cdots,n$)。

(2) 近似代替：用小矩形的面积近似代替相对应的小曲边梯形的面积.

在每个小区间 $[x_{i-1}, x_i]$ 上任意取一点 ξ_i，以 $f(\xi_i)$ 为高、Δx_i 为底的小矩形的面积 $f(\xi_i)\Delta x_i$ 近似代替小曲边梯形的面积 $\Delta A_i (i=1, 2, \cdots, n)$.

(3) 求和：求所有小矩形面积之和.

将 n 个小矩形的面积之和，作为所求曲边梯形面积 A 的近似值，即

$$A = \sum_{i=1}^{n} \Delta A_i \approx \sum_{i=1}^{n} f(\xi_i)\Delta x_i.$$

(4) 取极限：求上述和式的极限.

记 $\lambda = \max\limits_{1 \leqslant i \leqslant n}\{\Delta x_i\}$ $(i=1, 2, \cdots, n)$，当 $\lambda \to 0$ 时，即分割无限加细时（此时 $n \to \infty$），和式 $\sum\limits_{i=1}^{n} f(\xi_i)\Delta x_i$ 的极限就是所求曲边梯形的面积 A，即

$$A = \lim_{\lambda \to 0} \sum_{i=1}^{n} f(\xi_i)\Delta x_i.$$

2. 变速直线运动的路程

设某物体做变速直线运动，其速度 $v = f(t)$ 为时间 t 的函数，求在时间间隔 $[T_1, T_2]$ 内物体所经过的路程 $[f(t)$ 为非负的连续函数$]$.

物体做变速直线运动，即 $v = f(t)$ 不是常数，而是变化的量. 由于 $f(t)$ 是连续函数，在很小的时间间隔内，变化很小. 因此，可以把时间间隔 $[T_1, T_2]$ 分成若干小段时间间隔，在每个小间隔内用匀速运动代替变速运动，求出路程的近似值. 再将所有小段时间间隔的路程相加，就得到了整个路程的近似值. 最后，通过对时间间隔无限细分的极限过程，得到变速直线运动的路程.

上述过程可归纳为如下步骤.

(1) 分割. 在时间间隔 $[T_1, T_2]$ 内任意插入 $n-1$ 个分点 $T_1 = t_0 < t_1 < t_2 < \cdots < t_n = T_2$，把 $[T_1, T_2]$ 分成 n 个小时间段：$[t_0, t_1], [t_1, t_2], \cdots, [t_{n-1}, t_n]$，每个小时间段的长度分别为 $\Delta t_1 = t_1 - t_0, \Delta t_2 = t_2 - t_1, \cdots, \Delta t_n = t_n - t_{n-1}$，每个小时间段内行驶的路程记为 $\Delta s_1, \Delta s_2, \cdots, \Delta s_n$.

(2) 近似代替. 在每个小时间段 $[t_{i-1}, t_i]$ 内任取一点 ξ_i，由于在小时间段内速度变化很小，故以 $f(\xi_i)$ 近似代替此小时间段内的速度. 此时物体在 $[t_{i-1}, t_i]$ 内行驶的路程为：$\Delta s_i \approx f(\xi_i)\Delta t_i (i=1, 2, \cdots, n)$.

(3) 求和. 将每一小时间段内行驶路程相加，得到 $[T_1, T_2]$ 内行驶路程 s 的近似值，$s = \sum\limits_{i=1}^{n} \Delta s_i \approx \sum\limits_{i=1}^{n} f(\xi_i)\Delta t_i$.

(4) 取极限. 记 $\lambda = \max\limits_{1 \leqslant i \leqslant n}\{\Delta t_i\}$. 当 $\lambda \to 0$ 时，即时间区间无限细分时（此时 $n \to \infty$），和式 $\sum\limits_{i=1}^{n} f(\xi_i)\Delta t_i$ 的极限即为物体在 $[T_1, T_2]$ 内行驶的路程.

$$s = \lim_{\lambda \to 0} \sum_{i=1}^{n} f(\xi_i)\Delta t_i.$$

(二) 定积分的定义

上述两例，一个是计算几何量面积，一个是计算物理量路程. 虽然实际问题的意义不同，

但从数学的角度来看，其解决问题的基本思想方法（化整体为局部，以不变代变，近似求和，最后无限逼近）和分析结构（特定结构和式的极限）是完全一样的. 在此基础上，抓住它们在数量关系上共同的本质与特性加以概括，就可以抽象出定积分的定义.

定义 3-3 设函数 $f(x)$ 在 $[a,b]$ 上有定义，任意插入 $n-1$ 个分点 $a=x_0<x_1<\cdots<x_n=b$，如图 3-5 所示，将区间 $[a,b]$ 分成 n 个小区间 $[x_{i-1},x_i]$ $(i=1,2,\cdots,n)$，其长度记为 $\Delta x_i=x_i-x_{i-1}(i=1,2,\cdots,n)$. 在每个小区间 $[x_{i-1},x_i]$ 内任意取一点 ξ_i，作乘积 $f(\xi_i)\Delta x_i(i=1,2,\cdots,n)$，并作和式 $\sum\limits_{i=1}^{n}f(\xi_i)\Delta x_i$. 设 $\lambda=\max\limits_{1\leqslant i\leqslant n}\{\Delta x_i\}$，当 $\lambda\to 0$ 时（此时 $n\to\infty$），如果和式 $\sum\limits_{i=1}^{n}f(\xi_i)\Delta x_i$ 的极限存在且唯一，那么

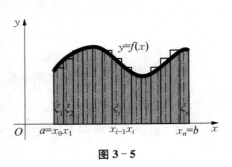

图 3-5

就称此极限值为函数 $f(x)$ 在区间 $[a,b]$ 上的**定积分**，记为 $\int_a^b f(x)\mathrm{d}x$. 即

$$\int_a^b f(x)\mathrm{d}x=\lim_{\lambda\to 0}\sum_{i=1}^{n}f(\xi_i)\Delta x_i.$$

其中，$\int$ 称为积分号，$f(x)$ 称为被积函数，$f(x)\mathrm{d}x$ 称为被积表达式，x 称为积分变量，区间 $[a,b]$ 称为积分区间，a 称为积分下限，b 称为积分上限.

由定积分的定义可知，前面两个实例可分别表述为：

以 $f(x)\geqslant 0$ 为曲边，在区间 $[a,b]$ 内与 x 轴围成的曲边梯形的面积可表示为 $A=\int_a^b f(x)\mathrm{d}x$.

以 $f(t)\geqslant 0$ 为速度，在时间间隔 $[T_1,T_2]$ 内做变速直线运动的物体行驶的路程可表示为 $s=\int_{T_1}^{T_2}f(t)\mathrm{d}t$.

关于定积分定义的几点说明：

（1）定积分是一个特定和式的极限，此极限存在且唯一. 这意味着不论对区间 $[a,b]$ 怎么分法，也不论对点 ξ_i 怎样取法，和式的极限都存在且为相同的值.

（2）只要和式的极限存在且唯一，就称 $f(x)$ 在区间 $[a,b]$ 上可积.

（3）定积分的实质就是一个无限累加的和，其和的结果是一个具体的数值，这个数值由被积函数 $f(x)$ 和积分区间 $[a,b]$ 确定，与积分变量的记号无关. 即

$$\int_a^b f(x)\mathrm{d}x=\int_a^b f(t)\mathrm{d}t=\int_a^b f(u)\mathrm{d}u.$$

在定积分的定义中，假定了 $a<b$，实际上，对其他情形，定积分也有意义. 我们规定：① 当 $a=b$ 时，$\int_a^b f(x)\mathrm{d}x=0$；② 当 $a>b$ 时，$\int_a^b f(x)\mathrm{d}x=-\int_b^a f(x)\mathrm{d}x$.

以后在讨论定积分时，如不作特殊说明，定积分上、下限的大小，均不加限制.

函数 $f(x)$ 在区间 $[a,b]$ 上满足什么条件就一定是可积的? 我们有以下两个定理.

定理 3-6 函数 $f(x)$ 在区间 $[a,b]$ 上是连续函数,则 $f(x)$ 在区间 $[a,b]$ 上可积.

定理 3-7 函数 $f(x)$ 在区间 $[a,b]$ 上有界,且只有有限个间断点,则 $f(x)$ 在区间 $[a,b]$ 上可积.

例 3-37 利用定积分的定义计算 $\int_0^1 x^3 \mathrm{d}x$.

解 因为被积函数在积分区间 $[0,1]$ 上连续,所以是可积的,故定积分的值与区间 $[0,1]$ 的分法及 ξ_i 的取法无关. 为便于计算,不妨把区间 $[0,1]$ 分成 n 等份,则每个小区间 $[x_{i-1},x_i]$ 的长度都为 $\dfrac{1}{n}$,分点 $x_i=\dfrac{i}{n}$. 不妨把 ξ_i 取在小区间 $[x_{i-1},x_i]$ 的右端点,即 $\xi_i=x_i=\dfrac{i}{n}$. 于是得到和式

$$
\begin{aligned}
\sum_{i=1}^n f(\xi_i)\Delta x_i &= \sum_{i=1}^n \xi_i^3 \Delta x_i = \sum_{i=1}^n x_i^3 \Delta x_i \\
&= \sum_{i=1}^n \left[\left(\frac{i}{n}\right)^3 \cdot \frac{1}{n} \right] = \frac{1}{n^4}\sum_{i=1}^n i^3 \\
&= \frac{1}{n^4}(1^3+2^3+\cdots+n^3) \\
&= \frac{1}{n^4} \cdot \frac{n^2(n+1)^2}{4} \\
&= \frac{1}{4}\left(1+\frac{1}{n}\right)^2.
\end{aligned}
$$

当 $\lambda=\max\limits_{1\leqslant i\leqslant n}\{\Delta x_i\}=\dfrac{1}{n}\to 0$ 时,此时 $n\to\infty$,有

$$
\int_0^1 x^3 \mathrm{d}x = \lim_{\lambda\to 0}\sum_{i=1}^n f(\xi_i)\Delta x_i = \lim_{n\to\infty}\frac{1}{4}\left(1+\frac{1}{n}\right)^2 = \frac{1}{4}.
$$

另外,也可把 ξ_i 取在小区间 $[x_{i-1},x_i]$ 的左端点,即 $\xi_i=x_{i-1}=\dfrac{i-1}{n}$,其和式的计算过程同上.

(三) 定积分的几何意义

(1) 当 $f(x)\geqslant 0$ 时,定积分 $\int_a^b f(x)\mathrm{d}x$ 表示由曲线 $y=f(x)$,$x=a$,$x=b(a<b)$ 及 x 轴围成的曲边梯形的面积值 S(如图 3-6 所示),即 $\int_a^b f(x)\mathrm{d}x=S$.

(2) 当 $f(x)\leqslant 0$ 时,容易证明,定积分 $\int_a^b f(x)\mathrm{d}x$ 表示由曲线 $y=f(x)$,$x=a$,$x=b(a<b)$ 及 x 轴围成的曲边梯形的面积值 S 的相反数(如图 3-7 所示),即 $\int_a^b f(x)\mathrm{d}x=-S$.

(3) 当 $f(x)$ 在区间 $[a,b]$ 上有正有负时,定积分 $\int_a^b f(x)\mathrm{d}x$ 表示曲线 $y=f(x)$ 与 x 轴

介于 a，b 之间的各曲边梯形面积值的代数和(如图 3-8 所示),即 $\int_a^b f(x)\mathrm{d}x = S_1 - S_2 + S_3$.

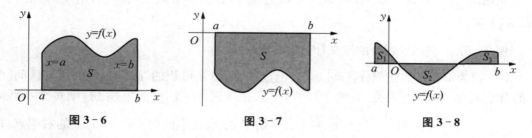

图 3-6   图 3-7   图 3-8

例 3-38 利用定积分的几何意义求下例定积分的值:

(1) $\int_0^1 \sqrt{1-x^2}\,\mathrm{d}x$ ；   (2) $\int_{-1}^2 (x-1)\,\mathrm{d}x$.

解

(1) 定积分 $\int_0^1 \sqrt{1-x^2}\,\mathrm{d}x$ 在几何上表示以原点为圆心、半径为 1 的四分之一圆的面积值(如图 3-9 中的阴影部分),所以

$$\int_0^1 \sqrt{1-x^2}\,\mathrm{d}x = \frac{\pi}{4}.$$

(2) 定积分 $\int_{-1}^2 (x-1)\,\mathrm{d}x$ 在几何上表示直线 $y=x-1$ 与 x 轴介于 $x=-1$，$x=2$ 所围两个三角形面积的代数和(如图 3-10 中的阴影部分). 所以

$$\int_{-1}^2 (x-1)\,\mathrm{d}x = -S_1 + S_2 = -2 + \frac{1}{2} = -\frac{3}{2}.$$

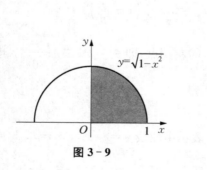

图 3-9

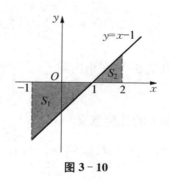

图 3-10

(四) 定积分的性质

假定 $f(x)$，$g(x)$ 都是可积的,则具有下列性质(证明略).

性质 3-5 被积函数的常数因子可以提到积分号外面,即

$$\int_a^b kf(x)\,\mathrm{d}x = k\int_a^b f(x)\,\mathrm{d}x.$$

性质 3-6　两个函数代数和的定积分等于此两个函数定积分的代数和,即

$$\int_a^b [f(x) \pm g(x)]\,\mathrm{d}x = \int_a^b f(x)\,\mathrm{d}x \pm \int_a^b g(x)\,\mathrm{d}x.$$

此性质可以推广到有限多个函数代数和的情况.

性质 3-7　(积分区间的可加性)设 a,b,c 是 $\mathbb{R}$ 中的任意 3 个数(如图 3-11 所示),则 $\int_a^b f(x)\,\mathrm{d}x = \int_a^c f(x)\,\mathrm{d}x + \int_c^b f(x)\,\mathrm{d}x.$

性质 3-8　如果在区间 $[a,b]$ 上 $f(x) \equiv 1$,则

$$\int_a^b f(x)\,\mathrm{d}x = \int_a^b \mathrm{d}x = b-a.$$

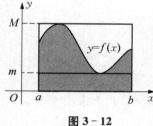

图 3-11

性质 3-9　如果在区间 $[a,b]$ 上有 $f(x) \leqslant g(x)$,则

$$\int_a^b f(x)\,\mathrm{d}x \leqslant \int_a^b g(x)\,\mathrm{d}x.$$

推论 3-1　在区间 $[a,b]$ 上,若 $f(x) \geqslant 0$[或 $f(x) \leqslant 0$],则

$$\int_a^b f(x)\,\mathrm{d}x \geqslant 0 \quad \left[或 \int_a^b f(x)\,\mathrm{d}x \leqslant 0\right].$$

推论 3-2　若 $a<b$,则 $\left|\int_a^b f(x)\,\mathrm{d}x\right| \leqslant \int_a^b |f(x)|\,\mathrm{d}x.$

性质 3-10　(估值定理)若函数 $f(x)$ 在闭区间 $[a,b]$ 上的最大值为 M,最小值为 m(如图 3-12 所示),则

$$m(b-a) \leqslant \int_a^b f(x)\,\mathrm{d}x \leqslant M(b-a).$$

图 3-12

性质 3-11　(积分中值定理)若函数 $f(x)$ 在闭区间 $[a,b]$ 上连续,则在 $[a,b]$ 上至少存在一点 ξ,使得

$$\int_a^b f(x)\,\mathrm{d}x = f(\xi)(b-a), \xi \in [a,b].$$

此公式称为积分中值公式.

此性质的几何解释:当 $f(x) \geqslant 0$ 时,定积分 $\int_a^b f(x)\,\mathrm{d}x$ 表示以曲线 $y=f(x)$ 为曲边、区间 $[a,b]$ 为底的曲边梯形的面积,此时至少存在一个以 $f(\xi)$ 为高、$[a,b]$ 为底的矩形,它的面积与上述曲边梯形的面积相等(如图 3-13 所示).

积分中值公式又可写成

$$f(\xi) = \frac{1}{b-a}\int_a^b f(x)\,\mathrm{d}x.$$

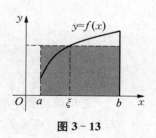

图 3-13

$f(\xi)$ 称为函数 $f(x)$ 在区间 $[a,b]$ 上的平均值.

例 3-39 比较 $\displaystyle\int_0^1 x\,\mathrm{d}x$ 与 $\displaystyle\int_0^1 \ln(1+x)\,\mathrm{d}x$ 的大小.

解 令 $f(x)=x-\ln(1+x)$，在闭区间 $[0,1]$ 上有

$$f'(x)=1-\frac{1}{1+x}=\frac{x}{1+x}>0,$$

故 $f(x)$ 在闭区间 $[0,1]$ 上单调递增，即 $f(x)\geqslant f(0)=0$，从而 $x\geqslant\ln(1+x)$，由性质 3-9 得 $\displaystyle\int_0^1 x\,\mathrm{d}x\geqslant\int_0^1 \ln(1+x)\,\mathrm{d}x$.

例 3-40 估计下列定积分的取值范围：

(1) $\displaystyle\int_1^2 \ln x\,\mathrm{d}x$;　(2) $\displaystyle\int_0^1 \mathrm{e}^{x^2}\,\mathrm{d}x$.

解 (1) $f(x)=\ln x$ 在区间 $[1,2]$ 上连续且单调递增，于是有最大值 $M=f(2)=\ln 2$，最小值 $m=f(1)=0$，由性质 3-9、性质 3-10 得

$$0\cdot(2-1)\leqslant\int_1^2 \ln x\,\mathrm{d}x\leqslant\ln 2\cdot(2-1),$$

即 $0\leqslant\displaystyle\int_1^2 \ln x\,\mathrm{d}x\leqslant\ln 2$.

(2) $f(x)=\mathrm{e}^{x^2}$ 在区间 $[0,1]$ 上连续，又因为 $f'(x)=2x\mathrm{e}^{x^2}>0$，$x\in(0,1)$，所以 $f(x)$ 在 $[0,1]$ 上单调递增. 于是有最大值 $M=f(1)=\mathrm{e}$，最小值 $m=f(0)=1$，由性质 3-9、性质 3-10 得

$$1\cdot(1-0)\leqslant\int_0^1 \mathrm{e}^{x^2}\,\mathrm{d}x\leqslant\mathrm{e}\cdot(1-0),$$

即 $1\leqslant\displaystyle\int_0^1 \mathrm{e}^{x^2}\,\mathrm{d}x\leqslant\mathrm{e}$.

例 3-41 求函数 $f(x)=x^2$ 在 $[0,1]$ 上的平均值，并在区间 $[0,1]$ 上求出至少一点 ξ，使 $f(\xi)$ 等于该平均值.

解 由本节第一个引例知 $\displaystyle\int_0^1 x^2\,\mathrm{d}x=\frac{1}{3}$. 由性质 3-11 有 $f(\xi)=\dfrac{1}{1-0}\displaystyle\int_0^1 x^2\,\mathrm{d}x=\dfrac{1}{3}$，即 $\xi^2=\dfrac{1}{3}$，所以 $\xi=\dfrac{\sqrt{3}}{3}\in[0,1]$. 因此当 $\xi=\dfrac{\sqrt{3}}{3}$ 时，平均值为 $f(\xi)=\dfrac{1}{3}$.

思政育人

定积分的数学思想指导我们的成事之道

定积分的数学思想可以概括为分割、近似、求和、取极限，本质是一个特定和式的极限，为唯一确定的常数. 除了具体的数学解析外，其思想指导我们的成事之道——

化繁为简、由简析繁,将整体分解为部分,集部分解析整体.定积分的数学思想清晰地告诉我们:即便再复杂的事情都是由简单的事情组合起来的,解决问题之道是理性地将问题分解,对每一部分问题加以解决,从而达到解决整个复杂问题的目的.

二、牛顿-莱布尼茨公式

从理论上讲,用定积分的定义,可以计算定积分.但在实际问题中,我们发现仅有少数几种特殊的被积函数可以计算,且计算过程比较繁杂.对于一般的被积函数如何计算其定积分,则要另外寻求简单有效的新办法.我们可从实际问题中寻找解决问题的线索,为此,对变速直线运动过程中的位置函数 $s(t)$ 与速度函数 $v(t)$ 之间的联系作进一步研究.

(一) 引例

某一物体做变速直线运动.在直线上取定原点、正方向及长度单位,使它成一数轴.设时刻 t 物体所在位置为 $s(t)$,速度为 $v(t)$[不妨假设 $v(t) \geqslant 0$].由第一节的讨论我们知道,物体在时间间隔 $[T_1, T_2]$ 内行驶的路程可以用速度函数 $v(t)$ 在 $[T_1, T_2]$ 上的定积分 $\int_{T_1}^{T_2} v(t)\mathrm{d}t$ 来表达.另一方面,这段路程也可以用位置函数 $s(t)$ 在区间 $[T_1, T_2]$ 上的增量 $s(T_2) - s(T_1)$ 来表达.由此有如下关系式:

$$\int_{T_1}^{T_2} v(t)\mathrm{d}t = \int_{T_1}^{T_2} s'(t)\mathrm{d}t = s(T_2) - s(T_1).\qquad(3-1)$$

由于 $s'(t) = v(t)$,即位置函数 $s(t)$ 是速度函数 $v(t)$ 的原函数,所以式(3-1)表示:速度函数 $v(t)$ 在 $[T_1, T_2]$ 上的定积分等于 $v(t)$ 的原函数 $s(t)$ 在区间 $[T_1, T_2]$ 上的增量.

在此问题中揭示出来的函数之间的关系,在一定条件下具有普遍性.

(二) 积分上限的函数及其导数

设函数 $f(x)$ 在区间 $[a, b]$ 上连续,那么定积分 $\int_a^b f(x)\mathrm{d}x$ 一定存在,且积分值只与被积函数 $f(x)$ 及积分区间 $[a, b]$ 有关而与积分变量的记号无关.假定被积函数 $f(x)$ 和积分下限 a 确定,而积分上限由 a 到 b 不断变化,则定积分的值也会随之变化,此时构成以积分上限为自变量、定积分值为因变量的函数关系.记积分上限为 x,为避免其与定积分的积分变量产生混淆,将积分变量改写为 t,则连续函数的定积分 $\int_a^x f(t)\mathrm{d}t$ 一定存在,且与积分上限 x 相对应.称定积分 $\int_a^x f(t)\mathrm{d}t$ 为积分上限 x 的函数,记为 $\Phi(x)$,即

$$\Phi(x) = \int_a^x f(t)\mathrm{d}t, \quad x \in [a, b].$$

$\Phi(x)$ 称为积分上限函数,其定义域为 $[a, b]$.

结合定积分的几何意义,积分上限函数 $\Phi(x)$ 在几何上表示曲线 $y = f(x)$ 与 x 轴介于 a, x 之间的曲边梯形面积的代数和,如图 3-14 所示.

关于积分上限函数有如下性质.

定理 3-8 如果函数 $f(x)$ 在区间 $[a, b]$ 上连续,那么积分上限函数 $\Phi(x) = \int_a^x f(t)dt$ 在区间 $[a, b]$ 上可导,且其导数等于被积函数,即

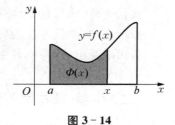

图 3-14

$$\Phi'(x) = \frac{d}{dx}\int_a^x f(t)dt = f(x), \quad x \in [a, b].$$

证 任取 $x \in [a, b]$,在 x 点处取一增量 Δx,使 $x + \Delta x \in [a, b]$,则有

$$\Delta\Phi(x) = \Phi(x + \Delta x) - \Phi(x)$$
$$= \int_a^{x+\Delta x} f(t)dt - \int_a^x f(t)dt = \int_a^x f(t)dt + \int_x^{x+\Delta x} f(t)dt - \int_a^x f(t)dt$$
$$= \int_x^{x+\Delta x} f(t)dt.$$

由积分中值定理知,在 x 与 $x + \Delta x$ 之间至少存在一点 ξ,使得

$$\Delta\Phi(x) = \int_x^{x+\Delta x} f(t)dt = f(\xi)\Delta x,$$

所以 $\frac{\Delta\Phi(x)}{\Delta x} = f(\xi)$,由导数的定义及函数的连续性,有

$$\Phi'(x) = \lim_{\Delta x \to 0} \frac{\Delta\Phi(x)}{\Delta x} = \lim_{\xi \to x} f(\xi) = f(x).$$

由此定理可知,积分上限函数 $\Phi(x)$ 是被积函数 $f(x)$ 的一个原函数[即使 $\Phi(x)$ 未必是初等函数],也就是说,**连续函数的原函数一定是存在的**. 这个定理同时揭示了定积分与不定积分之间的内在联系——尽管两者的概念差之万里.

例 3-42 求下列函数的导数:

$(1)\ \Phi(x) = \int_a^x te^{t^2}dt;$ $\qquad\qquad (2)\ \Phi(x) = \int_a^{x^2}(\sqrt{1+t^2} - \sqrt{2})dt.$

解 (1) 据定理 3-8 有

$$\Phi'(x) = \frac{d}{dx}\int_a^x te^{t^2}dt = xe^{x^2}.$$

(2) 将积分上限看作中间变量,即令 $u = x^2$,则 $\Phi(x)$ 可看作由 $\Phi(u) = \int_a^u (\sqrt{1+t^2} - \sqrt{2})dt$,$u = x^2$ 复合而成的复合函数,根据复合函数求导法则,有

$$\Phi'(x) = \frac{d}{du}\int_a^u (\sqrt{1+t^2} - \sqrt{2})dt \cdot \frac{du}{dx}$$
$$= (\sqrt{1+u^2} - \sqrt{2}) \cdot (x^2)'$$
$$= 2x(\sqrt{1+x^4} - \sqrt{2}).$$

例 3 - 43 求极限 $\lim\limits_{x \to 0} \dfrac{\int_0^x \tan t \, dt}{x^2}$.

解 当 $x \to 0$ 时,$\int_0^x \tan t \, dt \to 0$. 故此极限是 "$\dfrac{0}{0}$" 型未定式,应用洛必达法则,有

$$\lim_{x \to 0} \frac{\int_0^x \tan t \, dt}{x^2} = \lim_{x \to 0} \frac{\left(\int_0^x \tan t \, dt\right)'}{(x^2)'} = \lim_{x \to 0} \frac{\tan x}{2x} = \frac{1}{2}.$$

(三) 微积分基本公式

定理 3 - 9 若函数 $f(x)$ 在闭区间 $[a, b]$ 上连续,且 $F(x)$ 为 $f(x)$ 的一个原函数,则

$$\int_a^b f(x) \, dx = F(x) \big|_a^b = F(b) - F(a).$$

证 因为函数 $f(x)$ 在闭区间 $[a, b]$ 上连续,据定理 3 - 8 知,$\Phi(x) = \int_a^x f(t) \, dt$ 为 $f(x)$ 的一个原函数. 又因为 $F(x)$ 为 $f(x)$ 的一个原函数,故 $\Phi(x) = F(x) + C$.

令 $x = a$,则 $\Phi(a) = \int_a^a f(t) \, dt = 0$,所以 $C = -F(a)$;

令 $x = b$,则 $\Phi(b) = F(b) + C = F(b) - F(a)$,即

$$\Phi(b) = \int_a^b f(t) \, dt = F(b) - F(a).$$

又因为 $\int_a^b f(t) \, dt = \int_a^b f(x) \, dx$,所以

$$\int_a^b f(x) \, dx = F(b) - F(a).$$

上式称为微积分基本公式,也称为牛顿-莱布尼茨公式.

此公式表明:在闭区间 $[a, b]$ 上的连续函数 $f(x)$ 的定积分等于该函数的原函数 $F(x)$ 在 $[a, b]$ 上函数值的增量. 从某种意义上讲,连续函数的定积分的计算问题就可转化为不定积分的计算问题了. 此公式极大简化了定积分的烦琐计算,在数学发展史上,具有里程碑式的意义.

由于某些函数的不定积分极难求得,或有些函数的原函数不能用初等函数表示,所以对这些函数的定积分及非连续的可积函数的计算,须另寻良策,本章不予讨论.

知识链接

牛顿-莱布尼茨公式

牛顿:1642—1727,英国数学家、物理学家、天文学家、自然哲学家. 莱布尼茨:1646—1716,德国数学家、物理学家、哲学家. 在早期数学家的研究成果中,牛顿和莱布尼茨各自独立地在微积分学中有所建树,并将积分和微分真正沟通起来,明确地找到了两者内在的直接联系:微分和积分是两种互逆的运算,建立了微积分基本公式. 这是微

积分建立的最关键的一步,并为其深入发展和广泛应用铺平了道路.历史上,牛顿在微积分方面的研究要早于莱布尼茨,但莱布尼茨研究成果的发表要早于牛顿.鉴于两人在数学发展史上的突出贡献,后人将此公式称为牛顿-莱布尼茨公式.

例 3-44 求下列定积分:

(1) $\int_0^1 x^3 \mathrm{d}x$;　　　　　　(2) $\int_0^{2\pi} \sqrt{1-\cos^2 x}\,\mathrm{d}x$;

(3) $\int_0^2 f(x)\mathrm{d}x$,其中 $f(x)=\begin{cases} x-1, & x\leqslant 1, \\ x^2, & x>1. \end{cases}$

解 (1) 被积函数 x^3 在 $[0,1]$ 上连续,由牛顿-莱布尼茨公式得

$$\int_0^1 x^3\,\mathrm{d}x = \frac{1}{4}x^4\Big|_0^1 = \frac{1}{4}-0 = \frac{1}{4}.$$

此结果与用定积分定义计算的结果一致,但过程极其简洁.

(2) 被积函数 $\sqrt{1-\cos^2 x}=|\sin x|$ 在 $[0,2\pi]$ 上连续,由牛顿-莱布尼茨公式得

$$\begin{aligned}
\int_0^{2\pi}\sqrt{1-\cos^2 x}\,\mathrm{d}x &= \int_0^{2\pi}|\sin x|\,\mathrm{d}x \\
&= \int_0^\pi \sin x\,\mathrm{d}x + \int_\pi^{2\pi}(-\sin x)\,\mathrm{d}x \\
&= (-\cos x)\Big|_0^\pi + \cos x\Big|_\pi^{2\pi} \\
&= [-(-1)+1]+[1-(-1)] \\
&= 4.
\end{aligned}$$

(3) $f(x)$ 在 $[0,2]$ 上是分段函数,$x=1$ 是第一类间断点,定积分存在.由定积分对区间的可加性及牛顿-莱布尼茨公式得

$$\begin{aligned}
\int_0^2 f(x)\mathrm{d}x &= \int_0^1 (x-1)\mathrm{d}x + \int_1^2 x^2\,\mathrm{d}x \\
&= \left(\frac{1}{2}x^2 - x\right)\Big|_0^1 + \frac{1}{3}x^3\Big|_1^2 \\
&= \left(-\frac{1}{2}\right)+\frac{7}{3}=\frac{11}{6}.
\end{aligned}$$

三、定积分的换元积分法与分部积分法

由牛顿-莱布尼茨公式可知,连续函数的定积分的计算问题可转化为不定积分的计算问题.在不定积分的计算中有换元积分法与分部积分法,因此,在一定条件下,定积分的计算中也可以应用换元积分法与分部积分法.

(一) 定积分的换元积分法

定理 3-10 如果函数 $f(x)$ 在区间 $[a,b]$ 上连续,函数 $x=\varphi(t)$ 在区间 $[\alpha,\beta]$ 上单调且具有连续的导数,其中 $\varphi(\alpha)=a$,$\varphi(\beta)=b$. t 在 $[\alpha,\beta]$ 上变化时,$\varphi(t)$ 的值在区间

$[a, b]$上变化,则

$$\int_a^b f(x)\mathrm{d}x = \int_\alpha^\beta f[\varphi(t)]\varphi'(t)\mathrm{d}t.$$

上式称为定积分的换元积分公式. 使用换元积分法计算定积分时,换元的过程与不定积分换元法的换元过程完全一样. 需要注意的是:①定积分换元的同时,一定要换积分上、下限,即换元必换限;在求出关于新积分变量 t 的被积函数的原函数后,不必还原为原来积分变量 x 的函数(即不必代回原积分变量),直接代入新的积分上、下限作差即可. ②换元后 α 不一定小于 β.

定理 3 - 10 称为定积分的第二换元积分法,若将 $\int_a^b f(x)\mathrm{d}x = \int_\alpha^\beta f[\varphi(t)]\varphi'(t)\mathrm{d}t$ 反过来写,改写为如下形式:

$$\int_a^b f[\varphi(x)]\varphi'(x)\mathrm{d}x = \int_\alpha^\beta f(t)\mathrm{d}t,$$

则对应的是定积分的第一换元积分法(凑微分法).

例 3 - 45 计算 $\int_0^{\frac{\pi}{2}} \cos^2 x \sin x \,\mathrm{d}x$.

解 用定积分第一换元积分法.

$$\int_0^{\frac{\pi}{2}} \cos^2 x \sin x \,\mathrm{d}x = -\int_0^{\frac{\pi}{2}} \cos^2 x \,\mathrm{d}\cos x$$

$$\xrightarrow{\text{令 } u = \cos x} -\int_1^0 u^2 \,\mathrm{d}u$$

$$= -\frac{1}{3} u^3 \Big|_1^0$$

$$= -\frac{1}{3}(0 - 1)$$

$$= \frac{1}{3}.$$

用第一换元积分法(凑微分法)计算定积分时,熟悉掌握后往往无须作变量替换,也无须变换积分上、下限. 如

$$\int_0^{\frac{\pi}{2}} \cos^2 x \sin x \,\mathrm{d}x = -\int_0^{\frac{\pi}{2}} \cos^2 x \,\mathrm{d}\cos x$$

$$= -\frac{1}{3} \cos^3 x \Big|_0^{\frac{\pi}{2}} = -\frac{1}{3}(0 - 1) = \frac{1}{3}.$$

例 3 - 46 计算 $\int_0^{\ln 2} \sqrt{\mathrm{e}^x - 1}\,\mathrm{d}x$.

解 用定积分第二换元积分法. 令 $\sqrt{\mathrm{e}^x - 1} = t$,则 $\mathrm{e}^x = t^2 + 1$,$x = \ln(t^2 + 1)$,$\mathrm{d}x = \dfrac{2t}{t^2 + 1}\mathrm{d}t$,且当 $x = 0$ 时,$t = 0$,当 $x = \ln 2$ 时,$t = 1$,于是有

$$\int_0^{\ln 2} \sqrt{e^x - 1}\, dx = \int_0^1 t \frac{2t}{t^2 + 1}\, dt$$

$$= 2(t - \arctan t)\,\big|_0^1$$

$$= 2\left(1 - \frac{\pi}{4}\right)$$

$$= 2 - \frac{\pi}{2}.$$

例 3-47 计算 $\displaystyle\int_1^4 \frac{1}{x + \sqrt{x}}\, dx$.

解 用定积分第二换元积分法. 令 $\sqrt{x} = t$，则 $x = t^2$，$dx = 2t\, dt$，且当 $x = 1$ 时，$t = 1$，当 $x = 4$ 时，$t = 2$，于是有

$$\int_1^4 \frac{1}{x + \sqrt{x}}\, dx = \int_1^2 \frac{2t}{t^2 + t}\, dt$$

$$= \int_1^2 \frac{2}{t + 1}\, dt$$

$$= (2\ln|t + 1|)\,\big|_1^2$$

$$= 2(\ln 3 - \ln 2)$$

$$= 2\ln \frac{3}{2}.$$

例 3-48 设函数 $f(x)$ 在对称区间 $[-a, a]$ 上连续，求证：

(1) $\displaystyle\int_{-a}^{a} f(x)\, dx = \int_0^a [f(x) + f(-x)]\, dx$；

(2) 如果 $f(x)$ 为奇函数，那么 $\displaystyle\int_{-a}^{a} f(x)\, dx = 0$；

(3) 如果 $f(x)$ 为偶函数，那么 $\displaystyle\int_{-a}^{a} f(x)\, dx = 2\int_0^a f(x)\, dx$.

证 (1) 由定积分的性质，有

$$\int_{-a}^{a} f(x)\, dx = \int_{-a}^{0} f(x)\, dx + \int_0^a f(x)\, dx = I_1 + I_2.$$

对 $I_1 = \displaystyle\int_{-a}^{0} f(x)\, dx$，令 $x = -t$，则 $dx = -dt$，且当 $x = -a$ 时，$t = a$，当 $x = 0$ 时，$t = 0$，于是有

$$\int_{-a}^{0} f(x)\, dx = \int_a^0 f(-t)(-dt)$$

$$= \int_0^a f(-t)\, dt.$$

又因为 $\displaystyle\int_0^a f(-t)\, dt = \int_0^a f(-x)\, dx$，所以 $\displaystyle\int_{-a}^{0} f(x)\, dx = \int_0^a f(-x)\, dx$，代入原式，有

$$\int_{-a}^{a} f(x)\mathrm{d}x = \int_{0}^{a} f(-x)\mathrm{d}x + \int_{0}^{a} f(x)\mathrm{d}x = \int_{0}^{a} [f(x) + f(-x)]\mathrm{d}x.$$

(2) 因为 $f(x)$ 为奇函数,即 $f(-x) = -f(x)$,由(1)有

$$\int_{-a}^{a} f(x)\mathrm{d}x = \int_{0}^{a} [f(x) + f(-x)]\mathrm{d}x$$
$$= \int_{0}^{a} [f(x) - f(x)]\mathrm{d}x$$
$$= 0.$$

(3) 因为 $f(x)$ 为偶函数,即 $f(-x) = f(x)$,由(1)有

$$\int_{-a}^{a} f(x)\mathrm{d}x = \int_{0}^{a} [f(x) + f(-x)]\mathrm{d}x$$
$$= \int_{0}^{a} [f(x) + f(x)]\mathrm{d}x$$
$$= 2\int_{0}^{a} f(x)\mathrm{d}x.$$

利用例 3-48 的结论,可以简化奇、偶函数在对称区间上的定积分的计算.

例 3-49 计算:

(1) $\displaystyle\int_{-\pi}^{\pi} x^{4}\sin x\,\mathrm{d}x$; (2) $\displaystyle\int_{-1}^{1} (1-x^{2})\mathrm{d}x$.

解 (1) 因为 $x^{4}\sin x$ 在对称区间 $[-\pi, \pi]$ 上是奇函数,所以

$$\int_{-\pi}^{\pi} x^{4}\sin x\,\mathrm{d}x = 0.$$

(2) 因为 $1-x^{2}$ 在对称区间 $[-1, 1]$ 上是偶函数,所以

$$\int_{-1}^{1} (1-x^{2})\mathrm{d}x = 2\int_{0}^{1} (1-x^{2})\mathrm{d}x$$
$$= 2\left(x - \frac{1}{3}x^{3}\right)\Big|_{0}^{1}$$
$$= \frac{4}{3}.$$

例 3-50 求证:$\displaystyle\int_{0}^{\frac{\pi}{2}} f(\sin x)\mathrm{d}x = \int_{0}^{\frac{\pi}{2}} f(\cos x)\mathrm{d}x$.

证 令 $x = \dfrac{\pi}{2} - t$,则 $\mathrm{d}x = -\mathrm{d}t$,且当 $x=0$ 时,$t = \dfrac{\pi}{2}$,当 $x = \dfrac{\pi}{2}$ 时,$t=0$,于是有

$$\int_{0}^{\frac{\pi}{2}} f(\sin x)\mathrm{d}x = \int_{\frac{\pi}{2}}^{0} f\left[\sin\left(\frac{\pi}{2} - t\right)\right](-\mathrm{d}t)$$
$$= \int_{0}^{\frac{\pi}{2}} f(\cos t)\mathrm{d}t.$$

又因为

$$\int_0^{\frac{\pi}{2}} f(\cos t)\,\mathrm{d}t = \int_0^{\frac{\pi}{2}} f(\cos x)\,\mathrm{d}x,$$

所以

$$\int_0^{\frac{\pi}{2}} f(\sin x)\,\mathrm{d}x = \int_0^{\frac{\pi}{2}} f(\cos x)\,\mathrm{d}x.$$

(二) 定积分的分部积分法

由不定积分的分部积分法,容易得到

定理 3-11 设函数 $u = u(x)$,$v = v(x)$ 在区间 $[a,b]$ 上有连续的导数,则有

$$\int_a^b uv'\,\mathrm{d}x = uv\,\big|_a^b - \int_a^b vu'\,\mathrm{d}x,$$

或写为

$$\int_a^b u\,\mathrm{d}v = uv\,\big|_a^b - \int_a^b v\,\mathrm{d}u.$$

上式称为定积分的分部积分公式.

例 3-51 计算 $\int_0^1 x\,\mathrm{e}^{-x}\,\mathrm{d}x$.

解 根据定积分的分部积分公式,得

$$\begin{aligned}
\int_0^1 x\,\mathrm{e}^{-x}\,\mathrm{d}x &= -\int_0^1 x\,\mathrm{d}\mathrm{e}^{-x}\\
&= -x\,\mathrm{e}^{-x}\,\big|_0^1 + \int_0^1 \mathrm{e}^{-x}\,\mathrm{d}x\\
&= -\mathrm{e}^{-1} - \mathrm{e}^{-x}\,\big|_0^1\\
&= 1 - \frac{2}{\mathrm{e}}.
\end{aligned}$$

例 3-52 计算 $\int_{\frac{1}{\mathrm{e}}}^{\mathrm{e}} |\ln x|\,\mathrm{d}x$.

解
$$\begin{aligned}
\int_{\frac{1}{\mathrm{e}}}^{\mathrm{e}} |\ln x|\,\mathrm{d}x &= \int_{\frac{1}{\mathrm{e}}}^{1} (-\ln x)\,\mathrm{d}x + \int_1^{\mathrm{e}} \ln x\,\mathrm{d}x\\
&= -(x\ln x - x)\,\big|_{\frac{1}{\mathrm{e}}}^{1} + (x\ln x - x)\,\big|_1^{\mathrm{e}}\\
&= 1 + \left(\frac{1}{\mathrm{e}}\ln\frac{1}{\mathrm{e}} - \frac{1}{\mathrm{e}}\right) + (\mathrm{e}\ln\mathrm{e} - \mathrm{e}) + 1\\
&= 2\left(1 - \frac{1}{\mathrm{e}}\right).
\end{aligned}$$

*四、反常积分

前几节讨论的定积分,是以积分区间为有限闭区间及该区间函数有界为前提的. 在一些实际问题中,会遇到积分区间为无穷限或被积函数在闭区间上有无穷间断点的积分,这样的问题称为反常积分.

(一) 无穷限的反常积分

定义 3-4 设函数 $f(x)$ 在区间 $[a,+\infty)$ 上连续,取 $t > a$,极限 $\lim\limits_{t \to +\infty} \int_a^t f(x)\mathrm{d}x$ 称为函数 $f(x)$ 在无穷区间 $[a,+\infty)$ 上的反常积分,记为 $\int_a^{+\infty} f(x)\mathrm{d}x$,即

$$\int_a^{+\infty} f(x)\mathrm{d}x = \lim_{t \to +\infty} \int_a^t f(x)\mathrm{d}x.$$

如果极限存在,称反常积分 $\int_a^{+\infty} f(x)\mathrm{d}x$ **收敛**;如果极限不存在,则称反常积分 $\int_a^{+\infty} f(x)\mathrm{d}x$ **发散**.

定义 3-5 设函数 $f(x)$ 在区间 $(-\infty,b]$ 上连续,取 $t < b$,极限 $\lim\limits_{t \to -\infty} \int_t^b f(x)\mathrm{d}x$ 称为函数 $f(x)$ 在无穷区间 $(-\infty,b]$ 上的**反常积分**,记为 $\int_{-\infty}^b f(x)\mathrm{d}x$,即

$$\int_{-\infty}^b f(x)\mathrm{d}x = \lim_{t \to -\infty} \int_t^b f(x)\mathrm{d}x.$$

如果极限存在,也称反常积分 $\int_{-\infty}^b f(x)\mathrm{d}x$ **收敛**;如果极限不存在,则称反常积分 $\int_{-\infty}^b f(x)\mathrm{d}x$ **发散**.

定义 3-6 设函数 $f(x)$ 在区间 $(-\infty,+\infty)$ 上连续,若有任意实数 c,使得反常积分 $\int_{-\infty}^c f(x)\mathrm{d}x$ 和 $\int_c^{+\infty} f(x)\mathrm{d}x$ 都收敛,则称反常积分 $\int_{-\infty}^{+\infty} f(x)\mathrm{d}x$ **收敛**,即

$$\int_{-\infty}^{+\infty} f(x)\mathrm{d}x = \int_{-\infty}^c f(x)\mathrm{d}x + \int_c^{+\infty} f(x)\mathrm{d}x.$$

如果反常积分 $\int_{-\infty}^c f(x)\mathrm{d}x$ 和 $\int_c^{+\infty} f(x)\mathrm{d}x$ 中至少有一个发散,则称反常积分 $\int_{-\infty}^{+\infty} f(x)\mathrm{d}x$ **发散**. 在实际应用时,为计算方便,通常取 $c = 0$.

上述反常积分统称为**无穷限的反常积分**.

为方便使用,在讨论无穷限的反常积分时,也可以采用牛顿-莱布尼茨公式的记法:

设 $F(x)$ 为 $f(x)$ 的一个原函数,若记 $F(+\infty) = \lim\limits_{t \to +\infty} F(t)$,$F(-\infty) = \lim\limits_{t \to -\infty} F(t)$,则

$$\int_a^{+\infty} f(x)\mathrm{d}x = \lim_{t \to +\infty} F(t) - F(a) = F(x)\big|_a^{+\infty},$$

$$\int_{-\infty}^b f(x)\mathrm{d}x = F(b) - \lim_{t \to -\infty} F(t) = F(x)\big|_{-\infty}^b,$$

$$\int_{-\infty}^{+\infty} f(x)\mathrm{d}x = F(x)\big|_{-\infty}^c + F(x)\big|_c^{+\infty} = F(x)\big|_{-\infty}^{+\infty}.$$

例 3-53 计算 $\int_0^{+\infty} x\,\mathrm{e}^{-x^2}\mathrm{d}x$.

解 取 $t > 0$,则

$$
\begin{aligned}
\int_0^{+\infty} x e^{-x^2} dx &= \lim_{t \to +\infty} \int_0^t x e^{-x^2} dx \\
&= \lim_{t \to +\infty} \left[-\frac{1}{2} \int_0^t e^{-x^2} d(-x^2) \right] \\
&= -\frac{1}{2} \lim_{t \to +\infty} e^{-x^2} \Big|_0^t , \\
&= -\frac{1}{2} \lim_{t \to +\infty} (e^{-t^2} - 1) \\
&= \frac{1}{2} .
\end{aligned}
$$

例 3-54 求证:$\int_1^{+\infty} \dfrac{1}{x^p} dx$,当 $p > 1$ 时收敛;当 $p \leqslant 1$ 时发散.

证 当 $p = 1$ 时,$\int_1^{+\infty} \dfrac{1}{x} dx = \ln x \big|_1^{+\infty} = +\infty$,此时,反常积分发散.

当 $p \neq 1$ 时,$\int_1^{+\infty} \dfrac{1}{x^p} dx = \dfrac{x^{1-p}}{1-p} \Big|_1^{+\infty}$.

讨论:当 $p > 1$ 时,$\int_1^{+\infty} \dfrac{1}{x^p} dx = \dfrac{1}{p-1}$;当 $p < 1$ 时,$\int_1^{+\infty} \dfrac{1}{x^p} dx = +\infty$.

综上可得:当 $p > 1$ 时,该反常积分收敛,其值为 $\dfrac{1}{p-1}$;当 $p \leqslant 1$ 时,该反常积分发散.

思政育人

非封闭平面图形的面积一定是无穷大吗?

定积分的几何意义可以简述为面积的代数和,此时的面积指的都是封闭的平面图形.在小学及初高中数学课程的学习过程中,平面图形的面积问题针对的都是封闭的平面图形.通过计算 $\int_{-\infty}^{+\infty} \dfrac{1}{1+x^2} dx$,结合函数图像,我们发现一个有趣而又惊奇的结果,曲线与 x 轴围成了一个非封闭的平面图形,其面积等于 π!这一违反以往认知的结果使我们充分体会了数学的奇异美、抽象美和辩证美,也激发了我们探知数学奥妙的兴趣,进而指导我们对事物的认知不能仅停留在以往的认识水平,对事物的认知要不断地探索、追问,从而对事物有更深刻的认识,并解决新的问题.

(二) 闭区间上有无穷间断点的反常积分

定义 3-7 设函数 $f(x)$ 在 $(a, b]$ 上连续,而 $\lim\limits_{x \to a^+} f(x) = \infty$. 称极限 $\lim\limits_{\varepsilon \to 0^+} \int_{a+\varepsilon}^b f(x) dx$ 为函数 $f(x)$ 在 $(a, b]$ 上的**反常积分**,记为 $\int_a^b f(x) dx$,即

$$
\int_a^b f(x) dx = \lim_{\varepsilon \to 0^+} \int_{a+\varepsilon}^b f(x) dx .
$$

若极限存在,称反常积分$\int_a^b f(x)\mathrm{d}x$ **收敛**;若极限不存在,则称反常积分$\int_a^b f(x)\mathrm{d}x$ **发散**.

定义 3-8　设函数 $f(x)$ 在 $[a, b)$ 上连续,而 $\lim\limits_{x\to b^-}f(x)=\infty$. 称极限 $\lim\limits_{\varepsilon\to 0^+}\int_a^{b-\varepsilon}f(x)\mathrm{d}x$ 为函数 $f(x)$ 在 $[a, b)$ 上的**反常积分**,仍可记为$\int_a^b f(x)\mathrm{d}x$,即

$$\int_a^b f(x)\mathrm{d}x=\lim_{\varepsilon\to 0^+}\int_a^{b-\varepsilon}f(x)\mathrm{d}x.$$

若极限存在,称反常积分$\int_a^b f(x)\mathrm{d}x$ **收敛**;若极限不存在,则称反常积分$\int_a^b f(x)\mathrm{d}x$ **发散**.

定义 3-9　设函数 $f(x)$在区间$[a, b]$上除点 $c(a<c<b)$ 外连续(如图 3-15 所示),而 $\lim\limits_{x\to c}f(x)=\infty$, 如果反常积分$\int_a^c f(x)\mathrm{d}x$ 和$\int_c^b f(x)\mathrm{d}x$ 都收敛,则

$$\int_a^b f(x)\mathrm{d}x=\int_a^c f(x)\mathrm{d}x+\int_c^b f(x)\mathrm{d}x.$$

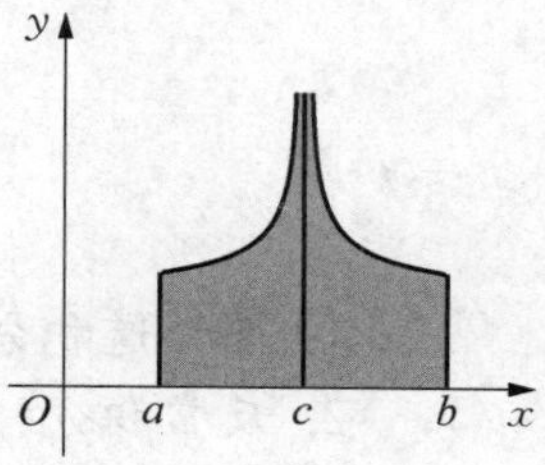

图 3-15

这时称反常积分$\int_a^b f(x)\mathrm{d}x$ **收敛**;若$\int_a^c f(x)\mathrm{d}x$ 和$\int_c^b f(x)\mathrm{d}x$ 至少有一个发散,则称反常积分$\int_a^b f(x)\mathrm{d}x$ **发散**.

例 3-55　求$\int_0^a \frac{x}{\sqrt{a^2-x^2}}\mathrm{d}x\ (a>0)$.

解　由于$\lim\limits_{x\to a}\frac{x}{\sqrt{a^2-x^2}}=\infty$,函数$\frac{x}{\sqrt{a^2-x^2}}$ 在 $[0, a)$ 上连续,于是

$$\begin{aligned}\int_0^a \frac{x}{\sqrt{a^2-x^2}}\mathrm{d}x&=\lim_{\varepsilon\to 0^+}\int_0^{a-\varepsilon}\frac{x}{\sqrt{a^2-x^2}}\mathrm{d}x\\&=-\lim_{\varepsilon\to 0^+}\int_0^{a-\varepsilon}\frac{1}{2\sqrt{a^2-x^2}}\mathrm{d}(a^2-x^2)\\&=-\lim_{\varepsilon\to 0^+}\sqrt{a^2-x^2}\Big|_0^{a-\varepsilon}\\&=-\lim_{\varepsilon\to 0^+}\left[\sqrt{a^2-(a-\varepsilon)^2}-a\right]\\&=a.\end{aligned}$$

例 3-56　计算$\int_{-1}^1 \frac{1}{x^2}\mathrm{d}x$.

解　由于 $f(x)=\frac{1}{x^2}$ 在 $[-1, 1]$ 上除 $x=0$ 外连续,且$\lim\limits_{x\to 0}\frac{1}{x^2}=\infty$, 所以

$$\int_{-1}^{1} \frac{1}{x^2} \mathrm{d}x = \int_{-1}^{0} \frac{1}{x^2} \mathrm{d}x + \int_{0}^{1} \frac{1}{x^2} \mathrm{d}x$$

$$= \lim_{\varepsilon_1 \to 0^+} \int_{-1}^{0-\varepsilon_1} \frac{1}{x^2} \mathrm{d}x + \lim_{\varepsilon_2 \to 0^+} \int_{0+\varepsilon_2}^{1} \frac{1}{x^2} \mathrm{d}x.$$

而 $\lim\limits_{\varepsilon_1 \to 0^+} \int_{-1}^{0-\varepsilon_1} \frac{1}{x^2} \mathrm{d}x = \lim\limits_{\varepsilon_1 \to 0^+} \left(-\frac{1}{x} \right) \Big|_{-1}^{0-\varepsilon_1} = +\infty$，故反常积分 $\int_{-1}^{0} \frac{1}{x^2} \mathrm{d}x$ 发散，从而反常积分

$\int_{-1}^{1} \frac{1}{x^2} \mathrm{d}x$ 发散.

本题中如果疏忽了 $x = 0$ 是函数 $f(x) = \frac{1}{x^2}$ 在 $[-1, 1]$ 上的无穷间断点，容易得出如下

的错误结果：$\int_{-1}^{1} \frac{1}{x^2} \mathrm{d}x = -\frac{1}{x} \Big|_{-1}^{1} = -1 - 1 = -2$.

点 滴 积 累

1. 要知道积分上限函数如何求导数.

2. 反常积分：尤其注意闭区间有无穷间断点的反常积分.

随堂练习 3 - 2

1. 用定积分的几何意义求值：

(1) $\int_{-2}^{1} (x + 1) \mathrm{d}x$；　　　　　　(2) $\int_{-2}^{2} \sqrt{4 - x^2} \mathrm{d}x$.

2. 求导：

(1) $\Phi(x) = \int_{x}^{0} (1 + \sqrt{1 + t^2}) \mathrm{d}t$；　　　(2) $\Phi(x) = \int_{x}^{x^2} (1 + \sqrt{1 + t^2}) \mathrm{d}t$.

3. 求极限：

(1) $\lim\limits_{x \to 0} \dfrac{\displaystyle\int_{0}^{x} \cos^2 t \, \mathrm{d}t}{x}$；

(2) $\lim\limits_{x \to 0} \dfrac{\displaystyle\int_{0}^{x} \arctan t \, \mathrm{d}t}{x^2}$.

4. 计算定积分：

(1) $\int_{-2}^{2} |x - 1| \mathrm{d}x$；

(2) $\int_{1}^{2} \frac{1}{\sqrt{x}} \mathrm{e}^{\sqrt{x}} \mathrm{d}x$；

(3) $\int_{1}^{4} \mathrm{e}^{\sqrt{x}} \mathrm{d}x$.

第三节　积分的应用

定积分是从实际问题中抽象出来的,反过来它又在实践中有极其广泛的应用.本节先介绍用定积分解决实际问题所采用的重要方法——微元法.更重要的是,通过学习定积分在几何、物理和医药学方面的应用,掌握运用微元法将一个所求量表达为定积分的分析方法.

一、在几何学上的应用

(一) 微元法

定积分可以解决一些具有累加性质的量的求解问题,在应用过程中,通常采用微元法.回忆定积分定义前的两个引例,不论是求曲边梯形的面积还是变速直线运动的路程,基本都采用如下四步:

(1) **分割**. 把所求量(设其为 A)分成 n 个部分 ΔA_i 量之和,即

$$A = \sum_{i=1}^{n} \Delta A_i.$$

(2) **近似代替**. 求部分量的近似值:

$$\Delta A_i \approx f(\xi_i)\Delta x_i \quad (x_{i-1} \leqslant \xi_i \leqslant x_i,\ \Delta x_i = x_i - x_{i-1},\ i = 1, 2, \cdots, n).$$

(3) **求和**. 求量 A 的近似值:

$$A \approx \sum_{i=1}^{n} f(\xi_i)\Delta x_i.$$

(4) **取极限**. 求 A 的精确值:

$$A = \lim_{\lambda \to 0} \sum_{i=1}^{n} f(\xi_i)\Delta x_i = \int_a^b f(x)\mathrm{d}x.$$

在这四步中,关键是第二步确定 ΔA_i 的近似值 $\Delta A_i \approx f(\xi_i)\Delta x_i$,从而使得 $A = \lim_{\lambda \to 0} \sum_{i=1}^{n} f(\xi_i)\Delta x_i = \int_a^b f(x)\mathrm{d}x$,一旦确定,定积分的被积表达式 $f(x)\mathrm{d}x$ 也就确定了.

实际应用过程中,常常通过以下三步解决问题:

(1) **选取积分变量**. 根据问题,适当选取坐标系,同时确定积分变量及其变化范围 $[a, b]$(或 $[c, d]$).

(2) **确定被积表达式**. 在选定的区间 $[a, b]$ 内任取一个小区间 $[x, x+\mathrm{d}x]$ (如图 3-16 所示),"以不变代变"(或"以直代曲")求得整体量 A 相应于该小区间 $[x, x+\mathrm{d}x]$ 上的部分量 ΔA 的近似值:$\Delta A \approx f(x)\mathrm{d}x$,其中 $f(x)\mathrm{d}x$ 称为整体量 A 的微元,记为 $\mathrm{d}A$,即 $\mathrm{d}A = f(x)\mathrm{d}x$.

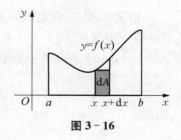

图 3-16

(3) **求定积分**. 以所求量 A 的微元 $f(x)\mathrm{d}x$ 为被积表达式,在区间 $[a, b]$ 上取定积分,计算

出的定积分的值就是所求整体量 A 的值,即 $A = \int_a^b f(x)\mathrm{d}x$,这就是所求量 A 的积分表达式.

以上这种方法称作微元分析法,简称微元法,也称为元素法.

(二) 求平面图形的面积

(1) 求由曲线 $y = f(x)$ 与直线 $x = a$,$x = b$,x 轴[其中 $f(x) \geqslant 0$,$a \leqslant b$]所围成的平面图形的面积(如图 3 - 17 所示).

由微元法可得 $S = \int_a^b f(x)\mathrm{d}x$.

(2) 求由曲线 $y = f(x)$ 与直线 $x = a$,$x = b$,x 轴[其中 $f(x) \leqslant 0$,$a \leqslant b$]所围成的平面图形的面积(如图 3 - 18 所示).

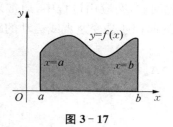

图 3 - 17

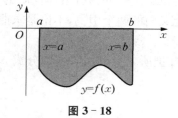

图 3 - 18

由微元法可得 $S = -\int_a^b f(x)\mathrm{d}x$.

(3) 求由曲线 $y = f(x)$,$y = g(x)$ 与直线 $x = a$,$x = b$[其中 $f(x) \geqslant g(x)$,$a \leqslant b$]所围成的平面图形的面积(如图 3 - 19 所示).

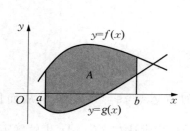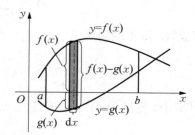

图 3 - 19

由微元法,先确定积分变量为 x,积分区间为$[a, b]$.然后任取 $x \in [a, b]$,给 x 一增量 $\mathrm{d}x$,得一小区间 $[x, x + \mathrm{d}x]$,此小区间对应的小曲边梯形的面积近似等于以 $\mathrm{d}x$ 为底、$f(x) - g(x)$ 为高的小矩形的面积,可得

$$\Delta S \approx [f(x) - g(x)]\mathrm{d}x,$$

从而

$$\mathrm{d}S = [f(x) - g(x)]\mathrm{d}x,$$

所以

$$S = \int_a^b [f(x) - g(x)] \, dx.$$

结合具体问题,若选取 y 为积分变量,则有如下结论.

(4) 由曲线 $x = \varphi(y)$ 与直线 $y = c$, $y = d$, y 轴[其中 $\varphi(y) \geqslant 0$, $c \leqslant d$]所围成的平面图形的面积为(如图 3-20 所示)

$$S = \int_c^d \varphi(y) \, dy.$$

(5) 由曲线 $x = \varphi(y)$ 与直线 $y = c$, $y = d$, y 轴[其中 $\varphi(y) \leqslant 0$, $c \leqslant d$]所围成的平面图形的面积为(如图 3-21 所示)

$$S = -\int_c^d \varphi(y) \, dy.$$

(6) 由曲线 $x = \varphi(y)$, $x = \psi(y)$ 与直线 $y = c$, $y = d$ [其中 $\varphi(y) \geqslant \psi(y)$, $c \leqslant d$]所围成的平面图形的面积为(如图 3-22 所示)

$$S = \int_c^d [\varphi(y) - \psi(y)] \, dy.$$

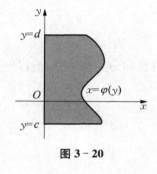

图 3-20

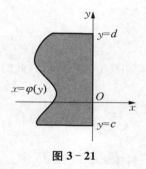

图 3-21

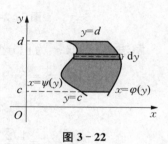

图 3-22

例 3-57　求由 $y = \sin x$, $y = \cos x$, $x = \dfrac{\pi}{2}$ 及 y 轴所围成的平面图形的面积.

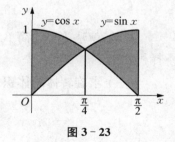

图 3-23

解　先在坐标系中画出相应曲线,明确所围平面图形的位置,求出交点坐标,根据图形适当选择积分变量. 如图 3-23 所示,选择 x 为积分变量,又由积分区间的可加性,将积分区间 $\left[0, \dfrac{\pi}{2}\right]$ 分为 $\left[0, \dfrac{\pi}{4}\right]$, $\left[\dfrac{\pi}{4}, \dfrac{\pi}{2}\right]$ 两部分,所以

$$S = \int_0^{\frac{\pi}{4}} (\cos x - \sin x) \, dx + \int_{\frac{\pi}{4}}^{\frac{\pi}{2}} (\sin x - \cos x) \, dx$$

$$= (\sin x + \cos x) \Big|_0^{\frac{\pi}{4}} + (-\cos x - \sin x) \Big|_{\frac{\pi}{4}}^{\frac{\pi}{2}}$$

$$= 2(\sqrt{2} - 1).$$

例 3-58 求抛物线 $y^2 = 2x$ 与直线 $y = x - 4$ 所围成的平面图形的面积.

解 画图并求解方程组 $\begin{cases} y^2 = 2x, \\ y = x - 4, \end{cases}$ 得交点坐标 $(2, -2), (8, 4)$.

解法 1 选取 y 为积分变量(如图 3-24 所示),所以

$$S = \int_{-2}^{4} \left(y + 4 - \frac{1}{2}y^2 \right) dy$$

$$= \left(\frac{1}{2}y^2 + 4y - \frac{1}{6}y^3 \right) \Big|_{-2}^{4}$$

$$= 18.$$

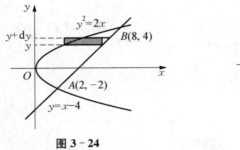

图 3-24

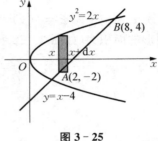

图 3-25

解法 2 选取 x 为积分变量(如图 3-25 所示),此时须将积分区间分为两部分,所以

$$S = S_1 + S_2$$

$$= \int_0^2 \left[\sqrt{2x} - (-\sqrt{2x}) \right] dx + \int_2^8 \left[\sqrt{2x} - (x - 4) \right] dx$$

$$= \frac{4\sqrt{2}}{3} x^{\frac{3}{2}} \Big|_0^2 + \left(\frac{2\sqrt{2}}{3} x^{\frac{3}{2}} - \frac{1}{2}x^2 + 4x \right) \Big|_2^8$$

$$= 18.$$

显然,解法 1 更为简单. 因此,用定积分求平面图形的面积时,应根据具体情况适当地选择积分变量.

(三) 求旋转体的体积

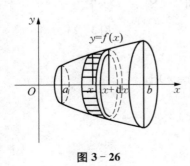

图 3-26

所谓旋转体就是由一平面图形绕此平面内的一条直线旋转一周所形成的几何体,其中的这条直线称为旋转轴. 本节中,为讨论方便,取坐标轴为旋转轴.

由曲线 $y = f(x)$ 与直线 $x = a$, $x = b$ $(a < b)$ 及 x 轴所围成的曲边梯形绕 x 轴旋转一周所得旋转体的体积(如图 3-26 所示),记为 V_x.

由微元法的思想,任取 $x \in [a, b]$,给 x 一增量 dx,得一小区间 $[x, x + dx]$,它对应的小旋转体的体积 ΔV 可近似地看作以 $f(x)$ 为底面半径、dx 为高的扁平圆柱体的体

积，即 $\Delta V \approx \pi f^2(x)\mathrm{d}x$，因而得到体积微元 $\mathrm{d}V = \pi f^2(x)\mathrm{d}x$，所以

$$V_x = \pi \int_a^b f^2(x)\mathrm{d}x.$$

上式可作为公式应用.

同理，由曲线 $x = \varphi(y)$ 与直线 $y = c$，$y = d$ $(c < d)$ 及 y 轴所围平面图形绕 y 轴旋转一周所得旋转体的体积（如图 3 - 27 所示），记为 V_y.

$$V_y = \pi \int_c^d \varphi^2(y)\mathrm{d}y.$$

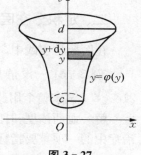

图 3 - 27

例 3 - 59 计算由椭圆 $\dfrac{x^2}{a^2} + \dfrac{y^2}{b^2} = 1$ $(a > b > 0)$ 分别绕 x 轴、y 轴旋转所得旋转体的体积.

解 椭圆绕 x 轴旋转一周的旋转体，可以看作由上半椭圆与 x 轴所形成的曲边梯形绕 x 轴旋转一周所形成的旋转体. 上半椭圆的方程为 $y = \dfrac{b}{a}\sqrt{a^2 - x^2}$，根据旋转公式：

$$\begin{aligned}
V_x &= \pi \int_a^b f^2(x)\mathrm{d}x \\
&= \pi \int_{-a}^a \frac{b^2}{a^2}(a^2 - x^2)\mathrm{d}x \\
&= 2\pi \int_0^a \frac{b^2}{a^2}(a^2 - x^2)\mathrm{d}x \\
&= 2\pi \frac{b^2}{a^2}\left(a^2 x - \frac{x^3}{3}\right)\Big|_0^a = \frac{4}{3}\pi ab^2.
\end{aligned}$$

同理，绕 y 轴旋转所得旋转体的体积微元为 $\mathrm{d}V = \dfrac{\pi a^2}{b^2}(b^2 - y^2)\mathrm{d}y$，绕 y 轴旋转所得旋转体的体积为

$$V_y = \int_{-b}^b \frac{\pi a^2}{b^2}(b^2 - y^2)\mathrm{d}y = \frac{4}{3}\pi a^2 b.$$

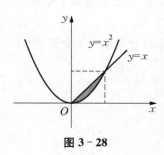

图 3 - 28

例 3 - 60 求由 $y = x^2$ 和直线 $y = x$ 所围成的平面图形绕 y 轴旋转所得旋转体的体积.

解 画平面图形的草图（如图 3 - 28 所示）并求出交点坐标 $(0, 0)$ 和 $(1, 1)$.

取 y 为积分变量，且 $0 \leqslant y \leqslant 1$. 依题意知，所求旋转体的体积等于抛物面绕 y 轴旋转所得旋转体与直线绕 y 轴旋转所得旋转体的体积之差.

$$\begin{aligned}
V_y &= V_1 - V_2 \\
&= \pi \int_0^1 (\sqrt{y})^2 \mathrm{d}y - \pi \int_0^1 y^2 \mathrm{d}y
\end{aligned}$$

$$= \frac{1}{2} \pi y^2 \Big|_0^1 - \frac{1}{3} \pi y^3 \Big|_0^1$$

$$= \frac{\pi}{2} - \frac{\pi}{3} = \frac{\pi}{6}.$$

二、定积分在医药学上的应用

在医药学实践中,有很多问题可以通过定积分的计算来加以研究.

例 3-61 设静脉注射某种药物后,其体内药物浓度与时间的关系满足 $C(t) = 21e^{-0.32t}$,试求整个用药过程中的血药浓度(即时间曲线下的总面积 AUC).

解 血药浓度-时间曲线下的面积,记作 AUC,它反映了药物最终的吸收程度,是药物治疗中的一项重要指标.

$$AUC = \int_0^{+\infty} C(t) dt = \int_0^{+\infty} 21e^{-0.32t} dt$$

$$= -\frac{21}{0.32} e^{-0.32t} \Big|_0^{+\infty} \approx 65.6.$$

例 3-62 药物被吸收进入血液系统的药量称为有效药量.若某种药物的吸收率为 $r(t) = 0.01t(t-6)^2 (0 \leqslant t \leqslant 6)$,试求该药物的有效药量.

解 有效药量 $D = \int_0^6 r(t) dt = \int_0^6 0.01t(t-6)^2 dt$

$$= 0.01 \int_0^6 (t^3 - 12t^2 + 36t) dt$$

$$= 0.01 \left(\frac{1}{4} t^4 - 4t^3 + 18t^2 \right) \Big|_0^6$$

$$= 1.08.$$

点 滴 积 累

1. 求平面图形的面积:要知道如何确定积分变量、积分区间和被积函数.结合具体问题,当选取 x 为积分变量时,被积函数是上边界曲线减去下边界曲线;当选取 y 为积分变量时,被积函数是右边界曲线减去左边界曲线.

2. 求旋转体体积:求空心旋转体体积时,要知道如何确定积分变量、积分区间和被积函数.被积函数为外侧母线平方减去内侧母线平方.

随堂练习 3-3

1. 求面积:

(1) 求由曲线 $y = x$ 与 $y = \sqrt{x}$ 所围图形的面积;

(2) 求由曲线 $y = 4x^2$, $y = x^2$, $y = 1$ 在第一象限所围图形的面积.

2. 求旋转体体积:

(1) 曲线 $y = 2x + 1$ 与 x 轴、y 轴所围图形分别绕 x 轴、y 轴旋转;

(2) 曲线 $y = x^2$ 与 $y = x$ 所围图形绕 x 轴旋转.

复习题 三

一、选择题

1. $\displaystyle\int \frac{e^x - 1}{e^x + 1} dx = ($ $).$

   A. $\ln(e^x + 1) + C$ B. $\ln(e^x - 1) + C$

   C. $x - 2\ln(e^x + 1) + C$ D. $2\ln(e^x + 1) - x + C$

2. $\displaystyle\int \frac{\ln x}{x^2} dx = ($ $).$

   A. $\dfrac{1}{x}(\ln x + 1) + C$ B. $\dfrac{1}{x}(\ln x - 1) + C$

   C. $-\dfrac{1}{x}(\ln x + 1) + C$ D. $-\dfrac{1}{x}(\ln x - 1) + C$

3. 如果 $\displaystyle\int_0^k (2x - 3x^2) dx = 0$,那么 $k = ($ $).$

   A. -1 B. $\dfrac{3}{2}$ C. 2 D. 0 或 1

4. 下列反常积分中收敛的是(   ).

   A. $\displaystyle\int_{-\infty}^{+\infty} \sin x\, dx$ B. $\displaystyle\int_{-\infty}^{0} e^x\, dx$

   C. $\displaystyle\int_{1}^{+\infty} \frac{1}{\sqrt{x}} dx$ D. $\displaystyle\int_{2}^{+\infty} \frac{1}{x \ln x} dx$

5. 由曲线 $y = e^x$,$y = e^{-x}$ 及 $x = 1$ 所围平面图形的面积 $S = ($ $).$

   A. $e + \dfrac{1}{e} - 2$ B. $e + \dfrac{1}{e}$ C. $e - \dfrac{1}{e} + 2$ D. $e - \dfrac{1}{e}$

二、填空题

1. 若 $df(x) = a^x dx$,则 $f(x) = $ _____.

2. $\displaystyle\int e^{f(x)} \cdot f'(x) dx = $ _____.

3. $\displaystyle\int_{-a}^{a} x \left[f(x) + f(-x) \right] dx = $ _____.

4. $\displaystyle\int_{-\infty}^{+\infty} \frac{1}{1 + x^2} dx = $ _____.

5. 若曲线 $y = x - x^2$ 与直线 $y = ax$ 所围平面图形的面积等于 $\dfrac{9}{2}$,则 $a = $ _____.

三、计算或证明题

1. 利用不定积分的性质和基本积分公式求积分:

   (1) $\displaystyle\int 3^{x+2} dx$;   (2) $\displaystyle\int (\sqrt{x} + 1)(x - 1) dx$;

   (3) $\displaystyle\int \frac{(1-x)^2}{\sqrt[3]{x}} dx$;   (4) $\displaystyle\int \frac{\cos 2x}{\cos x - \sin x} dx$;

(5) $\int \left(\dfrac{1}{\sqrt{x}} + \sin x + \mathrm{e}^x \right) \mathrm{d}x$；

(6) $\int \dfrac{1}{\cos^2 \dfrac{x}{2} \sin^2 \dfrac{x}{2}} \mathrm{d}x$；

(7) $\int \dfrac{1+2x^2}{x^2(x^2+1)} \mathrm{d}x$；

(8) $\int \dfrac{x^4}{1+x^2} \mathrm{d}x$；

(9) $\int \sqrt{x\sqrt{x\sqrt{x}}} \, \mathrm{d}x$；

(10) $\int \dfrac{2a^x - 5\mathrm{e}^x}{3^x} \mathrm{d}x$.

2. 用换元积分法求下列积分：

(1) $\int \sqrt{x-1} \, \mathrm{d}x$；

(2) $\int \dfrac{8}{3x+2} \mathrm{d}x$；

(3) $\int \dfrac{x}{(2x^2-3)^{10}} \mathrm{d}x$；

(4) $\int \dfrac{\sin x}{1+\cos x} \mathrm{d}x$；

(5) $\int \cos^2 3x \, \mathrm{d}x$；

(6) $\int \dfrac{1}{x^2} \cos \dfrac{1}{x} \mathrm{d}x$；

(7) $\int \dfrac{\arctan x}{1+x^2} \mathrm{d}x$；

(8) $\int \dfrac{\mathrm{e}^x}{1+\mathrm{e}^x} \mathrm{d}x$；

(9) $\int \dfrac{1}{x(1+\ln x)} \mathrm{d}x$；

(10) $\int \dfrac{\sin \sqrt{x}}{\sqrt{x}} \mathrm{d}x$；

(11) $\int \dfrac{x^2}{\sqrt[3]{(x^3-5)^2}} \mathrm{d}x$；

(12) $\int \tan^3 x \, \mathrm{d}x$；

(13) $\int \dfrac{1}{\sqrt{x}(1+x)} \mathrm{d}x$；

(14) $\int \dfrac{1}{\mathrm{e}^x + \mathrm{e}^{-x}} \mathrm{d}x$；

(15) $\int \dfrac{1}{1+\sqrt{x}} \mathrm{d}x$；

(16) $\int \dfrac{1}{\sqrt{1+\mathrm{e}^x}} \mathrm{d}x$；

(17) $\int \dfrac{1}{x\sqrt{x^2-1}} \mathrm{d}x$；

(18) $\int \dfrac{x^2}{\sqrt{4-x^2}} \mathrm{d}x$；

(19) $\int \dfrac{1}{\sqrt{x^2-2x-8}} \mathrm{d}x$；

(20) $\int \dfrac{1}{4+9x^2} \mathrm{d}x$.

3. 计算下列积分：

(1) $\int \arcsin x \, \mathrm{d}x$；

(2) $\int x \sin x \, \mathrm{d}x$；

(3) $\int \ln^2 x \, \mathrm{d}x$；

(4) $\int \mathrm{e}^{-x} \cos x \, \mathrm{d}x$；

(5) $\int \cos x \ln \sin x \, \mathrm{d}x$；

(6) $\int (x+1)^2 \mathrm{e}^x \, \mathrm{d}x$；

(7) $\int \dfrac{x^3}{x+3} \mathrm{d}x$；

(8) $\int \dfrac{x+1}{(x-1)(x-2)} \mathrm{d}x$；

(9) $\int \dfrac{1}{(x+1)(1+x^2)} \mathrm{d}x$；

(10) $\int \dfrac{x^2+1}{(x+1)^2(x-1)} \mathrm{d}x$；

(11) $\int \dfrac{3x-4}{x^2+2x+5} \mathrm{d}x$；

(12) $\int \dfrac{x+1}{\sqrt{1-x^2}} \mathrm{d}x$；

(13) $\int \cos^5 x \, \mathrm{d}x$；

(14) $\int (\arcsin x)^2 \mathrm{d}x$；

(15) $\int \dfrac{x^3}{\sqrt{1+x^2}} \mathrm{d}x$；

(16) $\int \dfrac{\ln(x+1)}{\sqrt{x+1}} \mathrm{d}x$；

(17) $\int \sin^2 x \cos^2 x \, dx$;

(18) $\int x \tan^2 x \, dx$;

(19) $\int \dfrac{1-\tan x}{1+\tan x} \, dx$;

(20) $\int \dfrac{\ln \tan x}{\sin x \cos x} \, dx$.

4. 用定积分的定义求 $\int_0^1 x \, dx$ 的值.

5. 利用定积分的几何意义求下列定积分的值:

(1) $\int_0^\pi \cos x \, dx$;

(2) $\int_{-a}^a \sqrt{a^2 - x^2} \, dx$;

(3) $\int_{-1}^1 \arctan x \, dx$;

(4) $\int_0^3 (2-x) \, dx$.

6. 利用定积分的性质,比较下列各对定积分的大小:

(1) $\int_0^1 x \, dx$ 与 $\int_0^1 x^4 \, dx$;

(2) $\int_1^2 \ln x \, dx$ 与 $\int_1^2 \ln^2 x \, dx$;

(3) $\int_0^{\frac{\pi}{2}} x \, dx$ 与 $\int_0^{\frac{\pi}{2}} \sin x \, dx$;

(4) $\int_{-2}^{-1} 3^{-x} \, dx$ 与 $\int_{-2}^{-1} 3^x \, dx$.

7. 估计下列定积分的值:

(1) $\int_1^2 (1+x^3) \, dx$;

(2) $\int_1^2 \dfrac{x}{1+x^2} \, dx$;

(3) $\int_0^1 e^{-x^2} \, dx$;

(4) $\int_{\frac{\pi}{4}}^{\frac{\pi}{2}} \dfrac{\sin x}{x} \, dx$.

8. 求下列函数的导数:

(1) $\Phi(x) = \int_0^x \cos t^2 \, dt$;

(2) $\Phi(x) = \int_x^3 \sqrt{1-t^2} \, dt$;

(3) $\Phi(x) = \int_x^{x^2} (e^t - 1) \, dt$;

(4) $\Phi(x) = \int_{-x}^x (e^t + t) \, dt$.

9. 求极限:

(1) $\lim\limits_{x \to 0} \dfrac{\int_0^x \ln(1+t) \, dt}{x^2}$;

(2) $\lim\limits_{x \to 0} \dfrac{\int_0^x (t - \sin t) \, dt}{x^4}$.

10. 计算定积分:

(1) $\int_0^2 |1-x| \, dx$;

(2) $\int_0^\pi \sin x \, dx$;

(3) $\int_0^{\frac{\pi}{2}} \cos^2 x \, dx$;

(4) $\int_1^2 e^x \, dx$;

(5) $\int_0^1 \arctan x \, dx$;

(6) $\int_0^{\frac{\pi}{2}} \sin x \cos^3 x \, dx$;

(7) $\int_{-2}^0 \dfrac{1}{(2+5x)^2} \, dx$;

(8) $\int_1^2 \dfrac{e^{\frac{1}{x}}}{x^2} \, dx$;

(9) $\int_0^1 x e^{-x^2} \, dx$;

(10) $\int_{-1}^0 \dfrac{1}{e^x + e^{-x}} \, dx$;

(11) $\int_0^\pi (1 + \sin^3 x) \, dx$;

(12) $\int_1^1 \dfrac{\sqrt{x-1}}{x} \, dx$;

(13) $\int_0^1 \dfrac{\sqrt{x}}{1+\sqrt{x}} \, dx$;

(14) $\int_1^{\sqrt{3}} \dfrac{1}{x^2 \sqrt{1+x^2}} \, dx$;

(15) $\int_{\frac{1}{\sqrt{2}}}^{1} \dfrac{\sqrt{1-x^2}}{x^2} \mathrm{d}x$;

(16) $\int_{0}^{1} x\,\mathrm{e}^x \mathrm{d}x$;

(17) $\int_{1}^{e} \ln x\,\mathrm{d}x$;

(18) $\int_{0}^{\frac{\pi}{2}} x \sin x\,\mathrm{d}x$;

(19) $\int_{0}^{\frac{\pi}{2}} \mathrm{e}^{2x} \cos x\,\mathrm{d}x$;

(20) $\int_{1}^{e} \dfrac{\ln x}{x^2}\,\mathrm{d}x$.

11. 设函数 $f(x)$ 在 $[a,b]$ 上连续,求证:
$$\int_{a}^{b} f(x)\mathrm{d}x = (b-a)\int_{0}^{1} f[a+(b-a)x]\mathrm{d}x.$$

12. 设 $f(x)$ 是周期为 T 的连续函数,试证 $\int_{a}^{a+T} f(x)\mathrm{d}x$ 的值与 a 无关.

13. 判断下列反常积分的敛散性,收敛的话求出其值:

(1) $\int_{1}^{+\infty} \dfrac{1}{x^3}\mathrm{d}x$;

(2) $\int_{-\infty}^{0} \cos x\,\mathrm{d}x$;

(3) $\int_{-\infty}^{+\infty} \dfrac{1}{x^2+2x+2}\mathrm{d}x$;

(4) $\int_{0}^{+\infty} \dfrac{x}{1+x^2}\mathrm{d}x$;

(5) $\int_{0}^{+\infty} \mathrm{e}^{-x}\sin x\,\mathrm{d}x$;

(6) $\int_{-\infty}^{+\infty} \dfrac{1}{\mathrm{e}^x+\mathrm{e}^{-x}}\mathrm{d}x$.

14. 求由下列曲线所围成的平面图形的面积:

(1) $y = x$, $y = 2x$ 及 $y = 2$;

(2) $y = \dfrac{3}{2}\pi - x$, $y = \cos x$ 及 y 轴;

(3) $y = x^3$, $y = (x-2)^2$ 及 x 轴;

(4) $y = x^2$, $y = \dfrac{x^2}{4}$ 及 $y = 1$;

(5) $y = x^2$, $y = 2x$;

(6) $y = \dfrac{1}{x}$, $y = x$ 及 $x = 2$.

15. 求由下列曲线围成的平面图形绕指定轴旋转所得旋转体的体积:

(1) $xy = 4$, $x = 1$, $x = 3$ 及 $y = 0$,绕 x 轴;

(2) $(x-5)^2 + y^2 = 16$,绕 y 轴;

(3) $y = x^2$, $y = 1$,分别绕 x 轴、y 轴;

(4) $y = x^2$ 及 $y = 2x$,分别绕 x 轴、y 轴.

16. 假设在试验过程中测得某病人血液中胰岛素的浓度(mL)为
$$C(t) = \begin{cases} 10t - t^2, & 0 \leqslant t \leqslant 5(\min), \\ 25\mathrm{e}^{-\frac{\ln 2}{20}(5-t)}, & t > 5(\min), \end{cases}$$

求一小时内血液中胰岛素的平均浓度.

17. 设口服某种药物后,其体内药物浓度与时间的关系满足 $C(t) = 40(\mathrm{e}^{-0.2t} - \mathrm{e}^{-2.3t})$,试求整个用药过程中的血药浓度(即时间曲线下的总面积 AUC).

第四章　微　分　方　程

·情景导学·

情景描述：

在很多实际问题中，根据实验或观察获取的结果，通常不能直接确定变量之间的函数关系，但根据实际问题的条件，可以建立这些变量与其导数（或微分）之间的关系式，即含有自变量、未知函数及其导数（或微分）的方程，这样的方程称为微分方程. 通过求解微分方程，得到函数表达式.

学前导语：

本章主要学习微分方程的有关基本概念和几种常见的微分方程的解法，并介绍它们在一些实际问题特别是在医药学中的应用，比如人口增长、细菌繁殖、药物代谢等医药方面的问题.

第一节　微分方程的基本概念

一、引例

（一）引例1

在药代动力学研究中，通常通过建立血药浓度与时间关系的数学模型来揭示药物在机体内吸收、代谢和排泄过程的定量规律. 一次快速静脉注射后药物迅速分布到血液及组织中，并达到动态平衡，假定血药浓度减少的速率与当时体内的血浓度成正比.

（1）问题提出：如何建立血浓度与时间关系的数学模型.

（2）案例分析：当 $t=0$ 时，血药浓度 $C=C_0$，记 $C(t)$ 表示 t 时刻的血药浓度，则 $\dfrac{\mathrm{d}C}{\mathrm{d}t}$ 表示血药浓度变化速率. 由假定的条件，可以得到如下模型：

$$\frac{\mathrm{d}C}{\mathrm{d}t}=-kC. \tag{4-1}$$

比例系数 $k>0$，称为一级消除率.

在此案例中，由已知条件并不能直接得到血药浓度与时间之间的函数关系，但利用导数的几何意义,可以建立一个含有函数、导数的方程.通过求解方程,就可以得到 $C(t)$ 与 t 之间的函数关系.

(二) 引例 2

曲线过点$(1,0)$,且在该曲线上任意一点的切线斜率为 $2x$. 求该曲线的方程.

解　设所求曲线为 $y=f(x)$,由导数的几何意义,有

$$\frac{\mathrm{d}y}{\mathrm{d}x}=2x, \tag{4-2}$$

得到

$$y=x^2+C, \tag{4-3}$$

其中 C 为任意常数.

又因为曲线过点$(1,0)$,即 $y=f(x)$ 满足

$$当\ x=1\ 时,\ y=0, \tag{4-4}$$

故 $0=1^2+C$,所以 $C=-1$.

于是所求曲线方程为

$$y=x^2-1. \tag{4-5}$$

🔗 知识链接

微分方程是伴随着微积分学一起发展起来的.微积分学的奠基人牛顿和莱布尼茨的著作中都处理过与微分方程有关的问题.微分方程的应用十分广泛,可以解决许多与导数有关的问题.物理中许多涉及变力的运动学、动力学问题,如空气的阻力为速度函数的落体运动等问题,很多可以用微分方程求解.此外,微分方程在化学、工程学、经济学和人口统计等领域都有应用.

二、微分方程的基本概念

在引例中,式$(4-1)$和$(4-2)$是含有未知函数的导数的方程.一般地,含有自变量、未知函数及未知函数的导数或微分的方程称为**微分方程**.在微分方程中,若未知函数只是一个自变量的函数,则称为**常微分方程**.若未知函数是多个自变量的函数,则称为**偏微分方程**.本章仅讨论常微分方程,简称微分方程.

微分方程中所含未知函数的最高阶导数的阶数,称为微分方程的**阶**.如方程$(4-1)$和$(4-2)$都是一阶微分方程,而方程 $\frac{\mathrm{d}^2y}{\mathrm{d}x^2}=-0.4$ 和 $y''+y'+x=0$ 都是二阶微分方程.当然还有三阶、四阶乃至更高阶的微分方程,n 阶微分方程通常可记为

$$F(x,y,y',\cdots,y^{(n)})=0.$$

满足微分方程的任一函数都称为微分方程的**解**,即把这一函数代入微分方程后能使方

程成为恒等式. 例如函数 $C(t) = C_0 e^{-kt}$ 是方程(4-1)的解,函数 $y = x^2 - 1$,$y = x^2 + C$ 都是方程(4-2)的解. 求微分方程解的过程称为解方程.

如果微分方程的解中含有任意常数,且任意常数的个数与微分方程的阶数相同,这样的解称为微分方程的**通解**. 在通解中,确定了任意常数的具体值的解称为微分方程的**特解**. 例如函数 $y = x^2 + C$ 是方程(4-2)的通解,函数 $y = x^2 - 1$ 是方程(4-2)的一个特解.

用来确定特解的条件称为**初始条件**. 初始条件也可表示为 $y|_{x=x_0} = y_0$ 或 $y(x_0) = y_0$ 的形式.

例 4-1 验证函数 $y = \dfrac{1}{x+C}$ 是微分方程 $y' + y^2 = 0$ 的通解.

解 因为 $y' = -\dfrac{1}{(x+C)^2}$,则有 $y' + y^2 = 0$,所以函数 $y = \dfrac{1}{x+C}$ 是微分方程 $y' + y^2 = 0$ 的通解.

需要指出的是,$y = 0$ 也是微分方程 $y' + y^2 = 0$ 的解,但它并不包含在通解之中. 由此可以看出:微分方程的通解并不一定是它的一切解.

点 滴 积 累

本节需要掌握的核心重点内容:

1. 微分方程的概念. 一般地,含有自变量、未知函数及未知函数的导数或微分的方程称为微分方程.

2. 微分方程的解. 如果微分方程的解中含有任意常数,且任意常数的个数与微分方程的阶数相同,这样的解称为微分方程的通解;在通解中,确定了任意常数的具体值的解称为微分方程的特解.

随堂练习 4-1

1. 指出下列微分方程的阶数:
   (1) $x^3 y''' + x^3 y'' - 4xy' = 3x^2$;   (2) $y'' - 2y' + y = 0$;
   (3) $x(y')^2 - 2yy' + x = 0$;   (4) $x^2 y'' - xy' + y = 0$.

2. 判断下列函数是否为微分方程 $y' + 4xy = 0$ 的解,并确定是通解还是特解.
   (1) $y = Ce^{2x^2}$;   (2) $y = -6e^{-2x^2}$;   (3) $y = Ce^{-2x^2}$.

第二节　一阶微分方程

一、可分离变量的微分方程

形如

$$\frac{\mathrm{d}y}{\mathrm{d}x} = f(x)g(y) \qquad\qquad (4-6)$$

的微分方程,称为**可分离变量的微分方程**. 此类微分方程的特点是:方程的一侧是未知函数的导数,另一侧是只含 x（自变量）的函数 $f(x)$ 与只含 y（因变量）的函数 $g(y)$ 的乘积.

解此类方程,首先将方程(4-6)改写成

$$\frac{\mathrm{d}y}{g(y)} = f(x)\mathrm{d}x,$$

即将自变量 x 的微分及 x 的函数与因变量 y 的微分及 y 的函数分置于等式的两侧,这就是所谓的可分离变量.

然后,两边积分,得

$$\int \frac{\mathrm{d}y}{g(y)} = \int f(x)\mathrm{d}x,$$

由此可得到微分方程(4-6)的通解.

例 4-2 求微分方程 $\dfrac{\mathrm{d}y}{\mathrm{d}x} = \mathrm{e}^x \mathrm{e}^{-y}$ 的通解.

解 将原方程分离变量,化为

$$\mathrm{e}^y \mathrm{d}y = \mathrm{e}^x \mathrm{d}x,$$

两边积分,

$$\int \mathrm{e}^y \mathrm{d}y = \int \mathrm{e}^x \mathrm{d}x,$$

得

$$\mathrm{e}^y = \mathrm{e}^x + C.$$

此解用隐函数表示,可以认为是最简洁的形式了.

例 4-3 求微分方程 $y\mathrm{d}y + \mathrm{e}^{x-y^2}\mathrm{d}x = 0$ 的通解和当 $y\big|_{x=1} = 0$ 时的特解.

解 原方程分离变量后,化为

$$y\mathrm{e}^{y^2}\mathrm{d}y = -\mathrm{e}^x \mathrm{d}x,$$

两边积分,得到以隐函数表示的通解

$$\frac{1}{2}\mathrm{e}^{y^2} = -\mathrm{e}^x + C \quad \text{或} \quad \frac{1}{2}\mathrm{e}^{y^2} + \mathrm{e}^x = C.$$

将初始条件 $x=1$, $y=0$ 代入上式,得 $C = \dfrac{1}{2} + \mathrm{e}$,于是特解为

$$\frac{1}{2}\mathrm{e}^{y^2} + \mathrm{e}^x = \frac{1}{2} + \mathrm{e} \quad \text{或} \quad \mathrm{e}^{y^2} + 2\mathrm{e}^x = 1 + 2\mathrm{e}.$$

例 4-4 求微分方程 $x\dfrac{\mathrm{d}y}{\mathrm{d}x} - y = x\tan\dfrac{y}{x}$ 的通解.

解 这不是可分离变量的微分方程,用 x 除以等式两边,得

$$\frac{\mathrm{d}y}{\mathrm{d}x} = \frac{y}{x} + \tan\frac{y}{x}.$$

令 $y = ux$，则 $\dfrac{\mathrm{d}y}{\mathrm{d}x} = u + x\,\dfrac{\mathrm{d}u}{\mathrm{d}x}$，原方程化为

$$u + x\,\frac{\mathrm{d}u}{\mathrm{d}x} = u + \tan u,$$

成为可分离变量的微分方程. 分离变量, 得

$$\cot u\,\mathrm{d}u = \frac{\mathrm{d}x}{x},$$

积分后, 得

$$\ln\sin u = \ln x + \ln C \quad 或 \quad \sin u = Cx.$$

于是原微分方程的通解为

$$\sin\frac{y}{x} = Cx.$$

这类可化为 " $\dfrac{\mathrm{d}y}{\mathrm{d}x} = g\left(\dfrac{y}{x}\right)$ " 形式的方程, 称为**齐次方程**. 通过变换 $u = \dfrac{y}{x}$, 总能将齐次方程化成可分离变量的微分方程. 读者可自行推导齐次方程通解的一般形式.

例 4 - 5 求微分方程 $(y')^2 = y$ 的通解.

解 原方程即 $y' = \pm\sqrt{y}$, 分离变量, 化为

$$\frac{\mathrm{d}y}{\sqrt{y}} = \pm\mathrm{d}x,$$

积分后得通解

$$2\sqrt{y} = \pm x + C \quad 或 \quad 4y = (x + C)^2.$$

积分曲线为开口向上的抛物线族.

二、一阶线性微分方程

形如

$$\frac{\mathrm{d}y}{\mathrm{d}x} + P(x)y = Q(x) \tag{4-7}$$

的方程称为**一阶线性微分方程**, 式中的 $Q(x)$ 称为**非齐次项**. 当 $Q(x) \neq 0$ 时, 称为**一阶线性非齐次微分方程**.

如果 $Q(x) \equiv 0$, 则方程变为

$$\frac{\mathrm{d}y}{\mathrm{d}x} + P(x)y = 0, \tag{4-8}$$

称为**一阶线性齐次微分方程**.

先讨论一阶线性齐次微分方程(4-8)的通解.方程(4-8)是一个可分离变量的微分方程,分离变量后,得

$$\frac{\mathrm{d}y}{y} = -P(x)\mathrm{d}x,$$

两边同时积分,

$$\int \frac{\mathrm{d}y}{y} = -\int P(x)\mathrm{d}x,$$

$$\ln y = -\int P(x)\mathrm{d}x + \ln C,$$

$$y = C\mathrm{e}^{-\int P(x)\mathrm{d}x}. \tag{4-9}$$

上式为方程(4-8)的通解,其中 C 为任意常数.

然后我们讨论一阶线性非齐次微分方程(4-7)的解法.比较方程(4-7)和方程(4-8)后,不妨假设方程(4-7)的通解为如下形式:

$$y = C(x)\mathrm{e}^{-\int P(x)\mathrm{d}x}, \tag{4-10}$$

然后我们来确定是否有这样的 $C(x)$.

将式(4-10)代入方程(4-7),得

$$C'(x)\mathrm{e}^{-\int P(x)\mathrm{d}x} - C(x)P(x)\mathrm{e}^{-\int P(x)\mathrm{d}x} + P(x)C(x)\mathrm{e}^{-\int P(x)\mathrm{d}x} = Q(x),$$

$$C'(x)\mathrm{e}^{-\int P(x)\mathrm{d}x} = Q(x),$$

$$C'(x) = Q(x)\mathrm{e}^{\int P(x)\mathrm{d}x},$$

所以

$$C(x) = \int Q(x)\mathrm{e}^{\int P(x)\mathrm{d}x}\mathrm{d}x + C$$

将 $C(x)$ 代入式(4-10),就得到了一阶线性非齐次方程(4-7)的通解:

$$y = \mathrm{e}^{-\int P(x)\mathrm{d}x}\left[\int Q(x)\mathrm{e}^{\int P(x)\mathrm{d}x}\mathrm{d}x + C\right], \tag{4-11}$$

或写成

$$y = C\mathrm{e}^{-\int P(x)\mathrm{d}x} + \mathrm{e}^{-\int P(x)\mathrm{d}x}\int Q(x)\mathrm{e}^{\int P(x)\mathrm{d}x}\mathrm{d}x.$$

在上述过程中,通过将对应一阶线性齐次微分方程通解中的任意常数换为待定函数,然后设法确定这个待定函数,进而求得一阶线性非齐次微分方程的通解,这种方法称为**常数变易法**.今后在求一阶线性非齐次方程的通解时,可以直接应用通解公式(4-11),也可以用常数变易法.

思政育人

学好微分方程的重要性：微分方程是对自然科学和工程技术中的各种不同系统的数学描述，是解决实际问题的重要工具，在生物、经济、物理、化学、航空航天、人文科学等学科中都有广泛应用，它是数学理论联系实际的一个重要桥梁.

例 4-6 用常数变易法求方程 $y' - \dfrac{y}{x} = x^2$ 的通解.

解 先求对应的齐次方程 $y' - \dfrac{y}{x} = 0$ 的通解. 分离变量，得

$$\frac{\mathrm{d}y}{y} = \frac{\mathrm{d}x}{x},$$

两边同时积分，容易得到通解为 $y = Cx$.

设原方程的通解为 $y = C(x)x$，代入原方程，化简后得

$$C'(x) = x,$$

$$C(x) = \frac{1}{2}x^2 + C.$$

所以，原方程的通解为

$$y = \left(\frac{1}{2}x^2 + C\right)x.$$

此题也可以直接应用通解公式求解，请读者自己验证.

例 4-7 求方程 $y' + y\cos x = \mathrm{e}^{-\sin x}$ 的通解.

解 此方程为一阶线性非齐次微分方程，$P(x) = \cos x$，$Q(x) = \mathrm{e}^{-\sin x}$.
直接应用通解公式，得

$$
\begin{aligned}
y &= \mathrm{e}^{-\int P(x)\mathrm{d}x}\left[\int Q(x)\mathrm{e}^{\int P(x)\mathrm{d}x}\,\mathrm{d}x + C\right] \\
&= \mathrm{e}^{-\int \cos x\,\mathrm{d}x}\left[\int \mathrm{e}^{-\sin x} \cdot \mathrm{e}^{\int \cos x\,\mathrm{d}x}\,\mathrm{d}x + C\right] \\
&= \mathrm{e}^{-\sin x}\left(\int \mathrm{d}x + C\right) \\
&= \mathrm{e}^{-\sin x}(x + C).
\end{aligned}
$$

当然，此题也可以用常数变易法求解，请读者自己验证.

例 4-8 求方程 $(x + y^2)\dfrac{\mathrm{d}y}{\mathrm{d}x} = y$ 满足初始条件 $y\big|_{x=3} = 1$ 的特解.

解 此方程中，如果把 x 看作自变量，y 看作未知函数，则它不是一阶线性方程. 但如果把 y 看作自变量，x 看作未知函数，则原方程就是关于未知函数 $x = x(y)$ 的一阶线性方程：

$$\frac{\mathrm{d}x}{\mathrm{d}y} - \frac{x}{y} = y,$$

此时 $P(y) = -\dfrac{1}{y}$，$Q(y) = y$，代入通解公式

$$x = \mathrm{e}^{-\int P(y)\mathrm{d}y}\left[\int Q(y)\mathrm{e}^{\int P(y)\mathrm{d}y}\mathrm{d}y + C\right],$$

得

$$x = \mathrm{e}^{\int \frac{1}{y}\mathrm{d}y}\left[\int y\,\mathrm{e}^{-\int \frac{1}{y}\mathrm{d}y}\mathrm{d}y + C\right]$$
$$= y(y + C).$$

由初始条件 $y|_{x=3} = 1$，得 $C = 2$，故所求方程的特解为

$$x = y^2 + 2y.$$

例 4-9 求微分方程 $y' + y = \mathrm{e}^{-x}y^2$ 的通解.

解 这不是一阶线性微分方程. 但是以 y^2 除方程两边, 得

$$y^{-2}\frac{\mathrm{d}y}{\mathrm{d}x} + y^{-1} = \mathrm{e}^{-x}.$$

由于 $\dfrac{\mathrm{d}}{\mathrm{d}x}(y^{-1}) = -y^{-2}\dfrac{\mathrm{d}y}{\mathrm{d}x}$，令 $u = y^{-1}$，则原方程化为 u 的一阶线性微分方程

$$u' - u = -\mathrm{e}^{-x}.$$

应用通解公式可求得方程的通解

$$u = \frac{1}{2}\mathrm{e}^{-x} + C\mathrm{e}^{x}.$$

将 u 仍换成 y^{-1}，得原微分方程的通解

$$\frac{1}{2}\mathrm{e}^{-x}y + C\mathrm{e}^{x}y = 1.$$

一般形式为

$$\frac{\mathrm{d}y}{\mathrm{d}x} + P(x)y = Q(x)y^{n}$$

的微分方程, 称为**伯努利方程**. 当 $n = 0$ 时, 为一阶线性微分方程, 可以求解; 当 $n = 1$ 时, 为可分离变量的微分方程, 也可以求解. 当 $n \neq 0, 1$ 时, 求解方法如下: 方程两边同时除以 y^{n}, 得

$$y^{-n}\frac{\mathrm{d}y}{\mathrm{d}x} + P(x)y^{1-n} = Q(x),$$

设 $u = y^{1-n}$，就能将它化成 u 的一阶线性微分方程; 求得通解后, 将 u 仍换成 y^{1-n}，便得到原微分方程的通解.

在求解某些微分方程时, 可以通过适当的换元, 将原方程化成较易求解的微分方程, 再由此方程的解得到原方程的解. 这是解微分方程时常用的技巧.

点滴积累

本节需要掌握的核心重点内容:

1. 可分离变量微分方程;

2. 一阶线性微分方程.

随堂练习4－2

1. 解下列微分方程:

(1) $xy' - y\ln y = 0$;

(2) $y' = \sqrt{\dfrac{1-y^2}{1-x^2}}$;

(3) $2x^2yy' = y^2 + 1$;

(4) $3x^2 + 5x - 5y' = 0$.

2. 解下列微分方程:

(1) $\dfrac{\mathrm{d}y}{\mathrm{d}x} + y = \mathrm{e}^{-x}$;

(2) $\dfrac{\mathrm{d}y}{\mathrm{d}x} + 2xy = 4x$.

第三节 可降阶的二阶微分方程

二阶和二阶以上的微分方程称为**高阶微分方程**. 其中某些特殊类型的高阶微分方程,可以应用降阶法,通过适当的变换,转化成低一阶的微分方程求解. 本节主要讨论几类可降阶的二阶微分方程的求解问题.

一、$y'' = f(x)$型方程

这是最简单的二阶微分方程. 此类方程的右端仅含自变量 x,由不定积分的知识可知,只需连续两次积分,就可以得到方程的通解.

例4－10 求方程 $y'' = x + \cos x$ 的通解.

解 对方程两侧连续积分两次:

$$y' = \int (x + \cos x)\mathrm{d}x$$

$$= \frac{1}{2}x^2 + \sin x + C_1,$$

$$y = \int \left(\frac{1}{2}x^2 + \sin x + C_1\right)\mathrm{d}x$$

$$= \frac{1}{6}x^3 - \cos x + C_1 x + C_2.$$

需要注意的是,通解中任意常数的个数与微分方程的阶数相同.

二、$y'' = f(x, y')$ 型微分方程

此类微分方程的右端不显含未知函数 y，此时可设 $y' = p(x)$，则 $y'' = \dfrac{\mathrm{d}p}{\mathrm{d}x} = p'$，方程 $y'' = f(x, y')$ 变形为 $p' = f(x, p)$. 它是一个关于变量 x，p 的一阶微分方程. 解此方程，得 $p = \varphi(x, C_1)$，即 $y' = \varphi(x, C_1)$，再次积分即可得原方程的通解.

例 4-11 求微分方程 $xy'' + 2y' = x^2$ 满足初始条件：$y|_{x=2} = -1$，$y'|_{x=2} = 2$ 的特解.

解 设 $y' = p(x)$，则 $y'' = p'(x)$，代入原方程后，得一阶微分方程

$$xp' + 2p = x^2,$$

变形后有

$$p' + 2x^{-1}p = x.$$

这是一阶线性微分方程，应用通解公式，得

$$p = \frac{C_1}{x^2} + \frac{x^2}{4},$$

以 $x = 2$，$p = y' = 2$ 代入，得 $C_1 = 4$，从而有

$$p = \frac{4}{x^2} + \frac{x^2}{4},$$

即

$$y' = \frac{4}{x^2} + \frac{x^2}{4}.$$

积分后，得原方程的通解

$$y = -\frac{4}{x} + \frac{x^3}{12} + C_2.$$

将 $x = 2$，$y = -1$ 代入，得 $C_2 = \dfrac{1}{3}$. 于是微分方程的特解为

$$y = -\frac{4}{x} + \frac{x^3}{12} + \frac{1}{3}.$$

三、$y'' = f(y, y')$ 型微分方程

此类微分方程中不显含自变量 x，在求解方程时，可设 $y' = p(y)$，则 $p(y)$ 是以 y 为中间变量的关于 x 的复合函数，所以

$$y'' = \frac{\mathrm{d}p}{\mathrm{d}x} = \frac{\mathrm{d}p}{\mathrm{d}y} \frac{\mathrm{d}y}{\mathrm{d}x} = \frac{\mathrm{d}p}{\mathrm{d}y} p,$$

于是，方程为

$$\frac{\mathrm{d}p}{\mathrm{d}y}p = f(y, p).$$

这是一个关于 y, p 的一阶微分方程,设它的通解为 $p = \varphi(y, C_1)$,即 $y' = \varphi(y, C_1)$,分离变量后积分,就可得原方程的通解.

例 4-12 求方程 $yy'' - (y')^2 = 0$ 的通解.

解 此方程不显含自变量 x.

令 $y' = p$,则 $y'' = \frac{\mathrm{d}p}{\mathrm{d}y}p$,于是有

$$y\frac{\mathrm{d}p}{\mathrm{d}y}p - p^2 = 0,$$

即

$$p\left(y\frac{\mathrm{d}p}{\mathrm{d}y} - p\right) = 0.$$

若 $p = 0$,即 $y' = 0$,得 $y = C$.

若 $p \neq 0$,则 $y\frac{\mathrm{d}p}{\mathrm{d}y} - p = 0$,为可分离变量的微分方程,解之,得 $p = C_1 y$,即 $\frac{\mathrm{d}y}{\mathrm{d}x} = C_1 y$,

为可分离变量的微分方程,解之,得原方程的通解为

$$y = C_2 \mathrm{e}^{C_1 x}.$$

点 滴 积 累

本节需要掌握的核心重点内容:三种类型的可降阶二阶微分方程的求解.

随堂练习 4-3

求下列微分方程的通解:

(1) $y'' = (x-2)\mathrm{e}^{-x}$;

(2) $y'' = x + \sin x$;

(3) $y'' + \frac{2y'}{x} = 0$;

(4) $y'' = y' + x$;

(5) $y'' + y = 0$;

(6) $y'' - 2yy' = 0$.

第四节 二阶常系数线性微分方程

一般地,形如

$$y'' + p(x)y' + q(x)y = f(x) \tag{4-12}$$

的方程称为**二阶线性微分方程**.其中 $p(x)$,$q(x)$,$f(x)$ 为已知函数.

当 $f(x) = 0$ 时,方程

$$y'' + p(x)y' + q(x)y = 0 \qquad (4-13)$$

称为**二阶线性齐次微分方程**;当 $f(x) \neq 0$ 时,称为**二阶线性非齐次微分方程**. 当 $p(x)$, $q(x)$ 均为常数时,方程

$$y'' + py' + qy = f(x) \qquad (4-14)$$

称为**二阶常系数线性微分方程**;若 $f(x) = 0$,则方程

$$y'' + py' + qy = 0 \qquad (4-15)$$

称为**二阶常系数线性齐次微分方程**.

定理 4-1 若 $y_1(x)$,$y_2(x)$ 都是二阶线性齐次微分方程(4-13)的解,则 $y(x) = C_1 y_1(x) + C_2 y_2(x)$ 也是微分方程(4-13)的解,其中,C_1 和 C_2 为任意常数.

证 由于 $y_1(x)$,$y_2(x)$ 都是微分方程(4-13)的解,所以

$$y_1'' + p(x)y_1' + q(x)y_1 = 0, \quad y_2'' + p(x)y_2' + q(x)y_2 = 0.$$

将 $y = C_1 y_1(x) + C_2 y_2(x)$ 及它的一阶和二阶导数

$$y' = C_1 y_1'(x) + C_2 y_2'(x),$$
$$y'' = C_1 y_1''(x) + C_2 y_2''(x)$$

代入微分方程(4-13)的左端,得

$$(C_1 y_1'' + C_2 y_2'') + p(x)(C_1 y_1' + C_2 y_2') + q(x)(C_1 y_1 + C_2 y_2)$$
$$= C_1 [y_1'' + p(x)y_1' + q(x)y_1] + C_2 [y_2'' + p(x)y_2' + q(x)y_2] = 0.$$

这个性质称为解的叠加原理,是线性微分方程所特有的.

根据定理 4-1,将微分方程(4-13)的两个解 y_1,y_2 叠加起来,得到的函数 $y = C_1 y_1 + C_2 y_2$ 也是微分方程(4-13)的解. 虽然在 y 中含有两个任意常数,然而它不一定是微分方程的通解. 例如,当 $y_1 = k y_2$ 时,

$$y = C_1 y_1 + C_2 y_2 = C_1 k y_2 + C_2 y_2 = (C_1 k + C_2) y_2 = C y_2,$$

此时,解中只含有一个任意常数,因此,这不是微分方程(4-13)的通解. 只有当 $\dfrac{y_1}{y_2} \neq k$ (k 为常数)时,C_1,C_2 才是两个相互独立的任意常数,此时 $y = C_1 y_1 + C_2 y_2$ 是微分方程的通解.

当两个函数 $y_1(x)$,$y_2(x)$ 的比值等于常数时,称它们线性相关,否则称它们线性无关.

定理 4-2 若 $y_1(x)$,$y_2(x)$ 是二阶线性齐次微分方程(4-13)的两个线性无关的解,则 $y(x) = C_1 y_1(x) + C_2 y_2(x)$ 是微分方程(4-13)的通解,其中,C_1 和 C_2 为任意常数.

定理 4-3 若 $y^*(x)$ 是线性非齐次微分方程(4-12)的一个特解,$Y(x)$ 是与它对应的线性齐次微分方程(4-13)的通解,则 $y(x) = Y(x) + y^*(x)$ 是二阶线性非齐次微分方程(4-12)的通解.

定理 4-4 若 $y_1(x)$ 是线性非齐次微分方程

$$y'' + p(x)y' + q(x)y = f_1(x)$$

的解，$y_2(x)$ 是线性非齐次微分方程

$$y'' + p(x)y' + q(x)y = f_2(x)$$

的解，则 $y(x) = y_1(x) + y_2(x)$ 是线性非齐次微分方程

$$y'' + p(x)y' + q(x)y = f_1(x) + f_2(x)$$

的解.

定理 4-4 说明，当线性非齐次微分方程的非齐次项由几个函数相加组成时，可分成几个较简单的微分方程分别求解，然后将它们叠加组成原方程的解.

下面将分别介绍二阶常系数线性齐次方程和二阶常系数线性非齐次方程的解法.

一、二阶常系数线性齐次微分方程

二阶常系数线性齐次微分方程的一般形式为

$$y'' + py' + qy = 0, \tag{4-15}$$

其中，p, q 为常数. 由定理 4-2，如果能求出微分方程(4-15)的两个线性无关的特解，则它们的线性组合就是方程的通解.

在解一阶常系数线性齐次微分方程时，得到它的通解为指数函数 $y = Ce^{-\int p(x)dx}$. 受此启发，假定微分方程(4-15)也有指数函数形式的解，即 $y = e^{rx}$ 是微分方程(4-15)的解，则将 $y = e^{rx}$ 和 $y' = re^{rx}$，$y'' = r^2 e^{rx}$ 代入微分方程(4-15)后，得到的等式

$$e^{rx}(r^2 + pr + q) = 0$$

应该成立. 由于 $e^{rx} \neq 0$，所以，若上述等式成立，则必有

$$r^2 + pr + q = 0 \tag{4-16}$$

成立. 当 r 为一元二次代数方程(4-16)的根时，等式(4-16)必成立，从而 $y = e^{rx}$ 是微分方程(4-15)的解. 通常称代数方程(4-16)为微分方程(4-15)的特征方程，它的两个根

$$r_{1,2} = \frac{-p \pm \sqrt{p^2 - 4q}}{2} \tag{4-17}$$

称为微分方程(4-15)的特征根.

下面根据判别式 $p^2 - 4q$ 的不同情况，讨论微分方程(4-15)通解的一般形式.

(1) 当 $p^2 - 4q > 0$ 时，特征方程有两个不相等的实根 $r_1 \neq r_2$. 由于 $\dfrac{e^{r_1 x}}{e^{r_2 x}} = e^{(r_1 - r_2)x} \neq$ 常数，所以，微分方程(4-15)有两个线性无关的特解：$y_1 = e^{r_1 x}$ 和 $y_2 = e^{r_2 x}$. 于是微分方程(4-15)的通解为

$$y = C_1 e^{r_1 x} + C_2 e^{r_2 x}.$$

(2) 当 $p^2 - 4q = 0$ 时，特征方程有两个相等的实根 $r_1 = r_2 = -\dfrac{p}{2}$. 由特征方程只能得到

微分方程(4-15)的一个特解：$y_1 = e^{rx} = e^{-\frac{p}{2}x}$. 设 $y_2 = u(x)e^{rx}$ 为微分方程(4-15)的另一个特解，则当 $u(x)$ 不恒等于常数时，y_1 与 y_2 线性无关. 为了确定 $u(x)$，将 y_2 及它的一阶导数、二阶导数

$$y_2' = [u'(x) + ru(x)]e^{rx},$$
$$y_2'' = [u''(x) + 2ru'(x) + r^2u(x)]e^{rx}$$

代入微分方程(4-15)，整理后得

$$[u''(x) + (2r+p)u'(x) + (r^2+pr+q)u(x)]e^{rx} = 0,$$

即

$$u''(x) + (2r+p)u'(x) + (r^2+pr+q)u(x) = 0.$$

因为 r 是特征方程的根，且等于 $-\dfrac{p}{2}$，上式第二项和第三项均为 0，所以

$$u''(x) = 0.$$

两次积分后，得

$$u(x) = Ax + B \quad (A, B \text{ 为任意常数}),$$

$u(x)$ 不能为常数，不妨取 $A = 1$，$B = 0$，则 $y_2 = xe^{rx}$. 于是微分方程(4-15)的通解为

$$y = (C_1 + C_2 x)e^{rx}.$$

（3）当 $p^2 - 4q < 0$ 时，特征方程有一对共轭复根

$$r_{1,2} = \frac{-p \pm i\sqrt{4q - p^2}}{2} = \alpha \pm i\beta.$$

由于 $\dfrac{e^{r_1 x}}{e^{r_2 x}} = e^{[(\alpha+i\beta)-(\alpha-i\beta)]x} = e^{2i\beta x} \neq$ 常数，所以微分方程(4-15)有两个线性无关的特解：$y_1 = e^{(\alpha+i\beta)x}$ 和 $y_2 = e^{(\alpha-i\beta)x}$. 然而，这两个解为复数形式. 为了便于应用，可以根据欧拉公式

$$e^{i\theta} = \cos\theta + i\sin\theta,$$

将 y_1，y_2 化为

$$y_1 = e^{(\alpha+i\beta)x} = e^{\alpha x}(\cos\beta x + i\sin\beta x)$$

和

$$y_2 = e^{(\alpha-i\beta)x} = e^{\alpha x}(\cos\beta x - i\sin\beta x).$$

由定理 4-1，y_1 和 y_2 组合得到的函数

$$\bar{y}_1 = \frac{y_1 + y_2}{2} = e^{\alpha x}\cos\beta x,$$

$$\bar{y}_2 = \frac{y_1 - y_2}{2i} = e^{\alpha x}\sin\beta x$$

也是微分方程(4-15)的解,且 $\dfrac{\bar{y}_1}{\bar{y}_2} = \cot\beta x$,不是常数. 于是,微分方程(4-15)的通解为

$$y = C_1\bar{y}_1 + C_2\bar{y}_2 = e^{\alpha x}(C_1\cos\beta x + C_2\sin\beta x).$$

上述求二阶常系数线性齐次微分方程通解的方法称为特征根法,其步骤如下.

第一步:写出微分方程的特征方程 $r^2 + pr + q = 0$;

第二步:求出特征根 r_1,r_2;

第三步:根据特征根的不同情况,写出微分方程的通解.

微分方程的通解与特征根的对应关系如表 4-1 所示:

表 4-1

特 征 根	通 解
不相等的实根:$r_1 \neq r_2$	$y = C_1 e^{r_1 x} + C_2 e^{r_2 x}$
相等的实根:$r_1 = r_2$	$y = C_1 e^{r_1 x} + C_2 x e^{r_1 x}$
共轭复数根:$r_1 = \alpha + i\beta$,$r_2 = \alpha - i\beta$	$y = e^{\alpha x}(C_1\cos\beta x + C_2\sin\beta x)$

例 4-13 求方程 $y'' - 4y' - 5y = 0$ 的通解.

解 特征方程为 $r^2 - 4r - 5 = 0$,有两个不相等的实根:$r_1 = -1$,$r_2 = 5$,所求方程的通解为 $y = C_1 e^{-x} + C_2 e^{5x}$,其中 C_1,C_2 为任意常数.

例 4-14 求方程 $y'' + 2y' + y = 0$ 满足初始条件 $y|_{x=0} = 4$,$y'|_{x=0} = -2$ 的特解.

解 特征方程为 $r^2 + 2r + 1 = 0$,有两个相等的实根:$r_1 = r_2 = -1$,所求方程的通解为 $y = (C_1 + C_2 x)e^{-x}$,其中 C_1,C_2 为任意常数.

又

$$y' = C_2 e^{-x} - (C_1 + C_2 x)e^{-x},$$

将 $y|_{x=0} = 4$,$y'|_{x=0} = -2$ 代入,得 $C_1 = 4$,$C_2 = 2$.

于是所求特解为

$$y = (4 + 2x)e^{-x}.$$

例 4-15 求方程 $y'' + 4y' + 5y = 0$ 的通解.

解 特征方程为 $r^2 + 4r + 5 = 0$,有两个共轭复根:$r_1 = -2 + i$,$r_2 = -2 - i$,所求方程的通解为 $y = e^{-2x}(C_1\cos x + C_2\sin x)$,其中 C_1,C_2 为任意常数.

> **知识链接**
>
> 简谐振动描述了弹簧振子在弹力作用下的一种周期性的运动规律,由牛顿第二定律,弹簧振子的运动方程可表示为 $m\dfrac{d^2 x}{dt^2} = -kx$,其中 m 为弹簧的质量,k 为弹簧的劲度系数. 这就是一个典型的二阶微分方程. 解此方程得到 $x = A\cos(\omega t + \varphi)$,这就是我们熟悉的简谐振动的运动学方程.

二、二阶常系数线性非齐次方程

上一小节已经介绍形如

$$y'' + py' + qy = f(x) \qquad\qquad (4-14)$$

的方程称为二阶常系数线性非齐次方程. 其中 p, q 均为实数, $f(x)$ 为已知的连续函数.

二阶常系数线性齐次微分方程的一般形式为

$$y'' + py' + qy = 0, \qquad\qquad (4-15)$$

其中 p, q 为常数.

(一) 二阶常系数线性非齐次方程解的结构

定理 4-5 设 y^* 是方程(4-14)的一个特解, Y 是方程(4-14)所对应的齐次方程(4-15)的通解, 则 $y = Y + y^*$ 是方程(4-14)的通解.

证 把 $y = Y + y^*$ 代入方程(4-14)的左端:

$$(Y'' + y^{*''}) + p(Y' + y^{*'}) + q(Y + y^*)$$
$$= (Y'' + pY' + qY) + (y^{*''} + py^{*'} + qy^*)$$
$$= 0 + f(x) = f(x).$$

$y = Y + y^*$ 使方程(4-14)的两端恒等, 所以 $y = Y + y^*$ 是方程(4-14)的解.

定理 4-6 设二阶线性非齐次方程(4-14)的右端 $f(x)$ 是几个函数之和, 例如

$$y'' + py' + qy = f_1(x) + f_2(x), \qquad\qquad (4-18)$$

而 y_1^* 与 y_2^* 分别是方程

$$y'' + py' + qy = f_1(x)$$

与

$$y'' + py' + qy = f_2(x)$$

的特解, 那么 $y_1^* + y_2^*$ 就是方程(4-18)的特解, 非齐次线性方程(4-14)的特解有时可用上述定理来帮助求出.

(二) $f(x) = e^{\lambda x} P_m(x)$ 型的解法

$f(x) = e^{\lambda x} P_m(x)$, 其中 λ 为常数, $P_m(x)$ 是关于 x 的一个 m 次多项式.

方程(4-14)的右端 $f(x)$ 是多项式 $P_m(x)$ 与指数函数 $e^{\lambda x}$ 的乘积, 它们的导数仍为同一类型函数, 因此方程(4-14)的特解可能为 $y^* = Q(x)e^{\lambda x}$, 其中 $Q(x)$ 是某个多项式函数.

将

$$y^* = Q(x)e^{\lambda x},$$
$$y^{*'} = [\lambda Q(x) + Q'(x)]e^{\lambda x},$$
$$y^{*''} = [\lambda^2 Q(x) + 2\lambda Q'(x) + Q''(x)]e^{\lambda x}$$

代入方程(4-14)并消去 $e^{\lambda x}$，得

$$Q''(x)+(2\lambda+p)Q'(x)+(\lambda^2+p\lambda+q)Q(x)=P_m(x). \qquad (4-19)$$

以下分 3 种不同的情形，分别讨论函数 $Q(x)$ 的确定方法：

(1) 若 λ 不是方程(4-15)的特征方程 $r^2+pr+q=0$ 的根，即 $\lambda^2+p\lambda+q\neq0$，要使式(4-19)的两端恒等，可令 $Q(x)$ 为另一个 m 次多项式 $Q_m(x)$：

$$Q_m(x)=b_0+b_1x+b_2x^2+\cdots+b_mx^m,$$

代入式(4-19)，并比较两端关于 x 同次幂的系数，就得到关于未知数 $b_0,b_1,\cdots,b_m$ 的 $m+1$ 个方程. 联立解方程组可以确定出 $b_i(i=0,1,\cdots,m)$，从而得到所求方程的特解为

$$y^*=Q_m(x)e^{\lambda x}.$$

(2) 若 λ 是特征方程 $r^2+pr+q=0$ 的单根，即 $\lambda^2+p\lambda+q=0$，$2\lambda+p\neq0$，要使式(4-19)成立，则 $Q'(x)$ 必须是 m 次多项式函数，于是令

$$Q(x)=xQ_m(x),$$

用同样的方法可确定 $Q_m(x)$ 的系数 $b_i(i=0,1,\cdots,m)$.

(3) 若 λ 是特征方程 $r^2+pr+q=0$ 的重根，即 $\lambda^2+p\lambda+q=0$，$2\lambda+p=0$，要使式(4-19)成立，则 $Q''(x)$ 必须是一个 m 次多项式，可令

$$Q(x)=x^2Q_m(x),$$

用同样的方法可确定 $Q_m(x)$ 的系数.

综上所述，若方程(4-14)中的 $f(x)=P_m(x)e^{\lambda x}$，则方程(4-14)的特解为

$$y^*=x^kQ_m(x)e^{\lambda x},$$

其中 $Q_m(x)$ 是与 $P_m(x)$ 同次的多项式，

$$\begin{cases} k=0, & \lambda \text{ 不是特征方程的根}; \\ k=1, & \lambda \text{ 是特征方程的单根}; \\ k=2, & \lambda \text{ 是特征方程的重根}. \end{cases}$$

例 4-16　求方程 $y''+2y'=3e^{-2x}$ 的一个特解.

解　$f(x)$ 是 $P_m(x)e^{\lambda x}$ 型，且 $P_m(x)=3$，$\lambda=-2$，对应齐次方程的特征方程为 $r^2+2r=0$，特征根为 $r_1=0$，$r_2=-2$. $\lambda=-2$ 是特征方程的单根，令 $y^*=xb_0e^{-2x}$，代入原方程解得 $b_0=-\dfrac{3}{2}$.

故所求特解为

$$y^*=-\frac{3}{2}xe^{-2x}.$$

例 4-17　求方程 $y''-2y'+y=(x-1)e^x$ 的通解.

解　先求对应齐次方程 $y''-2y'+y=0$ 的通解.

特征方程为 $r^2 - 2r + 1 = 0$，$r_1 = r_2 = 1$，齐次方程的通解为

$$Y = (C_1 + C_2 x) e^x.$$

再求所给方程的特解.

$$\lambda = 1, P_m(x) = x - 1.$$

由于 $\lambda = 1$ 是特征方程的二重根，所以

$$y^* = x^2 (ax + b) e^x.$$

将它代入所给方程，并约去 e^x 得

$$6ax + 2b = x - 1,$$

比较系数，得

$$a = \frac{1}{6}, \quad b = -\frac{1}{2},$$

于是

$$y^* = x^2 \left(\frac{x}{6} - \frac{1}{2} \right) e^x.$$

所给方程的通解为

$$y = Y + y^* = \left(C_1 + C_2 x - \frac{1}{2} x^2 + \frac{1}{6} x^3 \right) e^x.$$

(三) $f(x) = e^{\lambda x} (A \cos \omega x + B \sin \omega x)$ 型的解法

$f(x) = e^{\lambda x} (A \cos \omega x + B \sin \omega x)$，其中 λ，A，B，ω 均为常数.

此时，方程(4-14)成为

$$y'' + py' + q = e^{\lambda x} (A \cos \omega x + B \sin \omega x). \tag{4-20}$$

这种类型的三角函数的导数，仍属同一类型，因此方程(4-20)的特解 y^* 也应属同一类型，可以证明方程(4-20)的特解形式为

$$y^* = x^k e^{\lambda x} (a \cos \omega x + b \sin \omega x),$$

其中 a，b 为待定常数，k 为一个整数.

当 $\lambda + i\omega$ 不是特征方程 $r^2 + pr + q = 0$ 的根时，k 取 0；

当 $\lambda + i\omega$ 是特征方程 $r^2 + pr + q = 0$ 的根时，k 取 1.

例 4-18 求方程 $y'' + 2y' - 3y = 4 \sin x$ 的一个特解.

解 $\lambda = 0$，$\omega = 1$，$\lambda + \omega i = i$ 不是特征方程 $r^2 + 2r - 3 = 0$ 的根，取 $k = 0$. 因此原方程的特解形式为

$$y^* = a \cos x + b \sin x,$$

于是

$$y^{*\prime} = -a\sin x + b\cos x,$$
$$y^{*\prime\prime} = -a\cos x - b\sin x.$$

将 y^*，$y^{*\prime}$，$y^{*\prime\prime}$ 代入原方程，得

$$\begin{cases} -4a + 2b = 0, \\ -2a - 4b = 4, \end{cases}$$

解得

$$a = -\frac{2}{5}, \quad b = -\frac{4}{5}.$$

原方程的特解为

$$y^* = -\frac{2}{5}\cos x - \frac{4}{5}\sin x.$$

点 滴 积 累

本节需要掌握的核心重点内容：

1. $f(x) = e^{\lambda x} P_m(x)$ 型的解法；
2. $f(x) = e^{\lambda x}(A\cos\omega x + B\sin\omega x)$ 型的解法.

随堂练习4-4

1. 求下列微分方程的通解：

(1) $y'' + 8y' + 15y = 0$；

(2) $y'' + 5y' = 0$；

(3) $y'' + 10y' + 25y = 0$；

(4) $4y'' + 12y' + 9y = 0$；

(5) $4\dfrac{d^2 s}{dt^2} - 8\dfrac{ds}{dt} + 5s = 0$；

(6) $y'' + 2y' + 5y = 0$.

2. 求下列微分方程的一个特解：

(1) $y'' - 2y' - 3y = 3x + 1$；

(2) $y'' + y = e^x \cos 2x$.

第五节　微分方程在医药学中的应用

普遍有效地应用数学方法解决医学科研中的问题，揭示其中的数量规律性，已成为现代医学发展的潮流. 这种揭示医学问题中各变量之间关系的解析式，称为数学模型. 微分方程则是建立这种数学模型的最为广泛、有力的工具之一. 本节，我们列举 3 个模型的例子分析微分方程在医学问题中的应用.

一、肿瘤增长模型

对于肿瘤生长过程近似如下：如果没有外界条件的限制，肿瘤的生长速率与当时的肿瘤

体积成正比. 假设 t 时刻的肿瘤体积为 $V(t)$,速率常数为 λ,则肿瘤的生长服从下面的微分方程和初始条件:

$$
\begin{cases}
\dfrac{\mathrm{d}V(t)}{\mathrm{d}t}=\lambda V(t), \\
V(0)=V_0,
\end{cases}
$$

这是一个可分离变量的微分方程,解之得

$$
V(t)=V_0\mathrm{e}^{\lambda t}.
$$

由实际经验知道,此模型描述较长时间的肿瘤生长会存在较大的偏差,为此,人们提出随着肿瘤的增大,肿瘤细胞的生长速率常数 λ 随时间 t 的增大而减小,其减小速率与当时 λ 的大小成正比,比例系数为常数 α;于是,得到微分方程和初始条件如下:

$$
\begin{cases}
\dfrac{\mathrm{d}V(t)}{\mathrm{d}t}=\lambda V(t), \\
\dfrac{\mathrm{d}\lambda}{\mathrm{d}t}=-\alpha\lambda, \\
\lambda(0)=\lambda_0, \\
V(0)=V_0,
\end{cases}
$$

下面解这个微分方程. 由 $\dfrac{\mathrm{d}\lambda(t)}{\mathrm{d}t}=-\alpha\lambda$ 可得 $\lambda=\lambda_0\mathrm{e}^{-\alpha t}$,将此代入方程 $\dfrac{\mathrm{d}V(t)}{\mathrm{d}t}=\lambda V(t)$ 得

$$
\dfrac{\mathrm{d}V(t)}{V(t)}=\lambda_0\mathrm{e}^{-\alpha t}\,\mathrm{d}t,
$$

两端积分后得通解

$$
V(t)=C\mathrm{e}^{-\frac{\lambda_0}{\alpha}\mathrm{e}^{-\alpha t}}.
$$

由初始条件 $V(0)=V_0$ 代入可得 $C=V_0\mathrm{e}^{\frac{\lambda_0}{\alpha}}$,因此方程的特解为

$$
V(t)=V_0\mathrm{e}^{\frac{\lambda_0}{\alpha}(1-\mathrm{e}^{-\alpha t})}.
$$

此函数称为**高姆帕茨函数**,它的极限值为 $V=V_0\mathrm{e}^{\frac{\lambda_0}{\alpha}}$,表明肿瘤不会无限制增长.

二、流行病模型

如果感染通过一个团体内成员之间的接触而传播,感染者不因死亡、痊愈或隔离而被移除,易感染者最终将成为感染者,则由此建立的模型称为无移除的简单模型. 某种上呼吸道感染可近似地表示这样一种疾病的流行.

计 t 时刻的易感染者、感染者人数分别为 S,I,并假设一个团体是封闭的,总人数为 N,不妨假定开始只有一个感染者,且团体中各成员之间接触均匀,因而感染者的变化率和易感染者转化为感染者的变化率与当时的易感染者人数和感染者人数的乘积成正比. 根据以上

假定,可建立以下数学模型:

$$\begin{cases} \dfrac{\mathrm{d}I}{\mathrm{d}t} = \beta SI, \\[2mm] \dfrac{\mathrm{d}S}{\mathrm{d}t} = -\beta SI, \\[2mm] S + I = N. \end{cases}$$

初值条件 $I\,|_{t=0} = 1$,β 为感染率(常数),解方程

$$\frac{\mathrm{d}I}{\mathrm{d}t} = \beta I(N - I).$$

分离变量后两边积分,

$$\int \frac{\mathrm{d}I}{I(N-I)} = \int \beta \,\mathrm{d}t,$$

得

$$\frac{1}{N} \ln \frac{I}{N-I} = \beta t + C.$$

因为 $I\,|_{t=0} = 1$,代入上式得

$$C = -\frac{\ln(N-1)}{N},$$

从而得

$$\frac{1}{N} \ln \frac{I}{N-I} = \beta t - \frac{\ln(N-1)}{N},$$

即得感染人群的模型为

$$I = \frac{N}{1 + (N-1)\mathrm{e}^{-N\beta t}}.$$

此为 **Logistic 模型.**

另一方面,为了得到易感染人群转化为感染人群的变化情况模型,解方程

$$\frac{\mathrm{d}S}{\mathrm{d}t} = -\beta S(N - S),$$

分离变量后两边积分,

$$\int \frac{\mathrm{d}S}{S(N-S)} = -\int \beta \,\mathrm{d}t,$$

得

$$\frac{1}{N} \ln \frac{S}{N-S} = -\beta t + C.$$

因为 $S\big|_{t=0}=(N-I)\big|_{t=0}=N-1$,代入上式得

$$C=\frac{\ln(N-1)}{N},$$

从而得

$$\frac{1}{N}\ln\frac{S}{N-S}=-\beta t+\frac{\ln(N-1)}{N},$$

$$S=\frac{N(N-1)}{(N-1)+e^{\beta Nt}}.$$

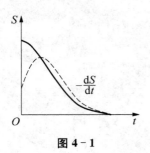

图 4-1

这个结果描述了易感染者人数随时间变化的动态关系.实践中常常对流行曲线更感兴趣,该曲线给出了新病例发生(即易感染者人数减少)的速率 $-\dfrac{\mathrm{d}S}{\mathrm{d}t}$.

$$-\frac{\mathrm{d}S}{\mathrm{d}t}=\frac{\beta(N-1)N^2e^{\beta Nt}}{[(N-1)+e^{\beta Nt}]^2}.$$

当 $N=10$,$\beta=0.2$ 时,流行曲线如图 4-1 中的虚线所示.

三、药动学室模型

在药物动力学中,常用简化的室模型来研究药物在体内的吸收、分布、代谢和排泄的时间过程,最简单的是一室模型,把机体设想为一个同质单元来处理.

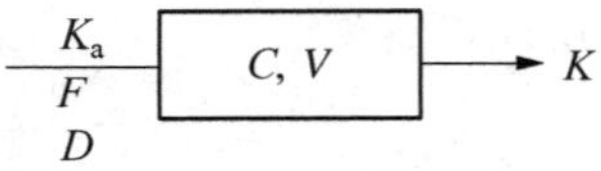

图 4-2 表示在口服给药时的室模型,图中 D 为所给的药物剂量;K_a 为吸收速率常数,即药物从吸收部(胃肠道)进入全身血液循环的速率常数;F 为吸收分数,即剂量中能被吸收计入血液循环的分数;C 为在时刻 t 血中的药物浓度;V 为室的理论溶积,通常叫作药物的表观分布容积;K 为消除速率常数,即所给药物经过代谢或排泄而消除的速率常数.

图 4-2

假设吸收和消除均为一级速率过程,在时刻 t 时,体内的药量为 x,吸收部位的药量为 x_a,则按照图 4-2 所示的室模型可建立如下的数学模型:

$$\begin{cases}\dfrac{\mathrm{d}x}{\mathrm{d}t}=K_ax_a-Kx,\\[2mm]-\dfrac{\mathrm{d}x_a}{\mathrm{d}t}=K_ax_a.\end{cases}$$

初值条件:当 $t=0$ 时,$x_a=FD$,$x=0$,由方程

$$-\frac{\mathrm{d}x_a}{\mathrm{d}t}=K_ax_a$$

得

$$x_a=FDe^{-K_at}.$$

代入方程 $\dfrac{\mathrm{d}x}{\mathrm{d}t}=K_ax_a-Kx$，有

$$\dfrac{\mathrm{d}x}{\mathrm{d}t}=K_aFD\mathrm{e}^{-K_at}-Kx,$$

即

$$\dfrac{\mathrm{d}x}{\mathrm{d}t}+Kx=K_aFD\mathrm{e}^{-K_at}.$$

这是一个一阶线性微分方程，解此方程并利用初值条件得

$$x=\dfrac{K_aFD}{K_a-K}(\mathrm{e}^{-Kt}-\mathrm{e}^{-K_at}).$$

由于在肌体内的药量 x 无法测定，因此常用相应时间的血药浓度来代替，即有

$$C=\dfrac{x}{V},$$

代入方程中得

$$C=\dfrac{K_aFD}{V(K_a-K)}(\mathrm{e}^{-Kt}-\mathrm{e}^{-K_at}).$$

该方程表示了药物在一次口服剂量 D 后的血药浓度 C 随时间 t 的变化曲线，简称 C-t 曲线，如图 4-3 所示.

一次快速静脉推注给药后，药物立即分布到血液、其他体液及组织中，并达到动态平衡，在这种情况下，称药物的体内分布符合一室模型.

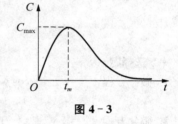

图 4-3

例 4-19　用某药进行静脉推注，其血药浓度下降是一级速率过程，第一次注射后，经一小时浓度降至初始浓度的 $\dfrac{\sqrt{2}}{2}$，问要使血药浓度不低于初始浓度的一半，须经过多长时间进行第二次注射？

解　设 t 时刻血药浓度为 $C=C(t)$，设 $C|_{t=0}=C_0$，则由题意知，$\dfrac{\mathrm{d}C}{\mathrm{d}t}=-kC$（$k$ 为一级速率常数），且 $C|_{t=1}=\dfrac{\sqrt{2}}{2}C_0$. 易知

$$C=C_0\mathrm{e}^{-kt},$$

将 $C|_{t=1}=\dfrac{\sqrt{2}}{2}C_0$ 代入，得

$$k=\ln\sqrt{2},$$

从而有

$$C = C_0 e^{-\ln\sqrt{2}\,t} = C_0 (e^{\ln\frac{1}{2}})^{\frac{t}{2}} = C_0 \left(\frac{1}{2}\right)^{\frac{t}{2}}.$$

当 $C = \dfrac{C_0}{2}$ 时，$t = 2$，即经过 2 小时要进行第二次注射.

点 滴 积 累

本节需要掌握的核心重点内容：

1. 微分方程在医药学中的应用；

2. 微分方程的建模方法及求解思路.

随堂练习 4-5

1. 设一容器内有 100L 糖水，含糖 10kg，现以 4L/min 的速度注入浓度为 0.5kg/L 的糖水，同时搅拌均匀，混合后的糖水以 2L/min 的速度流出，问 20min 后容器内含糖多少？

2. 在某一流感发病地区，假设此地人群以感染率 a 转变为感染者(阳性者)，同时阳性者又以比率 b 转回为易感者(阴性者). 试求在时刻 t 人群中被感染者的比率 y，初始条件为当 $t = 0$ 时，$y = 0$.

3. 细菌在适当的条件下其增长率与当时的量成正比，已知第三天内增长了 2 455 个，第五天内增长了 4 314 个，试求该细菌的增长速率常数.

复习题四

一、选择题

1. 微分方程 $y'' - y'^3 = 2\cos y' - y^5$ 的阶数是(   ).

    A. 2   B. 1   C. 3   D. 4

2. 微分方程 $y''' = xy'' + x^2$ 的通解中含有任意常数的个数为(   ).

    A. 1   B. 2   C. 3   D. 4

3. 下列函数中是微分方程 $y'' + y = 0$ 的解的函数是(   ).

    A. $y = 1$ B. $y = x$ C. $y = \sin x$ D. $y = e^x$

4. 微分方程 $\dfrac{dy}{dx} - \dfrac{1}{x}y = 0$ 的通解是(   ).

    A. $y = \dfrac{C}{x}$ B. $y = Cx$ C. $y = \dfrac{1}{x} + C$ D. $y = x + C$

5. 用待定系数法求方程 $y'' - 2y' + y = xe^x$ 的特解 y^* 时，下列特解的设法正确的是(   ).

    A. $y^* = (ax^2 + bx + c)e^x$ B. $y^* = x(ax^2 + bx + c)e^x$

    C. $y^* = x^2(ax + b)e^x$ D. $y^* = x^2(ax^2 + bx + c)e^x$

二、填空题

1. 如果微分方程的解中含有任意常数，且任意常数的个数与微分方程的阶数相同，则这样的解称为微分方程的_____.

2. $y'' + y''\sin x = 0$ 是_____阶微分方程.

3. 用来确定特解的条件称为_____.

4. 微分方程 $y'' = x$ 的通解为_____.

三、计算题

1. 求下列微分方程的通解或特解:

(1) $y' = 2xy$;

(2) $\sin x \cos y \, \mathrm{d}x - \cos x \sin y \, \mathrm{d}y = 0$;

(3) $\dfrac{\mathrm{d}y}{\mathrm{d}x} = \mathrm{e}^{x-y}$, $y\big|_{x=0} = \ln 2$;

(4) $y^2 y' = x + \sin x$, $y\big|_{x=0} = 2$;

(5) $y' = (x + y)^2$;

(6) $y' = 2x - y + 1$;

(7) $2\dfrac{\mathrm{d}y}{\mathrm{d}x} = \dfrac{y}{x} + \dfrac{y^2}{x^2}$, $y\big|_{x=1} = \dfrac{1}{2}$;

(8) $(y^2 - 3x^2)\mathrm{d}y + 2xy\,\mathrm{d}x = 0$, $y\big|_{x=0} = 1$.

2. 求下列微分方程的通解或特解:

(1) $y' - 2y - x - 2 = 0$;

(2) $xy' = x \sin x - y$;

(3) $y' + 3y = 8$, $y\big|_{x=0} = 2$;

(4) $xy' + y - \mathrm{e}^x = 0$, $y\big|_{x=1} = 3\mathrm{e}$;

(5) $(y^2 - 6x)y' + 2y = 0$;

(6) $\dfrac{\mathrm{d}y}{\mathrm{d}x} = \dfrac{1}{x + \sin y}$;

(7) $y' + y \cos x = \mathrm{e}^{\sin x} \cdot y^2$.

3. 求下列微分方程的通解:

(1) $y''' = \mathrm{e}^{2x} - \cos x$;

(2) $y''' = x \mathrm{e}^x$;

(3) $y'' - y' = 0$;

(4) $y'' + a^2 y = 0$.

4. 求下列微分方程的通解或特解:

(1) $y'' - 6y' + 9y = 0$;

(2) $y'' - 4y' + 3y = 0$;

(3) $y'' - 4y' + 5y = 0$;

(4) $\dfrac{\mathrm{d}^2 s}{\mathrm{d}t^2} + \dfrac{\mathrm{d}s}{\mathrm{d}t} - 2s = 0$;

(5) $y'' - 2y' - 3y = 0$, $y\big|_{x=0} = 1$, $y'\big|_{x=0} = 3$;

(6) $4y'' - 4y' + y = 0$, $y\big|_{x=0} = 2$, $y'\big|_{x=0} = 5$.

5. 设曲线上任一点处的切线斜率与切点的横坐标成反比,且曲线过点$(1, 2)$,求该曲线的方程.

6. 在呼吸过程中,CO_2 从静脉进入肺泡后被排出,在肺泡中 CO_2 的压力 $P(t)$ 符合微分方程 $\dfrac{\mathrm{d}P}{\mathrm{d}t} + kP = kP_1$,其中 P_1, k 为常数,当 $t = 0$ 时,$P = P_0$. 求此微分方程的解.

7. 牛顿冷却定律指出:物体的冷却速度与物体同外界的温度差成正比. 若室温为 20℃时,瓶内注入 100℃的开水,20 h 之后瓶内的温度为 60℃. 求水温 T 随时间的变化规律,并计算到水温为 30℃时所需要的时间.

第五章　多元函数微积分

·情景导学·

情景描述：

　　在医药工程中，经常会遇到一种疾病有多个病因，一副中药由多种药材组成等．这种不止依赖于一个，而是依赖于两个或者多个自变量的函数，即多元函数．

学前导语：

　　由一元函数转到二元函数的研究时，常常会出现一些本质上的新问题，而三元及三元以上函数与二元函数相比在本质上就没有多大差别．因此，本章主要研究二元函数的微积分学问题，即主要介绍二元函数的极限、连续等基本概念以及二元函数的微积分及其应用．学习时，必须注意它和一元函数的联系和区别．

第一节　空间直角坐标系

　　在平面解析几何中，应用平面直角坐标系，将平面上的点 M 与有序数对 (x, y) 建立一一对应关系，由此将平面曲线与二元方程建立一一对应关系．为了建立空间图形与方程的联系，我们需要建立空间的点与有序数组间的一一对应，这种对应关系是通过建立空间直角坐标系来实现的．

一、空间直角坐标系的定义

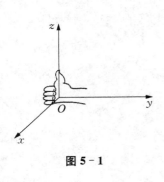

图 5 - 1

　　在空间任意取一定点 O，过点 O 作三条两两互相垂直的直线 Ox，Oy，Oz，并在各直线上规定出正方向，再取定单位长度（通常应具有相同的单位长度），这样就确定了一个直角坐标系 $Oxyz$．点 O 称为坐标系的原点，三条直线 Ox，Oy，Oz，依次叫作 **x 轴**（横轴），**y 轴**（纵轴）与 **z 轴**（竖轴），统称**坐标轴**．通常把 x 轴和 y 轴配置在水平面上，而 z 轴是铅垂线．三个坐标轴的正向应符合右手系，即用右手握着 z 轴，当右手四指从 x 轴正向以 $\frac{\pi}{2}$ 的角度转向 y 轴正向时，大拇指的指向就是 z 轴的正向（如图 5 - 1 所示）．

在空间直角坐标系中,通过每两条坐标轴的平面叫作**坐标平面**.分别叫作 **xOy 平面**、**yOz 平面**、**zOx 平面**.三个坐标面把空间分为八个部分,每一部分叫作一个**卦限**,其顺序规定如图 5-2 所示.

二、空间点的坐标

设 P 为空间坐标系中的任意一点,过点 P 分别作三个坐标轴的垂直平面,分别与 Ox,Oy 和 Oz 轴相交于点 A,B 和 C.它们各自在轴上的坐标依次为 x,y 和 z.于是空间一点 P 就唯一确定了一组有序数 x,y,z(如图 5-3 所示).反之,对任意一组有序实数 x,y,z,可依次在 x 轴、y 轴和 z 轴上分别取坐标为 x,y 和 z 的点 A,B,C,过 A,B,C 分别作垂直于 x 轴、y 轴和 z 轴的平面,这三个平面相交于唯一的一点 P.可见任何一组有序实数 x,y 和 z 唯一确定空间一点 P,所以通过空间直角坐标系,我们建立了空间的点 P 与一组有序实数 x,y 和 z 之间的一一对应关系.称 x,y 和 z 为点 P 的坐标,通常记为 $P(x,y,z)$.x,y 和 z 依次称为点 P 的**横坐标**、**纵坐标**和**竖坐标**(如图 5-3 所示).

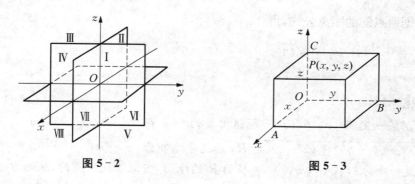

图 5-2　　　　　　　　　　　图 5-3

坐标轴上和坐标面上的点,其坐标各有一定的特征.显然,原点的坐标为 $(0,0,0)$;在 x 轴、y 轴、z 轴上的点坐标分别为 $(x,0,0)$,$(0,y,0)$,$(0,0,z)$;在坐标面 xOy,yOz,zOx 上的坐标分别为 $(x,y,0)$,$(0,y,z)$,$(x,0,z)$.

例 5-1　求点 $A(3,2,1)$ 关于各坐标平面对称的点的坐标.

解　点 $A(3,2,1)$ 关于 xOy 平面对称的点的坐标为 $(3,2,-1)$,关于 yOz 平面对称的点的坐标为 $(-3,2,1)$,关于 zOx 平面对称的点的坐标为 $(3,-2,1)$.

三、空间两点间的距离与中点

设 $M_1(x_1,y_1,z_1)$,$M_2(x_2,y_2,z_2)$ 为空间两点,则有 M_1,M_2 **两点之间的距离公式**

$$|M_1M_2|=\sqrt{(x_2-x_1)^2+(y_2-y_1)^2+(z_2-z_1)^2}. \tag{5-1}$$

证　过 M_1,M_2 分别作垂直于三条坐标轴的平面,这六个平面围成的长方体以 M_1M_2 为对角线(如图 5-4 所示),根据勾股定理可以证明长方体对角线的长度的平方等于它的三条棱长的平方和,即

$$d^2=|M_1M_2|^2=|M_1N|^2+|NM_2|^2=|M_1P|^2+|M_1Q|^2+|M_1R|^2,$$

而

$$|M_1P| = |P_1P_2| = |x_2 - x_1|,$$
$$|M_1Q| = |Q_1Q_2| = |y_2 - y_1|,$$
$$|M_1R| = |R_1R_2| = |z_2 - z_1|,$$

所以

$$d = |M_1M_2| = \sqrt{(x_2 - x_1)^2 + (y_2 - y_1)^2 + (z_2 - z_1)^2}.$$

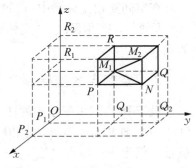

图 5-4

这就是空间中两点间的距离公式.

特殊地,点 $M(x, y, z)$ 与坐标原点 $O(0, 0, 0)$ 的距离为

$$d = |OM| = \sqrt{x^2 + y^2 + z^2}.$$

例 5-2 求点 $P_1(4, 9, -1)$ 和点 $P_2(10, 6, 1)$ 间的距离.

解 根据两点间的距离公式,得

$$|P_1P_2| = \sqrt{(4-10)^2 + (9-6)^2 + (-1-1)^2} = 7.$$

知识链接

到空间某一定点 (a, b, c) 距离都相等的全部点 (x, y, z) 形成的曲面方程为 $\sqrt{(x-a)^2 + (y-b)^2 + (z-c)^2} = R$,两边平方即为 $(x-a)^2 + (y-b)^2 + (z-c)^2 = R^2$,这是一个球心在 (a, b, c)、半径为 R 的球面.当球心在原点时,球面方程为 $x^2 + y^2 + z^2 = R^2$.

例 5-3 在 yOz 平面上,求与点 $A(3, 1, 2)$,$B(4, -2, -2)$ 与 $C(0, 5, 1)$ 等距离的点.

解 因为所求的点 M 在 yOz 平面上,故可设其坐标为 $M(0, y, z)$. 由题意有

$$|MA| = |MB| = |MC|,$$

由 $|MA| = |MB|$,得

$$\sqrt{(0-3)^2 + (y-1)^2 + (z-2)^2} = \sqrt{(0-4)^2 + (y+2)^2 + (z+2)^2},$$

即

$$3y + 4z = -5. \tag{1}$$

由 $|MA| = |MC|$ 得

$$\sqrt{(0-3)^2 + (y-1)^2 + (z-2)^2} = \sqrt{(0-0)^2 + (y-5)^2 + (z-1)^2},$$

即

$$4y - z = 6, \tag{2}$$

联立 (1),(2) 得

$$y = 1, z = -2.$$

于是所求点为 $(0, 1, -2)$.

设 $P_1(x_1, y_1, z_1)$,$P_2(x_2, y_2, z_2)$ 为空间两点,点 $P(x, y, z)$ 为 P_1 和 P_2 的中点,则有 P_1,P_2 **两点的中点坐标计算公式:**

$$x = \frac{x_1 + x_2}{2}, y = \frac{y_1 + y_2}{2}, z = \frac{z_1 + z_2}{2}. \tag{5-2}$$

请读者自己推导上式.

例 5-4　M 为两点 $A(1, 2, 3)$ 和 $B(-1, 2, 3)$ 所连线段的中点,求点 M 的坐标.

解　设 $M(x, y, z)$,$x_1 = 1$,$y_1 = 2$,$z_1 = 3$,$x_2 = -1$,$y_2 = 2$,$z_2 = 3$,因此

$$x = \frac{1-1}{2} = 0, y = \frac{2+2}{2} = 2, z = \frac{3+3}{2} = 3.$$

所以点 M 的坐标为 $(0, 2, 3)$.

例 5-5　求到两点 $A(2, 3, -1)$ 和 $B(1, 0, 2)$ 距离都相等的点的轨迹方程.

解　设动点的坐标为 (x, y, z),由题意可得方程

$$\sqrt{(x-2)^2 + (y-3)^2 + (z+1)^2} = \sqrt{(x-1)^2 + (y-0)^2 + (z-2)^2},$$

两边平方,得

$$(x-2)^2 + (y-3)^2 + (z+1)^2 = (x-1)^2 + (y-0)^2 + (z-2)^2,$$

化简,得

$$2x + 6y - 6z - 9 = 0.$$

这是 A,B 两点的垂直平分面的方程,是一个平面方程.

点 滴 积 累

1. 空间两点 $A(x_1, y_1, z_1)$,$B(x_2, y_2, z_2)$ 之间的距离公式 $d = \sqrt{(x_2-x_1)^2 + (y_2-y_1)^2 + (z_2-z_1)^2}$,空间任意一点 (x, y, z) 到原点 $(0, 0, 0)$ 的距离公式 $d = \sqrt{x^2 + y^2 + z^2}$.

2. A,B 两点之间中点公式 $x = \frac{x_1 + x_2}{2}, y = \frac{y_1 + y_2}{2}, z = \frac{z_1 + z_2}{2}$.

随堂练习 5-1

1. 在空间直角坐标系中描出下列各点:

$A(-1,2,3)$；$B(6,2,-4)$；$C(-2,-6,3)$.

2. 指出点 $P_1(1,-1,-1)$，$P_2(-2,3,-4)$，$P_3(-1,-3,4)$ 所在的卦限.

3. 求定点 $M(4,-3,5)$ 到原点与各坐标轴的距离.

4. 设 $A(4,-7,1)$，$B(6,2,x)$ 且 $AB=11$，求点 B 的未知坐标.

5. 设线段 AC 的中点坐标 $B(1,-2,4)$，其中 $C(3,0,5)$，求 A 的坐标.

第二节　多元函数的基本概念

一、多元函数的概念

(一) 区域的概念

1. 邻域

设 $P_0(x_0,y_0)$ 是平面上任一点,则平面上以 P_0 为中心、δ 为半径的圆的内部所有点的集合称为 P_0 的 δ(**圆形**)**邻域**(如图 $5-5$ 所示),记为 $U(P_0,\delta)$,即

$$U(P_0,\delta)=\{P\mid|P-P_0|<\delta\}=\{(x,y)\mid(x-x_0)^2+(y-y_0)^2<\delta^2\}.$$

不包含点 P_0 的点集 $\{(x,y)\mid0<(x-x_0)^2+(y-y_0)^2<\delta^2\}$ 称为点 P 的**去心邻域**.

2. 区域

对于 xOy 面上的一个区域,如果可以被包含在以原点为圆心的某一圆内,则称这个区域是**有界区域**;否则,称为**无界区域**.包括全部边界的区域称为**闭区域**;不包括边界上任何点的区域称为**开区域**.

平面区域通常用 D 表示.例如:

$D=\{(x,y)\mid-\infty<x<+\infty,-\infty<y<+\infty\}$ 是无界区域,它表示整个 xOy 平面;

$D=\{(x,y)\mid1<x^2+y^2<4\}$ 是有界开区域(图 $5-6$,不包括边界);

$D=\{(x,y)\mid1\leqslant x^2+y^2\leqslant4\}$ 是有界闭区域(图 $5-7$,包括边界).

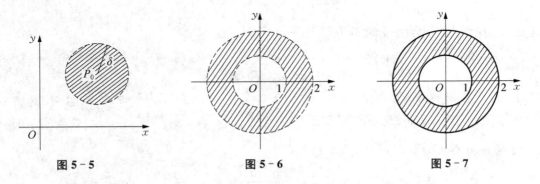

图 $5-5$　　　　　　　　图 $5-6$　　　　　　　　图 $5-7$

(二) 多元函数的定义

例 $5-6$ 圆锥体的体积 V 和它的底半径 r、高 h 之间具有关系

$$V=\frac{1}{3}\pi r^2h.$$

这里,当 r, h 在集合 $\{(r, h) \mid r > 0, h > 0\}$ 内取定一对值 (r, h) 时,体积 V 的值就随之确定.

例 5-7 设 R 是电阻 R_1, R_2 并联后的总电阻,由电学知道,它们之间具有关系

$$R = \frac{R_1 R_2}{R_1 + R_2}.$$

这里,当 R_1, R_2 在集合 $\{(R_1, R_2) \mid R_1 > 0, R_2 > 0\}$ 内取定一对值 (R_1, R_2) 时,总电阻 R 的对应值就随之确定.

以上两个例子的实际意义虽各不相同,但却有共同点,抽取其共性,我们给出二元函数的定义如下.

定义 5-1 设有三个变量 x, y 和 z,如果当变量 x, y 在它们的变化范围 D 中任意取一对值 x, y 时,按照给定的对应关系 f,变量 z 都有唯一确定的数值与它对应,则称 f 是 D 上的**二元函数**,记为 $z = f(x, y)$,其中 x, y 称为自变量,z 称为因变量(即关于 x, y 的函数),D 称为函数 $z = f(x, y)$ 的**定义域**.

类似地,我们可以定义二元及二元以上的函数,统称为**多元函数**.

三元函数记为 $u = f(x, y, z)$,$(x, y, z) \in M$(M 为三维空间的区域);

n 元函数记为 $u = f(x_1, x_2, \cdots, x_n)$,$(x_1, x_2, \cdots, x_n) \in M$($M$ 为 n 维空间的区域).

例 5-8 求函数 $f(x, y) = \sqrt{4 - x^2 - y^2}$ 的定义域,并计算 $f(0, 1)$ 和 $f(-1, 1)$.

解 显然当根式内的表达式非负时才有确定的 z 值,所以定义域为

$$D = \{(x, y) \mid x^2 + y^2 \leqslant 4\},$$

在 xOy 平面上,D 表示由圆周 $x^2 + y^2 = 4$ 以及圆周内的全部点所构成的区域,它是一个有界闭区域.

$$f(0, 1) = \sqrt{4 - 0^2 - 1^2} = \sqrt{3},$$
$$f(-1, 1) = \sqrt{4 - (-1)^2 - 1^2} = \sqrt{2}.$$

例 5-9 求函数 $z = \ln(2x - y + 1)$ 的定义域.

解 当且仅当 $2x - y + 1 > 0$,即 $y < 2x + 1$ 时函数才有意义,因此定义域为

$$D = \{(x, y) \mid y < 2x + 1\}.$$

D 在 xOy 平面上表示为在 $y = 2x + 1$ 下方,但不包含此直线的半平面,它是一个无界开区域.

(三) 二元函数的几何表示

对于二元函数 $z = f(x, y)$,我们可以将变量 x, y, z 的值作为空间点的直角坐标,设函数 $z = f(x, y)$ 的定义域为 xOy 坐标面上某一区域 D,对于 D 内任意一点 $P(x, y)$,可得对应的函数值 $z = f(x, y)$,这样在空间直角坐标系中就确定了一个点 $M(x, y, z)$ 与点 $P(x, y)$ 的对应.当点 $P(x, y)$ 取遍函数定义域 D 内的一切点时,对应点 $M(x, y, z)$ 的轨迹就是二元函数 $z = f(x, y)$ 的图形(如图 5-8 所示).一般地,二元函数 $z = f(x, y)$ 在

空间直角坐标系中是一曲面,其图形可以用"截痕法"来作出.

例 5-10 画出二元函数 $z=\sqrt{1-x^2-y^2}$ 的图形.

解 函数 $z=\sqrt{1-x^2-y^2}$ 的定义域为 $x^2+y^2\leqslant 1$,即为单位圆的内部及其边界.

对表达式 $z=\sqrt{1-x^2-y^2}$ 两边平方,得 $z^2=1-x^2-y^2$,即

$$x^2+y^2+z^2=1.$$

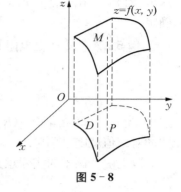

图 5-8

它表示所有到原点 $(0,0,0)$ 距离为 1 的点组成的曲面,显然它是一个球心在原点、半径为 1 的球面. 又 $z\geqslant 0$,因此,函数 $z=\sqrt{1-x^2-y^2}$ 的图形是位于 xOy 平面上方的半球面(如图 5-9 所示).

例 5-11 画出二元函数 $z=\sqrt{x^2+y^2}$ 的图形.

解 将此函数表达式两边平方,得 $z^2=x^2+y^2$,当 $z=0$ 时,则有 $x=0$,$y=0$,由此可知图形过原点,当 $z\neq 0$ 时是一系列平行于水平面的圆;当 $x=0$ 或 $y=0$ 时方程为 $z=\pm y$ 或 $z=\pm x$,是一组在原点相交的直线. 又 $z\geqslant 0$,因此可知,它的图形是上半圆锥面,如图 5-10 所示.

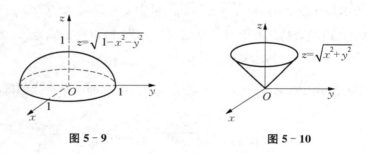

图 5-9   图 5-10

二、二元函数的极限与连续

(一) 二元函数的极限

下面讨论当点 $P(x,y)$ 趋向于点 $P_0(x_0,y_0)$ [记为 $P(x,y)\to P_0(x_0,y_0)$ 或 $x\to x_0$,$y\to y_0$] 时,函数 $z=f(x,y)$ 的变化趋势.

定义 5-2 设二元函数 $z=f(x,y)$ 在平面上点 $P_0(x_0,y_0)$ 的某邻域内有定义[但在点 $P_0(x_0,y_0)$ 可以没有定义],如果当点 $P(x,y)$(属于这个邻域)以任意方式趋向于点 $P_0(x_0,y_0)$ 时,对应的函数值 $f(x,y)$ 趋向于一个确定的常数 A,则称 A 是函数 $z=f(x,y)$ 当 $P(x,y)\to P_0(x_0,y_0)$ 时的**极限**,记为

$$\lim_{\substack{x\to x_0\\y\to y_0}}f(x,y)=A \quad \text{或} \quad \lim_{P\to P_0}f(P)=A.$$

二元函数的极限说明了当函数的两个自变量都同时发生变化时函数最后由量变到质变产生的结果. 这在日常生活中也是常见的, 中国古人曾有"千里之堤毁于蚁穴""勿以善小而不为, 勿以恶小而为之"等警句, 在现代的安全生产中防微杜渐, 从细节抓起都说明了这个道理.

　　二元函数极限的定义在形式上与一元函数极限的定义没有多大的区别, 但是二元函数的极限较一元函数要复杂得多, 它要求当点 $P(x, y)$ 以任何方式趋向于点 $P_0(x_0, y_0)$ 时, $f(x, y)$ 都趋向于同一个确定的常数 A, 因此即使当点 $P(x, y)$ 沿着许多特殊的方式趋向于点 $P_0(x_0, y_0)$ 时, 二元函数 $z = f(x, y)$ 对应的函数值趋近于同一个常数, 我们还不能断定 $\lim\limits_{\substack{x \to x_0 \\ y \to y_0}} f(x, y)$ 存在; 然而如果当 $P(x, y)$ 沿某两条不同的曲线趋向于 $P_0(x_0, y_0)$ 时, 函数 $z = f(x, y)$ 趋向于不同的值, 那么可以断定 $\lim\limits_{\substack{x \to x_0 \\ y \to y_0}} f(x, y)$ 不存在.

　　例 5-12　说明函数 $f(x, y) = \dfrac{xy}{x^2 + y^2}$ 当 $(x, y) \to (0, 0)$ 时极限不存在.

　　解　函数 $f(x, y) = \dfrac{xy}{x^2 + y^2}$ 在 $(0, 0)$ 的邻域内有定义[点 $(0, 0)$ 除外]; 当点 $P(x, y)$ 沿 x 轴趋于点 $(0, 0)$ 时有

$$\lim_{\substack{x \to 0 \\ y = 0}} f(x, y) = \lim_{\substack{x \to 0 \\ y = 0}} \frac{xy}{x^2 + y^2} = \lim_{x \to 0} 0 = 0,$$

当点 $P(x, y)$ 沿 y 轴趋于点 $(0, 0)$ 时有

$$\lim_{\substack{x = 0 \\ y \to 0}} f(x, y) = \lim_{\substack{x = 0 \\ y \to 0}} \frac{xy}{x^2 + y^2} = \lim_{y \to 0} 0 = 0.$$

虽然上面以两个特殊方式点 $P(x, y)$ 趋于 $(0, 0)$ 时极限存在且都等于零, 但不能说极限 $\lim\limits_{\substack{x \to 0 \\ y \to 0}} f(x, y)$ 就存在且极限为零. 这是因为当点 $P(x, y)$ 沿直线 $y = kx$ 趋于点 $(0, 0)$ 时有

$$\lim_{\substack{x \to 0 \\ y = kx}} f(x, y) = \lim_{\substack{x \to 0 \\ y = kx}} \frac{xy}{x^2 + y^2} = \lim_{x \to 0} \frac{kx^2}{x^2 + k^2 x^2} = \frac{k}{1 + k^2},$$

当 k 取不同数值时, 上式的值就不相等, 因此 $\lim\limits_{\substack{x \to 0 \\ y \to 0}} f(x, y)$ 不存在.

(二) 函数的连续性

仿照一元函数连续性的定义, 不难得到二元函数连续性的定义.

　　定义 5-3　设函数 $z = f(x, y)$ 在点 $P_0(x_0, y_0)$ 及其附近(某个邻域)有定义, 如果

$$\lim_{\substack{x \to x_0 \\ y \to y_0}} f(x, y) = f(x_0, y_0), \tag{5-3}$$

则称函数 $z=f(x,y)$ 在点 $P_0(x_0,y_0)$ 处**连续**.如果函数 $z=f(x,y)$ 在区域 D 内每一点处都连续,则称函数 $z=f(x,y)$ 在 D 内连续.

(1) 如果函数 $z=f(x,y)$ 在点 $P_0(x_0,y_0)$ 处不连续,则称点 $P_0(x_0,y_0)$ 为函数 $z=f(x,y)$ 的**间断点**或**不连续点**.

例如,函数

$$f(x,y)=\frac{x}{x^2-y^2}$$

当 $x^2-y^2=0$ 时无定义,所以直线 $y=x$ 和 $y=-x$ 上的点都是它的间断点.

(2) 与一元函数相类似,二元连续函数的和、差、积、商(分母不等于零)仍为连续函数;二元连续函数的复合函数也是连续函数.因此二元初等函数在定义域内是连续的.

设 (x_0,y_0) 是初等函数 $z=f(x,y)$ 的定义域内的任一点,则有

$$\lim_{\substack{x\to x_0 \\ y\to y_0}} f(x,y)=f(x_0,y_0).$$

例如,

$$\lim_{\substack{x\to 0 \\ y\to 0}} \frac{y^2-\sin x+e^x}{1-x^2-y^2}=\frac{0^2-\sin 0+e^0}{1-0^2-0^2}=1.$$

(3) 与闭区间上的一元连续函数的性质类似,在有界闭区域上的二元连续函数也有以下两个重要性质:

性质 5-1(最值性质) 若函数 $z=f(x,y)$ 在有界闭区域 D 上连续,则必定有最大值和最小值;

性质 5-2(介值性质) 设函数 $z=f(x,y)$ 在有界闭区域 D 上连续,m 和 M 分别是最小值和最大值;若 u 是介于 m 和 M 之间的任意一个实数,则在 D 上至少存在一点 $P_0(x_0,y_0)$,使得 $f(x_0,y_0)=u$.

以上仅就二元函数的极限与连续进行了讨论,这些理论不需要任何本质的改变就可以推广到二元以上的函数.

点 滴 积 累

二元函数是一元函数的扩展,它的图像是三维空间的曲(平)面或曲(直)线,它的方程是三元的.二元函数极限是指 x,y 两个自变量同时变化时函数的极限,与先后累次极限不同,只有当二元函数极限存在时,函数的极限与两个累次极限才相同.二元函数的连续与一元函数的定义相似,只不过由二维空间扩展到了三维空间.

随堂练习 5-2

1. (1) 把圆锥的体积 v 表示为其母线 x 和高 y 的函数;

（2）将圆弧所对的弦长 l 表示为半径 r 和圆心角 α 的函数.

2. 已知 $f(x,y)=x^2-2xy+3y^2$，求 $f(1,0)$，$f(tx,ty)$，$\dfrac{f(x+h,y)-f(x,y)}{h}$.

3. 求下列函数的定义域，并画出定义域的图形：

(1) $z=\dfrac{1}{\sqrt{x+y}}+\dfrac{1}{\sqrt{x-y}}$； 　　(2) $z=\sqrt{1-\dfrac{x^2}{25}-\dfrac{y^2}{16}}$；

(3) $z=\arcsin\dfrac{y}{x}$； 　　(4) $z=\sqrt{x-\sqrt{y}}$；

(5) $z=\ln(y^2-4x+8)$； 　　(6) $z=\ln(y-x)+\dfrac{\sqrt{x}}{\sqrt{1-x^2-y^2}}$.

4. 指出下列函数的间断点或间断曲线：

(1) $z=\dfrac{1}{x-y}$； 　　(2) $z=\ln(x^2+y^2)$；

(3) $z=\dfrac{1}{\sin x\sin y}$.

5. 求下列极限：

(1) $\displaystyle\lim_{\substack{x\to1\\y\to2}}\dfrac{4xy+x^2y^2}{x+y}$； 　　(2) $\displaystyle\lim_{\substack{x\to0\\y\to\frac{1}{2}}}\arcsin\sqrt{x^2+y^2}$；

(3) $\displaystyle\lim_{\substack{x\to0\\y\to0}}\dfrac{\sin2(x^2+y^2)}{x^2+y^2}$； 　　(4) $\displaystyle\lim_{\substack{x\to0\\y\to0}}\dfrac{2-\sqrt{x^2+y^2+4}}{x^2+y^2}$.

6. 画出下列函数的图像：

(1) $z=1-y$； 　　(2) $z=1-x^2-y^2$；

(3) $z=3-\sqrt{x^2+y^2}$.

第三节　偏导数与全微分

一、偏导数

（一）偏导数的概念

多元函数的自变量不止一个，因变量与自变量的关系要比一元函数复杂. 在这一节里，我们先考虑多元函数关于其中一个自变量的变化率. 先看下面的例子.

例 5-13 在物理学中，一定质量的理想气体，其压强 P、体积 V 和绝对温度 T 之间的关系为

$$P=\frac{RT}{V},$$

其中 R 为常量. 当温度 T 和体积 V 变化时，压强 P 变化的情况较复杂，我们分两种特殊情况来考虑.

（1）等温过程：如果固定温度 T 这个变量（即 $T=$ 常数），则压强 P 关于体积 V 的变化率为

$$\left(\frac{\mathrm{d}P}{\mathrm{d}V}\right)_{T=\text{常数}} = -R\frac{T}{V^2}.$$

(2) 等容过程:如果固定体积 V 这个变量(即 $V=$ 常数),则压强 P 关于温度 T 的变化率为

$$\left(\frac{\mathrm{d}P}{\mathrm{d}T}\right)_{V=\text{常数}} = \frac{R}{V}.$$

一般地,对于二元函数 $z=f(x,y)$,若只有自变量 x 变化,而自变量 y 固定(即看作常量),这时,就可视 $z=f(x,y)$ 为一元函数,此时函数对于 x 的导数,就称为二元函数 $z=f(x,y)$ 对于 x 的偏导数. 类似地可以定义二元函数 $z=f(x,y)$ 对于 y 的偏导数.

1. 偏导数的定义

定义 5-4 设函数 $z=f(x,y)$ 在点 (x_0,y_0) 的某一邻域内有定义,当 y 的取值固定为 y_0,而 x 在 x_0 处有增量 Δx 时,相应地函数有增量 $f(x_0+\Delta x,y_0)-f(x_0,y_0)$,此时如果极限

$$\lim_{\Delta x \to 0}\frac{f(x_0+\Delta x,y_0)-f(x_0,y_0)}{\Delta x}$$

存在,则称此极限为函数 $z=f(x,y)$ 在点 (x_0,y_0) 处对 x 的**偏导数**,记作

$$\left.\frac{\partial z}{\partial x}\right|_{\substack{x=x_0\\y=y_0}}, \left.\frac{\partial f}{\partial x}\right|_{\substack{x=x_0\\y=y_0}}, f_x(x_0,y_0), z_x(x_0,y_0),$$

即

$$f_x(x_0,y_0)=\lim_{\Delta x \to 0}\frac{f(x_0+\Delta x,y_0)-f(x_0,y_0)}{\Delta x}.$$

类似地,函数 $z=f(x,y)$ 在点 (x_0,y_0) 处对 y 的偏导数定义为

$$f_y(x_0,y_0)=\lim_{\Delta y \to 0}\frac{f(x_0,y_0+\Delta y)-f(x_0,y_0)}{\Delta y},$$

记为

$$\left.\frac{\partial z}{\partial y}\right|_{\substack{x=x_0\\y=y_0}}, \left.\frac{\partial f}{\partial y}\right|_{\substack{x=x_0\\y=y_0}}, f_y(x_0,y_0), z_y(x_0,y_0).$$

定义 5-5 如果函数 $z=f(x,y)$ 在区域 D 内每一点 (x,y) 处对 x 的偏导数都存在,这个偏导数就是 x,y 的函数,则称它为函数 $z=f(x,y)$ 对自变量 x 的**偏导函数**,记作

$$\frac{\partial z}{\partial x}, \frac{\partial f}{\partial x}, z_x, f_x(x,y).$$

类似地,可以定义函数 $z=f(x,y)$ 对自变量 y 的偏导函数,并记作

$$\frac{\partial z}{\partial y}, \frac{\partial f}{\partial y}, z_y, f_y(x,y).$$

由偏导函数概念可知，$f(x,y)$ 在点 (x_0,y_0) 处对 x 的偏导数 $f_x(x_0,y_0)$，其实就是偏导函数 $f_x(x,y)$ 在点 (x_0,y_0) 处的函数值；$f_y(x_0,y_0)$ 就是偏导函数 $f_y(x,y)$ 在点 (x_0,y_0) 处的函数值.

以后如不混淆，偏导函数简称为**偏导数**.

上面例 $5-13$ 中的两个导数，实质上是函数 $P=\dfrac{RT}{V}$ 的两个偏导数 $\dfrac{\partial P}{\partial V}$ 及 $\dfrac{\partial P}{\partial T}$.

2. 偏导数的计算

求 $z=f(x,y)$ 的偏导数，并不需要新的方法，因为这里只有一个自变量在变化，另一自变量被看成是固定的，所以仍然是一元函数的导数.

求 $\dfrac{\partial z}{\partial x}$ 时，把 y 看作常量，而对 x 求导数；求 $\dfrac{\partial z}{\partial y}$ 时，把 x 看作常量，而对 y 求导数.

例 5-14　求 $z=x^2+3xy+y^2$ 在点 $(1,2)$ 处的偏导数.

解法 1　因为 $\dfrac{\partial z}{\partial x}=2x+3y,\ \dfrac{\partial z}{\partial y}=3x+2y$，所以

$$\left.\frac{\partial z}{\partial x}\right|_{\substack{x=1\\y=2}}=8,\quad \left.\frac{\partial z}{\partial y}\right|_{\substack{x=1\\y=2}}=7.$$

解法 2　因为 $f(x,2)=x^2+6x+4,\ f(1,y)=1+3y+y^2$，所以

$$f_x(1,2)=2x+6|_{x=1}=8,\quad f_y(1,2)=3+2y|_{y=2}=7.$$

例 5-15　设 $f(x,y)=\mathrm{e}^x\cdot\cos y^2+\arctan x$，求 f_x 及 f_y.

解　$f_x(x,y)=\mathrm{e}^x\cdot\cos y^2+\dfrac{1}{1+x^2},\ f_y(x,y)=-2y\mathrm{e}^x\sin y^2.$

例 5-16　由关系式 $PV=RT$（R 是常量），求证：

$$\frac{\partial P}{\partial V}\cdot\frac{\partial V}{\partial T}\cdot\frac{\partial T}{\partial P}=-1.$$

证　这里 P,V,T 是三个变量，已知其中两个可以决定第三个：

对关系式 $P=\dfrac{RT}{V}$，有 $\dfrac{\partial P}{\partial V}=-\dfrac{RT}{V^2}$；

对关系式 $V=\dfrac{RT}{P}$，有 $\dfrac{\partial V}{\partial T}=\dfrac{R}{P}$；

对关系式 $T=\dfrac{PV}{R}$，有 $\dfrac{\partial T}{\partial P}=\dfrac{V}{R}$.

于是有

$$\frac{\partial P}{\partial V}\cdot\frac{\partial V}{\partial T}\cdot\frac{\partial T}{\partial P}=-\frac{RT}{V^2}\cdot\frac{R}{P}\cdot\frac{V}{R}=-\frac{RT}{PV}=-1.$$

这是热力学中的一个重要关系式. 从这个关系式可以看出，偏导数的记号是一个整体记号，$\dfrac{\partial P}{\partial V}$ 不能视作 ∂P 与 ∂V 的商. $\dfrac{\partial V}{\partial T},\ \dfrac{\partial T}{\partial P}$ 亦然，否则这个重要关系式的右端是 1 而不是

—1.

(二)函数的偏导数与函数的连续性的关系

一元函数在某点可导,则函数在该点一定连续;若函数在某点不连续,则函数在该点一定不可导.对于二元函数来说,情况就不同了.

二元函数 $z=f(x,y)$ 在点 $M_0(x_0,y_0)$ 处的偏导数 $f_x(x_0,y_0)$, $f_y(x_0,y_0)$,仅仅是函数沿两个特殊方向(平行于 x 轴、y 轴)的变化率,而函数在点 M_0 连续,则要求点 $M(x,y)$ 沿任何方式趋近于点 $M_0(x_0,y_0)$ 时,函数值 $f(x,y)$ 都趋近于 $f(x_0,y_0)$,它反映的是函数 $z=f(x,y)$ 在点 M_0 处的一种"全面"的性态.

因此,二元函数在某点的偏导数与函数在该点的连续性之间没有联系.

例 5–17 讨论函数

$$z=f(x,y)=\begin{cases} \dfrac{xy}{x^2+y^2}, & x^2+y^2\neq 0, \\ 0, & x^2+y^2=0 \end{cases}$$

在点 $(0,0)$ 处的偏导数与连续性.

解 $\lim\limits_{\substack{x\to 0 \\ y=kx}} f(x,y)=\lim\limits_{\substack{x\to 0 \\ y=kx}} \dfrac{xy}{x^2+y^2}=\lim\limits_{x\to 0} \dfrac{x(kx)}{x^2+(kx)^2}=\dfrac{k}{1+k^2}.$

即函数沿过原点的直线 $y=kx$ 趋近于原点时,其极限值与参数 k 有关,故当 $(x,y)\to(0,0)$ 时函数的极限不存在,函数在原点自然是不连续的.

$$f_x(0,0)=\lim\limits_{x\to 0} \dfrac{f(0+x,0)-f(0,0)}{x}=\lim\limits_{x\to 0} \dfrac{0-0}{x}=0,$$

同理可得

$$f_y(0,0)=0.$$

此例表明,二元函数在一点不连续,但其偏导数却存在.

例 5–18 讨论函数 $z=f(x,y)=\sqrt{x^2+y^2}$ 在点 $(0,0)$ 处的偏导数与连续性.

解 因为

$$\lim\limits_{\substack{x\to 0 \\ y\to 0}} f(x,y)=\lim\limits_{\substack{x\to 0 \\ y\to 0}} \sqrt{x^2+y^2}=0=f(0,0),$$

所以函数 $f(x,y)$ 在原点处连续.

$$f_x(0,0)=\lim\limits_{x\to 0} \dfrac{f(0+x,0)-f(0,0)}{x}=\lim\limits_{x\to 0} \dfrac{\sqrt{x^2}-0}{x}=\lim\limits_{x\to 0} \dfrac{|x|}{x}$$

不存在,显然 $f_y(0,0)$ 也不存在.

此例表明,二元函数在一点连续,但在该点的偏导数不存在.

(三)偏导数的几何意义

在直角坐标系中二元函数 $z=f(x,y)$ 的图形是空间曲面 Σ ,设 $M_0=(x_0,y_0,f(x_0,$

y_0)) 为曲面上的一点,过 M_0 作平面 $y = y_0$,截此曲面得一曲线,其方程为

$$\begin{cases} z = f(x, y_0), \\ y = y_0. \end{cases}$$

根据一元函数导数的几何意义可知,一元函数 $z = f(x, y_0)$ 在 $x = x_0$ 处的导数 $\left.\dfrac{\mathrm{d}}{\mathrm{d}x} f(x, y_0)\right|_{x=x_0}$,即 $z = f(x, y)$ 在 (x_0, y_0) 处对 x 的偏导数 $f_x(x_0, y_0)$,就是曲线在点 M_0 处的切线 $M_0 T_x$ 对 x 轴的斜率,即 $f_x(x_0, y_0) = \tan \alpha$ $\left(\alpha \neq \dfrac{\pi}{2}\right)$(切线 $M_0 T_x$ 与 x 轴所成倾斜角 α 的正切),如图 5-11 所示.

偏导数 $f_y(x_0, y_0)$ 也可以得到完全类似的几何解释.

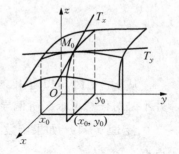

图 5-11

$\mathscr{C}$ 知识链接

二元函数的求偏导方法与一元函数的求导方法相同,只不过是在对一个自变量求偏导时把其他自变量当作常数对待. 一元函数求导内容在第二章导数与微分一章有详细的叙述,并有一元函数的基本初等函数求导公式及求导法则.

二、高阶偏导数

一般来说,二元函数 $z = f(x, y)$ 在区域 D 上的偏导数 $\dfrac{\partial z}{\partial x}$,$\dfrac{\partial z}{\partial y}$ 仍然是自变量 x, y 的函数,如果它们还有偏导数,则函数 $\dfrac{\partial z}{\partial x}$,$\dfrac{\partial z}{\partial y}$ 关于 x 或 y 的偏导数,称为函数 $z = f(x, y)$ 的**二阶偏导数**. 函数 $z = f(x, y)$ 一共有四个二阶偏导数,记为

$$\frac{\partial}{\partial x}\left(\frac{\partial z}{\partial x}\right) = \frac{\partial^2 z}{\partial x^2} = f_{xx}(x, y), \quad \frac{\partial}{\partial y}\left(\frac{\partial z}{\partial x}\right) = \frac{\partial^2 z}{\partial x \partial y} = f_{xy}(x, y),$$

$$\frac{\partial}{\partial x}\left(\frac{\partial z}{\partial y}\right) = \frac{\partial^2 z}{\partial y \partial x} = f_{yx}(x, y), \quad \frac{\partial}{\partial y}\left(\frac{\partial z}{\partial y}\right) = \frac{\partial^2 z}{\partial y^2} = f_{yy}(x, y).$$

其中 $\dfrac{\partial^2 z}{\partial x \partial y} = f_{xy}(x, y)$ 和 $\dfrac{\partial^2 z}{\partial y \partial x} = f_{yx}(x, y)$ 称为**混合偏导数**,$\dfrac{\partial^2 z}{\partial x \partial y}$ 是先对 x 后对 y 求偏导数,$\dfrac{\partial^2 z}{\partial y \partial x}$ 是先对 y 后对 x 求偏导数. 同样地可以定义三阶、四阶……以及 n 阶偏导数. 二阶及二阶以上的偏导数都称为**高阶偏导数**.

例 5-19 求函数 $z = x^3 y^2 - 3x y^3 - x$ 的四个二阶偏导数.

解 因 $\dfrac{\partial z}{\partial x} = 3x^2 y^2 - 3y^3 - 1$,$\dfrac{\partial z}{\partial y} = 2x^3 y - 9x y^2$,于是有

$$\frac{\partial}{\partial x}\left(\frac{\partial z}{\partial x}\right) = f_{xx}(x, y) = 6xy^2,$$

$$\frac{\partial}{\partial y}\left(\frac{\partial z}{\partial x}\right) = f_{xy}(x, y) = 6x^2 y - 9y^2,$$

$$\frac{\partial}{\partial x}\left(\frac{\partial z}{\partial y}\right) = f_{yx}(x, y) = 6x^2 y - 9y^2,$$

$$\frac{\partial}{\partial y}\left(\frac{\partial z}{\partial y}\right) = f_{yy}(x, y) = 2x^3 - 18xy.$$

从例 5-19 可以看出,两个二阶混合偏导数是相等的,即与求导次序无关,但这个结论并不是对任意可求二阶偏导数的二元函数都成立,仅在一定条件下,这个结论才成立.

定理 5-1　如果函数 $z = f(x, y)$ 的两个二阶混合偏导数在点 (x, y) 连续,则在该点有

$$\frac{\partial^2 z}{\partial x \partial y} = \frac{\partial^2 z}{\partial y \partial x}.$$

对于二元以上的函数也可类似地定义高阶偏导数,而且在混合偏导数连续的条件下,混合偏导数也与求偏导的次序无关.

三、全微分

(一) 全增量与全微分

给定二元函数 $z = f(x, y)$,且 $f_x(x, y)$ 和 $f_y(x, y)$ 均存在,由一元微分学中函数增量与微分的关系,有

$$f(x + \Delta x, y) - f(x, y) \approx f_x(x, y) \cdot \Delta x,$$
$$f(x, y + \Delta y) - f(x, y) \approx f_y(x, y) \cdot \Delta y.$$

上述二式的左端分别称为二元函数 $z = f(x, y)$ 对 x 或 y 的**偏增量**,而右端称为二元函数 $z = f(x, y)$ 对 x 或 y 的**偏微分**.

为了研究多元函数中各个自变量都取得增量时,因变量所获得的增量,即全增量的问题,我们先给出函数的全增量的概念.

定义 5-6　设函数 $z = f(x, y)$ 在点 (x, y) 的某邻域内有定义,当自变量由 x 和 y 改变为 $x + \Delta x$ 和 $y + \Delta y$,且点 $(x + \Delta x, y + \Delta y)$ 在邻域内时,此时函数的相应改变量

$$\Delta z = f(x + \Delta x, y + \Delta y) - f(x, y),$$

称为二元函数 $z = f(x, y)$ 在点 (x, y) 处的**全增量**.

参照一元函数微分的定义,我们对多元函数定义全微分如下.

定义 5-7　设函数 $z = f(x, y)$ 在点 (x, y) 的某邻域内有定义,如果函数 $z = f(x, y)$ 在点 (x, y) 的全增量

$$\Delta z = f(x + \Delta x, y + \Delta y) - f(x, y)$$

可以表示为

$$\Delta z = A\Delta x + B\Delta y + o(\rho) \quad (\rho = \sqrt{\Delta x^2 + \Delta y^2} \to 0),$$

其中 A, B 与 Δx, Δy 无关, 仅与 x 和 y 有关, 则称函数 $z = f(x, y)$ 在点 (x, y) 处**可微**, 并称 $A\Delta x + B\Delta y$ 是函数 $z = f(x, y)$ 在点 (x, y) 处的**全微分**, 记作 $\mathrm{d}z$, 即

$$\mathrm{d}z = A\Delta x + B\Delta y.$$

如果函数 $z = f(x, y)$ 在区域 D 内各点都可微, 则称函数 $z = f(x, y)$ 在区域 D 内可微.

（二）可微与可导的关系

在一元函数中, 可微与可导是等价的, 且 $\mathrm{d}y = f'(x)\mathrm{d}x$, 那么二元函数 $z = f(x, y)$ 在点 (x, y) 处的可微与偏导数存在之间有什么关系呢? 全微分定义中的 A, B 又如何确定? 它是否与函数 $f(x, y)$ 有关系呢?

定理 5-2（全微分存在的必要条件） 若函数 $z = f(x, y)$ 在点 (x_0, y_0) 处可微, 即 $\Delta z = A\Delta x + B\Delta y + o(\rho)$, 则在该点 $f(x, y)$ 的两个偏导数存在, 并且

$$A = f_x(x_0, y_0), B = f_y(x_0, y_0).$$

上面定理指出, 若二元函数在一点可微, 则在该点偏导数一定存在. 反过来, 若在一点偏导数存在, 那么在该点是否一定可微呢? 下面先来讨论可微与连续的关系.

定理 5-3（全微分存在的必要条件） 若二元函数 $z = f(x, y)$ 在点 (x, y) 处可微, 则在该点一定连续.

定理 5-4（全微分存在的充分条件） 若二元函数 $z = f(x, y)$ 在点 (x, y) 处的两个偏导数 $f_x(x, y)$, $f_y(x, y)$ 存在且在点 (x, y) 处连续, 则函数 $z = f(x, y)$ 在该点一定可微.

上面三个定理说明, 函数可微, 偏导数一定存在; 函数可微, 函数一定连续; 偏导数连续, 函数一定可微.

上面讨论的三个定理可以推广到三元和三元以上的多元函数. 如三元函数 $u = f(x, y, z)$ 的全微分存在, 则有

$$\mathrm{d}u = \frac{\partial u}{\partial x}\mathrm{d}x + \frac{\partial u}{\partial y}\mathrm{d}y + \frac{\partial u}{\partial z}\mathrm{d}z.$$

例 5-20 计算函数 $z = \mathrm{e}^{xy}$ 在点 $(2, 1)$ 处的全微分.

解 因为 $\dfrac{\partial z}{\partial x} = y\mathrm{e}^{xy}$, $\dfrac{\partial z}{\partial y} = x\mathrm{e}^{xy}$, 所以

$$\frac{\partial z}{\partial x}\bigg|_{\substack{x=2\\y=1}} = \mathrm{e}^2, \frac{\partial z}{\partial y}\bigg|_{\substack{x=2\\y=1}} = 2\mathrm{e}^2,$$

故

$$\mathrm{d}z\bigg|_{(2,1)} = \mathrm{e}^2\mathrm{d}x + 2\mathrm{e}^2\mathrm{d}y.$$

仿照二元函数的全微分,我们同样可以定义二元以上的多元函数的全微分.

例 5-21 求函数 $u = \ln(3x - 2y + z)$ 的全微分.

解 因为

$$\frac{\partial u}{\partial x} = \frac{3}{3x - 2y + z}, \quad \frac{\partial u}{\partial y} = \frac{-2}{3x - 2y + z}, \quad \frac{\partial u}{\partial z} = \frac{1}{3x - 2y + z},$$

所以

$$\mathrm{d}u = \frac{1}{3x - 2y + z}(3\mathrm{d}x - 2\mathrm{d}y + \mathrm{d}z).$$

(三) 全微分在近似计算中的应用

设函数 $z = f(x, y)$ 在点 (x_0, y_0) 处可微,则函数在该点的全增量可以表示为

$$\Delta z = f(x_0 + \Delta x, y_0 + \Delta y) - f(x_0, y_0)$$
$$= f_x(x_0, y_0)\Delta x + f_y(x_0, y_0)\Delta y + o(\rho) \quad (\rho = \sqrt{\Delta x^2 + \Delta y^2} \to 0),$$

当 $|\Delta x|$ 和 $|\Delta y|$ 很小时,就可以用函数的全微分 $\mathrm{d}z$ 近似代替函数的全增量 Δz:

$$\Delta z \approx \mathrm{d}z = f_x(x_0, y_0)\Delta x + f_y(x_0, y_0)\Delta y,$$

或写成

$$f(x_0 + \Delta x, y_0 + \Delta y) \approx f(x_0, y_0) + f_x(x_0, y_0)\Delta x + f_y(x_0, y_0)\Delta y.$$

利用以上公式可以计算函数增量的近似值、计算函数的近似值及估计误差.

例 5-22 有一圆柱体,受压后发生形变,它的半径由 20 cm 增大到 20.05 cm,高度由 100 cm 减少到 99 cm. 求此圆柱体体积变化的近似值.

解 设圆柱体的半径、高和体积依次为 r,h 和 V,则有

$$V = \pi r^2 h.$$

已知 $r = 20$,$h = 100$,$\Delta r = 0.05$,$\Delta h = -1$,根据近似公式,有

$$\Delta V \approx \mathrm{d}V = V_r \Delta r + V_h \Delta h = 2\pi rh \Delta r + \pi r^2 \Delta h$$
$$= 2\pi \times 20 \times 100 \times 0.05 + \pi \times 20^2 \times (-1) = -200\pi \, (\mathrm{cm}^3).$$

即此圆柱体在受压后体积约减少了 $200\pi \, \mathrm{cm}^3$.

例 5-23 计算 $(1.04)^{2.02}$ 的近似值.

解 设函数 $f(x, y) = x^y$. 显然,要计算的值就是函数在 $x = 1.04$,$y = 2.02$ 时的函数值 $f(1.04, 2.02)$.

取 $x = 1$,$y = 2$,$\Delta x = 0.04$,$\Delta y = 0.02$,由于

$$f(x + \Delta x, y + \Delta y) \approx f(x, y) + f_x(x, y)\Delta x + f_y(x, y)\Delta y$$
$$= x^y + yx^{y-1}\Delta x + x^y \ln x \Delta y,$$

所以

$$(1.04)^{2.02} \approx 1^2 + 2 \times 1^{2-1} \times 0.04 + 1^2 \times \ln 1 \times 0.02 = 1.08.$$

点 滴 积 累

二元函数 $z = f(x, y)$ 在点 (x_0, y_0) 对变量 x 的偏导数为 $f_x(x_0, y_0) = \lim\limits_{\Delta x \to 0} \dfrac{f(x_0 + \Delta x, y_0) - f(x_0, y_0)}{\Delta x}$，对变量 y 的偏导数为 $f_y(x_0, y_0) = \lim\limits_{\Delta y \to 0} \dfrac{f(x_0, y_0 + \Delta y) - f(x_0, y_0)}{\Delta y}$，它的几何意义是点 (x_0, y_0) 分别在 x 或 y 方向切线的斜率.

二元函数 $z = f(x, y)$ 在点 (x_0, y_0) 对变量 x 的偏微分为 $\left.\dfrac{\partial z}{\partial x}\right|_{(x_0, y_0)} \mathrm{d}x$，对变量 y 的偏微分为 $\left.\dfrac{\partial z}{\partial y}\right|_{(x_0, y_0)} \mathrm{d}y$，全微分为两个偏微分之和：$\left.\mathrm{d}z\right|_{(x_0, y_0)} = \left.\dfrac{\partial z}{\partial x}\right|_{(x_0, y_0)} \mathrm{d}x + \left.\dfrac{\partial z}{\partial y}\right|_{(x_0, y_0)} \mathrm{d}y.$

随堂练习 5-3

1. 求下列函数的偏导数：

(1) $z = x^2 y - xy^2$；

(2) $z = \ln(x + \sqrt{x^2 + y^2})$；

(3) $z = \mathrm{e}^{x^2 - y^2}$；

(4) $z = \arctan \dfrac{y}{x}$；

(5) $z = \dfrac{1}{y} \cos x^2$；

(6) $z = \sec(xy)$；

(7) $z = \mathrm{e}^{2x} \sin(x - y)$；

(8) $u = 2^{x^2 + y^2 + z^2}$.

2. 求下列各偏导数：

(1) 已知 $f(x, y) = \ln\left(x + \dfrac{y}{2x}\right)$，求 $f_x(1, 0)$，$f_y(1, 1)$；

(2) 已知 $f(x, y) = \sqrt{25 - x^2 - y^2}$，求 $f_x(2\sqrt{2}, 3)$，$f_y(2\sqrt{2}, 3)$.

3. 已知曲线方程为 $\begin{cases} z = \sqrt{x^2 + y^2 - 1}, \\ x = 1, \end{cases}$ 则该曲线在点 $(1, \sqrt{2}, \sqrt{2})$ 处的切线与 x 轴、y 轴正向所成角度分别是多少？

4. 设 $T = \pi \sqrt{\dfrac{l}{g}}$，求证：$l \dfrac{\partial T}{\partial l} + g \dfrac{\partial T}{\partial g} = 0$.

5. 求下列函数的二阶偏导数：

(1) $z = \dfrac{x + y}{x - y}$；

(2) $z = \mathrm{e}^{x + 2y}$；

(3) $z = \ln(x^2 + y)$.

6. 已知函数 $f(x, y, z) = xy^2 + yz^2 + zx^2$，求 $f_{xx}(0, 0, 1)$，$f_{xz}(1, 0, 2)$，$f_{yz}(0, -1, 0)$，$f_{zx}(2, 0, 1)$.

7. 方程 $\dfrac{\partial T}{\partial t} = a\dfrac{\partial^2 T}{\partial x^2}$ 称为热传导方程,其中 a 是正常数,证明:$T(x,t) = \mathrm{e}^{-ab^2 t}\sin bx$ 满足该方程,其中 b 是任意常数.

8. 求函数 $z = 2x^2 + 3y^2$ 在点 $(10,8)$ 处当 $\Delta x = 0.2$,$\Delta y = 0.1$ 时的全改变量和全微分.

9. 求函数 $z = x^2 y$ 在点 $(1,2)$ 处的全微分.

10. 求下列函数的全微分:

(1) $z = \sin^2 x + \cos^2 y$;

(2) $z = xy^2 + \dfrac{x}{y}$;

(3) $z = \mathrm{e}^{xy}$;

(4) $z = \arctan\dfrac{x^2}{y}$;

(5) $z = \ln\sqrt{x^2 + y^2}$;

(6) $z = x^2\sec y$;

(7) $z = \mathrm{e}^{x+y}\sin x\cos y$;

(8) $u = 2^{xyz}$.

第四节　复合函数与隐函数的偏导数

一、复合函数的求导法则

(一) 二元复合函数

设函数 $z = f(u,v)$ 是变量 u,v 的函数,而 u,v 又是变量 x,y 的函数,即有

$$u = \varphi(x,y),\quad v = \psi(x,y),$$

这样,函数 $z = f(u,v)$ 通过中间变量 $u = \varphi(x,y)$,$v = \psi(x,y)$ 而成为 x,y 的复合函数. 各变量之间的关系可用右图来表示:

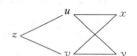

(二) 二元复合函数求导

通过已知的 $\dfrac{\partial z}{\partial u}$,$\dfrac{\partial z}{\partial v}$,$\dfrac{\partial u}{\partial x}$,$\dfrac{\partial u}{\partial y}$,$\dfrac{\partial v}{\partial x}$,$\dfrac{\partial v}{\partial y}$ 求出 $\dfrac{\partial z}{\partial x}$,$\dfrac{\partial z}{\partial y}$. 有如下的定理.

定理 5-5　设函数 $u = \varphi(x,y)$,$v = \psi(x,y)$ 在点 (x,y) 处有连续偏导数,函数 $z = f(u,v)$ 在 (x,y) 的对应点 (u,v) 处有连续偏导数,那么复合函数 $z = f[\varphi(x,y),\psi(x,y)]$ 在点 (x,y) 处有偏导数 $\dfrac{\partial z}{\partial x}$,$\dfrac{\partial z}{\partial y}$,并且

$$\frac{\partial z}{\partial x} = \frac{\partial z}{\partial u}\cdot\frac{\partial u}{\partial x} + \frac{\partial z}{\partial v}\cdot\frac{\partial v}{\partial x},\quad \frac{\partial z}{\partial y} = \frac{\partial z}{\partial u}\cdot\frac{\partial u}{\partial y} + \frac{\partial z}{\partial v}\cdot\frac{\partial v}{\partial y}. \tag{5-4}$$

定理 5-5 说明:

(1) 在定理中,若 $u = \varphi(x)$,$v = \psi(x)$,则复合函数 $z = f[\varphi(x),\psi(x)]$ 是 x 的函数,简单表示如右图所示.

此时函数 z 对 x 的导数称为全导数,且有公式

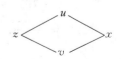

$$\frac{\mathrm{d}z}{\mathrm{d}x} = \frac{\partial z}{\partial u}\cdot\frac{\mathrm{d}u}{\mathrm{d}x} + \frac{\partial z}{\partial v}\cdot\frac{\mathrm{d}v}{\mathrm{d}x}. \tag{5-5}$$

（2）在定理中，若 $u=\varphi(x,y)$，$v=x$，则复合函数 $z=f[\varphi(x,y),x]$ 是 x,y 的函数，简单表示如右图所示.

此时有公式

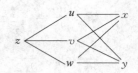

$$\frac{\partial z}{\partial x}=\frac{\partial f}{\partial u}\cdot\frac{\partial u}{\partial x}+\frac{\partial f}{\partial x},\ \frac{\partial z}{\partial y}=\frac{\partial f}{\partial u}\cdot\frac{\partial u}{\partial y}, \tag{5-6}$$

其中 $\frac{\partial z}{\partial x}$ 表示在复合函数 $z=f[\varphi(x,y),x]$ 中把 y 看作常量，对变量 x 求偏导数，而 $\frac{\partial f}{\partial x}$ 表示在 $z=f(u,x)$ 中把 u 看作常量，对变量 x 求偏导数，因此 $\frac{\partial z}{\partial x}$，$\frac{\partial f}{\partial x}$ 含义不同，不可混淆.

（3）定理可推广到中间变量和自变量多于两个的情形. 例如，设 $z=f(u,v,w)$ 具有连续偏导数，而 $u=\varphi(x,y)$，$v=\psi(x,y)$，$w=\omega(x,y)$ 都具有偏导数，则复合函数 $z=f[\varphi(x,y),\psi(x,y),\omega(x,y)]$，简单表示如右图所示.

z 对自变量 x,y 的偏导数公式为

$$\frac{\partial z}{\partial x}=\frac{\partial z}{\partial u}\cdot\frac{\partial u}{\partial x}+\frac{\partial z}{\partial v}\cdot\frac{\partial v}{\partial x}+\frac{\partial z}{\partial w}\cdot\frac{\partial w}{\partial x},\ \frac{\partial z}{\partial y}=\frac{\partial z}{\partial u}\cdot\frac{\partial u}{\partial y}+\frac{\partial z}{\partial v}\cdot\frac{\partial v}{\partial y}+\frac{\partial z}{\partial w}\cdot\frac{\partial w}{\partial y}. \tag{5-7}$$

特别地，当 $\omega(x,y)=x$ 时，有

$$\frac{\partial z}{\partial x}=\frac{\partial f}{\partial u}\cdot\frac{\partial u}{\partial x}+\frac{\partial f}{\partial v}\cdot\frac{\partial v}{\partial x}+\frac{\partial f}{\partial x},\ \frac{\partial z}{\partial y}=\frac{\partial f}{\partial u}\cdot\frac{\partial u}{\partial y}+\frac{\partial f}{\partial v}\cdot\frac{\partial v}{\partial y}. \tag{5-8}$$

例 5-24 设 $z=u^2\ln v$，$u=\dfrac{x}{y}$，$v=3x-2y$，求 $\dfrac{\partial z}{\partial x}$，$\dfrac{\partial z}{\partial y}$.

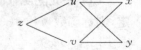

解 因为 $\frac{\partial z}{\partial u}=2u\ln v$，$\frac{\partial z}{\partial v}=u^2\frac{1}{v}$，$\frac{\partial u}{\partial x}=\frac{1}{y}$，$\frac{\partial v}{\partial x}=3$，$\frac{\partial u}{\partial y}=-\frac{x}{y^2}$，$\frac{\partial v}{\partial y}=-2$，由右图及公式（5-4），得

$$\frac{\partial z}{\partial x}=2u\ln v\cdot\frac{1}{y}+\frac{u^2}{v}\cdot 3=\frac{2x}{y^2}\ln(3x-2y)+\frac{3x^2}{y^2(3x-2y)},$$

$$\frac{\partial z}{\partial y}=2u\ln v\cdot\left(-\frac{x}{y^2}\right)+\frac{u^2}{v}\cdot(-2)=-\frac{2x^2}{y^3}\ln(3x-2y)-\frac{2x^2}{y^2(3x-2y)}.$$

例 5-25 设 $z=\mathrm{e}^{u-2v}$，$u=\sin t$，$v=t^3$，求全导数 $\dfrac{\mathrm{d}z}{\mathrm{d}t}$.

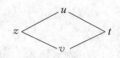

解 因为 $\frac{\partial z}{\partial u}=\mathrm{e}^{u-2v}$，$\frac{\partial z}{\partial v}=-2\mathrm{e}^{u-2v}$，$\frac{\mathrm{d}u}{\mathrm{d}t}=\cos t$，$\frac{\mathrm{d}v}{\mathrm{d}t}=3t^2$，由右图及公式（5-5），得

$$\frac{\mathrm{d}z}{\mathrm{d}t}=\mathrm{e}^{u-2v}\cos t+(-2\mathrm{e}^{u-2v})3t^2=\mathrm{e}^{\sin t-2t^3}(\cos t-6t^2).$$

显然,上题结果与一元函数 $z = \mathrm{e}^{\sin t - 2t^3}$ 的导数是一致的.

例 5 - 26 设 $z = u + \sin 2x$,$u = 3x^2 + y^2$,求 $\dfrac{\partial z}{\partial x}$,$\dfrac{\partial z}{\partial y}$.

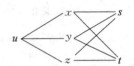

解 因为 $\dfrac{\partial z}{\partial u} = 1$,$\dfrac{\partial u}{\partial x} = 6x$,$\dfrac{\partial u}{\partial y} = 2y$,$\dfrac{\partial f}{\partial x} = 2\cos 2x$,由右图及公式 $(5 - 6)$,得

$$\frac{\partial z}{\partial x} = 6x + 2\cos 2x,\quad \frac{\partial z}{\partial y} = 2y.$$

例 5 - 27 设 $u = \sqrt{x^2 + y^2 + z^2}$,$x = s^2 + t^2$,$y = s^2 - t^2$,$z = 2st$,求 $\dfrac{\partial u}{\partial s}$,$\dfrac{\partial u}{\partial t}$.

解 $\dfrac{\partial u}{\partial x} = \dfrac{x}{\sqrt{x^2 + y^2 + z^2}}$,$\dfrac{\partial u}{\partial y} = \dfrac{y}{\sqrt{x^2 + y^2 + z^2}}$,$\dfrac{\partial u}{\partial z} = \dfrac{z}{\sqrt{x^2 + y^2 + z^2}}$,

$\dfrac{\partial x}{\partial s} = 2s$,$\dfrac{\partial y}{\partial s} = 2s$,$\dfrac{\partial z}{\partial s} = 2t$,$\dfrac{\partial x}{\partial t} = 2t$,$\dfrac{\partial y}{\partial t} = -2t$,$\dfrac{\partial z}{\partial t} = 2s$,

由右图及公式 $(5 - 7)$,得

$$\frac{\partial u}{\partial s} = \frac{2(xs + ys + zt)}{\sqrt{x^2 + y^2 + z^2}},\quad \frac{\partial u}{\partial t} = \frac{2(xt - yt + zs)}{\sqrt{x^2 + y^2 + z^2}},$$

其中 $x = s^2 + t^2$,$y = s^2 - t^2$,$z = 2st$.

二、多元隐函数求导法

(1) 一元隐函数的导数中,若函数 y 和自变量 x 之间的函数关系由方程 $F(x,y) = 0$ 确定,则称函数 $y = y(x)$ 为由方程 $F(x,y) = 0$ 确定的隐函数. 显然,隐函数 $y(x)$ 满足恒等式 $F[x,y(x)] \equiv 0$,两边对 x 求导数,得

$$\frac{\partial F}{\partial x} + \frac{\partial F}{\partial y}\frac{\mathrm{d}y}{\mathrm{d}x} = 0,$$

当 $\dfrac{\partial F}{\partial y} \neq 0$ 时,有

$$\frac{\mathrm{d}y}{\mathrm{d}x} = -\frac{\dfrac{\partial F}{\partial x}}{\dfrac{\partial F}{\partial y}} = -\frac{F_x(x,y)}{F_y(x,y)}. \tag{5 - 9}$$

例 5 - 28 求由方程 $\sin y + \mathrm{e}^x - xy^2 = 0$ 所确定的隐函数 $y = f(x)$ 的导数.

解 记 $F(x,y) = \sin y + \mathrm{e}^x - xy^2$,因为

$$F_x(x,y) = \mathrm{e}^x - y^2,\quad F_y(x,y) = \cos y - 2xy,$$

则当 $2xy - \cos y \neq 0$ 时,有

$$\frac{dy}{dx} = -\frac{F_x(x, y)}{F_y(x, y)} = \frac{e^x - y^2}{2xy - \cos y}.$$

(2) 类似地，若函数 z 和自变量 x，y 之间的函数关系由方程 $F(x, y, z) = 0$ 确定，则称函数 $z = z(x, y)$ 为由方程 $F(x, y, z) = 0$ 确定的隐函数. 显然，隐函数 $z(x, y)$ 满足恒等式 $F[x, y, z(x, y)] \equiv 0$，两边对 x，y 求偏导数，得

$$\frac{\partial F}{\partial x} + \frac{\partial F}{\partial z} \frac{\partial z}{\partial x} = 0, \quad \frac{\partial F}{\partial y} + \frac{\partial F}{\partial z} \frac{\partial z}{\partial y} = 0,$$

当 $\dfrac{\partial F}{\partial z} \neq 0$ 时，有

$$\frac{\partial z}{\partial x} = -\frac{\dfrac{\partial F}{\partial x}}{\dfrac{\partial F}{\partial z}} = -\frac{F_x(x, y, z)}{F_z(x, y, z)}, \quad \frac{\partial z}{\partial y} = -\frac{\dfrac{\partial F}{\partial y}}{\dfrac{\partial F}{\partial z}} = -\frac{F_y(x, y, z)}{F_z(x, y, z)}. \tag{5-10}$$

例 5-29　求由方程 $\dfrac{x^2}{a^2} + \dfrac{y^2}{b^2} + \dfrac{z^2}{c^2} = 1$ 确定的函数 z 的偏导数.

解法 1　两边先对 x 求偏导数，得

$$\frac{2x}{a^2} + \frac{2z}{c^2} \cdot \frac{\partial z}{\partial x} = 0,$$

解得

$$\frac{\partial z}{\partial x} = -\frac{c^2 x}{a^2 z}.$$

同理，两边对 y 求偏导数，有

$$\frac{2y}{b^2} + \frac{2z}{c^2} \cdot \frac{\partial z}{\partial y} = 0,$$

解得

$$\frac{\partial z}{\partial y} = -\frac{c^2 y}{b^2 z}.$$

解法 2　设 $F(x, y, z) = \dfrac{x^2}{a^2} + \dfrac{y^2}{b^2} + \dfrac{z^2}{c^2} - 1$，则 $\dfrac{\partial F}{\partial x} = \dfrac{2x}{a^2}$，$\dfrac{\partial F}{\partial y} = \dfrac{2y}{b^2}$，$\dfrac{\partial F}{\partial z} = \dfrac{2z}{c^2}$. 由公式 $(5-10)$，有

$$\frac{\partial z}{\partial x} = -\frac{c^2 x}{a^2 z}, \quad \frac{\partial z}{\partial y} = -\frac{c^2 y}{b^2 z}.$$

例 5-30　求由方程 $e^{-xy} - 2z + e^z = 0$ 所确定的函数 $z = f(x, y)$ 关于 x，y 的偏导数.

解　记 $F(x, y, z) = e^{-xy} - 2z + e^z$，因为

$$F_x(x, y, z) = -ye^{-xy}, \ F_y(x, y, z) = -xe^{-xy}, \ F_z(x, y, z) = -2 + e^z,$$

则当 $e^z - 2 \neq 0$ 时,有

$$\frac{\partial z}{\partial x} = -\frac{F_x}{F_z} = \frac{y\, e^{-xy}}{e^z - 2}, \quad \frac{\partial z}{\partial y} = -\frac{F_y}{F_z} = \frac{x\, e^{-xy}}{e^z - 2}.$$

点 滴 积 累

多元复合函数求偏导共分为 4 种类型:

(1) 多个中间变量、多个自变量,如 $z = f(u, v)$, $u = \varphi(x, y)$, $v = \psi(x, y)$,求导公式为

$$\frac{\partial z}{\partial x} = \frac{\partial z}{\partial u} \cdot \frac{\partial u}{\partial x} + \frac{\partial z}{\partial v} \cdot \frac{\partial v}{\partial x}, \quad \frac{\partial z}{\partial y} = \frac{\partial z}{\partial u} \cdot \frac{\partial u}{\partial y} + \frac{\partial z}{\partial v} \cdot \frac{\partial v}{\partial y}.$$

(2) 多个中间变量、一个自变量,求出的导数称全导数,如 $z = f(u, v)$, $u = \varphi(x)$, $v = \psi(x)$,求导公式为

$$\frac{\mathrm{d}z}{\mathrm{d}x} = \frac{\partial z}{\partial u} \cdot \frac{\mathrm{d}u}{\mathrm{d}x} + \frac{\partial z}{\partial v} \cdot \frac{\mathrm{d}v}{\mathrm{d}x}.$$

(3) 一个中间变量、多个自变量,如 $z = f(u)$, $u = \varphi(x, y)$,求导公式为

$$\frac{\partial z}{\partial x} = \frac{\mathrm{d}z}{\mathrm{d}u} \cdot \frac{\partial u}{\partial x}, \quad \frac{\partial z}{\partial y} = \frac{\mathrm{d}z}{\mathrm{d}u} \cdot \frac{\partial u}{\partial y}.$$

(4) 一个中间变量、两个自变量,如 $z = f(u, y)$, $u = \varphi(x, y)$,求导公式为

$$\frac{\partial z}{\partial x} = \frac{\partial f}{\partial u} \cdot \frac{\partial u}{\partial x}, \quad \frac{\partial z}{\partial y} = \frac{\partial f}{\partial u} \cdot \frac{\partial u}{\partial y} + \frac{\partial f}{\partial y}.$$

多元隐函数求偏导数方法:一是两边求偏导法,二是公式法.

随堂练习 5-4

1. 应用复合函数求导法则,求下列复合函数的偏导数或全微分:

(1) 设 $z = u\,e^v$, $u = x^2 + y^2$, $v = x^3 - y^3$,求 $\dfrac{\partial z}{\partial x}$, $\dfrac{\partial z}{\partial y}$;

(2) 设 $z = u^2 \ln v$, $u = \dfrac{y}{x}$, $v = x - y$,求 $\dfrac{\partial z}{\partial x}$, $\dfrac{\partial z}{\partial y}$;

(3) 设 $z = u^2 + v^2 + uv$, $u = \sin t$, $v = \cos t$,求 $\dfrac{\mathrm{d}z}{\mathrm{d}t}$;

(4) 设 $z = \dfrac{x}{y}$, $x = e^t$, $y = 1 - e^{2t}$,求 $\dfrac{\mathrm{d}z}{\mathrm{d}t}$;

(5) 设 $z = \arcsin(x + y)$, $y = \sin x$,求 $\dfrac{\partial f}{\partial x}$, $\dfrac{\mathrm{d}z}{\mathrm{d}x}$;

(6) 设 $u = \cos(x + y^2 + z^3)$, $x = rst$, $y = r + s + t$, $z = rs + st + rt$,求 $\dfrac{\partial u}{\partial s}$.

2. 求由下列方程所确定的隐函数的导数:

(1) $\sin y + e^x + x^2 y^2 = 0$;

(2) $xy - \ln y = 2$;

(3) $\ln(x^2 + y^2) = \arctan \dfrac{y}{x}$;

(4) $1 + xy - \ln(e^{xy} + e^{-xy}) = 0$.

3. 求由下列方程所确定的隐函数的偏导数:

(1) $z^3 - 3xyz = 1$;

(2) $e^z = xy^2 z^3$;

(3) $z^x - y^z = 0$.

第五节 多元函数的极值

在许多应用问题中,常常需要求出某个多元函数的最大值或最小值(统称最值),以及求函数的极大值或极小值(统称极值). 和一元函数类似,多元函数的最值与极值有密切的关系. 下面以二元函数为例讨论多元函数极值问题.

一、二元函数的极值

定义 5-8 设函数 $z = f(x, y)$ 在点 (x_0, y_0) 的某邻域内有定义,如果对于该邻域内的任一点 (x, y) 都有 $f(x, y) \leqslant f(x_0, y_0)$ [或 $f(x, y) \geqslant f(x_0, y_0)$],则称函数 $f(x, y)$ 在点 (x_0, y_0) 有**极大**(或**极小**)**值** $f(x_0, y_0)$,点 (x_0, y_0) 称为函数的**极大值点**(或**极小值点**). 函数的极大值与极小值统称为**极值**,极大值点与极小值点统称为**极值点**.

例如,函数 $f(x, y) = x^2 + y^2 + 1$ 在点 $(0, 0)$ 处有极小值,这是因为对于点 $(0, 0)$ 处的任一邻域内异于 $(0, 0)$ 的点 (x, y),有 $f(x, y) > f(0, 0) = 1$. 从图形看,点 $(0, 0)$ 是这开口向上的旋转抛物面的顶点.

设函数 $z = f(x, y)$ 在点 (x_0, y_0) 取得极值. 如果将函数 $f(x, y)$ 中的变量 y 固定,令 $y = y_0$,则函数 $z = f(x, y_0)$ 是一元函数,它在 $x = x_0$ 处取得极值,据一元函数极值存在的必要条件可得 $F_x(x_0, y_0) = 0$,同样有 $F_y(x_0, y_0) = 0$. 由此得到下面的定理.

定理 5-6(极值的必要条件) 设函数 $z = f(x, y)$ 在点 (x_0, y_0) 取得极值,且函数在该点的偏导数存在,则

$$F_x(x_0, y_0) = 0, \quad F_y(x_0, y_0) = 0.$$

使 $F_x(x_0, y_0) = 0$,$F_y(x_0, y_0) = 0$ 同时成立的点 (x_0, y_0) 称为函数 $f(x, y)$ 的**驻点**.

由定理 5-6 可知,具有偏导数的函数,其极值点必定是驻点. 但是函数的驻点不一定是极值点. 例如,函数 $z = xy$ 在驻点 $(0, 0)$ 的任何邻域内函数值可取正值,也可取负值,而 $z(0, 0) = 0$. 因此定理 5-6 只给出了二元函数有极值的必要条件. 那么,我们如何判定二元函数的驻点为极值点呢? 对极值点又如何区分是极大值点还是极小值点? 有下面的定理.

定理 5-7(极值的充分条件) 设函数 $z = f(x, y)$ 在点 (x_0, y_0) 的某邻域内有连续二阶偏导数,且点 (x_0, y_0) 是函数 $f(x, y)$ 的驻点,记

$$A = f_{xx}(x_0, y_0), \quad B = f_{xy}(x_0, y_0), \quad C = f_{yy}(x_0, y_0),$$

则

(1) 当 $B^2-AC<0$ 时,点 (x_0,y_0) 是极值点,且当 $A<0$ 时,点 (x_0,y_0) 为极大值点;当 $A>0$ 时,点 (x_0,y_0) 为极小值点.

(2) 当 $B^2-AC>0$ 时,点 (x_0,y_0) 不是极值点.

(3) 当 $B^2-AC=0$ 时,点 (x_0,y_0) 可能是极值点,也可能不是极值点.

由定理 5-6 与定理 5-7,求具有二阶连续偏导数的函数 $z=f(x,y)$ 的极值的步骤如下:

(1) 求方程组 $\begin{cases} f_x(x,y)=0, \\ f_y(x,y)=0 \end{cases}$ 的一切实数解,即可得一切驻点.

(2) 对于每一个驻点 (x_0,y_0),求出二阶偏导数的值 A,B 和 C.

(3) 定出 B^2-AC 的符号,按定理 5-7 的结论判定 $f(x_0,y_0)$ 是否为极值、是极大值还是极小值.

例 5-31 求函数 $z=x^2-xy+y^2+9x-6y$ 的极值.

解 $f_x(x,y)=2x-y+9$,$f_y(x,y)=-x+2y-6$,

$\qquad f_{xx}(x,y)=2$,$f_{xy}(x,y)=-1$,$f_{yy}(x,y)=2$.

首先解方程组 $\begin{cases} f_x(x,y)=0, \\ f_y(x,y)=0, \end{cases}$ 即 $\begin{cases} 2x-y+9=0, \\ -x+2y-6=0, \end{cases}$ 得驻点 $(-4,1)$. 又求得

$$A=f_{xx}(-4,1)=2,B=f_{xy}(-4,1)=-1,f_{yy}(-4,1)=2,$$

可知 $B^2-AC=-3<0$,且 $A=2>0$,于是 $(-4,1)$ 是极小值点,且极小值为 $f(-4,1)=-21$.

例 5-32 求函数 $f(x,y)=x^3+y^3-3xy$ 的极值.

解 因为 $f_x(x,y)=3x^2-3y$,$f_y(x,y)=3y^2-3x$,$f_{xx}(x,y)=6x$,$f_{xy}(x,y)=-3$,$f_{yy}(x,y)=6y$,只要解方程组

$$\begin{cases} f_x(x,y)=3x^2-3y=0, \\ f_y(x,y)=3y^2-3x=0, \end{cases}$$

得驻点 $(1,1)$,$(0,0)$.

(1) 对于驻点 $(1,1)$,有 $A=f_{xx}(1,1)=6$,$B=f_{xy}(1,1)=-3$,$C=f_{yy}(1,1)=6$,于是 $B^2-AC=9-36=-27<0$,且 $A=6>0$,所以该函数在 $(1,1)$ 点取得极小值 $f(1,1)=-1$.

(2) 对于驻点 $(0,0)$,有 $A=f_{xx}(0,0)=0$,$B=f_{xy}(0,0)=-3$,$C=f_{yy}(0,0)=0$,于是 $B^2-AC=9>0$,所以点 $(0,0)$ 不是极值点.

知识链接

多元函数的极值问题是最简单的最优化问题,它通过高等数学的方法求出目标函数的自变量为何值时函数取得最大或最小值.这种数学方法在医药学工程及管理工程中应用极为广泛.在工程实际中,当目标函数已定,且附加条件是一系列线性方程时,这类问题称为线性规划问题.这类问题已不属于微积分研究的范畴,有兴趣的同学可以自行寻找有关书籍学习.

例 5-33　用钢板制作一个容积为 V 的长方体箱子,问应选择怎样的尺寸才能使做此箱子的材料最省?

解　设箱子的长为 x、宽为 y,则高为 $\dfrac{V}{xy}$,其表面积为

$$S = 2xy + 2\frac{V}{xy}(x+y) = 2\left(xy + \frac{V}{x} + \frac{V}{y}\right) \quad (x>0, y>0),$$

求 S 的偏导数,得

$$\frac{\partial S}{\partial x} = 2\left(y - \frac{V}{x^2}\right), \quad \frac{\partial S}{\partial y} = 2\left(x - \frac{V}{y^2}\right),$$

解方程组

$$\begin{cases} 2\left(y - \dfrac{V}{x^2}\right) = 0, \\ 2\left(x - \dfrac{V}{y^2}\right) = 0, \end{cases}$$

得唯一解 $(\sqrt[3]{V}, \sqrt[3]{V})$,它也是 S 的唯一驻点. 根据问题的实际意义可知,S 一定存在最小值,所以 S 在点 $(\sqrt[3]{V}, \sqrt[3]{V})$ 处取得最小值,这就是说,当箱子的长、宽和高均为 $\sqrt[3]{V}$ 时,能使所用的材料最少.

二、条件极值与拉格朗日乘数法

在以前研究的极值问题当中,所考虑的二元函数的自变量都是相互独立的,这些自变量除了受到函数定义域的限制外,别无其他附加条件,这类极值问题称为**无条件极值**. 然而,在许多实际问题中的函数自变量除了受到定义域的限制外,常常还要受到其他附加条件的限制. 例如,在例 5-33 中,若设箱子的长、宽、高分别为 x,y,z,则箱子的表面积 $S = 2(xy + yz + zx)$,此时还有一个约束条件 $xyz = V$,这类极值问题称为**条件极值**. 例 5-33 是将它转化为无条件极值问题来求解,但这种转化常常无法顺利做到,因此还需要有其他方法. 下面介绍一种求条件极值的方法——**拉格朗日乘数法**.

求目标函数 $z = f(x, y)$ 在附加条件 $g(x, y) = 0$ 的情况下的极值问题,可采用以下步骤:

(1) 以常数 λ (λ 即所谓拉格朗日乘数)乘 $g(x, y)$ 后与 $f(x, y)$ 相加,得拉格朗日函数

$$F(x, y) = f(x, y) + \lambda g(x, y). \tag{5-11}$$

(2) 求出 $F(x, y)$ 对 x,y 的一阶偏导数,

$$F_x(x, y) = f_x(x, y) + \lambda g_x(x, y), \quad F_y(x, y) = f_y(x, y) + \lambda g_y(x, y).$$

(3) 从方程组

$$
\begin{cases}
F_x(x,\ y)=0, \\
F_y(x,\ y)=0, \\
g(x,\ y)=0
\end{cases}
\tag{5-12}
$$

中消去 λ，解出 $x,\ y$，所得的点 $(x,\ y)$ 即是 $z=f(x,\ y)$ 在条件 $g(x,\ y)=0$ 下的可能极值点.

至于所求的点是否为极值点，一般可由问题的实际意义判断.

这种方法可以推广到自变量多于两个而条件多于一个的情形.

例 5-34 求 $z=x^2+y^2$ 在 $\dfrac{x}{a}+\dfrac{y}{b}=1$ 时的条件极值.

解 记 $f(x,\ y)=x^2+y^2$，$g(x,\ y)=\dfrac{x}{a}+\dfrac{y}{b}-1$，作拉格朗日函数

$$
F(x,\ y)=x^2+y^2+\lambda\left(\frac{x}{a}+\frac{y}{b}-1\right),
$$

求偏导数，得

$$
F_x(x,\ y)=2x+\frac{\lambda}{a},\quad F_y(x,\ y)=2y+\frac{\lambda}{b},
$$

解方程组

$$
\begin{cases}
2x+\dfrac{\lambda}{a}=0, \\[2mm]
2y+\dfrac{\lambda}{b}=0, \\[2mm]
\dfrac{x}{a}+\dfrac{y}{b}-1=0,
\end{cases}
$$

得

$$
x=\frac{ab^2}{a^2+b^2},\quad y=\frac{a^2b}{a^2+b^2},
$$

与上述 $x,\ y$ 相对应的函数值

$$
z=\frac{a^2b^2}{a^2+b^2},
$$

由几何直观知，所求的极值就是 z 的极小值.

例 5-35 用拉格朗日法解例 5-33.

解 设箱子长、宽、高分别为 $x,\ y,\ z$，则表面积为 $S=2(xy+yz+zx)$，约束条件为 $g(x,\ y,\ z)=xyz-V=0$，作拉格朗日函数 $F(x,\ y,\ z)=2(xy+yz+zx)+\lambda(xyz-V)$，解方程组

$$
\begin{cases}
F_x(x,\ y,\ z)=2(y+z)+\lambda yz=0, \\
F_y(x,\ y,\ z)=2(x+z)+\lambda xz=0, \\
F_z(x,\ y,\ z)=2(y+x)+\lambda xy=0, \\
g(x,\ y,\ z)=xyz-V=0.
\end{cases}
$$

将上述方程组中的第一个方程乘 x，第二个方程乘 y，第三个方程乘 z，再两两相减得

$$\begin{cases} 2xz - 2yz = 0, \\ 2xy - 2xz = 0. \end{cases}$$

因为 $x > 0, y > 0$，所以有 $x = y = z$. 代入第四个方程得唯一驻点 $x = y = z = \sqrt[3]{V}$，由问题本身可知最小值一定存在，因此当 $x = y = z = \sqrt[3]{V}$ 时，能使箱子所用材料最省.

点 滴 积 累

　　二元函数的极值分为无条件和有条件极值. 求二元函数 $z = f(x, y)$ 无条件极值的方法是在确定了函数的定义域以后，求出各自变量的一阶偏导数 $\dfrac{\partial z}{\partial x}$，$\dfrac{\partial z}{\partial y}$，并令其等于零，组成方程组并解这个方程组求出各自变量值，即为函数的驻点 (x_1, y_1)，(x_2, y_2)，…，再求二阶偏导数，并令 $A = \dfrac{\partial^2 z}{\partial x^2}$，$B = \dfrac{\partial^2 z}{\partial x \partial y}$，$C = \dfrac{\partial^2 z}{\partial y^2}$，再代入各驻点，求出 $B^2 - AC$ 的值，判定驻点是否极值点，从而求出极值.

　　二元函数条件极值的求法：①作拉格朗日函数，其等于目标函数加拉格朗日乘数乘附加条件；②求拉格朗日函数的一阶偏导数，并令其等于零，与附加条件组成方程组；③解这个方程组，求出驻点；④验证驻点是否极值点，注意当方程有唯一解时，该驻点即为最大或最小值点，无须验证.

随堂练习 5－5

1. 求下列函数的极值：
   (1) $f(x, y) = 4(x - y) - x^2 - y^2$；
   (2) $f(x, y) = x^2 + xy + y^2 + x - y + 1$；
   (3) $f(x, y, z) = x^2 + y^2 + z^2$.

2. 求下列函数在指定条件下可能取得极值的点：
   (1) $z = x^2 + y^2$，若 $x + y = 1$；
   (2) $z = x - 2y$，若 $x^2 + y^2 = 1$；
   (3) $u = x + y + z$，若 $\dfrac{1}{x} + \dfrac{1}{y} + \dfrac{1}{z} = 1$，$x > 0, y > 0, z > 0$.

3. 把正数 A 分成三个正数之和，问这三个正数各为多少时，它们的乘积最大？

4. 在抛物线 $y^2 = 4x$ 上求一点，使其到直线 $x - y + 4 = 0$ 的距离为最近.

5. 建造容积为一定的矩形水池，问怎样设计，才能使建筑材料最省？

6. 为使椭圆 $x^2 + 3y^2 = 12$ 的内接等腰三角形的底边平行于椭圆长轴，问底和高为多少时才能使等腰三角形的面积最大？

第六节 二 重 积 分

一、二重积分的概念和性质

(一) 两个引例

1. 曲顶柱体的体积

设有一立体,它的底是 xOy 平面上的有界闭区域 D,它的侧面是以 D 的边界曲线为准线而母线平行于 z 轴的柱面,它的顶是曲面 $z=f(x,y)$,这里 $f(x,y)\geqslant 0$ 且在 D 上连续(如图 5-12 所示),这种立体称为曲顶柱体.试计算此曲顶柱体的体积 V.

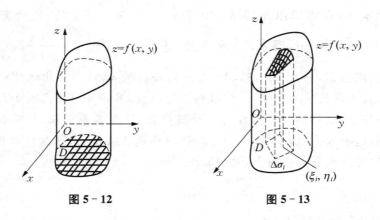

图 5-12   图 5-13

如果曲顶柱体的顶是与 xOy 平面平行的平面,也就是该柱顶的高度是不变的,那么它的体积可以用公式

$$体积 = 底面积 \times 高$$

来计算,现在柱体的顶是曲面 $z=f(x,y)$,当自变量 (x,y) 在区域 D 上变动时,高度 $f(x,y)$ 是个变量,因此它的体积不能直接用上式来计算.下面,我们仿照求曲边梯形面积的方法:

$$分割 \to 近似替代 \to 求和 \to 取极限$$

来解决求曲顶柱体的体积问题.

第一步 **分割.** 将区域 D 任意分成 n 个小区域 $\Delta\sigma_1$,$\Delta\sigma_2$,$\cdots$,$\Delta\sigma_n$,且以 $\Delta\sigma_i$ 表示第 i 个小区域的面积,分别以这些小区域的边界曲线为准线,作母线平行于 z 轴的柱面,这些柱面把原来的曲顶柱体分为 n 个小曲顶柱体.

第二步 **近似替代.** 对于第 i 个小曲顶柱体,当小区域 $\Delta\sigma_i$ 的直径足够小时,由于 $f(x,y)$ 连续,在区域 $\Delta\sigma_i$ 上,其高度 $f(x,y)$ 变化很小,因此可将这个小曲顶柱体近似看作以 $\Delta\sigma_i$ 为底、$f(\xi_i,\eta_i)$ 为高的平顶柱体(如图 5-13 所示),其中 (ξ_i,η_i) 为 $\Delta\sigma_i$ 上任意一点,从而得到第 i 个小曲顶柱体体积 ΔV_i 的近似值

$$\Delta V_i \approx f(\xi_i, \eta_i)\Delta\sigma_i \quad (i=1, 2, \cdots, n).$$

第三步　**求和.** 把求得的 n 个小曲顶柱体的体积的近似值相加,便得到所求曲顶柱体体积的近似值

$$V \approx \sum_{i=1}^{n}\Delta V_i \approx \sum_{i=1}^{n}f(\xi_i, \eta_i)\Delta\sigma_i.$$

第四步　**取极限.** 当区域 D 分割得越细密,上式右端的和式越接近于体积 V. 令 n 个小区域的最大直径 $\lambda \to 0$,则上述和式的极限就是曲顶柱体的体积 V,即

$$V = \lim_{\lambda \to 0}\sum_{i=1}^{n}f(\xi_i, \eta_i)\Delta\sigma_i.$$

2. 平面薄片的质量

设有一质量非均匀分布的平面薄片,占有 xOy 平面上的区域 D,它在点 (x, y) 处的面密度 $\rho(x, y)$ 在 D 上连续,且 $\rho(x, y) > 0$. 试计算该薄片的质量 M.

我们用求曲顶柱体体积的方法来解决这个问题.

第一步　**分割.** 将区域 D 任意分成 n 个小区域 $\Delta\sigma_1, \Delta\sigma_2, \cdots,$ $\Delta\sigma_n$,并且以 $\Delta\sigma_i$ 表示第 i 个小区域的面积(图 5-14).

第二步　**近似替代.** 由于 $\rho(x, y)$ 连续,只要每个小区域 $\Delta\sigma_i$ 的直径很小,相应于第 i 个小区域的小薄片的质量 ΔM_i 的近似值为

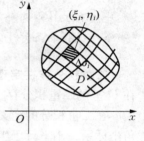

$$\Delta M_i \approx \rho(\xi_i, \eta_i)\Delta\sigma_i, \quad i=1, 2, \cdots, n,$$

其中 (ξ_i, η_i) 是 $\Delta\sigma_i$ 上任意一点.

图 5-14

第三步　**求和.** 将求得的 n 个小薄片的质量的近似值相加,得到整个薄片的质量的近似值

$$M \approx \sum_{i=1}^{n}\Delta M_i \approx \sum_{i=1}^{n}\rho(\xi_i, \eta_i)\Delta\sigma_i.$$

第四步　**取极限.** 将 D 无限细分,即 n 个小区域中的最大直径 $\lambda \to 0$ 时,和式的极限就是薄片的质量,即

$$M = \lim_{\lambda \to 0}\sum_{i=1}^{n}\rho(\xi_i, \eta_i)\Delta\sigma_i.$$

上面两个问题的实际意义虽然不同,但都是把所求的量归结为求二元函数的同一类型和式的极限,这种数学模型在研究其他实际问题时也会经常遇到,为此引进二重积分的概念.

(二) 二重积分的定义

设 $z = f(x, y)$ 是定义在有界闭区域 D 上的有界函数,将区域 D 任意分割成 n 个小区域 $\Delta\sigma_1, \Delta\sigma_2, \cdots, \Delta\sigma_n$,并以 $\Delta\sigma_i$ 表示第 i 个小区域的面积. 在每个小区域上任取一点

(ξ_i, η_i)，作乘积 $f(\xi_i, \eta_i)\Delta\sigma_i (i=1, 2, \cdots, n)$，并作和式 $\sum\limits_{i=1}^{n} f(\xi_i, \eta_i)\Delta\sigma_i$. 如果当各小区域的直径中的最大值 λ 趋于零时，此和式的极限存在，则称此极限值为函数 $f(x, y)$ 在区域 D 上的**二重积分**，记作 $\iint\limits_{D} f(x, y)\mathrm{d}\sigma$，即

$$\iint\limits_{D} f(x, y)\mathrm{d}\sigma = \lim_{\lambda\to 0}\sum\limits_{i=1}^{n} f(\xi_i, \eta_i)\Delta\sigma_i,$$

其中 $f(x, y)$ 称为**被积函数**，D 称为**积分区域**，$f(x, y)\mathrm{d}\sigma$ 称为**被积式**，$\mathrm{d}\sigma$ 称为**面积微元**，x 与 y 称为**积分变量**.

思政育人

二重积分与一元函数的定积分一样，用有限分割、近似后求和，利用极限方法使求得的近似值变为精确值；把一对互相矛盾的东西通过施加一定的条件，使其相互转化. 一代伟人毛泽东曾在他的哲学著作《矛盾论》中对矛盾的相互转化有详细的论述. 生活和工作中为什么会有好事变坏事，坏事反而变成好事？其实就看对矛盾施加一个什么样的条件.

二重积分存在定理　若 $f(x, y)$ 在闭区域 D 上连续，则它在 D 上的二重积分存在.

在二重积分的定义中，对区域 D 的划分是任意的. 如果在直角坐标系中用平行于坐标轴的直线段网来划分区域 D，那么除了靠近边界曲线的一些小区域外，其余绝大部分的小区域都是矩形. 小矩形 $\mathrm{d}\sigma$ 的边长为 Δx 和 Δy，则 $\Delta\sigma$ 的面积 $\Delta\sigma = \Delta x \cdot \Delta y$（如图 5-15 所示），因此在直角坐标系中面积微元 $\mathrm{d}\sigma$ 可记作 $\mathrm{d}x\,\mathrm{d}y$，从而二重积分也常记作

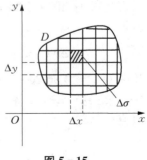

图 5-15

$$\iint\limits_{D} f(x, y)\mathrm{d}x\,\mathrm{d}y.$$

由二重积分定义，立即可以知道：

曲顶柱体的体积 $V = \iint\limits_{D} f(x, y)\mathrm{d}\sigma$；

平面薄片的质量 $M = \iint\limits_{D} \rho(x, y)\mathrm{d}\sigma$.

（三）二重积分的几何意义

一般地，当 $f(x, y)\geqslant 0$ 时，$\iint\limits_{D} f(x, y)\mathrm{d}\sigma$ 表示以 D 为底、$z = f(x, y)$ 为顶的曲顶柱体的体积；当 $f(x, y)\leqslant 0$ 时，柱体就在 xOy 面的下方，二重积分 $\iint\limits_{D} f(x, y)\mathrm{d}\sigma$ 的绝对值仍等于柱体的体积，但二重积分的值是负的；如果 $f(x, y)$ 在 D 的若干部分区域上为正，而

在其他部分区域上为负,则 $\iint\limits_{D} f(x,y)\mathrm{d}\sigma$ 就等于这些部分区域上的柱体体积的代数和.

(四) 二重积分的性质

二重积分具有与定积分类似的性质,现叙述如下.

性质 5-3(线性性质) 设 k_1,k_2 为常数,则

$$\iint\limits_{D}[k_1f(x,y)+k_2g(x,y)]\mathrm{d}\sigma=k_1\iint\limits_{D}f(x,y)\mathrm{d}\sigma+k_2\iint\limits_{D}g(x,y)\mathrm{d}\sigma.$$

性质 5-4(对积分区域的可加性) 如果区域 D 被连续曲线分成 D_1 和 D_2,则有

$$\iint\limits_{D}f(x,y)\mathrm{d}\sigma=\iint\limits_{D_1}f(x,y)\mathrm{d}\sigma+\iint\limits_{D_2}f(x,y)\mathrm{d}\sigma.$$

性质 5-5 若在 D 上,$f(x,y)\equiv1$,σ 为区域 D 的面积,则

$$\iint\limits_{D}1\cdot\mathrm{d}\sigma=\iint\limits_{D}\mathrm{d}\sigma=\sigma.$$

性质 5-5 说明了高为 1 的平顶柱体的体积在数值上等于柱体的底面积.

性质 5-6 若在区域 D 上,$f(x,y)\leqslant g(x,y)$,则

$$\iint\limits_{D}f(x,y)\mathrm{d}\sigma\leqslant\iint\limits_{D}g(x,y)\mathrm{d}\sigma.$$

特殊地,有

$$\left|\iint\limits_{D}f(x,y)\mathrm{d}\sigma\right|\leqslant\iint\limits_{D}|f(x,y)|\mathrm{d}\sigma.$$

性质 5-7(估值不等式) 设 M 和 m 分别为函数 $f(x,y)$ 在有界闭区域 D 上的最大值和最小值,则

$$m\sigma\leqslant\iint\limits_{D}f(x,y)\mathrm{d}\sigma\leqslant M\sigma,$$

其中,σ 为积分区域 D 的面积.

性质 5-8(中值定理) 设函数 $f(x,y)$ 在有界闭区域 D 上连续,σ 是区域 D 的面积,则在 D 上至少存在一点 (ξ,η),使得下式成立:

$$\iint\limits_{D}f(x,y)\mathrm{d}\sigma=f(\xi,\eta)\cdot\sigma.$$

当 $f(x,y)\geqslant0$ 时,上式的几何意义是:二重积分所确定的曲顶柱体的体积,等于以积分区域 D 为底、$f(\xi,\eta)$ 为高的平顶柱体的体积.

二、二重积分的计算

用和式的极限来计算二重积分是十分困难的,所以要寻求其实际可行的计算方法.下面

研究如何从二重积分的几何意义得到将二重积分化为连续计算两次定积分的计算方法.

若积分区域 D 可以用不等式

$$\varphi_1(x) \leqslant y \leqslant \varphi_2(x), \, a \leqslant x \leqslant b$$

来表示,其中函数 $\varphi_1(x)$,$\varphi_2(x)$ 在区间 $[a, b]$ 上连续(如图 5-16 所示),则称它为 x-型区域.

若积分区域 D 可以用不等式

$$\psi_1(y) \leqslant x \leqslant \psi_2(y), \, c \leqslant y \leqslant d$$

来表示,其中函数 $\psi_1(y)$,$\psi_2(y)$ 在区间 $[c, d]$ 上连续(如图 5-17 所示),则称它为 y-型区域.

这些区域的特点是:当 D 为 x-型区域时,则垂直于 x 轴的直线 $x = x_0(a < x_0 < b)$ 至多与区域 D 的边界交于两点;当 D 为 y-型区域时,直线 $y = y_0(c < y_0 < d)$ 至多与区域 D 的边界交于两点.

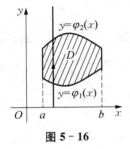

图 5-16

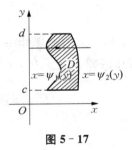

图 5-17

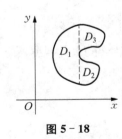

图 5-18

许多常见的区域都可以用平行于坐标轴的直线把 D 分解为有限个除边界外无公共点的 x-型区域或 y-型区域(图 5-18 表示将区域 D 分为 3 个这样的区域),因而一般区域上的二重积分计算问题就化成 x-型及 y-型区域上二重积分的计算问题.

先讨论积分区域 D 为 x-型(图 5-16)时,如何计算二重积分

$$\iint\limits_D f(x, y)\mathrm{d}x\,\mathrm{d}y.$$

根据二重积分的几何意义,当 $f(x, y) \geqslant 0$ 时,二重积分 $\iint\limits_D f(x, y)\mathrm{d}x\,\mathrm{d}y$ 表示以 D 为底、$z = f(x, y)$ 为顶的曲顶柱体的体积 V. 下面应用定积分中平行截面面积为已知的立体的体积公式来求这个曲顶柱体的体积.

在 $[a, b]$ 上任意取定一点 x,过 x 作平行于 yOz 面的平面,此平面截曲顶柱体,得到一个以区间 $[\varphi_1(x), \varphi_2(x)]$ 为底、曲线 $z = f(x, y)$(当 x 固定时,z 是 y 的一元函数)为曲边的曲边梯形(图 5-19 中阴影部分),其面积为

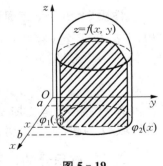

图 5-19

$$A(x) = \int_{\varphi_1(x)}^{\varphi_2(x)} f(x, y)\mathrm{d}y.$$

应用平行截面面积为已知的立体的体积公式,得到曲顶柱体的体积为

$$V = \int_a^b A(x)\mathrm{d}x = \int_a^b \left[\int_{\varphi_1(x)}^{\varphi_2(x)} f(x, y)\mathrm{d}y \right]\mathrm{d}x,$$

从而有

$$\iint_D f(x, y)\mathrm{d}x\,\mathrm{d}y = \int_a^b \left[\int_{\varphi_1(x)}^{\varphi_2(x)} f(x, y)\mathrm{d}y \right]\mathrm{d}x.$$

这个公式通常也写成

$$\iint_D f(x, y)\mathrm{d}x\,\mathrm{d}y = \int_a^b \mathrm{d}x \int_{\varphi_1(x)}^{\varphi_2(x)} f(x, y)\mathrm{d}y.$$

这就是把二重积分化为先对 y 积分、后对 x 积分的二次积分公式. 实际上,以上公式的成立并不受条件 $f(x, y) \geqslant 0$ 的限制,用此公式计算二重积分时,积分限的确定应从小到大,且先把 x 看作常数,$f(x, y)$ 看作 y 的函数,对 y 计算从 $\varphi_1(x)$ 到 $\varphi_2(x)$ 的定积分,然后把算得的结果(一般是 x 的函数)再对 x 计算在区间 $[a, b]$ 上的定积分,这种计算方法称为先对 y 后对 x 的累次积分.

如果区域 D 是 y-型的(图 5-17),类似地,得

$$\iint_D f(x, y)\mathrm{d}x\,\mathrm{d}y = \int_c^d \left[\int_{\psi_1(y)}^{\psi_2(y)} f(x, y)\mathrm{d}x \right]\mathrm{d}y,$$

常记为

$$\iint_D f(x, y)\mathrm{d}x\,\mathrm{d}y = \int_c^d \mathrm{d}y \int_{\psi_1(y)}^{\psi_2(y)} f(x, y)\mathrm{d}x.$$

称上式为先对 x 后对 y 的累次积分.

注意:

(1) 在计算二重积分时,首先要根据已知条件确定积分区域 D 是 x-型还是 y-型,由此确定二重积分化为先 y 后 x 的累次积分还是先 x 后 y 的累次积分;特别地,当积分区域 D 既是 x-型,又是 y-型时,此时两种积分顺序均可:

$$\iint_D f(x, y)\mathrm{d}x\,\mathrm{d}y = \int_a^b \mathrm{d}x \int_{\varphi_1(x)}^{\varphi_2(x)} f(x, y)\mathrm{d}y = \int_c^d \mathrm{d}y \int_{\psi_1(y)}^{\psi_2(y)} f(x, y)\mathrm{d}x.$$

(2) 如果平行于坐标轴的直线与积分区域 D 的交点多于两个,此时可以用平行于坐标轴的直线把 D 分成若干个 x-型或 y-型的区域,由二重积分对积分区域的可加性,D 上的积分就化成各部分区域上的积分和(图 5-18).

例 5-36　计算二重积分 $\displaystyle\iint_D e^{x+y}\mathrm{d}x\,\mathrm{d}y$,其中,区域 D 是由 $x=0$,$x=1$,$y=0$,$y=1$ 所围成的矩形.

解　区域 D 可以表示为 $0 \leqslant x \leqslant 1$,$0 \leqslant y \leqslant 1$. 视区域 D 为 x-型,可将二重积分化为先 y 后 x 的累次积分,得

$$\iint\limits_{D} e^{x+y} \, dx \, dy = \int_0^1 dx \int_0^1 e^{x+y} \, dy = \int_0^1 e^x (e^y) \Big|_0^1 \, dx$$

$$= \int_0^1 (e-1) e^x \, dx = (e-1) \int_0^1 e^x \, dx = (e-1)^2.$$

也可视区域 D 为 y-型,所以二重积分也可以化为先 x 后 y 的累次积分,

$$\iint\limits_{D} e^{x+y} \, dx \, dy = \int_0^1 dy \int_0^1 e^{x+y} \, dx$$

$$= \int_0^1 e^y (e^x) \Big|_0^1 \, dy = (e-1) \int_0^1 e^y \, dy = (e-1)^2.$$

例 5-37 计算二重积分 $\iint\limits_{D} (x+y) \, dx \, dy$,其中,区域 D 由直线 $x=1$,$x=2$,$y=x$,$y=3x$ 所围成.

解 画出积分区域 D 的图形,如图 5-20 所示.

区域 D 为 x-型,显然化为先 y 后 x 的累次积分方便,故

$$\iint\limits_{D} (x+y) \, dx \, dy = \int_1^2 dx \int_x^{3x} (x+y) \, dy$$

$$= \int_1^2 \Big[xy + \frac{1}{2} y^2 \Big]_x^{3x} \, dx = \int_1^2 6x^2 \, dx = 14.$$

例 5-38 计算二重积分 $\iint\limits_{D} \dfrac{x^2}{y^2} \, dx \, dy$,其中区域 D 由直线 $x=2$,$y=x$ 及双曲线 $xy=1$ 所围成.

解 画出积分区域 D 的图形,如图 5-21 所示,区域 D 为 x-型,故

$$\iint\limits_{D} \frac{x^2}{y^2} \, dx \, dy = \int_1^2 dx \int_{\frac{1}{x}}^{x} \frac{x^2}{y^2} \, dy = \int_1^2 \Big[x^2 \Big(-\frac{1}{y} \Big) \Big]_{\frac{1}{x}}^{x} \, dx$$

$$= \int_1^2 (x^3 - x) \, dx = \frac{9}{4}.$$

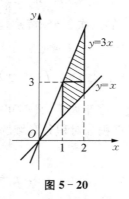

图 5-20

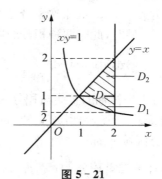

图 5-21

如果化为先对 x 后对 y 的累次积分,计算就比较麻烦.因为区域 D 的左侧边界曲线是由 $y=x$ 及 $xy=1$ 给出,所以要用经过交点 $(1,1)$ 且平行于 x 轴的直线 $y=1$ 把区域 D 分为两个 y-型区域 D_1 和 D_2,即

$$D_1: \frac{1}{y} \leqslant x \leqslant 2, \ \frac{1}{2} \leqslant y \leqslant 1,$$

$$D_2: y \leqslant x \leqslant 2, \ 1 \leqslant y \leqslant 2.$$

根据二重积分的可加性,得

$$\iint\limits_{D} \frac{x^2}{y^2} \mathrm{d}x\,\mathrm{d}y = \iint\limits_{D_1} \frac{x^2}{y^2} \mathrm{d}x\,\mathrm{d}y + \iint\limits_{D_2} \frac{x^2}{y^2} \mathrm{d}x\,\mathrm{d}y$$

$$= \int_{\frac{1}{2}}^{1} \mathrm{d}y \int_{\frac{1}{y}}^{2} \frac{x^2}{y^2} \mathrm{d}x + \int_{1}^{2} \mathrm{d}y \int_{y}^{2} \frac{x^2}{y^2} \mathrm{d}x = \frac{9}{4}.$$

例 5-39 计算 $\iint\limits_{D} xy\,\mathrm{d}\sigma$,其中 D 是由抛物线 $y^2 = x$ 及 $y = x - 2$ 所围成的区域.

解 画出积分区域 D,如图 5-22 所示,直线和抛物线的交点分别为 $(1, -1)$ 和 $(4, 2)$. 区域 D 是 y-型,所以

$$\iint\limits_{D} xy\,\mathrm{d}\sigma = \int_{-1}^{2} \mathrm{d}y \int_{y^2}^{y+2} xy\,\mathrm{d}x = \int_{-1}^{2} \left[\frac{1}{2} x^2 y \right]_{y^2}^{y+2} \mathrm{d}y = \frac{1}{2} \int_{-1}^{2} \left[y(y+2)^2 - y^5 \right] \mathrm{d}y = \frac{45}{8}.$$

若先对 y 积分,后对 x 积分,则要用经过交点 $(1, -1)$ 且平行于 y 轴的直线 $x = 1$ 把区域 D 分成两个 x-型区域 D_1 和 D_2(图 5-22),即

$$D_1: -\sqrt{x} \leqslant y \leqslant \sqrt{x}, 0 \leqslant x \leqslant 1;$$

$$D_2: x - 2 \leqslant y \leqslant \sqrt{x}, 1 \leqslant x \leqslant 4.$$

根据二重积分的性质,就有

$$\iint\limits_{D} xy\,\mathrm{d}\sigma = \iint\limits_{D_1} xy\,\mathrm{d}\sigma + \iint\limits_{D_2} xy\,\mathrm{d}\sigma = \int_{0}^{1} \mathrm{d}x \int_{-\sqrt{x}}^{\sqrt{x}} xy\,\mathrm{d}y + \int_{1}^{4} \mathrm{d}x \int_{x-2}^{\sqrt{x}} xy\,\mathrm{d}y.$$

例 5-40 应用二重积分求 xOy 平面上由 $y = x^2$ 与 $y = 4x - x^2$ 所围成的区域的面积.

解 先画出区域 D 的图形(如图 5-23 所示). 区域 D 可表为

$$0 \leqslant x \leqslant 2, \ x^2 \leqslant y \leqslant 4x - x^2$$

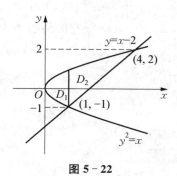

图 5-22

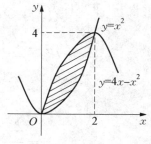

图 5-23

因为以区域 D 为底、顶为 $z=1$ 的平顶柱体体积在数值上等于区域 D 的面积. 二重积分 $\iint\limits_{D} \mathrm{d}x\,\mathrm{d}y$ 的值就是积分区域 D 的面积 A 的数值. 因为

$$\iint\limits_{D} \mathrm{d}x\,\mathrm{d}y = \int_0^2 \mathrm{d}x \int_{x^2}^{4x-x^2} \mathrm{d}y = \int_0^2 (4x - 2x^2)\,\mathrm{d}x = \left(2x^2 - \frac{2}{3}x^3\right)\bigg|_0^2 = \frac{8}{3},$$

所以区域 D 的面积等于 $\dfrac{8}{3}$ 平方单位.

知识链接

当二重积分的被积函数含有 $x^2 + y^2$ 项,积分区域与圆有关时,将二重积分转化为直角坐标系下的二次积分的计算是相当麻烦的. 这时用坐标变换把二重积分转化为极坐标系下二重积分,进而再化为极坐标下的二次积分就可以大大简化计算,从而达到事半功倍的效果. 这种二重积分的计算方法称为"极坐标法".

三、二重积分的应用

我们已经知道,利用二重积分可以求一个立体的体积. 实际上二重积分在物理、力学等方面还有更多的用途. 下面仅举几个例子.

1. 求平面薄片的质量

设有变密度的平面薄片 D,在点 $(x,y) \in D$ 处的密度为 $\rho(x,y)$,试求薄片的质量 M.

任取一直径很小的区域 $\mathrm{d}\sigma$,在 $\mathrm{d}\sigma$ 内任取一点 (x,y),则小片 $\mathrm{d}\sigma$ 的质量 ΔM 近似为 $\rho(x,y)\mathrm{d}\sigma$,即质量微元 $\mathrm{d}M = \rho(x,y)\mathrm{d}\sigma$,以 $\rho(x,y)\mathrm{d}\sigma$ 为被积表达式,在区域 D 上做二重积分,便知薄片的质量为

$$M = \iint\limits_{D} \rho(x,y)\mathrm{d}\sigma.$$

2. 求平面薄片的质心

由物理学知识可知:若质点系由 n 个质点 $m_1, m_2, \cdots, m_n$ 组成(其中 m_i 也表示第 i 个质点的质量),并设 m_i 的坐标为 (x_i, y_i) $(i = 1, 2, \cdots, n)$. 设它的质心为 $(\bar{x}, \bar{y})$,则有

$$\left(\sum_{i=1}^{n} m_i\right)\bar{x} = \sum_{i=1}^{n} m_i x_i, \quad \left(\sum_{i=1}^{n} m_i\right)\bar{y} = \sum_{i=1}^{n} m_i y_i,$$

故

$$\bar{x} = \frac{\sum\limits_{i=1}^{n} m_i x_i}{\sum\limits_{i=1}^{n} m_i}, \quad \bar{y} = \frac{\sum\limits_{i=1}^{n} m_i y_i}{\sum\limits_{i=1}^{n} m_i}.$$

将非均匀平面薄板 D 先任意分成 n 个小块 $\Delta\sigma_i(i=1,2,\cdots,n)$，在 $\Delta\sigma_i$ 上任取一点 (x_i,y_i)，可以认为在 $\Delta\sigma_i$ 上密度分布是均匀的，其密度为 $\rho(x_i,y_i)$，则 $\Delta\sigma_i$ 的质量近似等于 $\rho(x_i,y_i)\Delta\sigma_i$. 令 $\lambda\rightarrow0$，可得平面薄板 D 的质心为

$$\bar{x}=\frac{\iint\limits_{D}x\rho(x,y)\,\mathrm{d}x\,\mathrm{d}y}{\iint\limits_{D}\rho(x,y)\,\mathrm{d}x\,\mathrm{d}y},\quad \bar{y}=\frac{\iint\limits_{D}y\rho(x,y)\,\mathrm{d}x\,\mathrm{d}y}{\iint\limits_{D}\rho(x,y)\,\mathrm{d}x\,\mathrm{d}y}.$$

当密度分布均匀时，$\rho(x_i,y_i)$ 为常数，则质心坐标为

$$\bar{x}=\frac{\iint\limits_{D}x\,\mathrm{d}x\,\mathrm{d}y}{\iint\limits_{D}\mathrm{d}x\,\mathrm{d}y}=\frac{1}{\sigma}\iint\limits_{D}x\,\mathrm{d}x\,\mathrm{d}y,\quad \bar{y}=\frac{\iint\limits_{D}y\,\mathrm{d}x\,\mathrm{d}y}{\iint\limits_{D}\mathrm{d}x\,\mathrm{d}y}=\frac{1}{\sigma}\iint\limits_{D}y\,\mathrm{d}x\,\mathrm{d}y,$$

其中 σ 为 D 的面积. 又称上式表示的坐标为 D 的形心坐标.

例 5 - 41 平面薄片 D 由 $y=x^2-1$，$y=1$ 围成（如图 5 - 24 所示），面密度 $\rho(x,y)=xy+2$，求此薄片的质量.

解 求交点 $\begin{cases}y=x^2-1,\\ y=1,\end{cases}$ 得 $(\pm\sqrt{2},1)$.

$$D:\begin{cases}x^2-1\leqslant y\leqslant1,\\ -\sqrt{2}\leqslant x\leqslant\sqrt{2},\end{cases}$$

$$M=\iint\limits_{D}(xy+2)\,\mathrm{d}x\,\mathrm{d}y=\int_{-\sqrt{2}}^{\sqrt{2}}\mathrm{d}x\int_{x^2-1}^{1}(xy+2)\,\mathrm{d}y$$

$$=\int_{-\sqrt{2}}^{\sqrt{2}}\left[\frac{1}{2}xy^2+2y\right]_{x^2-1}^{1}\mathrm{d}x$$

$$=\int_{-\sqrt{2}}^{\sqrt{2}}\left(-\frac{1}{2}x^5+x^3+4-2x^2\right)\mathrm{d}x=\left[4x-\frac{2}{3}x^3\right]_{-\sqrt{2}}^{\sqrt{2}}=\frac{16}{3}\sqrt{2}.$$

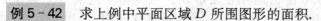

图 5 - 24

例 5 - 42 求上例中平面区域 D 所围图形的面积.

解 当面密度 $\rho(x,y)=1$ 时，求出的数值就是区域 D 的面积.

$$S=\iint\limits_{D}\mathrm{d}x\,\mathrm{d}y=\int_{-\sqrt{2}}^{\sqrt{2}}\mathrm{d}x\int_{x^2-1}^{1}\mathrm{d}y$$

$$=\int_{-\sqrt{2}}^{\sqrt{2}}y\big|_{x^2-1}^{1}\mathrm{d}x=\int_{-\sqrt{2}}^{\sqrt{2}}(2-x^2)\,\mathrm{d}x$$

$$=\left[2x-\frac{1}{3}x^3\right]_{-\sqrt{2}}^{\sqrt{2}}=\frac{8}{3}\sqrt{2}.$$

例 5 - 43 平面薄片由 $y=x$，$x=0$，$y=2$ 围成（如图 5 - 25 所示），面密度 $\rho(x,y)=x+y$，求此薄片的重心.

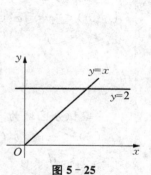

图 5 - 25

解 $\begin{cases} y = x, \\ y = 2 \end{cases}$ 的交点为 $(2, 2)$,

$$D: \begin{cases} x \leqslant y \leqslant 2, \\ 0 \leqslant x \leqslant 2, \end{cases}$$

$$\iint\limits_D (x + y)\,\mathrm{d}x\,\mathrm{d}y = \int_0^2 \mathrm{d}x \int_x^2 (x + y)\,\mathrm{d}y$$

$$= \int_0^2 \left[xy + \frac{1}{2}y^2 \right]_x^2 \mathrm{d}x = \int_0^2 \left(2x - \frac{3}{2}x^2 + 2 \right) \mathrm{d}x$$

$$= \left[x^2 - \frac{1}{2}x^3 + 2x \right]_0^2 = 4,$$

$$\iint\limits_D x(x + y)\,\mathrm{d}x\,\mathrm{d}y = \int_0^2 \mathrm{d}x \int_x^2 (x^2 + xy)\,\mathrm{d}y$$

$$= \int_0^2 \left[x^2 y + \frac{1}{2}xy^2 \right]_x^2 \mathrm{d}x = \int_0^2 \left(2x^2 - \frac{3}{2}x^3 + 2x \right) \mathrm{d}x$$

$$= \left[\frac{2}{3}x^3 - \frac{3}{8}x^4 + x^2 \right]_0^2 = \frac{10}{3},$$

$$\iint\limits_D y(x + y)\,\mathrm{d}x\,\mathrm{d}y = \int_0^2 \mathrm{d}x \int_x^2 (xy + y^2)\,\mathrm{d}y$$

$$= \int_0^2 \left[\frac{1}{2}xy^2 + \frac{1}{3}y^3 \right]_x^2 \mathrm{d}x = \int_0^2 \left(2x - \frac{5}{6}x^3 + \frac{8}{3} \right) \mathrm{d}x$$

$$= \left[x^2 - \frac{5}{24}x^4 + \frac{8}{3}x \right]_0^2 = 6,$$

得重心为 $\left(\dfrac{5}{6}, \dfrac{3}{2} \right)$.

点 滴 积 累

　　从几何意义上讲,定积分是用分割、近似求和、取极限的方法解决二维空间的不规则图形的面积问题,二重积分是用同样方法解决三维空间不规则立体的体积问题. 二重积分的直角坐标计算法,是把二重积分的积分区域分为 x-型和 y-型两种,然后分别把二重积分转化为二次积分.

　　当积分区域为 x-型时,先对变量 y 积分,后对变量 x 积分. 当积分区域为 D: $\begin{cases} \varphi_1(x) \leqslant y \leqslant \varphi_2(x), \\ a \leqslant x \leqslant b \end{cases}$ 时,公式为

$$\iint\limits_D f(x, y)\,\mathrm{d}x\,\mathrm{d}y = \int_a^b \mathrm{d}x \int_{\varphi_1(x)}^{\varphi_2(x)} f(x, y)\,\mathrm{d}y.$$

　　当积分区域为 y-型时,先对变量 x 积分,后对变量 y 积分. 当积分区域为 D: $\begin{cases} \psi_1(y) \leqslant x \leqslant \psi_2(y), \\ c \leqslant y \leqslant d \end{cases}$ 时,公式为

$$\iint\limits_{D} f(x,y)\mathrm{d}x\mathrm{d}y = \int_{c}^{d}\mathrm{d}y\int_{\psi_{1}(y)}^{\psi_{2}(y)} f(x,y)\mathrm{d}x.$$

随堂练习 5-6

1. 画出积分区域,并计算二重积分:

(1) $\iint\limits_{D}(3x+2y)\mathrm{d}x\mathrm{d}y$,其中 D 为两坐标轴及直线 $x+y=1$ 所围成的区域;

(2) $\iint\limits_{D}\cos(x+y)\mathrm{d}x\mathrm{d}y$,其中 D 为 $x=0$,$y=\pi$,$y=x$ 所围成的区域;

(3) $\iint\limits_{D}\sqrt{x}\,\mathrm{d}x\mathrm{d}y$,其中 D 为 $x^2+y^2 \leqslant x$;

(4) $\iint\limits_{D}(1-y)\mathrm{d}x\mathrm{d}y$,其中 D 为 $x=y^2$ 和 $x+y=2$ 所围成的区域;

(5) $\iint\limits_{D}xy\,\mathrm{d}x\mathrm{d}y$,其中 D 为 $y=\sqrt{x}$,$y=x^2$ 所围成的区域;

(6) $\iint\limits_{D}\dfrac{x}{y}\mathrm{d}x\mathrm{d}y$,其中 D 为直线 $y=\dfrac{x}{2}$,$y=2x$,$y=2$ 所围成的区域;

(7) $\iint\limits_{D}2x\,\mathrm{d}x\mathrm{d}y$,其中 D 为直线 $x+2y-3=0$,x 轴及抛物线 $y=x^2$ 所围成的区域;

(8) $\iint\limits_{D}10y\,\mathrm{d}x\mathrm{d}y$,其中 D 为抛物线 $y=x^2-1$ 及直线 $y=x+1$ 所围成的区域.

2. 设平面薄片所占的区域 D 由直线 $y=0$,$x=1$,$y=x$ 所围成,它的面密度 $\rho(x,y)=x^2+y^2$,求该薄片的质量.

3. 求下列各题中的曲线所围成的面积:

(1) $xy=4$,$x+y=5$;

(2) $y=\sin x$,$y=\cos x$ 与 y 轴在第一象限中所围成的面积.

4. 求由直线 $y=0$,$y=a-x$,$x=0$ 所围成的均匀薄片的质心.

复习题五

一、选择题

1. 函数 $u=\sqrt{\dfrac{x^2+y^2-x}{2x-x^2-y^2}}$ 的定义域为( ).

   A. $x<x^2+y^2 \leqslant 2x$ B. $x \leqslant x^2+y^2 < 2x$

   C. $x \leqslant x^2+y^2 \leqslant 2x$ D. $x<x^2+y^2 < 2x$

2. $\lim\limits_{\substack{x\to 0\\y\to 0}}\dfrac{\sin xy}{x}=($).

   A. 不存在   B. 1   C. 0   D. ∞

3. 函数 $z=f(x,y)$ 在点 $P_0(x_0,y_0)$ 处间断,则( ).

   A. 函数在 P_0 处一定无定义

   B. 函数在 P_0 处极限一定不存在

C. 函数在 P_0 处可能有定义,也可能有极限

D. 函数在 P_0 处一定有定义,且有极限,但极限值不等于该点的函数值

4. 对于二元函数 $z = f(x, y)$,下列有关偏导数与全微分关系中正确的命题是(　　).

    A. 偏导数不连续,则全微分必不存在

    B. 偏导数连续,则全微分必存在

    C. 全微分存在,则偏导数必连续

    D. 全微分存在,则偏导数不一定存在

5. 函数 $f(x, y) = x^3 - 12xy + 8y^3$ 在驻点 $(2, 1)$ 处(　　).

    A. 取得极大值　　　　　　　　　　　　B. 取得极小值

    C. 不取得极值　　　　　　　　　　　　D. 无法判断是否取得极值

二、计算题

1. 求下列复合函数的偏导数:

    (1) $z = \mathrm{e}^u \sin v, u = xy, v = x + y$,求 $\dfrac{\partial z}{\partial x}, \dfrac{\partial z}{\partial y}$;

    (2) $z = u + v, u = \mathrm{e}^t, v = \cos t$,求 $\dfrac{\mathrm{d}z}{\mathrm{d}t}$.

2. 求(1) 函数 $z = x^2 + y^2 + 1$ 的极值;(2)函数 $z = x^2 + y^2 + 1$ 在条件 $x + y - 3 = 0$ 下的极值.

3. 求原点到曲面 $z^2 = xy + x - y + 5$ 上的点间距离的最小值.

4. 一个仓库的下半部是圆柱形,顶部是圆锥形,半径均为 $6\,\mathrm{m}$,总的表面积为 $200\,\mathrm{m}^2$(不包括底面),问圆柱、圆锥的高各为多少时,仓库的容积最大?

5. 将二重积分 $\displaystyle\iint\limits_{D} f(x, y)\mathrm{d}\sigma$ 化为两种不同次序的累次积分:

    (1) D 是由 $y = \dfrac{1}{2}x, y = 2x$ 及 $xy = 2$ 所围成的在第一象限中的区域;

    (2) D 是由 $y = 0, y^2 = 2x$ 及 $x^2 + y^2 = 8$ 所围成的在第一象限内的区域;

    (3) D 是由 $y = -x, x^2 + (y-1)^2 = 1$ 及 $y = 1$ 所围成的区域.

6. 计算下列二重积分:

    (1) $\displaystyle\iint\limits_{D} y\mathrm{e}^{xy}\mathrm{d}\sigma$,其中 D 由 $xy = 1, x = 2, y = 1$ 所围成;

    (2) $\displaystyle\iint\limits_{D} x\,\mathrm{d}x\,\mathrm{d}y$,其中 D 由 $y = x, y = 2x, x + y = 2$ 所围成.

第六章　线性代数初步

·情景导学·

情景描述:

　　生活中经常会遇到已知未知量之间的数量关系求未知量的问题,在中学数学中叫作解方程.当方程中的未知量都是一次方的时候,称为线性方程,若干个线性方程组合在一起求解称为解线性方程组,由此产生了新的数学分支——线性代数.

学前导语:

　　线性代数是数学的一个重要分支,是现代科学技术研究的一个重要工具.它起源于解线性方程组,不仅在工程技术上有着广泛的应用,在中西方医药学研究上也有着重要的应用.本章主要初步介绍行列式、矩阵,并用它们讨论线性方程组的解等线性数学问题.

第一节　行列式及其性质

　　行列式是研究线性代数的一个工具,它是为求解线性方程组而引入的,但在数学的其他分支应用也很广泛.

　　引例　解二元一次方程组 $\begin{cases} a_1 x + b_1 y = c_1, \\ a_2 x + b_2 y = c_2. \end{cases}$ 　　　　　　　$(6-1)$
$(6-2)$

　　解　利用加减消元法,将方程$(6-1)$乘 b_2,方程$(6-2)$乘 b_1,得下列方程组

$$\begin{cases} a_1 b_2 x + b_1 b_2 y = c_1 b_2, \\ b_1 a_2 x + b_1 b_2 y = b_1 c_2. \end{cases} \qquad \begin{matrix}(6-3)\\(6-4)\end{matrix}$$

方程$(6-3)$减方程$(6-4)$得

$$(a_1 b_2 - b_1 a_2)x = c_1 b_2 - b_1 c_2. \qquad (6-5)$$

将方程$(6-5)$两边同除以 $a_1 b_2 - b_1 a_2$,得 $x = \dfrac{c_1 b_2 - b_1 c_2}{a_1 b_2 - b_1 a_2}$.

　　同理可以得到 $y = \dfrac{a_1 c_2 - c_1 a_2}{a_1 b_2 - b_1 a_2}$,这样就得到方程组的解

$$x = \frac{c_1 b_2 - b_1 c_2}{a_1 b_2 - b_1 a_2}, \quad y = \frac{a_1 c_2 - c_1 a_2}{a_1 b_2 - b_1 a_2}.$$

思政育人

　　线性代数真正成为一门系统学科是在 20 世纪初,但产生的源头在中国可以追溯到近二千年前. 在中国汉朝(公元前 206—220)末期成书的《九章算术》中就给出了三元一次方程组的一般解法,这与 1500 多年后德国大数学家高斯(1777—1855)提出的解线性方程组的"高斯消元法"本质上是同一种方法. 由此可知中国古代文化的灿烂.

为了记录和计算方便,我们规定符号 $\begin{vmatrix} a_1 & b_1 \\ a_2 & b_2 \end{vmatrix} = a_1 b_2 - b_1 a_2 \neq 0.$

$$\begin{vmatrix} c_1 & b_1 \\ c_2 & b_2 \end{vmatrix} = c_1 b_2 - b_1 c_2, \quad \begin{vmatrix} a_1 & c_1 \\ a_2 & c_2 \end{vmatrix} = a_1 c_2 - c_1 a_2,$$

这样就得到二元一次方程组的解的一般公式:

$$x = \frac{\begin{vmatrix} c_1 & b_1 \\ c_2 & b_2 \end{vmatrix}}{\begin{vmatrix} a_1 & b_1 \\ a_2 & b_2 \end{vmatrix}}, \quad y = \frac{\begin{vmatrix} a_1 & c_1 \\ a_2 & c_2 \end{vmatrix}}{\begin{vmatrix} a_1 & b_1 \\ a_2 & b_2 \end{vmatrix}}.$$

由此我们得到一个新的数学概念,称其为行列式.

一、行列式的定义

(一) 定义

　　定义 6-1　符号 $\begin{vmatrix} a_{11} & a_{12} \\ a_{21} & a_{22} \end{vmatrix}$ 称为二阶行列式. 它由两行两列 2^2 个数组成,代表一个算式,等于数 $a_{11}a_{22} - a_{12}a_{21}$,即 $\begin{vmatrix} a_{11} & a_{12} \\ a_{21} & a_{22} \end{vmatrix} = a_{11}a_{22} - a_{12}a_{21}$,其中 $a_{ij}(i, j = 1, 2)$ 称为行列式的**元素**,第一个下标 i 表示第 i 行,第二个下标 j 表示第 j 列. a_{ij} 就表示第 i 行第 j 列相交处的那个元素. 由左上到右下的对角线称为**主对角线**,由左下到右上的对角线称为**副对角线**.

　　定义 6-2　符号

$$D = \begin{vmatrix} a_{11} & a_{12} & a_{13} \\ a_{21} & a_{22} & a_{23} \\ a_{31} & a_{32} & a_{33} \end{vmatrix}$$

称为三阶行列式,它由 3^2 个数组成,也代表一个算式,即

$$D = \begin{vmatrix} a_{11} & a_{12} & a_{13} \\ a_{21} & a_{22} & a_{23} \\ a_{31} & a_{32} & a_{33} \end{vmatrix} = a_{11}a_{22}a_{33} + a_{12}a_{23}a_{31} + a_{13}a_{21}a_{32} - a_{13}a_{22}a_{31} - a_{11}a_{23}a_{32} - a_{12}a_{21}a_{33}.$$

定义 6-3 符号

$$D = \begin{vmatrix} a_{11} & a_{12} & \cdots & a_{1n} \\ a_{21} & a_{22} & \cdots & a_{2n} \\ \vdots & \vdots & & \vdots \\ a_{n1} & a_{n2} & \cdots & a_{nn} \end{vmatrix}$$
称为 n 阶行列式,它由 n^2 个元素构成,其中 $a_{ij}(i,j=1,$

$2,\cdots,n)$ 称为行列式第 i 行第 j 列的元素.

特殊地,

$$D = \begin{vmatrix} a_{11} & 0 & \cdots & 0 \\ 0 & a_{22} & \cdots & 0 \\ \vdots & \vdots & & \vdots \\ 0 & 0 & \cdots & a_{nn} \end{vmatrix}$$

称为**主对角行列式**.

$$D = \begin{vmatrix} a_{11} & a_{12} & \cdots & a_{1n} \\ 0 & a_{22} & \cdots & a_{2n} \\ \vdots & \vdots & & \vdots \\ 0 & 0 & \cdots & a_{nn} \end{vmatrix}$$

称为**上三角行列式**.

$$D = \begin{vmatrix} a_{11} & 0 & \cdots & 0 \\ a_{21} & a_{22} & \cdots & 0 \\ \vdots & \vdots & & \vdots \\ a_{n1} & a_{n2} & \cdots & a_{nn} \end{vmatrix}$$

称为**下三角行列式**. 这 3 个行列式的值都等于主对角线上元素的乘积 $a_{11}a_{22}\cdots a_{nn}$.

(二) 计算

三阶行列式常用对角线法计算. 如图 6-1 所示:

主对角线方向元素之积为正,副对角线方向元素之积为负,这些积的代数和就是行列式的值. 由此,可用三阶行列式解三元一次方程组

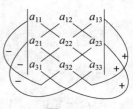

图 6-1

$$\begin{cases} a_{11}x_1 + a_{12}x_2 + a_{13}x_3 = b_1, \\ a_{21}x_1 + a_{22}x_2 + a_{23}x_3 = b_2, \\ a_{31}x_1 + a_{32}x_2 + a_{33}x_3 = b_3. \end{cases}$$

设

$$\begin{vmatrix} a_{11} & a_{12} & a_{13} \\ a_{21} & a_{22} & a_{23} \\ a_{31} & a_{32} & a_{33} \end{vmatrix} = D, \qquad \begin{vmatrix} b_1 & a_{12} & a_{13} \\ b_2 & a_{22} & a_{23} \\ b_3 & a_{32} & a_{33} \end{vmatrix} = D_1,$$

$$\begin{vmatrix} a_{11} & b_1 & a_{13} \\ a_{21} & b_2 & a_{23} \\ a_{31} & b_3 & a_{33} \end{vmatrix} = D_2, \qquad \begin{vmatrix} a_{11} & a_{12} & b_1 \\ a_{21} & a_{22} & b_2 \\ a_{31} & a_{32} & b_3 \end{vmatrix} = D_3,$$

则方程组的解是 $x_1 = \dfrac{D_1}{D}$，$x_2 = \dfrac{D_2}{D}$，$x_3 = \dfrac{D_3}{D}(D \neq 0)$.

例 6-1 计算下列行列式：

(1) $\begin{vmatrix} \cos^2\alpha & \sin^2\alpha \\ \sin^2\alpha & \cos^2\alpha \end{vmatrix}$；

(2) $\begin{vmatrix} 2 & -3 & 1 \\ 1 & 1 & 1 \\ 3 & 1 & -2 \end{vmatrix}$.

解 (1) $\begin{vmatrix} \cos^2\alpha & \sin^2\alpha \\ \sin^2\alpha & \cos^2\alpha \end{vmatrix} = \cos^4\alpha - \sin^4\alpha$

$$= (\cos^2\alpha - \sin^2\alpha)(\cos^2\alpha + \sin^2\alpha)$$

$$= \cos 2\alpha.$$

(2) $\begin{vmatrix} 2 & -3 & 1 \\ 1 & 1 & 1 \\ 3 & 1 & -2 \end{vmatrix} = 2 \times 1 \times (-2) + (-3) \times 1 \times 3 + 1 \times 1 \times 1 - 1 \times 1 \times 3 - 2 \times 1$

$$\times 1 - (-3) \times 1 \times (-2)$$

$$= -23.$$

例 6-2 解方程组

$$\begin{cases} x_1 + x_2 + x_3 = 1, \\ 2x_1 + x_2 + 3x_3 = 0, \\ 3x_1 - 4x_2 + x_3 = -1. \end{cases}$$

解 因

$$D = \begin{vmatrix} 1 & 1 & 1 \\ 2 & 1 & 3 \\ 3 & -4 & 1 \end{vmatrix} = 1 + 9 - 8 - 3 - 2 + 12 = 9 \neq 0,$$

$$D_1 = \begin{vmatrix} 1 & 1 & 1 \\ 0 & 1 & 3 \\ -1 & -4 & 1 \end{vmatrix} = 11, \quad D_2 = \begin{vmatrix} 1 & 1 & 1 \\ 2 & 0 & 3 \\ 3 & -1 & 1 \end{vmatrix} = 8, \quad D_3 = \begin{vmatrix} 1 & 1 & 1 \\ 2 & 1 & 0 \\ 3 & -4 & -1 \end{vmatrix} = -10,$$

所以 $x_1 = \dfrac{D_1}{D} = \dfrac{11}{9}$，$x_2 = \dfrac{D_2}{D} = \dfrac{8}{9}$，$x_3 = \dfrac{D_3}{D} = -\dfrac{10}{9}$.

二、行列式的性质

定义 6-4　将行列式 D 的行与相应的列互换后得到的新行列式,称为 D 的**转置行列式**,记为 D^{T}.

即若 $D=\begin{vmatrix} a_{11} & a_{12} & a_{13} \\ a_{21} & a_{22} & a_{23} \\ a_{31} & a_{32} & a_{33} \end{vmatrix}$,则 $D^{\mathrm{T}}=\begin{vmatrix} a_{11} & a_{21} & a_{31} \\ a_{12} & a_{22} & a_{32} \\ a_{13} & a_{23} & a_{33} \end{vmatrix}$.

行列式具有如下性质:

性质 6-1　行列式转置后,其值不变,即 $D=D^{\mathrm{T}}$.

性质 6-2　互换行列式中的任意两行(列),行列式仅改变符号.

性质 6-3　如果行列式中有两行(列)的对应元素相同,则此行列式为零.

性质 6-4　如果行列式中有一行(列)元素全为零,则这个行列式等于零.

性质 6-5　把行列式的某一行(列)的每一个元素同乘以数 k,等于以数 k 乘该行列式,即

$$\begin{vmatrix} a_{11} & a_{12} & a_{13} \\ ka_{21} & ka_{22} & ka_{23} \\ a_{31} & a_{32} & a_{33} \end{vmatrix}=k\begin{vmatrix} a_{11} & a_{12} & a_{13} \\ a_{21} & a_{22} & a_{23} \\ a_{31} & a_{32} & a_{33} \end{vmatrix}.$$

推论 6-1　如果行列式某行(列)的所有元素有公因子,则公因子可以提到行列式外面.

推论 6-2　如果行列式有两行(列)的对应元素成比例,则行列式等于零.

性质 6-6　如果行列式中的某一行(列)所有元素都是两个数的和,则此行列式等于两个行列式的和,而且这两个行列式除了这一行(列)以外,其余的元素与原行列式的对应元素相同,即

$$\begin{vmatrix} a_{11} & a_{12} & a_{13} \\ a_{21}+b_{21} & a_{22}+b_{22} & a_{23}+b_{23} \\ a_{31} & a_{32} & a_{33} \end{vmatrix}=\begin{vmatrix} a_{11} & a_{12} & a_{13} \\ a_{21} & a_{22} & a_{23} \\ a_{31} & a_{32} & a_{33} \end{vmatrix}+\begin{vmatrix} a_{11} & a_{12} & a_{13} \\ b_{21} & b_{22} & b_{23} \\ a_{31} & a_{32} & a_{33} \end{vmatrix}.$$

性质 6-7　以数 k 乘行列式的某一行(列)的所有元素,然后加到另一行(列)的对应元素上,则行列式的值不变,即

$$\begin{vmatrix} a_{11} & a_{12} & a_{13} \\ a_{21} & a_{22} & a_{23} \\ a_{31} & a_{32} & a_{33} \end{vmatrix}=\begin{vmatrix} a_{11} & a_{12} & a_{13} \\ ka_{11}+a_{21} & ka_{12}+a_{22} & ka_{13}+a_{23} \\ a_{31} & a_{32} & a_{33} \end{vmatrix}.$$

规定:

(1) $r_i \leftrightarrow r_j(c_i \leftrightarrow c_j)$ 表示第 i 行(列)与第 j 行(列)交换位置;

(2) $kr_i + r_j (kc_i + c_j)$ 表示第 i 行(列)的元素乘数 k 加到第 j 行(列)上.

例 6-3 解方程

$$\begin{vmatrix} 1 & 1 & 1 & 1 \\ 1 & x & 2 & 2 \\ 2 & 2 & x & 3 \\ 3 & 3 & 3 & x \end{vmatrix} = 0.$$

解 因为

$$\begin{vmatrix} 1 & 1 & 1 & 1 \\ 1 & x & 2 & 2 \\ 2 & 2 & x & 3 \\ 3 & 3 & 3 & x \end{vmatrix} \xrightarrow[\substack{-2r_1+r_3 \\ -3r_1+r_4}]{-r_1+r_2} \begin{vmatrix} 1 & 1 & 1 & 1 \\ 0 & x-1 & 1 & 1 \\ 0 & 0 & x-2 & 1 \\ 0 & 0 & 0 & x-3 \end{vmatrix} = (x-1)(x-2)(x-3) = 0,$$

所以方程有解: $x=1$, $x=2$, $x=3$.

点 滴 积 累

行列式其实是一种特定的算式,二、三阶行列式可以用对角线法计算,超过三阶以上的行列式运用对角线法计算相当烦琐,因此四阶及以上的行列式利用行列式的性质化为三角行列式从而使计算过程简化,而行列式之间可以像代数式一样进行运算.

随堂练习6-1

1. 计算下列行列式:

(1) $\begin{vmatrix} 3 & 2 \\ -1 & 4 \end{vmatrix}$;

(2) $\begin{vmatrix} 12 & -8 \\ 27 & 49 \end{vmatrix}$;

(3) $\begin{vmatrix} 2 & 3 & 5 \\ 3 & -1 & 1 \\ 4 & -2 & -5 \end{vmatrix}$;

(4) $\begin{vmatrix} 3 & 6 & 2 \\ 2 & 3 & 6 \\ 6 & 2 & 3 \end{vmatrix}$;

(5) $\begin{vmatrix} 0 & a & b \\ a & 0 & c \\ b & c & 0 \end{vmatrix}$;

(6) $\begin{vmatrix} 2 & 3 & 5 \\ 6 & 19 & -23 \\ 0 & 7 & 35 \\ 0 & 0 & 5 \end{vmatrix}$;

(7) $\begin{vmatrix} 1 & 1 & 1 \\ 1 & 1+a & 1 \\ 1 & 1 & 1+b \end{vmatrix}$;

(8) $\begin{vmatrix} 5 & 0 & 4 & 2 \\ 1 & 1 & 2 & 1 \\ 4 & 1 & 2 & 0 \\ 1 & 1 & 1 & 1 \end{vmatrix}$;

(9) $\begin{vmatrix} 0 & x & y & z \\ x & 0 & z & y \\ y & z & 0 & x \\ z & y & x & 0 \end{vmatrix}$.

2. 解方程:

(1) $\begin{vmatrix} x-1 & 0 & 1 \\ 0 & x-2 & 0 \\ 1 & 0 & x-1 \end{vmatrix} = 0$;

(2) $\begin{vmatrix} 2+x & x & x \\ x & 3+x & x \\ x & x & 4+x \end{vmatrix} = 0$.

3. 证明下列等式：

(1) $\begin{vmatrix} a & b & c \\ x & y & z \\ h & q & r \end{vmatrix} = \begin{vmatrix} y & b & q \\ x & a & h \\ z & c & r \end{vmatrix}$;

(2) $\begin{vmatrix} b & a & a \\ a & b & a \\ a & a & b \end{vmatrix} = (2a+b)(b-a)^2$.

4. 用行列式解下列方程组：

(1) $\begin{cases} x - y = 2, \\ 2x + y = 5; \end{cases}$

(2) $\begin{cases} x + 2y = 5, \\ 2x - 3y = -3; \end{cases}$

(3) $\begin{cases} x_1 + x_2 + x_3 = 2, \\ 2x_1 + x_2 - x_3 = 0, \\ x_1 - 3x_2 + 5x_3 = 4; \end{cases}$

(4) $\begin{cases} x_1 + 2x_2 + x_3 = 3, \\ x_1 - x_2 + 3x_3 = 2, \\ x_1 - 3x_2 + 5x_3 = 0. \end{cases}$

第二节 行列式的展开与应用

一、行列式的展开

为了介绍行列式的展开，先引入余子式和代数余子式的概念.

定义 6 - 5 在 n 阶行列式中划去元素 a_{ij} 所在的第 i 行和第 j 列的元素，剩下的元素按原次序构成的 $n-1$ 阶行列式称为 a_{ij} 的余子式，记作 M_{ij}. a_{ij} 的余子式乘上 $(-1)^{i+j}$ 称为 a_{ij} 的代数余子式，记作 A_{ij}，即 $A_{ij} = (-1)^{i+j}M_{ij}$.

例如三阶行列式 $\begin{vmatrix} a_{11} & a_{12} & a_{13} \\ a_{21} & a_{22} & a_{23} \\ a_{31} & a_{32} & a_{33} \end{vmatrix}$ 中元素 a_{23} 的代数余子式是

$$A_{23} = (-1)^{2+3}M_{23} = -\begin{vmatrix} a_{11} & a_{12} \\ a_{31} & a_{32} \end{vmatrix}.$$

思政育人

　　二阶行列式的值是 2 个二项式相减，三阶行列式的值是 6 个三项式相加减，四阶行列式的值应该是 $4! = 24$ 个四项式相加减，五阶行列式的值应该是 $5! = 120$ 个五项式相加减……由此带来的计算量十分惊人. 繁则思变，寻找行列式新的计算方法、创新行列式计算方法就成为必然. 人类社会的发展，中国特色社会主义建设，只有不断创新才能不断前进，开创人类命运共同体新的局面.

定理 6 - 1 行列式 D 等于它的任一行的各元素与对应的代数余子式的乘积之和，即

$$D = a_{i1}A_{i1} + a_{i2}A_{i2} + \cdots + a_{in}A_{in} = \sum_{j=1}^{n} a_{ij}A_{ij}$$

$$= a_{1j}A_{1j} + a_{2j}A_{2j} + \cdots + a_{nj}A_{nj} = \sum_{i=1}^{n} a_{ij}A_{ij} \quad (i = 1, 2, \cdots, n; j = 1, 2, \cdots, n).$$

(6 - 6)

这样，可以通过计算 n 个 $n-1$ 阶行列式来计算 n 阶行列式，这个定理称为**拉普拉斯定理**，式（6-6）称为**拉普拉斯展开式**.

例 6-4 将行列式 $\begin{vmatrix} 2 & 3 & -1 \\ 1 & -4 & 1 \\ 5 & -2 & 3 \end{vmatrix}$ 按第一行、第三列展开.

解 按第一行展开得

$$\begin{vmatrix} 2 & 3 & -1 \\ 1 & -4 & 1 \\ 5 & -2 & 3 \end{vmatrix} = 2(-1)^{1+1} \begin{vmatrix} -4 & 1 \\ -2 & 3 \end{vmatrix} + (-1)^{1+2} 3 \begin{vmatrix} 1 & 1 \\ 5 & 3 \end{vmatrix} + (-1)(-1)^{1+3} \begin{vmatrix} 1 & -4 \\ 5 & -2 \end{vmatrix} = -32.$$

按第三列展开得

$$\begin{vmatrix} 2 & 3 & -1 \\ 1 & -4 & 1 \\ 5 & -2 & 3 \end{vmatrix} = (-1)(-1)^{1+3} \begin{vmatrix} 1 & -4 \\ 5 & -2 \end{vmatrix} + (-1)^{2+3} \begin{vmatrix} 2 & 3 \\ 5 & -2 \end{vmatrix} + 3(-1)^{3+3} \begin{vmatrix} 2 & 3 \\ 1 & -4 \end{vmatrix} = -32.$$

从上例可以看到行列式按不同行或不同列展开计算的结果相等.

推论 行列式的某一行（列）的元素与另一行（列）对应元素的代数余子式乘积之和等于零，即

$$\begin{aligned} a_{i1}A_{j1} + a_{i2}A_{j2} + \cdots + a_{in}A_{jn} = 0, \quad i \neq j, \\ a_{1i}A_{1j} + a_{2i}A_{2j} + \cdots + a_{ni}A_{nj} = 0, \quad i \neq j, \end{aligned} \quad (i = 1, 2, \cdots, n; j = 1, 2, \cdots, n) \quad (6-7)$$

把式（6-6）和式（6-7）式结合起来可写成：

$$\sum_{k=1}^{n} a_{ik}A_{jk} = \sum_{k=1}^{n} a_{ki}A_{kj} = \begin{cases} D, & i = j, \\ 0, & i \neq j. \end{cases}$$

把定理和行列式的性质结合起来，可以使行列式的计算大为简化. 计算行列式时，常常利用行列式的性质使某一行（列）的元素出现尽可能多的零，这种运算叫作**化零运算**.

例 6-5 计算下列行列式：

$$(1) \begin{vmatrix} 1 & 2 & 0 & 1 \\ 1 & 3 & 5 & 0 \\ 0 & 1 & 5 & 6 \\ 1 & 2 & 3 & 4 \end{vmatrix}; \qquad (2) \begin{vmatrix} 2 & 1 & 3 & 0 \\ 101 & 99 & 98 & 102 \\ 1 & 0 & 2 & 4 \\ 3 & 5 & -1 & 3 \end{vmatrix}.$$

解 (1) $\begin{vmatrix} 1 & 2 & 0 & 1 \\ 1 & 3 & 5 & 0 \\ 0 & 1 & 5 & 6 \\ 1 & 2 & 3 & 4 \end{vmatrix} \xrightarrow[\substack{-r_1+r_2 \\ -r_1+r_4}]{} \begin{vmatrix} 1 & 2 & 0 & 1 \\ 0 & 1 & 5 & -1 \\ 0 & 1 & 5 & 6 \\ 0 & 0 & 3 & 3 \end{vmatrix}$ （按第一列展开）

$$= 1 \cdot (-1)^{1+1} \begin{vmatrix} 1 & 5 & -1 \\ 1 & 5 & 6 \\ 0 & 3 & 3 \end{vmatrix} \xrightarrow[]{-r_1+r_2} \begin{vmatrix} 1 & 5 & -1 \\ 0 & 0 & 7 \\ 0 & 3 & 3 \end{vmatrix} \text{（再按第一列展开）}$$

$$= 1 \cdot (-1)^{1+1} \begin{vmatrix} 0 & 7 \\ 3 & 3 \end{vmatrix} = -21.$$

(2) 原式 $=\begin{vmatrix} 2 & 1 & 3 & 0 \\ 100+1 & 100-1 & 100-2 & 100+2 \\ 1 & 0 & 2 & 4 \\ 3 & 5 & -1 & 3 \end{vmatrix}$

$=\begin{vmatrix} 2 & 1 & 3 & 0 \\ 100 & 100 & 100 & 100 \\ 1 & 0 & 2 & 4 \\ 3 & 5 & -1 & 3 \end{vmatrix}+\begin{vmatrix} 2 & 1 & 3 & 0 \\ 1 & -1 & -2 & 2 \\ 1 & 0 & 2 & 4 \\ 3 & 5 & -1 & 3 \end{vmatrix}$

$=100\begin{vmatrix} 2 & 1 & 3 & 0 \\ 1 & 1 & 1 & 1 \\ 1 & 0 & 2 & 4 \\ 3 & 5 & -1 & 3 \end{vmatrix}+\begin{vmatrix} 2 & 1 & 3 & 0 \\ 1 & -1 & -2 & 2 \\ 1 & 0 & 2 & 4 \\ 3 & 5 & -1 & 3 \end{vmatrix}$

$\xrightarrow{r_1 \leftrightarrow r_2} -100\begin{vmatrix} 1 & 1 & 1 & 1 \\ 2 & 1 & 3 & 0 \\ 1 & 0 & 2 & 4 \\ 3 & 5 & -1 & 3 \end{vmatrix}-\begin{vmatrix} 1 & -1 & -2 & 2 \\ 2 & 1 & 3 & 0 \\ 1 & 0 & 2 & 4 \\ 3 & 5 & -1 & 3 \end{vmatrix}$

$\xrightarrow[\substack{-r_1+r_3 \\ -3r_1+r_4}]{-2r_1+r_2} -100\begin{vmatrix} 1 & 1 & 1 & 1 \\ 0 & -1 & 1 & -2 \\ 0 & -1 & 1 & 3 \\ 0 & 2 & -4 & 0 \end{vmatrix}-\begin{vmatrix} 1 & -1 & -2 & 2 \\ 0 & 3 & 7 & -4 \\ 0 & 1 & 4 & 2 \\ 0 & 8 & 5 & -3 \end{vmatrix}$ （按第一列展开）

$=-100\begin{vmatrix} -1 & 1 & -2 \\ -1 & 1 & 3 \\ 2 & -4 & 0 \end{vmatrix}-\begin{vmatrix} 3 & 7 & -4 \\ 1 & 4 & 2 \\ 8 & 5 & -3 \end{vmatrix}=825.$

例 6-6 解行列式方程

$$\begin{vmatrix} 0 & 1 & x & 1 \\ 1 & 0 & 1 & x \\ x & 1 & 0 & 1 \\ 1 & x & 1 & 0 \end{vmatrix}=0.$$

解 因为

$\begin{vmatrix} 0 & 1 & x & 1 \\ 1 & 0 & 1 & x \\ x & 1 & 0 & 1 \\ 1 & x & 1 & 0 \end{vmatrix}\xrightarrow[(1<j\leqslant4)]{c_j+c_1}\begin{vmatrix} x+2 & 1 & x & 1 \\ x+2 & 0 & 1 & x \\ x+2 & 1 & 0 & 1 \\ x+2 & x & 1 & 0 \end{vmatrix}=(x+2)\begin{vmatrix} 1 & 1 & x & 1 \\ 1 & 0 & 1 & x \\ 1 & 1 & 0 & 1 \\ 1 & x & 1 & 0 \end{vmatrix}$

$\xrightarrow[(1<i\leqslant4)]{-r_1+r_i}(x+2)\begin{vmatrix} 1 & 1 & x & 1 \\ 0 & -1 & 1-x & x-1 \\ 0 & 0 & -x & 0 \\ 0 & x-1 & 1-x & -1 \end{vmatrix}$ （按第一列展开）

$$=(x+2)\begin{vmatrix} -1 & 1-x & x-1 \\ 0 & -x & 0 \\ x-1 & 1-x & -1 \end{vmatrix} \text{（按第二行展开）}$$

$$=x^2(x^2-4)=0,$$

所以 $x_1=0$，$x_2=-2$，$x_3=2$.

二、线性方程组的行列式解法

含有 n 个未知量、n 个方程的线性方程组为

$$\begin{cases} a_{11}x_1+a_{12}x_2+\cdots+a_{1n}x_n=b_1, \\ a_{21}x_1+a_{22}x_2+\cdots+a_{2n}x_n=b_2, \\ \qquad\cdots\cdots \\ a_{n1}x_1+a_{n2}x_2+\cdots+a_{nn}x_n=b_n. \end{cases} \tag{6-8}$$

将线性方程组系数组成的行列式记为 D，即

$$D=\begin{vmatrix} a_{11} & a_{12} & \cdots & a_{1n} \\ a_{21} & a_{22} & \cdots & a_{2n} \\ \vdots & \vdots & & \vdots \\ a_{n1} & a_{n2} & \cdots & a_{nn} \end{vmatrix}.$$

用常数项 b_1，b_2，$\cdots$，b_n 代替 D 中的第 j 列，组成的行列式记为 D_j，即

$$D_j=\begin{vmatrix} a_{11} & \cdots & a_{1,j-1} & b_1 & a_{1,j+1} & \cdots & a_{1n} \\ a_{21} & \cdots & a_{2,j-1} & b_2 & a_{2,j+1} & \cdots & a_{2n} \\ \vdots & & \vdots & \vdots & \vdots & & \vdots \\ a_{n1} & \cdots & a_{n,j-1} & b_n & a_{n,j+1} & \cdots & a_{nn} \end{vmatrix} \quad (j=1,2,\cdots,n).$$

定理 6-2　若线性方程组(6-8)的系数行列式 $D\neq0$，则存在唯一解：

$$x_1=\frac{D_1}{D}, \ x_2=\frac{D_2}{D}, \ \cdots, \ x_n=\frac{D_n}{D},$$

即

$$x_j=\frac{D_j}{D} \quad (j=1,2,\cdots,n).$$

该定理也称为**克莱姆法则**.

证　用 D 中第 j 列的各元素的代数余子式 A_{1j}，A_{2j}，$\cdots$，$A_{nj}(j=1,2,\cdots,n)$ 依次乘方程组(6-8)的第一、第二 …… 第 n 个方程，再将等式两端分别相加，整理，有

$$(a_{11}A_{1j}+a_{21}A_{2j}+\cdots+a_{n1}A_{nj})x_1+\cdots+(a_{1j}A_{1j}+a_{2j}A_{2j}+\cdots+a_{nj}A_{nj})x_j+$$
$$\cdots+(a_{1n}A_{1j}+a_{2n}A_{2j}+\cdots+a_{nn}A_{nj})x_n$$
$$=b_1A_{1j}+b_2A_{2j}+\cdots+b_nA_{nj}.$$

根据上节定理和推论,有:

$$0 \cdot x_1 + \cdots + D \cdot x_j + \cdots + 0 \cdot x_n = D_j,$$

所以

$$x_j = \frac{D_j}{D} \quad (j = 1, 2, \cdots, n),$$

即

$$x_1 = \frac{D_1}{D}, \ x_2 = \frac{D_2}{D}, \ \cdots, \ x_n = \frac{D_n}{D}.$$

🔗 **知识链接**

克莱姆法则提供了一种用行列式解线性方程组的方法,但它不能求解方程数少于未知数个数的欠定方程组,也不能求解方程数多于未知数的超定方程组. 当系数行列式 $D=0$ 时,可以用下列方法判定方程组是否有解:

当 $D_1 = D_2 = \cdots = D_n = 0$ 时,方程组有无穷多组解;

当 $D_1, D_2, \cdots, D_n$ 至少有一个不等于零时,方程组无解.

例6-7 解线性方程组

$$\begin{cases} x_1 + x_2 + 2x_3 + 3x_4 = 1, \\ 3x_1 - x_2 - x_3 - 2x_4 = -4, \\ 2x_1 + 3x_2 - x_3 - x_4 = -6, \\ x_1 + 2x_2 + 3x_3 - x_4 = -4. \end{cases}$$

解 因为

$$D = \begin{vmatrix} 1 & 1 & 2 & 3 \\ 3 & -1 & -1 & -2 \\ 2 & 3 & -1 & -1 \\ 1 & 2 & 3 & -1 \end{vmatrix} = -9 \times 17 = -153 \neq 0,$$

$$D_1 = \begin{vmatrix} 1 & 1 & 2 & 3 \\ -4 & -1 & -1 & -2 \\ -6 & 3 & -1 & -1 \\ -4 & 2 & 3 & -1 \end{vmatrix} = 9 \times 17,$$

$$D_2 = \begin{vmatrix} 1 & 1 & 2 & 3 \\ 3 & -4 & -1 & -2 \\ 2 & -6 & -1 & -1 \\ 1 & -4 & 3 & -1 \end{vmatrix} = 9 \times 17,$$

$$D_3 = \begin{vmatrix} 1 & 1 & 1 & 3 \\ 3 & -1 & -4 & -2 \\ 2 & 3 & -6 & -1 \\ 1 & 2 & -4 & -1 \end{vmatrix} = 0,$$

$$D_4 = \begin{vmatrix} 1 & 1 & 2 & 1 \\ 3 & -1 & -1 & -4 \\ 2 & 3 & -1 & -6 \\ 1 & 2 & 3 & -4 \end{vmatrix} = -9 \times 17,$$

所以线性方程组的解为

$$x_1 = \frac{D_1}{D} = -1, \quad x_2 = \frac{D_2}{D} = -1, \quad x_3 = \frac{D_3}{D} = 0, \quad x_4 = \frac{D_4}{D} = 1.$$

如果方程组(6-8)的常数项全都为零,即

$$\begin{cases} a_{11}x_1 + a_{12}x_2 + \cdots + a_{1n}x_n = 0, \\ a_{21}x_1 + a_{22}x_2 + \cdots + a_{2n}x_n = 0, \\ \qquad\cdots\cdots \\ a_{n1}x_1 + a_{n2}x_2 + \cdots + a_{nn}x_n = 0, \end{cases} \tag{6-9}$$

方程组(6-9)称为齐次线性方程组,而方程组(6-8)称为非齐次线性方程组.

推论 6-3   如果齐次线性方程组(6-9)的系数行列式 D 不等于零,则它只有零解,即只有解 $x_1 = x_2 = \cdots = x_n = 0$.

证   因为 $D \neq 0$,根据克莱姆法则,方程组(6-9)有唯一解 $x_j = \dfrac{D_j}{D}(j = 1, 2, \cdots, n)$,又行列式 $D_j(j = 1, 2, \cdots, n)$ 中有一列的元素全为零,因而 $D_j = 0 \ (j = 1, 2, \cdots, n)$,所以齐次线性方程组(6-9)只有零解,即 $x_j = \dfrac{D_j}{D} = 0(j = 1, 2, \cdots, n)$.

由推论可知齐次线性方程组(6-9)有非零解的条件为:它的系数行列式 D 等于零.

例 6-8   设方程组

$$\begin{cases} x_1 + 2x_2 + 3x_3 = mx_1, \\ 2x_1 + x_2 + 3x_3 = mx_2, \\ 3x_1 + 3x_2 + 6x_3 = mx_3 \end{cases}$$

有非零解,求 m 的值.

解   将方程组改写成

$$\begin{cases} (1-m)x_1 + 2x_2 + 3x_3 = 0, \\ 2x_1 + (1-m)x_2 + 3x_3 = 0, \\ 3x_1 + 3x_2 + (6-m)x_3 = 0, \end{cases}$$

根据推论,它有非零解的条件为

$$\begin{vmatrix} (1-m) & 2 & 3 \\ 2 & (1-m) & 3 \\ 3 & 3 & (6-m) \end{vmatrix} = 0,$$

展开此行列式,得

$$m(m+1)(m-9)=0,$$

所以

$$m_1=0,\ m_2=-1,\ m_3=9.$$

　　克莱姆法则揭示了线性方程组的解与它的系数和常数项之间的关系,用克莱姆法则解 n 元线性方程组时有两个限定条件:① 方程个数与未知数个数相等;② 系数行列式 D 不等于零.因此用克莱姆法则解线性方程组有一定的局限性.另一方面,当未知数和方程个数较多时,如解一个五元一次的方程组,要计算 6 个五阶行列式,运算极为麻烦.

点 滴 积 累

一个 n 阶行列式 D 的展开公式为

$$\sum_{k=1}^{n} a_{ik}A_{jk} = \sum_{k=1}^{n} a_{ki}A_{kj} = \begin{cases} D, & i=j, \\ 0, & i \neq j. \end{cases}$$

当非齐次线性方程组系数行列式不等于零时,方程组有唯一解

$$x_1=\frac{D_1}{D},\ x_2=\frac{D_2}{D},\ \cdots,\ x_n=\frac{D_n}{D}.$$

齐次线性方程组总有零解,有无穷组解的充分必要条件为系数行列式 $D=0$.

随堂练习 6-2

1. 用行列式法解下列线性方程组:

(1) $\begin{cases} x+3y+z-5=0, \\ x+y+5z+7=0, \\ 2x+3y-3z-14=0; \end{cases}$
　　
(2) $\begin{cases} x+2y-3z=0, \\ 3x-y+4z=0, \\ x+y+z=0; \end{cases}$

(3) $\begin{cases} x_1-x_2-x_3-x_4=2, \\ x_1-x_2+x_3+x_4=3, \\ x_1+x_2-x_3+x_4=4, \\ x_1+x_2+x_3-x_4=4; \end{cases}$
　　
(4) $\begin{cases} x_2+x_3+x_4+x_5=1, \\ x_1+x_3+x_4+x_5=2, \\ x_1+x_2+x_4+x_5=3, \\ x_1+x_2+x_3+x_5=4, \\ x_1+x_2+x_3+x_4=5. \end{cases}$

2. 设下列齐次线性方程组有非零解,求 m 的值:

(1) $\begin{cases} (m-2)x+y=0, \\ x+(m-2)y+z=0, \\ y+(m-2)z=0; \end{cases}$
　　
(2) $\begin{cases} 4x+3y+z=mx, \\ 3x-4y+7z=my, \\ x+7y-6z=mz. \end{cases}$

3. 求一个二次多项式 $f(x)$，使 $f(1)=-1$，$f(-1)=9$，$f(2)=-3$.

第三节　矩　阵　代　数

　　在实际问题中，经常会出现未知数的个数与方程个数不相等的方程组，这是用上一节的克莱姆法则无法解决的. 为了讨论一般的线性方程组，并简化运算，我们需要寻求一种既能求解任何方程组而运算又相对简单的数学工具. 先看两个实例.

　　例 6-9　　某制药厂生产 3 种药品 x_1，x_2，x_3，目前供应国内的 4 家医院 y_1，y_2，y_3，y_4，经常要考虑如何供应，才能使销售的总运费最低. 这时销售部门可以用一个数表(表 6-1)来表示药品的供应方案.

表 6-1

医院	药品		
	x_1	x_2	x_3
y_1	a_{11}	a_{12}	a_{13}
y_2	a_{21}	a_{22}	a_{23}
y_3	a_{31}	a_{32}	a_{33}
y_4	a_{41}	a_{42}	a_{43}

　　表中数字 a_{ij} 表示药品 x_i 运到医院 y_j 的数量，由此可以用数表

$$\begin{pmatrix} a_{11} & a_{12} & a_{13} \\ a_{21} & a_{22} & a_{23} \\ a_{31} & a_{32} & a_{33} \\ a_{41} & a_{42} & a_{43} \end{pmatrix}$$

表示药品的调运方案.

　　例 6-10　　线性方程组

$$\begin{cases} a_{11}x_1+a_{12}x_2+\cdots+a_{1n}x_n=b_1, \\ a_{21}x_1+a_{22}x_2+\cdots+a_{2n}x_n=b_2, \\ \qquad\cdots\cdots \\ a_{m1}x_1+a_{m2}x_2+\cdots+a_{mn}x_n=b_m, \end{cases} \tag{6-10}$$

把它的系数按原来的次序排成系数表

$$\begin{pmatrix} a_{11} & a_{12} & \cdots & a_{1n} \\ a_{21} & a_{22} & \cdots & a_{2n} \\ \vdots & \vdots & & \vdots \\ a_{m1} & a_{m2} & \cdots & a_{mn} \end{pmatrix},$$

常数项也排成一个表

$$\begin{bmatrix} b_1 \\ b_2 \\ \vdots \\ b_m \end{bmatrix},$$

有了这两个表,方程组(6-10)就可以完全确定.

类似这种矩形表,在自然科学、工程技术及经济领域中常常被应用,这种数表在数学上就叫**矩阵**.

> **思政育人**
>
> 　　一切知识来源于社会实践.数学知识同样是人们在社会实践中不断创新、总结出来的.中国古代一直就有"读万卷书,行万里路"的说法,前半句"读万卷书"说明了终身学习的重要,后半句"行万里路"说明了社会实践的重要.

一、矩阵的概念

定义 6-6　由 $m \times n$ 个数 $a_{ij}(i=1, 2, \cdots, m; j=1, 2, \cdots, n)$ 排成的矩形数表

$$\begin{pmatrix} a_{11} & a_{12} & \cdots & a_{1n} \\ a_{21} & a_{22} & \cdots & a_{2n} \\ \vdots & \vdots & & \vdots \\ a_{m1} & a_{m2} & \cdots & a_{mn} \end{pmatrix}$$

叫作一个 m 行 n 列的矩阵,简称 **$m \times n$ 矩阵**,这 $m \times n$ 个数叫作**矩阵的元素**. a_{ij} 称为该矩阵第 i 行第 j 列的元素.

$m \times n$ 矩阵可记作 $\boldsymbol{A}_{m \times n}$ 或 $(a_{ij})_{m \times n}$,有时简记作 $\boldsymbol{A}$ 或 (a_{ij}),矩阵常用大写字母 $\boldsymbol{A}$,$\boldsymbol{B}$,$\boldsymbol{C}$,$\cdots$ 来表示.

当 $m=n$ 时,矩阵 $\boldsymbol{A}$ 称为 n 阶**方阵**.

当 $m=1$ 时,矩阵 $\boldsymbol{A}$ 称为**行矩阵**,即

$$\boldsymbol{A}_{1 \times n} = (a_{11} \quad a_{12} \quad \cdots \quad a_{1n}).$$

当 $n=1$ 时,矩阵 $\boldsymbol{A}$ 称为**列矩阵**,即

$$\boldsymbol{A}_{m \times 1} = \begin{pmatrix} a_{11} \\ a_{21} \\ \vdots \\ a_{m1} \end{pmatrix}.$$

如果矩阵的元素全为零,称 $\boldsymbol{A}$ 为**零矩阵**,记作 $\boldsymbol{O}$.

$$O_{m \times n} = \begin{pmatrix} 0 & 0 & \cdots & 0 \\ 0 & 0 & \cdots & 0 \\ \vdots & \vdots & & \vdots \\ 0 & 0 & \cdots & 0 \end{pmatrix}.$$

在 n 阶方阵中,如果主对角线左下方的元素全为零,则称为**上三角矩阵**,即

$$\begin{pmatrix} a_{11} & a_{12} & \cdots & a_{1n} \\ 0 & a_{22} & \cdots & a_{2n} \\ \vdots & \vdots & & \vdots \\ 0 & 0 & \cdots & a_{nn} \end{pmatrix}.$$

如果主对角线右上方的元素全为零,则称为**下三角矩阵**,即

$$\begin{pmatrix} a_{11} & 0 & \cdots & 0 \\ a_{21} & a_{22} & \cdots & 0 \\ \vdots & \vdots & & \vdots \\ a_{n1} & a_{n2} & \cdots & a_{nn} \end{pmatrix}.$$

如果一个方阵主对角线以外的元素全为零,则这个方阵称为**对角方阵**,即

$$\begin{pmatrix} a_{11} & 0 & \cdots & 0 \\ 0 & a_{22} & \cdots & 0 \\ \vdots & \vdots & & \vdots \\ 0 & 0 & \cdots & a_{nn} \end{pmatrix}.$$

在 n 阶对角方阵中,当对角线上的元素都为 1 时,则称为 n **阶单位矩阵**,记作 E,即

$$E = \begin{pmatrix} 1 & 0 & \cdots & 0 \\ 0 & 1 & \cdots & 0 \\ \vdots & \vdots & & \vdots \\ 0 & 0 & \cdots & 1 \end{pmatrix}.$$

如果矩阵 $A = (a_{ij})$,$B = (b_{ij})$ 的行数与列数分别相同,并且各对应位置的元素也相等,则称矩阵 A 与矩阵 B 相等,记作 $A = B$,即如果 $A = (a_{ij})_{m \times n}$,$B = (b_{ij})_{m \times n}$,且 $a_{ij} = b_{ij} (i = 1, 2, \cdots, m; j = 1, 2, \cdots, n)$,那么 $A = B$.

 知识链接

数学最终的源头是 0,0 的产生使人类可以区分"有"和"没有";1 的产生使人类可以区分"多"和"少",从此有了计数;等号"="的产生使人类懂得了什么叫"一样多",从此有了数的运算.所以对任何东西要作运算,必须具备这 3 个条件.要对矩阵进行运算,必须有零矩阵(相当于数字中的0)、单位矩阵(相当于数字中的1)、相等矩阵,三者缺一不可,否则就没有矩阵运算.

例 6-11 设矩阵

$$\boldsymbol{A}=\begin{pmatrix} a & -1 & 3 \\ 0 & b & -4 \\ -5 & 6 & 7 \end{pmatrix}, \boldsymbol{B}=\begin{pmatrix} -2 & -1 & c \\ 0 & 1 & -4 \\ d & 6 & 7 \end{pmatrix},$$

且 $\boldsymbol{A}=\boldsymbol{B}$，求 a,b,c,d.

解 由 $\boldsymbol{A}=\boldsymbol{B}$ 得 $a=-2,b=1,c=3,d=-5$.

将 $m\times n$ 矩阵 $\boldsymbol{A}_{m\times n}$ 的行换成列，列换成行，所得到的 $n\times m$ 矩阵称为 $\boldsymbol{A}_{m\times n}$ 的转置矩阵，记作 $\boldsymbol{A}^{\mathrm{T}}$，即

$$\text{若 } \boldsymbol{A}=\begin{pmatrix} a_{11} & a_{12} & \cdots & a_{1n} \\ a_{21} & a_{22} & \cdots & a_{2n} \\ \vdots & \vdots & & \vdots \\ a_{m1} & a_{m2} & \cdots & a_{mn} \end{pmatrix}, \text{则 } \boldsymbol{A}^{\mathrm{T}}=\begin{pmatrix} a_{11} & a_{21} & \cdots & a_{m1} \\ a_{12} & a_{22} & \cdots & a_{m2} \\ \vdots & \vdots & & \vdots \\ a_{1n} & a_{2n} & \cdots & a_{mn} \end{pmatrix}.$$

例 6-12 求下列矩阵的转置矩阵：

$$\boldsymbol{A}=(1 \quad -1 \quad 2), \boldsymbol{B}=\begin{pmatrix} 2 & -1 & 0 \\ 1 & 1 & 3 \\ 4 & 2 & 1 \end{pmatrix}.$$

解 $\boldsymbol{A}^{\mathrm{T}}=\begin{pmatrix} 1 \\ -1 \\ 2 \end{pmatrix}$, $\boldsymbol{B}^{\mathrm{T}}=\begin{pmatrix} 2 & 1 & 4 \\ -1 & 1 & 2 \\ 0 & 3 & 1 \end{pmatrix}$.

转置矩阵具有下列性质：

(1) $(\boldsymbol{A}^{\mathrm{T}})^{\mathrm{T}}=\boldsymbol{A}$；

(2) $(\boldsymbol{A}+\boldsymbol{B})^{\mathrm{T}}=\boldsymbol{A}^{\mathrm{T}}+\boldsymbol{B}^{\mathrm{T}}$；

(3) $(\lambda\boldsymbol{A})^{\mathrm{T}}=\lambda\boldsymbol{A}^{\mathrm{T}}$；

(4) $(\boldsymbol{A}\boldsymbol{B})^{\mathrm{T}}=\boldsymbol{B}^{\mathrm{T}}\boldsymbol{A}^{\mathrm{T}}$.

如果方阵 $\boldsymbol{A}$ 满足 $\boldsymbol{A}^{\mathrm{T}}=\boldsymbol{A}$，那么 $\boldsymbol{A}$ 为**对称矩阵**，即 $a_{ij}=a_{ji}(i,j=1,2,\cdots,n)$.

例如，矩阵 $\boldsymbol{A}=\begin{pmatrix} 1 & 3 & 7 \\ 3 & 0 & 2 \\ 7 & 2 & -12 \end{pmatrix}$ 是一个三阶对称矩阵.

矩阵与行列式是完全不同的两个概念，二者有本质区别. 行列式可以展开，它的值是一个算式或一个数；矩阵是一个数表，它不表示一个算式或一个数，也没有展开式.

通常把方阵 $\boldsymbol{A}_{n\times n}$ 的元素按原来顺序所构成的行列式，称为方阵 $\boldsymbol{A}_{n\times n}$ 的行列式，记作 $|\boldsymbol{A}|$ 或 $\det\boldsymbol{A}$. 如果方阵 $\boldsymbol{A}$ 满足 $|\boldsymbol{A}|\neq0$，称 $\boldsymbol{A}$ 为**非奇异方阵**，否则，称 $\boldsymbol{A}$ 为**奇异方阵**.

二、矩阵的运算

(一)矩阵的加减运算

定义 6-7 设两个 $m\times n$ 矩阵 $\boldsymbol{A}=(a_{ij})$，$\boldsymbol{B}=(b_{ij})$，将其对应位置元素相加(或相减)

得到的 $m \times n$ 矩阵,称为矩阵 $\boldsymbol{A}$ 与矩阵 $\boldsymbol{B}$ 的和(或差),记作 $\boldsymbol{A} \pm \boldsymbol{B}$,即

$$\boldsymbol{A}=\begin{pmatrix} a_{11} & a_{12} & \cdots & a_{1n} \\ a_{21} & a_{22} & \cdots & a_{2n} \\ \vdots & \vdots & & \vdots \\ a_{m1} & a_{m2} & \cdots & a_{mn} \end{pmatrix}, \quad \boldsymbol{B}=\begin{pmatrix} b_{11} & b_{12} & \cdots & b_{1n} \\ b_{21} & b_{22} & \cdots & b_{2n} \\ \vdots & \vdots & & \vdots \\ b_{m1} & b_{m2} & \cdots & b_{mn} \end{pmatrix},$$

$$\boldsymbol{A} \pm \boldsymbol{B}=\begin{pmatrix} a_{11} \pm b_{11} & a_{12} \pm b_{12} & \cdots & a_{1n} \pm b_{1n} \\ a_{21} \pm b_{21} & a_{22} \pm b_{22} & \cdots & a_{2n} \pm b_{2n} \\ \vdots & \vdots & & \vdots \\ a_{m1} \pm b_{m1} & a_{m2} \pm b_{m2} & \cdots & a_{mn} \pm b_{mn} \end{pmatrix}.$$

例如,设 $\boldsymbol{A}=\begin{pmatrix} 3 & 0 & -4 \\ -2 & 5 & -1 \end{pmatrix}$,$\boldsymbol{B}=\begin{pmatrix} -2 & 3 & 2 \\ 0 & -3 & 1 \end{pmatrix}$,则

$$\begin{aligned} \boldsymbol{A}+\boldsymbol{B} &= \begin{pmatrix} 3 & 0 & -4 \\ -2 & 5 & -1 \end{pmatrix} + \begin{pmatrix} -2 & 3 & 2 \\ 0 & -3 & 1 \end{pmatrix} \\ &= \begin{pmatrix} 3+(-2) & 0+3 & -4+2 \\ -2+0 & 5+(-3) & -1+1 \end{pmatrix} \\ &= \begin{pmatrix} 1 & 3 & -2 \\ -2 & 2 & 0 \end{pmatrix}, \end{aligned}$$

$$\begin{aligned} \boldsymbol{A}-\boldsymbol{B} &= \begin{pmatrix} 3 & 0 & -4 \\ -2 & 5 & -1 \end{pmatrix} - \begin{pmatrix} -2 & 3 & 2 \\ 0 & -3 & 1 \end{pmatrix} \\ &= \begin{pmatrix} 3-(-2) & 0-3 & -4-2 \\ -2-0 & 5-(-3) & -1-1 \end{pmatrix} \\ &= \begin{pmatrix} 5 & -3 & -6 \\ -2 & 8 & -2 \end{pmatrix}. \end{aligned}$$

注 只有在两个矩阵的行数和列数都对应相同时才能作加法(或减法)运算.

由定义,可得矩阵的加法具有以下性质:

(1) $\boldsymbol{A}+\boldsymbol{B}=\boldsymbol{B}+\boldsymbol{A}$;

(2) $(\boldsymbol{A}+\boldsymbol{B})+\boldsymbol{C}=\boldsymbol{A}+(\boldsymbol{B}+\boldsymbol{C})$;

(3) $\boldsymbol{A}+\boldsymbol{O}=\boldsymbol{A}$.

其中 $\boldsymbol{A}$,$\boldsymbol{B}$,$\boldsymbol{C}$,$\boldsymbol{O}$ 都是 $m \times n$ 矩阵.

(二) 数与矩阵的乘法

定义 6-8 设 k 为任意数,以数 k 乘矩阵 $\boldsymbol{A}$ 中的每一个元素所得到的矩阵叫作 k 与 $\boldsymbol{A}$ 的积,记为 $k\boldsymbol{A}$(或 $\boldsymbol{A}k$)即

$$k\boldsymbol{A}=(ka_{ij})_{m \times n}=\begin{pmatrix} ka_{11} & ka_{12} & \cdots & ka_{1n} \\ ka_{21} & ka_{22} & \cdots & ka_{2n} \\ \vdots & \vdots & & \vdots \\ ka_{m1} & ka_{m2} & \cdots & ka_{mn} \end{pmatrix}.$$

例如,设 $\boldsymbol{A} = \begin{pmatrix} -3 & -1 & 2 \\ -2 & 4 & 6 \\ 7 & 3 & 1 \end{pmatrix}$,则

$$2\boldsymbol{A} = \begin{pmatrix} 2\times(-3) & 2\times(-1) & 2\times 2 \\ 2\times(-2) & 2\times 4 & 2\times 6 \\ 2\times 7 & 2\times 3 & 2\times 1 \end{pmatrix}$$

$$= \begin{pmatrix} -6 & -2 & 4 \\ -4 & 8 & 12 \\ 14 & 6 & 2 \end{pmatrix}.$$

易证数乘具有以下运算规律:

(1) $k(\boldsymbol{A}+\boldsymbol{B}) = k\boldsymbol{A} + k\boldsymbol{B}$;

(2) $(k+h)\boldsymbol{A} = k\boldsymbol{A} + h\boldsymbol{A}$;

(3) $(kh)\boldsymbol{A} = k(h\boldsymbol{A})$.

其中 $\boldsymbol{A}$,$\boldsymbol{B}$ 都是 $m\times n$ 矩阵,k,h 为任意实数.

例 6-13 已知

$$\boldsymbol{A} = \begin{pmatrix} 3 & -1 & 2 & 0 \\ 1 & 5 & 7 & 9 \\ 2 & 4 & 6 & 8 \end{pmatrix}, \boldsymbol{B} = \begin{pmatrix} 7 & 5 & -2 & 4 \\ 5 & 1 & 9 & 7 \\ 3 & 2 & -1 & 6 \end{pmatrix},$$

且 $\boldsymbol{A}+2\boldsymbol{Z}=\boldsymbol{B}$,求 $\boldsymbol{Z}$.

解 $\boldsymbol{Z} = \dfrac{1}{2}(\boldsymbol{B}-\boldsymbol{A})$

$$= \frac{1}{2}\begin{pmatrix} 4 & 6 & -4 & 4 \\ 4 & -4 & 2 & -2 \\ 1 & -2 & -7 & -2 \end{pmatrix}$$

$$= \begin{pmatrix} 2 & 3 & -2 & 2 \\ 2 & -2 & 1 & -1 \\ \dfrac{1}{2} & -1 & -\dfrac{7}{2} & -1 \end{pmatrix}.$$

(三) 矩阵与矩阵相乘

先看下例:

某地区有 1,2,3 三家药厂生产甲、乙两种疫苗,矩阵 $\boldsymbol{A}$ 表示各药厂生产两种疫苗的年产量,矩阵 $\boldsymbol{B}$ 表示两种疫苗的单价和单位利润:

$$\boldsymbol{A} = \begin{pmatrix} a_{11} & a_{12} \\ a_{21} & a_{22} \\ a_{31} & a_{32} \end{pmatrix}\begin{matrix} 1 \\ 2 \\ 3 \end{matrix} \qquad \boldsymbol{B} = \begin{pmatrix} b_{11} & b_{12} \\ b_{21} & b_{22} \end{pmatrix}\begin{matrix} 甲 \\ 乙 \end{matrix}$$
$$\quad\ \ 甲 \quad\ 乙 \qquad\qquad\qquad 单价 \quad 单位利润$$

$$1 \quad 总 \begin{cases} c_{11} = a_{11}b_{11} + a_{12}b_{21}, \\ 2 \quad 收 \begin{cases} c_{21} = a_{21}b_{11} + a_{22}b_{21}, \\ 3 \quad 入 \begin{cases} c_{31} = a_{31}b_{11} + a_{32}b_{21}, \end{cases} \end{cases}$$

$$总 \begin{cases} c_{12} = a_{11}b_{12} + a_{12}b_{22}, \\ 利 \begin{cases} c_{22} = a_{21}b_{12} + a_{22}b_{22}, \\ 润 \begin{cases} c_{32} = a_{31}b_{12} + a_{32}b_{22}. \end{cases} \end{cases}$$

$$\boldsymbol{C} = \begin{pmatrix} c_{11} & c_{12} \\ c_{21} & c_{22} \\ c_{31} & c_{32} \end{pmatrix} = \begin{pmatrix} a_{11}b_{11} + a_{12}b_{21} & a_{11}b_{12} + a_{12}b_{22} \\ a_{21}b_{11} + a_{22}b_{21} & a_{21}b_{12} + a_{22}b_{22} \\ a_{31}b_{11} + a_{32}b_{21} & a_{31}b_{12} + a_{32}b_{22} \end{pmatrix}.$$

其中,矩阵 $\boldsymbol{C}$ 中第 i 行、第 j 列的元素等于矩阵 $\boldsymbol{A}$ 的第 i 行元素与矩阵 $\boldsymbol{B}$ 中第 j 列对应元素的乘积之和.

定义 6-9 设矩阵 $\boldsymbol{A} = (a_{ik})_{m \times s}$,矩阵 $\boldsymbol{B} = (b_{kj})_{s \times n}$($\boldsymbol{A}$ 的列数与 $\boldsymbol{B}$ 的行数相等),那么,矩阵 $\boldsymbol{C} = (c_{ij})_{m \times n}$ 称为矩阵 $\boldsymbol{A}$ 与矩阵 $\boldsymbol{B}$ 的乘积,其中

$$\begin{aligned} c_{ij} &= a_{i1}b_{1j} + a_{i2}b_{2j} + \cdots + a_{is}b_{sj} \\ &= \sum_{k=1}^{s} a_{ik}b_{kj} \, (i = 1, 2, \cdots, m; \, j = 1, 2, \cdots, n), \end{aligned}$$

即表示 $\boldsymbol{A}$ 的第 i 行元素依次乘 $\boldsymbol{B}$ 的第 j 列相应元素后相加,记作 $\boldsymbol{C} = \boldsymbol{AB}$.

例如计算 c_{23} 这个元素(即 $i = 2$, $j = 3$),就是用 $\boldsymbol{A}$ 的第 2 行元素分别乘以 $\boldsymbol{B}$ 的第 3 列相应的元素,然后相加就得 c_{23}.

注 两个矩阵 $\boldsymbol{A}$, $\boldsymbol{B}$ 只有当矩阵 $\boldsymbol{A}$ 的列数等于矩阵 $\boldsymbol{B}$ 的行数时,相乘才有意义. 为此,我们常用下面方法来记: $\boldsymbol{A}_{m \times s} \boldsymbol{B}_{s \times n} = \boldsymbol{C}_{m \times n}$.

例 6-14 设 $\boldsymbol{A} = \begin{pmatrix} 3 & 2 & -1 \\ 2 & -3 & 5 \end{pmatrix}$, $\boldsymbol{B} = \begin{pmatrix} 1 & 3 \\ -5 & 4 \\ 3 & 6 \end{pmatrix}$,求 $\boldsymbol{AB}$ 及 $\boldsymbol{BA}$.

解 $\boldsymbol{AB} = \begin{pmatrix} 3 & 2 & -1 \\ 2 & -3 & 5 \end{pmatrix} \begin{pmatrix} 1 & 3 \\ -5 & 4 \\ 3 & 6 \end{pmatrix}$

$$= \begin{pmatrix} 3 \times 1 + 2 \times (-5) + (-1) \times 3 & 3 \times 3 + 2 \times 4 + (-1) \times 6 \\ 2 \times 1 + (-3) \times (-5) + 5 \times 3 & 2 \times 3 + (-3) \times 4 + 5 \times 6 \end{pmatrix}$$

$$= \begin{pmatrix} -10 & 11 \\ 32 & 24 \end{pmatrix},$$

$$\boldsymbol{BA} = \begin{pmatrix} 1 & 3 \\ -5 & 4 \\ 3 & 6 \end{pmatrix} \begin{pmatrix} 3 & 2 & -1 \\ 2 & -3 & 5 \end{pmatrix}$$

$$= \begin{pmatrix} 1 \times 3 + 3 \times 2 & 1 \times 2 + 3 \times (-3) & 1 \times (-1) + 3 \times 5 \\ -5 \times 3 + 4 \times 2 & -5 \times 2 + 4 \times (-3) & -5 \times (-1) + 4 \times 5 \\ 3 \times 3 + 6 \times 2 & 3 \times 2 + 6 \times (-3) & 3 \times (-1) + 6 \times 5 \end{pmatrix}$$

$$= \begin{pmatrix} 9 & -7 & 14 \\ -7 & -22 & 25 \\ 21 & -12 & 27 \end{pmatrix}.$$

这里 $AB \neq BA$，说明矩阵乘法不满足交换律.

　　注　$AB = O$ 推不出 $A = O$ 或 $B = O$；

　　　　$AC = BC$ 推不出 $A = B$.

　　例如，$A = \begin{pmatrix} 1 & 1 \\ 1 & 1 \end{pmatrix}$，$B = \begin{pmatrix} 1 \\ -1 \end{pmatrix}$，有 $\begin{pmatrix} 1 & 1 \\ 1 & 1 \end{pmatrix} \begin{pmatrix} 1 \\ -1 \end{pmatrix} = \begin{pmatrix} 0 \\ 0 \end{pmatrix}$；

$\begin{pmatrix} 3 & 1 \\ 4 & 6 \end{pmatrix} \begin{pmatrix} 0 & 0 \\ 1 & 1 \end{pmatrix} = \begin{pmatrix} 2 & 1 \\ 4 & 6 \end{pmatrix} \begin{pmatrix} 0 & 0 \\ 1 & 1 \end{pmatrix}$，而 $\begin{pmatrix} 3 & 1 \\ 4 & 6 \end{pmatrix} \neq \begin{pmatrix} 2 & 1 \\ 4 & 6 \end{pmatrix}$.

矩阵的乘法满足下列运算规律：

(1) $(AB)C = A(BC)$；

(2) $A(B + C) = AB + AC$，$(B + C)A = BA + CA$；

(3) $k(AB) = (kA)B = A(kB)$；

(4) $AE = EA = A$；

(5) $A^k = \underbrace{A \cdot A \cdot \cdots \cdot A}_{k\text{个}}$，$A^k \cdot A^l = A^{k+l}$，$(A^k)^l = A^{kl}$.

其中 A 为 n 阶方阵.

三、逆矩阵

　　利用矩阵的乘法和矩阵相等的含义，可以把线性方程组写成矩阵形式. 对于线性方程组

$$\begin{cases} a_{11}x_1 + a_{12}x_2 + \cdots + a_{1n}x_n = b_1, \\ a_{21}x_1 + a_{22}x_2 + \cdots + a_{2n}x_n = b_2, \\ \qquad\qquad \cdots\cdots \\ a_{m1}x_1 + a_{m2}x_2 + \cdots + a_{mn}x_n = b_m, \end{cases}$$

令

$$A = \begin{pmatrix} a_{11} & a_{12} & \cdots & a_{1n} \\ a_{21} & a_{22} & \cdots & a_{2n} \\ \vdots & \vdots & & \vdots \\ a_{m1} & a_{m2} & \cdots & a_{mn} \end{pmatrix}, \quad X = \begin{pmatrix} x_1 \\ x_2 \\ \vdots \\ x_n \end{pmatrix}, \quad B = \begin{pmatrix} b_1 \\ b_2 \\ \vdots \\ b_m \end{pmatrix},$$

则方程组可写成 $AX = B$.

　　方程 $AX = B$ 是线性方程组的矩阵表达形式，称为**矩阵方程**. 其中 A 称为方程组的**系数矩阵**，X 称为**未知矩阵**，B 称为**常数项矩阵**.

　　这样，解线性方程组的问题就变成求矩阵方程中未知矩阵 X 的问题. 类似于一元一次方程 $ax = b\ (a \neq 0)$ 的解可以写成 $x = a^{-1}b$，矩阵方程 $AX = B$ 的解是否也可以表示为 $X = A^{-1}B$ 的形式呢？ 如果可以，则 X 可求出，但 A^{-1} 的含义和存在的条件是什么呢？ 下面来讨论这些问题.

　　定义 6-10　对于 n 阶方阵 A，如果存在 n 阶方阵 C，使得 $AC = CA = E$，则把方阵 C 称为 A 的逆矩阵(简称逆阵)，记作 A^{-1}，即 $C = A^{-1}$.

例如，$\boldsymbol{A} = \begin{pmatrix} 1 & 3 \\ 2 & 5 \end{pmatrix}$，$\boldsymbol{C} = \begin{pmatrix} -5 & 3 \\ 2 & -1 \end{pmatrix}$ 因为

$$\boldsymbol{AC} = \begin{pmatrix} 1 & 3 \\ 2 & 5 \end{pmatrix} \begin{pmatrix} -5 & 3 \\ 2 & -1 \end{pmatrix} = \begin{pmatrix} 1 & 0 \\ 0 & 1 \end{pmatrix},$$

$$\boldsymbol{CA} = \begin{pmatrix} -5 & 3 \\ 2 & -1 \end{pmatrix} \begin{pmatrix} 1 & 3 \\ 2 & 5 \end{pmatrix} = \begin{pmatrix} 1 & 0 \\ 0 & 1 \end{pmatrix},$$

所以 $\boldsymbol{C}$ 是 $\boldsymbol{A}$ 的逆矩阵，即 $\boldsymbol{C} = \boldsymbol{A}^{-1}$.

由定义可知，$\boldsymbol{AC} = \boldsymbol{CA} = \boldsymbol{E}$，$\boldsymbol{C}$ 是 $\boldsymbol{A}$ 的逆矩阵，也可以称 $\boldsymbol{A}$ 是 $\boldsymbol{C}$ 的逆矩阵，即 $\boldsymbol{A} = \boldsymbol{C}^{-1}$. 因此，$\boldsymbol{A}$ 与 $\boldsymbol{C}$ 称为互逆矩阵.

可以证明，逆矩阵有如下性质：

(1) 若 $\boldsymbol{A}$ 是可逆的，则逆矩阵唯一.

(2) 若 $\boldsymbol{A}$ 可逆，则 $(\boldsymbol{A}^{-1})^{-1} = \boldsymbol{A}$.

(3) 若 $\boldsymbol{A}$，$\boldsymbol{B}$ 为同阶方阵且均可逆，则 $\boldsymbol{AB}$ 可逆，且 $(\boldsymbol{AB})^{-1} = \boldsymbol{B}^{-1}\boldsymbol{A}^{-1}$.

(4) 若 $\boldsymbol{A}$ 可逆，则 $|\boldsymbol{A}| \neq 0$；反之，若 $|\boldsymbol{A}| \neq 0$，则 $\boldsymbol{A}$ 是可逆的.

证 (1) 如果 $\boldsymbol{B}$，$\boldsymbol{C}$ 都是 $\boldsymbol{A}$ 的逆矩阵，则

$$\boldsymbol{C} = \boldsymbol{CE} = \boldsymbol{C}(\boldsymbol{AB}) = (\boldsymbol{CA})\boldsymbol{B} = \boldsymbol{EB} = \boldsymbol{B},$$

即逆矩阵唯一. 其他证明略.

定义 6-11 设矩阵

$$\boldsymbol{A} = \begin{pmatrix} a_{11} & a_{12} & \cdots & a_{1n} \\ a_{21} & a_{22} & \cdots & a_{2n} \\ \vdots & \vdots & & \vdots \\ a_{n1} & a_{n2} & \cdots & a_{nn} \end{pmatrix},$$

所对应的行列式 $|\boldsymbol{A}|$ 中元素 a_{ij} 的代数余子式矩阵

$$\begin{pmatrix} A_{11} & A_{21} & \cdots & A_{n1} \\ A_{12} & A_{22} & \cdots & A_{n2} \\ \vdots & \vdots & & \vdots \\ A_{1n} & A_{2n} & \cdots & A_{nn} \end{pmatrix}$$

称为 $\boldsymbol{A}$ 的伴随矩阵，记为 $\boldsymbol{A}^*$.

显然，

$$\boldsymbol{AA}^* = \begin{pmatrix} a_{11} & a_{12} & \cdots & a_{1n} \\ a_{21} & a_{22} & \cdots & a_{2n} \\ \vdots & \vdots & & \vdots \\ a_{n1} & a_{n2} & \cdots & a_{nn} \end{pmatrix} \begin{pmatrix} A_{11} & A_{21} & \cdots & A_{n1} \\ A_{12} & A_{22} & \cdots & A_{n2} \\ \vdots & \vdots & & \vdots \\ A_{1n} & A_{2n} & \cdots & A_{nn} \end{pmatrix}$$

仍是一个 n 阶方阵，其中第 i 行第 j 列的元素为

$$a_{i1}A_{j1} + a_{i2}A_{j2} + \cdots + a_{in}A_{jn}.$$

由行列式按一行(列)展开式可知

$$a_{i1}A_{j1} + a_{i2}A_{j2} + \cdots + a_{in}A_{jn} = \begin{cases} |\boldsymbol{A}|, & i = j, \\ 0, & i \neq j, \end{cases}$$

所以

$$\boldsymbol{A}\boldsymbol{A}^* = \begin{pmatrix} |\boldsymbol{A}| & 0 & \cdots & 0 \\ 0 & |\boldsymbol{A}| & \cdots & 0 \\ \vdots & \vdots & & \vdots \\ 0 & 0 & \cdots & |\boldsymbol{A}| \end{pmatrix} = |\boldsymbol{A}|\boldsymbol{E}. \tag{6-11}$$

同理，$\boldsymbol{A}\boldsymbol{A}^* = |\boldsymbol{A}|\boldsymbol{E} = \boldsymbol{A}^*\boldsymbol{A}.$

定理 6-3　n 阶方阵 $\boldsymbol{A}$ 可逆的充分必要条件是 $\boldsymbol{A}$ 为非奇异矩阵，而且

$$\boldsymbol{A}^{-1} = \frac{1}{|\boldsymbol{A}|}\boldsymbol{A}^* = \frac{1}{|\boldsymbol{A}|}\begin{pmatrix} A_{11} & A_{21} & \cdots & A_{n1} \\ A_{12} & A_{22} & \cdots & A_{n2} \\ \vdots & \vdots & & \vdots \\ A_{1n} & A_{2n} & \cdots & A_{nn} \end{pmatrix}.$$

证　必要性：

如果 $\boldsymbol{A}$ 可逆，则存在 $\boldsymbol{A}^{-1}$ 使 $\boldsymbol{A}\boldsymbol{A}^{-1} = \boldsymbol{E}$，两边取行列式 $|\boldsymbol{A}\boldsymbol{A}^{-1}| = |\boldsymbol{E}|$，即 $|\boldsymbol{A}||\boldsymbol{A}^{-1}| = 1$，因而 $|\boldsymbol{A}| \neq 0$，即 $\boldsymbol{A}$ 为非奇异矩阵.

充分性：

设 $\boldsymbol{A}$ 为非奇异矩阵，所以 $|\boldsymbol{A}| \neq 0$，由式(6-11)可知 $\boldsymbol{A}\left(\dfrac{1}{|\boldsymbol{A}|}\boldsymbol{A}^*\right) = \left(\dfrac{1}{|\boldsymbol{A}|}\boldsymbol{A}^*\right)\boldsymbol{A} = \boldsymbol{E}$，

所以 $\boldsymbol{A}$ 是可逆矩阵，且 $\boldsymbol{A}^{-1} = \dfrac{1}{|\boldsymbol{A}|}\boldsymbol{A}^*$.

例 6-15　求矩阵 $\boldsymbol{A} = \begin{pmatrix} 1 & 0 & 1 \\ 2 & 1 & 0 \\ -3 & 2 & -5 \end{pmatrix}$ 的逆矩阵.

解　因为 $|\boldsymbol{A}| = \begin{vmatrix} 1 & 0 & 1 \\ 2 & 1 & 0 \\ -3 & 2 & -5 \end{vmatrix} = 2 \neq 0$，所以 $\boldsymbol{A}$ 是可逆的. 又因为

$$A_{11} = \begin{vmatrix} 1 & 0 \\ 2 & -5 \end{vmatrix} = -5, \quad A_{12} = -\begin{vmatrix} 2 & 0 \\ -3 & -5 \end{vmatrix} = 10, \quad A_{13} = \begin{vmatrix} 2 & 1 \\ -3 & 2 \end{vmatrix} = 7,$$

$$A_{21} = -\begin{vmatrix} 0 & 1 \\ 2 & -5 \end{vmatrix} = 2, \quad A_{22} = \begin{vmatrix} 1 & 1 \\ -3 & -5 \end{vmatrix} = -2, \quad A_{23} = -\begin{vmatrix} 1 & 0 \\ -3 & 2 \end{vmatrix} = -2,$$

$$A_{31} = \begin{vmatrix} 0 & 1 \\ 1 & 0 \end{vmatrix} = -1, \quad A_{32} = -\begin{vmatrix} 1 & 1 \\ 2 & 0 \end{vmatrix} = 2, \quad A_{33} = \begin{vmatrix} 1 & 0 \\ 2 & 1 \end{vmatrix} = 1,$$

所以

$$A^{-1} = \frac{1}{|A|}A^* = \frac{1}{2}\begin{pmatrix} -5 & 2 & -1 \\ 10 & -2 & 2 \\ 7 & -2 & 1 \end{pmatrix}$$

$$= \begin{pmatrix} -\dfrac{5}{2} & 1 & -\dfrac{1}{2} \\ 5 & -1 & 1 \\ \dfrac{7}{2} & -1 & \dfrac{1}{2} \end{pmatrix}.$$

例 6-16 解线性方程组

$$\begin{cases} x_2 + 2x_3 = 1, \\ x_1 + x_2 + 4x_3 = 0, \\ 2x_1 - x_2 = -1. \end{cases}$$

解 方程组可写成

$$\begin{pmatrix} 0 & 1 & 2 \\ 1 & 1 & 4 \\ 2 & -1 & 0 \end{pmatrix}\begin{pmatrix} x_1 \\ x_2 \\ x_3 \end{pmatrix} = \begin{pmatrix} 1 \\ 0 \\ -1 \end{pmatrix}.$$

设 $A = \begin{pmatrix} 0 & 1 & 2 \\ 1 & 1 & 4 \\ 2 & -1 & 0 \end{pmatrix}$, $X = \begin{pmatrix} x_1 \\ x_2 \\ x_3 \end{pmatrix}$, $B = \begin{pmatrix} 1 \\ 0 \\ -1 \end{pmatrix}$, 则 $AX = B$.

由 A 的行列式 $|A| = 2 \neq 0$ 知 A 可逆,且 $A^{-1} = \begin{pmatrix} 2 & -1 & 1 \\ 4 & -2 & 1 \\ -\dfrac{3}{2} & 1 & -\dfrac{1}{2} \end{pmatrix}$, 所以 $X = A^{-1}B$,

即 $\begin{pmatrix} x_1 \\ x_2 \\ x_3 \end{pmatrix} = A^{-1}B = \begin{pmatrix} 2 & -1 & 1 \\ 4 & -2 & 1 \\ -\dfrac{3}{2} & 1 & -\dfrac{1}{2} \end{pmatrix}\begin{pmatrix} 1 \\ 0 \\ -1 \end{pmatrix} = \begin{pmatrix} 1 \\ 3 \\ -1 \end{pmatrix}.$

于是,方程组的解是

$$\begin{cases} x_1 = 1, \\ x_2 = 3, \\ x_3 = -1. \end{cases}$$

用逆矩阵解线性方程组虽然增加了一种解线性方程组的方法,但也仅此而已.因为用伴随矩阵求逆矩阵要求矩阵必须是方阵,而且要计算每一个元素的代数余子式,所以它既没有解决方程数与未知数不相等的超定或欠定方程组的问题,也没有解决运算复杂的问题.因此,要解决一般线性方程组问题,还需要寻求另外的方法.

点 滴 积 累

行列式是一种运算,其结果是一个数.矩阵是一个数表,其运算的结果还是一个矩阵.矩阵的运算有加、减、乘(数乘与矩阵乘)、逆,其运算规则是:

(1) 同型矩阵(矩阵的行、列数相同)可以相加减,即对应元素相加减;

(2) 用一个数乘一个矩阵等于用这个数去乘矩阵中的每一个元素;

(3) 当左矩阵的列数与右矩阵的行数相等时,两矩阵可以相乘,乘积矩阵的行数取左矩阵的行数,乘积矩阵的列数取右矩阵的列数,注意两个矩阵相乘没有交换律.

(4) 方阵的逆矩阵实际是定义了矩阵的除法,其伴随矩阵法求逆矩阵公式为 $\boldsymbol{A}^{-1} = \dfrac{1}{|\boldsymbol{A}|}\boldsymbol{A}^*$,其中 $\boldsymbol{A}^*$ 是 $\boldsymbol{A}$ 内各元素的代数余子式组成矩阵的转置矩阵.

随堂练习6-3

1. 设矩阵

$$\boldsymbol{A} = \begin{pmatrix} 1 & -2 & 1 & 2 \\ 2 & 3 & -4 & 0 \\ -3 & 5 & 0 & -4 \end{pmatrix}, \boldsymbol{B} = \begin{pmatrix} -3 & 3 & 0 & -3 \\ 0 & -4 & 9 & 12 \\ 6 & -8 & -9 & 5 \end{pmatrix},$$

(1) 求 $3\boldsymbol{A} - \boldsymbol{B}$;(2) 求 $2\boldsymbol{A} + 3\boldsymbol{B}$;(3) 若 $\boldsymbol{X}$ 满足 $\boldsymbol{A} + \boldsymbol{X} = \boldsymbol{B}$,求 $\boldsymbol{X}$.

2. 计算:

(1) $\begin{pmatrix} 1 & 0 \\ 0 & 1 \end{pmatrix}\begin{pmatrix} 3 & 2 \\ 5 & 6 \end{pmatrix}$;

(2) $\begin{pmatrix} 2 & -1 \\ -3 & 3 \end{pmatrix}^2 - 5\begin{pmatrix} 2 & -1 \\ -3 & 3 \end{pmatrix} + 2\begin{pmatrix} 1 & 0 \\ 0 & 1 \end{pmatrix}$;

(3) $\begin{pmatrix} 1 & 0 \\ 0 & 1 \end{pmatrix}\begin{pmatrix} 5 & 3 \\ 2 & 7 \end{pmatrix}\begin{pmatrix} 1 & 0 \\ 0 & 1 \end{pmatrix}$;

(4) $\begin{pmatrix} -1 & 2 & 3 \\ 3 & -1 & 0 \end{pmatrix}\begin{pmatrix} 2 & 5 & 0 \\ -4 & 3 & -2 \\ -3 & -1 & 1 \end{pmatrix}$.

3. 设 n 阶方阵 $\boldsymbol{A}$ 和 $\boldsymbol{B}$ 满足 $\boldsymbol{AB} = \boldsymbol{BA}$,证明:

(1) $(\boldsymbol{A} + \boldsymbol{B})^2 = \boldsymbol{A}^2 + 2\boldsymbol{AB} + \boldsymbol{B}^2$;

(2) $\boldsymbol{A}^2 - \boldsymbol{B}^2 = (\boldsymbol{A} + \boldsymbol{B})(\boldsymbol{A} - \boldsymbol{B})$.

4. 若矩阵

$$\boldsymbol{A} = \begin{pmatrix} -2 & 3 \\ -5 & 0 \end{pmatrix}, \boldsymbol{B} = \begin{pmatrix} 2 & 1 \\ 3 & 4 \end{pmatrix},$$

验证:$|\boldsymbol{AB}| = |\boldsymbol{A}|\,|\boldsymbol{B}|$.

5. 若矩阵

$$A = \begin{pmatrix} 1 & 3 \\ 0 & 2 \\ -1 & 0 \end{pmatrix}, \quad B = \begin{pmatrix} 1 & 0 & 1 \\ -1 & 1 & 0 \end{pmatrix},$$

验证:$(AB)^T = B^T A^T$.

6. 已知矩阵 $B = \begin{pmatrix} 1 & 0 & 2 & 0 \\ 1 & -1 & 0 & 2 \\ 0 & 2 & 1 & -1 \end{pmatrix}$,对称矩阵 $A = \begin{pmatrix} 1 & 4 & 6 \\ 4 & 2 & 5 \\ 6 & 5 & 3 \end{pmatrix}$,验证 $B^T AB$ 为对称矩阵.

7. 用伴随矩阵求下列矩阵的逆矩阵:

(1) $\begin{pmatrix} 2 & 1 \\ 1 & 2 \end{pmatrix}$ (2) $\begin{pmatrix} 1 & 1 & 2 \\ -1 & 2 & 0 \\ 1 & 1 & 3 \end{pmatrix}$ (3) $\begin{pmatrix} 2 & 2 & 3 \\ 1 & -1 & 0 \\ -1 & 2 & 1 \end{pmatrix}$

8. 解矩阵方程:

(1) $X \begin{pmatrix} 2 & 5 \\ 1 & 3 \end{pmatrix} = \begin{pmatrix} 4 & -6 \\ 2 & 1 \end{pmatrix}$;

(2) $\begin{pmatrix} 3 & -1 \\ 5 & -2 \end{pmatrix} X \begin{pmatrix} 5 & 6 \\ 7 & 8 \end{pmatrix} = \begin{pmatrix} 14 & 16 \\ 9 & 10 \end{pmatrix}$;

(3) $\begin{pmatrix} 1 & 0 & 1 \\ -1 & 1 & 1 \\ 2 & -1 & 1 \end{pmatrix} X = \begin{pmatrix} 2 \\ 0 \\ -3 \end{pmatrix}$;

(4) $X \begin{pmatrix} 3 & -1 & 2 \\ 1 & 0 & -1 \\ -2 & 1 & 4 \end{pmatrix} = \begin{pmatrix} 3 & 0 & -2 \\ -1 & 4 & 1 \end{pmatrix}$.

9. 用逆矩阵解线性方程组:

(1) $\begin{cases} x_1 + x_2 - x_3 = 2, \\ -2x_1 + x_2 + x_3 = 3, \\ x_1 + x_2 + x_3 = 6; \end{cases}$

(2) $\begin{cases} x_1 + x_2 + 3x_3 = -5, \\ 2x_1 + x_2 + x_3 = 8, \\ 3x_1 + 2x_2 + 3x_3 = -9. \end{cases}$

第四节　矩阵的初等变换与秩

一、矩阵的初等变换

定义 6-12　对矩阵的行(或列)作下列 3 种变换称为矩阵的初等变换:

(1) **位置变换**:交换矩阵的某两行(列),用记号 $r_i \leftrightarrow r_j (c_i \leftrightarrow c_j)$ 表示.

(2) **倍法变换**:用一个不为零的数乘矩阵的某一行(列),用记号 $kr_i (kc_i)$ 表示.

(3) **倍加变换**:用一个数乘矩阵的某一行(列)加到另一行(列)上,用记号 $kr_i + r_j (kc_i + c_j)$ 表示.

例 6-17 利用初等变换,将矩阵

$$A = \begin{pmatrix} 2 & 3 & 1 \\ 0 & 1 & 3 \\ 1 & 2 & 6 \end{pmatrix}$$

化成单位矩阵.

　　解 $A = \begin{pmatrix} 2 & 3 & 1 \\ 0 & 1 & 3 \\ 1 & 2 & 6 \end{pmatrix} \xrightarrow{r_1 \leftrightarrow r_3} \begin{pmatrix} 1 & 2 & 6 \\ 0 & 1 & 3 \\ 2 & 3 & 1 \end{pmatrix} \xrightarrow{-2r_1 + r_3} \begin{pmatrix} 1 & 2 & 6 \\ 0 & 1 & 3 \\ 0 & -1 & -11 \end{pmatrix} \xrightarrow{r_2 + r_3}$

$\begin{pmatrix} 1 & 2 & 6 \\ 0 & 1 & 3 \\ 0 & 0 & -8 \end{pmatrix} \xrightarrow{-\frac{1}{8}r_3} \begin{pmatrix} 1 & 2 & 6 \\ 0 & 1 & 3 \\ 0 & 0 & 1 \end{pmatrix} \xrightarrow[-3r_3 + r_2]{-6r_3 + r_1} \begin{pmatrix} 1 & 2 & 0 \\ 0 & 1 & 0 \\ 0 & 0 & 1 \end{pmatrix} \xrightarrow{-2r_2 + r_1}$

$\begin{pmatrix} 1 & 0 & 0 \\ 0 & 1 & 0 \\ 0 & 0 & 1 \end{pmatrix}.$

(一) 用初等变换求逆矩阵

　　用初等变换求一个可逆矩阵 A 的逆矩阵,其具体方法为:把方阵 A 和同阶的单位矩阵 E,写成一个长方矩阵 $[A \vdots E]$,对该矩阵的行实施初等变换,当虚线左边的 A 变成单位矩阵 E 时,虚线右边的 E 变成了 A^{-1},即

$$[A \vdots E] \xrightarrow{\text{初等行变换}} [E \vdots A^{-1}]$$

从而可求 A^{-1}.

　　例 6-18 用初等变换求 $A = \begin{pmatrix} 0 & 1 & 2 \\ 1 & 1 & 4 \\ 2 & -1 & 0 \end{pmatrix}$ 的逆矩阵.

　　解 因为

$$[A \vdots E] = \begin{pmatrix} 0 & 1 & 2 & \vdots & 1 & 0 & 0 \\ 1 & 1 & 4 & \vdots & 0 & 1 & 0 \\ 2 & -1 & 0 & \vdots & 0 & 0 & 1 \end{pmatrix}$$

$$\xrightarrow{r_2 \leftrightarrow r_1} \begin{pmatrix} 1 & 1 & 4 & \vdots & 0 & 1 & 0 \\ 0 & 1 & 2 & \vdots & 1 & 0 & 0 \\ 2 & -1 & 0 & \vdots & 0 & 0 & 1 \end{pmatrix} \xrightarrow{-2r_1 + r_3} \begin{pmatrix} 1 & 1 & 4 & \vdots & 0 & 1 & 0 \\ 0 & 1 & 2 & \vdots & 1 & 0 & 0 \\ 0 & -3 & -8 & \vdots & 0 & -2 & 1 \end{pmatrix}$$

$$\xrightarrow[-r_2+r_1]{3r_2+r_3} \begin{pmatrix} 1 & 0 & 2 & \vdots & -1 & 1 & 0 \\ 0 & 1 & 2 & \vdots & 1 & 0 & 0 \\ 0 & 0 & -2 & \vdots & 3 & -2 & 1 \end{pmatrix} \xrightarrow{-\frac{1}{2}r_3} \begin{pmatrix} 1 & 0 & 2 & \vdots & -1 & 1 & 0 \\ 0 & 1 & 2 & \vdots & 1 & 0 & 0 \\ 0 & 0 & 1 & \vdots & -\frac{3}{2} & 1 & -\frac{1}{2} \end{pmatrix}$$

$$\xrightarrow[-2r_3+r_2]{-2r_3+r_1} \begin{pmatrix} 1 & 0 & 0 & \vdots & 2 & -1 & 1 \\ 0 & 1 & 0 & \vdots & 4 & -2 & 1 \\ 0 & 0 & 1 & \vdots & -\frac{3}{2} & 1 & -\frac{1}{2} \end{pmatrix},$$

所以

$$\boldsymbol{A}^{-1} = \begin{pmatrix} 2 & -1 & 1 \\ 4 & -2 & 1 \\ -\frac{3}{2} & 1 & -\frac{1}{2} \end{pmatrix}.$$

(二) 用初等变换解线性方程组

如果我们把一个线性方程组的所有数据按原位置构成一个矩阵,那么对这个矩阵作初等行变换其实就等于对原方程组作同解变换. 如交换两行位置就相当于交换两个方程的位置,用一个不为零的常数乘某一行就相当于用一个不为零的常数去乘这个方程的两边,这对整个方程来说,方程组的解是不变的,因此就可以用矩阵的初等行变换来解线性方程组.

例 6-19 解方程组

$$\begin{cases} 3x_1 + 2x_2 + 6x_3 = 6, \\ 3x_1 + 5x_2 + 9x_3 = 9, \\ 6x_1 + 4x_2 + 15x_3 = 6. \end{cases}$$

解 用方程组的所有数据组成矩阵

$$\widetilde{\boldsymbol{A}} = \begin{pmatrix} 3 & 2 & 6 & 6 \\ 3 & 5 & 9 & 9 \\ 6 & 4 & 15 & 6 \end{pmatrix} (作初等行变换)$$

$$\xrightarrow[-2r_1+r_3]{-r_1+r_2} \begin{pmatrix} 3 & 2 & 6 & 6 \\ 0 & 3 & 3 & 3 \\ 0 & 0 & 3 & -6 \end{pmatrix} \xrightarrow[-r_3+r_2]{-2r_3+r_1} \begin{pmatrix} 3 & 2 & 0 & 18 \\ 0 & 3 & 0 & 9 \\ 0 & 0 & 3 & -6 \end{pmatrix}$$

$$\xrightarrow{-\frac{2}{3}r_2+r_1} \begin{pmatrix} 3 & 0 & 0 & 12 \\ 0 & 3 & 0 & 9 \\ 0 & 0 & 3 & -6 \end{pmatrix} \xrightarrow{\frac{1}{3}r_1; \frac{1}{3}r_2; \frac{1}{3}r_3} \begin{pmatrix} 1 & 0 & 0 & 4 \\ 0 & 1 & 0 & 3 \\ 0 & 0 & 1 & -2 \end{pmatrix},$$

根据原方程组的位置,可以得出 $x_1 = 4$, $x_2 = 3$, $x_3 = -2$.

所以用消元法解线性方程组的步骤为:

第一步,写出方程组的增广矩阵 $\widetilde{A}$;

第二步,对 $\widetilde{A}$ 施行一系列初等行变换成为简化阶梯形矩阵;

第三步,由简化阶梯形矩阵写出方程组的相应解.

例 6-20 解线性方程组

$$\begin{cases} x_1 + 2x_2 - x_3 - x_4 = 1, \\ x_1 + 2x_2 - 2x_3 - 3x_4 = 2, \\ x_1 + x_2 - 3x_3 - 2x_4 = 0. \end{cases}$$

解 $\widetilde{A} = \begin{pmatrix} 1 & 2 & -1 & -1 & 1 \\ 1 & 2 & -2 & -3 & 2 \\ 1 & 1 & -3 & -2 & 0 \end{pmatrix} \xrightarrow[\ -r_1+r_3\ ]{-r_1+r_2} \begin{pmatrix} 1 & 2 & -1 & -1 & 1 \\ 0 & 0 & -1 & -2 & 1 \\ 0 & -1 & -2 & -1 & -1 \end{pmatrix}$

$\xrightarrow{r_2 \leftrightarrow r_3} \begin{pmatrix} 1 & 2 & -1 & -1 & 1 \\ 0 & -1 & -2 & -1 & -1 \\ 0 & 0 & -1 & -2 & 1 \end{pmatrix} \xrightarrow{-r_2;\ -r_3} \begin{pmatrix} 1 & 2 & -1 & -1 & 1 \\ 0 & 1 & 2 & 1 & 1 \\ 0 & 0 & 1 & 2 & -1 \end{pmatrix},$

与矩阵相应的方程组为 $\begin{cases} x_1 + 2x_2 - x_3 - x_4 = 1, \\ x_2 + 2x_3 + x_4 = 1, \\ x_3 + 2x_4 = -1, \end{cases}$ 化简方程组得 $\begin{cases} x_1 = -7x_4 - 6, \\ x_2 = 3x_4 + 3, \\ x_3 = -2x_4 - 1. \end{cases}$

方程组中未知量 x_4 称为自由未知量,就是说 x_4 在方程组中可以取任意值,得到的都是方程组的解,故方程组有无数组解.

例 6-21 解方程组

$$\begin{cases} x_1 + 3x_2 + 5x_3 + 2x_4 = 2, \\ 3x_1 + 5x_2 + 6x_3 + 4x_4 = 4, \\ x_1 + 7x_2 + 14x_3 + 4x_4 = 4, \\ 3x_1 + x_2 - 3x_3 + 2x_4 = 5. \end{cases}$$

解 $\widetilde{A} = \begin{pmatrix} 1 & 3 & 5 & 2 & 2 \\ 3 & 5 & 6 & 4 & 4 \\ 1 & 7 & 14 & 4 & 4 \\ 3 & 1 & -3 & 2 & 5 \end{pmatrix} \xrightarrow[\ -3r_1+r_4\ ]{\substack{-3r_1+r_2 \\ -r_1+r_3}} \begin{pmatrix} 1 & 3 & 5 & 2 & 2 \\ 0 & -4 & -9 & -2 & -2 \\ 0 & 4 & 9 & 2 & 2 \\ 0 & -8 & -18 & -4 & -1 \end{pmatrix}$

$\xrightarrow[\ -2r_2+r_4\ ]{r_2+r_3} \begin{pmatrix} 1 & 3 & 5 & 2 & 2 \\ 0 & -4 & -9 & -2 & -2 \\ 0 & 0 & 0 & 0 & 0 \\ 0 & 0 & 0 & 0 & 3 \end{pmatrix},$

与矩阵相对应的线性方程组为 $\begin{cases} x_1 + 3x_2 + 5x_3 + 2x_4 = 2, \\ -4x_2 - 9x_3 - 2x_4 = -2, \\ 0 = 0, \\ 0 = 3. \end{cases}$

从方程组中可以看到,不论 x_1,x_2,x_3,x_4 取怎样的一组数,都不能使方程组中的"0=3"成立,这样的方程组无解.

从以上几个例题可以看出,用矩阵的初等行变换是我们迄今为止找到的解线性方程组最有效的方法,但带来的问题是:当解 m 个方程 n 个未知数的方程组时,解有三种可能,即有唯一的一组解、有无穷组解或者没有解.能否在运算过程中预先判断出解的情况,以便简化运算呢?

二、矩阵的秩

为了进一步讨论方程组解的问题,有必要引进矩阵秩的概念,先介绍矩阵子式的概念.

定义 6-13 从矩阵 A 中任取 r 行及 r 列,将这 r 行 r 列交叉处的 r^2 个数按原次序作成一个行列式,称为矩阵 A 的一个 r 阶子行列式(或称 r 阶子式).

例如,在矩阵 $A = \begin{pmatrix} 1 & 2 & -1 & 2 \\ 2 & -1 & 3 & 5 \\ 5 & 5 & 0 & -1 \end{pmatrix}$ 中,位于第 1,2 行与第 3,4 列相交处的元素构

成一个二阶子式 $\begin{vmatrix} -1 & 2 \\ 3 & 5 \end{vmatrix}$,位于第 1,2,3 行与第 1,2,4 列相交处的元素构成一个三阶子

式 $\begin{vmatrix} 1 & 2 & 2 \\ 2 & -1 & 5 \\ 5 & 5 & -1 \end{vmatrix}$.显然,$n$ 阶方阵 A 的 n 阶子式就是方阵 A 的行列式 $|A|$.

定义 6-14 矩阵 $A = (a_{ij})_{m \times n}$ 中不为零的子式的最高阶数 r 称为矩阵 A 的秩 r,记作 $r(A) = r$.

显然,对任意矩阵 $A = (a_{ij})_{m \times n}$,都有 $r(A) \leqslant \min(m, n)$.若方阵 $A_{n \times n}$ 的 $|A| \neq 0$,那么一定有 $r(A) = n$,则称方阵 A 是满秩的.

例 6-22 求矩阵 $A = \begin{pmatrix} 2 & 2 & 1 \\ -3 & 12 & 3 \\ 8 & -2 & 1 \\ 2 & 12 & 4 \end{pmatrix}$ 的秩.

解 因为 $\begin{vmatrix} 2 & 2 \\ -3 & 12 \end{vmatrix} = 30 \neq 0$,所以 $r(A) \geqslant 2$.而 A 中共 4 个三阶子式,它们是

$$\begin{vmatrix} 2 & 2 & 1 \\ -3 & 12 & 3 \\ 8 & -2 & 1 \end{vmatrix} = 0, \begin{vmatrix} 2 & 2 & 1 \\ -3 & 12 & 3 \\ 2 & 12 & 4 \end{vmatrix} = 0, \begin{vmatrix} -3 & 12 & 3 \\ 8 & -2 & 1 \\ 2 & 12 & 4 \end{vmatrix} = 0, \begin{vmatrix} 2 & 2 & 1 \\ 8 & -2 & 1 \\ 2 & 12 & 4 \end{vmatrix} = 0,$$

即所有三阶子式均为零,矩阵不为零的最高阶子式的阶数为 2,于是 $r(A) = 2$.

由定义可知,如果矩阵 A 的秩是 r,则至少有一个 A 的 r 阶子式不为零,而 A 的所有高于 r 阶的子式全为零.

根据定义计算矩阵的秩,需要计算多个行列式,显然是很麻烦的事,下面我们来讨论通过初等变换求矩阵的秩,为此先给出下面的定理.

定理 6-4　矩阵 A 经过初等变换变为矩阵 B，矩阵的秩不变，即 $r(A) = r(B)$.

根据定理，可以利用初等变换把矩阵 A 变成一个容易求秩的阶梯形矩阵 B，从而求出 A 的秩. 满足下列两个条件的矩阵称为**阶梯形矩阵**：

(1) 矩阵的零行在矩阵的最下方；

(2) 非零行的第一个不为零的元素的列标随着行标的增大而增大.

例 6-23　求矩阵 $A = \begin{pmatrix} 1 & 2 & -1 & 4 \\ 2 & 4 & 3 & 5 \\ -1 & -2 & 6 & -7 \end{pmatrix}$ 的秩.

解　因为

$$A = \begin{pmatrix} 1 & 2 & -1 & 4 \\ 2 & 4 & 3 & 5 \\ -1 & -2 & 6 & -7 \end{pmatrix} \xrightarrow[r_1 + r_3]{-2r_1 + r_2} \begin{pmatrix} 1 & 2 & -1 & 4 \\ 0 & 0 & 5 & -3 \\ 0 & 0 & 5 & -3 \end{pmatrix}$$

$$\xrightarrow{-r_2 + r_3} \begin{pmatrix} 1 & 2 & -1 & 4 \\ 0 & 0 & 5 & -3 \\ 0 & 0 & 0 & 0 \end{pmatrix} = B,$$

所以 $r(A) = r(B) = 2$.

例 6-24　求矩阵 $A = \begin{pmatrix} 3 & -2 & 0 & 1 & -7 \\ -1 & -3 & 2 & 0 & 4 \\ 2 & 0 & -4 & 5 & 1 \\ 4 & 1 & -2 & 1 & -11 \end{pmatrix}$ 的秩.

解　因为

$$A = \begin{pmatrix} 3 & -2 & 0 & 1 & -7 \\ -1 & -3 & 2 & 0 & 4 \\ 2 & 0 & -4 & 5 & 1 \\ 4 & 1 & -2 & 1 & -11 \end{pmatrix} \xrightarrow{r_1 \leftrightarrow r_2} \begin{pmatrix} -1 & -3 & 2 & 0 & 4 \\ 3 & -2 & 0 & 1 & -7 \\ 2 & 0 & -4 & 5 & 1 \\ 4 & 1 & -2 & 1 & -11 \end{pmatrix}$$

$$\xrightarrow[4r_1 + r_4]{\substack{3r_1 + r_2 \\ 2r_1 + r_3}} \begin{pmatrix} -1 & -3 & 2 & 0 & 4 \\ 0 & -11 & 6 & 1 & 5 \\ 0 & -6 & 0 & 5 & 9 \\ 0 & -11 & 6 & 1 & 5 \end{pmatrix} \xrightarrow{-r_2 + r_4} \begin{pmatrix} -1 & -3 & 2 & 0 & 4 \\ 0 & -11 & 6 & 1 & 5 \\ 0 & -6 & 0 & 5 & 9 \\ 0 & 0 & 0 & 0 & 0 \end{pmatrix} = B,$$

所以 $r(A) = r(B) = 3$.

点 滴 积 累

　　矩阵的初等变换打开了简化矩阵运算的大门，可以用来求具有唯一解的线性方程组，也可以用来求逆矩阵和矩阵的秩. 矩阵的秩是矩阵中最大的不为零的子式的阶数，也是经过初等变换后的阶梯形矩阵的非零行的行数，也可以形象地认为是阶梯形矩阵的阶梯数. 下一节将用线性方程组的系数矩阵与增广矩阵的秩是否相等来判定线性方程组是否有解、有什么解.

随堂练习6-4

1. 用初等变换求逆矩阵：

(1) $\begin{pmatrix} 5 & 7 \\ 8 & 11 \end{pmatrix}$；

(2) $\begin{pmatrix} 1 & 0 & 1 \\ -1 & 1 & 1 \\ -2 & -1 & 1 \end{pmatrix}$；

(3) $\begin{pmatrix} 2 & 7 & 3 \\ 3 & 9 & 4 \\ 1 & 5 & 3 \end{pmatrix}$；

(4) $\begin{pmatrix} 1 & 2 & 3 & 4 \\ 2 & 3 & 1 & 2 \\ 1 & 1 & 1 & -1 \\ 1 & 0 & -2 & -6 \end{pmatrix}$.

2. 用初等行变换解下列方程组：

(1) $\begin{cases} x_1 + 2x_2 - 3x_3 = 13, \\ 2x_1 + 3x_2 + x_3 = 4, \\ 3x_1 - x_2 + 2x_3 = -1, \\ x_1 - x_2 + 3x_3 = -8; \end{cases}$

(2) $\begin{cases} x_1 + x_2 - 2x_3 - x_4 = 1, \\ 2x_1 + x_2 - 2x_3 - 3x_4 = 2, \\ x_1 + 3x_2 - x_3 - 2x_4 = 0. \end{cases}$

3. 用定义求矩阵 $\boldsymbol{A} = \begin{pmatrix} 2 & 1 & -1 & 1 \\ 3 & -2 & 1 & -3 \\ 1 & 4 & -3 & 5 \end{pmatrix}$ 的秩.

4. 求下列矩阵的秩：

(1) $\begin{pmatrix} 0 & 0 & 2 \\ 1 & 0 & 0 \end{pmatrix}$；

(2) $\begin{pmatrix} 1 & 2 & -4 \\ 1 & 7 & -9 \\ -2 & 1 & 3 \end{pmatrix}$；

(3) $\begin{pmatrix} 3 & 1 & 0 & 2 \\ 1 & -1 & 2 & -1 \\ 1 & 3 & -4 & 4 \end{pmatrix}$；

(4) $\begin{pmatrix} 1 & 2 & -1 & 0 & 3 \\ 2 & -1 & 0 & 1 & -1 \\ 3 & 1 & -1 & 1 & 2 \\ 0 & -5 & 2 & 1 & -7 \end{pmatrix}$.

第五节　线性方程组

前面我们已经讨论了含有 n 个方程、n 个未知数的线性方程组可以用克莱姆法则或逆矩阵的方法求解. 而含有 m 个方程、n 个未知数的一般的线性方程组,可以用方程组增广矩阵的初等行变换来求解,这一节我们将用矩阵的秩来讨论它们是否有解、有多少解以及怎样求解的问题.

一、线性方程组的基本定理

设含有 n 个未知数、m 个方程的线性方程组为

$$\begin{cases} a_{11}x_1 + a_{12}x_2 + \cdots + a_{1n}x_n = b_1, \\ a_{21}x_1 + a_{22}x_2 + \cdots + a_{2n}x_n = b_2, \\ \qquad\qquad \cdots\cdots \\ a_{m1}x_1 + a_{m2}x_2 + \cdots + a_{mn}x_n = b_m, \end{cases} \qquad (6-10)$$

它的系数矩阵和增广矩阵分别为

$$\boldsymbol{A} = \begin{pmatrix} a_{11} & a_{12} & \cdots & a_{1n} \\ a_{21} & a_{22} & \cdots & a_{2n} \\ \vdots & \vdots & & \vdots \\ a_{m1} & a_{m2} & \cdots & a_{mn} \end{pmatrix}, \widetilde{\boldsymbol{A}} = \begin{pmatrix} a_{11} & a_{12} & \cdots & a_{1n} & b_1 \\ a_{21} & a_{22} & \cdots & a_{2n} & b_2 \\ \vdots & \vdots & & \vdots & \vdots \\ a_{m1} & a_{m2} & \cdots & a_{mn} & b_m \end{pmatrix}.$$

定理 6-5　若线性方程组(6-10)有解,则它的系数矩阵的秩等于它的增广矩阵的秩,即 $r(\boldsymbol{A}) = r(\widetilde{\boldsymbol{A}})$. 反之亦然. 在有解时:

(1) 若 $r(\boldsymbol{A}) = r(\widetilde{\boldsymbol{A}}) < n$, 则方程组有无穷多组解;

(2) 若 $r(\boldsymbol{A}) = r(\widetilde{\boldsymbol{A}}) = n$, 则方程组有唯一组解, 其中 n 是未知数的个数.

例 6-25　判断下列方程组是否有解,若有解其解是否唯一.

$$(1) \begin{cases} x_1 + x_2 - 2x_3 = 2, \\ 2x_1 - 3x_2 + 5x_3 = 1, \\ 4x_1 - x_2 - x_3 = 5, \\ 5x_1 - x_3 = 2; \end{cases}$$

$$(2) \begin{cases} x_1 + x_2 - 2x_3 = 2, \\ 2x_1 - 3x_2 + 5x_3 = 1, \\ 4x_1 - x_2 + x_3 = 5, \\ 5x_1 - x_3 = 7; \end{cases}$$

$$(3) \begin{cases} x_1 + x_2 - 2x_3 = 2, \\ 2x_1 - 3x_2 + 5x_3 = 1, \\ 4x_1 - x_2 + x_3 = 5, \\ 5x_1 + x_3 = 7. \end{cases}$$

解　(1) $\widetilde{\boldsymbol{A}} = \begin{pmatrix} 1 & 1 & -2 & 2 \\ 2 & -3 & 5 & 1 \\ 4 & -1 & -1 & 5 \\ 5 & 0 & -1 & 2 \end{pmatrix} \xrightarrow[\substack{-5r_1+r_4 \\ -4r_1+r_3 \\ -2r_1+r_2}]{} \begin{pmatrix} 1 & 1 & -2 & 2 \\ 0 & -5 & 9 & -3 \\ 0 & -5 & 7 & -3 \\ 0 & -5 & 9 & -8 \end{pmatrix}$

$\xrightarrow[\substack{-r_2+r_4 \\ -r_2+r_3}]{} \begin{pmatrix} 1 & 1 & -2 & 2 \\ 0 & -5 & 9 & -3 \\ 0 & 0 & -2 & 0 \\ 0 & 0 & 0 & -5 \end{pmatrix}$,

可知 $r(\boldsymbol{A}) = 3$, $r(\widetilde{\boldsymbol{A}}) = 4$, 两者不等, 方程组无解.

(2) $\widetilde{\boldsymbol{A}} = \begin{pmatrix} 1 & 1 & -2 & 2 \\ 2 & -3 & 5 & 1 \\ 4 & -1 & 1 & 5 \\ 5 & 0 & -1 & 7 \end{pmatrix} \xrightarrow{\text{作初等行变换}} \begin{pmatrix} 1 & 1 & -2 & 2 \\ 0 & -5 & 9 & -3 \\ 0 & 0 & 0 & 0 \\ 0 & 0 & 0 & 0 \end{pmatrix}$,

可知 $r(\boldsymbol{A})=r(\widetilde{\boldsymbol{A}})=2<n=3$，方程组有无穷多组解.

$$(3)\ \widetilde{\boldsymbol{A}}=\begin{pmatrix}1 & 1 & -2 & 2\\ 2 & -3 & 5 & 1\\ 4 & -1 & 1 & 5\\ 5 & 0 & 1 & 7\end{pmatrix}\xrightarrow{\text{作初等行变换}}\begin{pmatrix}1 & 1 & -2 & 2\\ 0 & -5 & 9 & -3\\ 0 & 0 & 2 & 0\\ 0 & 0 & 0 & 0\end{pmatrix},$$

可知 $r(\boldsymbol{A})=r(\widetilde{\boldsymbol{A}})=3=n$，方程组有唯一组解.

例 6-26 判断 λ 为何值时，线性方程组

$$\begin{cases}\lambda x_1+x_2+x_3=1,\\ x_1+\lambda x_2+x_3=\lambda,\\ x_1+x_2+\lambda x_3=\lambda^2\end{cases}$$

(1) 有唯一组解；(2) 有无穷多组解；(3) 无解.

解 （1）按克莱姆法则，当系数行列式

$$|\boldsymbol{A}|=\begin{vmatrix}\lambda & 1 & 1\\ 1 & \lambda & 1\\ 1 & 1 & \lambda\end{vmatrix}=(\lambda-1)^2(\lambda+2)\neq 0，即当 \lambda\neq 1 且 \lambda\neq -2 时，方程组有唯一组解.$$

（2）当 $\lambda=1$ 时，其增广矩阵为

$$\widetilde{\boldsymbol{A}}=\begin{pmatrix}1 & 1 & 1 & 1\\ 1 & 1 & 1 & 1\\ 1 & 1 & 1 & 1\end{pmatrix}\xrightarrow[-r_1+r_3]{-r_1+r_2}\begin{pmatrix}1 & 1 & 1 & 1\\ 0 & 0 & 0 & 0\\ 0 & 0 & 0 & 0\end{pmatrix}.$$

因为 $r(\boldsymbol{A})=r(\widetilde{\boldsymbol{A}})=1<n=3$，故方程组有无穷多组解.

（3）当 $\lambda=-2$ 时，其增广矩阵为

$$\widetilde{\boldsymbol{A}}=\begin{pmatrix}-2 & 1 & 1 & 1\\ 1 & -2 & 1 & -2\\ 1 & 1 & -2 & 4\end{pmatrix}\xrightarrow{r_2+r_1}\begin{pmatrix}-1 & -1 & 2 & -1\\ 1 & -2 & 1 & -2\\ 1 & 1 & -2 & 4\end{pmatrix}$$

$$\xrightarrow[r_1+r_3]{r_1+r_2}\begin{pmatrix}-1 & -1 & 2 & -1\\ 0 & -3 & 3 & -3\\ 0 & 0 & 0 & 3\end{pmatrix}.$$

因为 $r(\boldsymbol{A})=2\neq r(\widetilde{\boldsymbol{A}})=3$，故方程组无解.

对于 n 个未知数、m 个方程的齐次线性方程组

$$\begin{cases}a_{11}x_1+a_{12}x_2+\cdots+a_{1n}x_n=0,\\ a_{21}x_1+a_{22}x_2+\cdots+a_{2n}x_n=0,\\ \qquad\cdots\cdots\\ a_{m1}x_1+a_{m2}x_2+\cdots+a_{mn}x_n=0,\end{cases}\tag{6-12}$$

由于其系数矩阵 $\boldsymbol{A}$ 的秩与它的增广矩阵 $\widetilde{\boldsymbol{A}}$ 的秩总相等，因此齐次线性方程组总有解，且当

$r(\boldsymbol{A}) = r(\tilde{\boldsymbol{A}}) = n$ 时,方程组只有零解.

推论 齐次线性方程组(6-12)有非零解的充要条件为 $r(\boldsymbol{A}) < n$,即系数矩阵的秩小于未知数的个数.

思政育人

矩阵及其初等变换以及矩阵的秩将结束我们探索解线性方程组方法的艰难之旅. 回忆我们从中学时代的代入消元法、加减消元法,到我们苦苦探索的行列式法、逆矩阵法、初等变换法,是矩阵的秩给了我们判断线性方程组有没有解、有什么解的最终方法. 我们应该感谢众多的数学先知们提供了解线性方程组的奇妙方法,更应该学习他们不畏艰难、勇于探索的科学精神,永远记住:没有风雨就不会有美丽的彩虹.

例 6-27 解线性方程组

$$\begin{cases} x_1 + x_2 - 3x_3 - x_4 = 1, \\ 3x_1 - x_2 - 3x_3 + 4x_4 = 4, \\ x_1 + 5x_2 - 9x_3 - 8x_4 = 0. \end{cases}$$

解 $\tilde{\boldsymbol{A}} = \begin{pmatrix} 1 & 1 & -3 & -1 & 1 \\ 3 & -1 & -3 & 4 & 4 \\ 1 & 5 & -9 & -8 & 0 \end{pmatrix} \rightarrow \begin{pmatrix} 1 & 1 & -3 & -1 & 1 \\ 0 & -4 & 6 & 7 & 1 \\ 0 & 4 & -6 & -7 & -1 \end{pmatrix}$

$\rightarrow \begin{pmatrix} 1 & 1 & -3 & -1 & 1 \\ 0 & -4 & 6 & 7 & 1 \\ 0 & 0 & 0 & 0 & 0 \end{pmatrix} \rightarrow \begin{pmatrix} 1 & 1 & -3 & -1 & 1 \\ 0 & 1 & -\frac{3}{2} & -\frac{7}{4} & -\frac{1}{4} \\ 0 & 0 & 0 & 0 & 0 \end{pmatrix}.$

因为 $r(\boldsymbol{A}) = r(\tilde{\boldsymbol{A}}) = 2 < n = 4$,故方程组有无穷组解.

继续变换:

$$\rightarrow \begin{pmatrix} 1 & 0 & -\frac{3}{2} & \frac{3}{4} & \frac{5}{4} \\ 0 & 1 & -\frac{3}{2} & -\frac{7}{4} & -\frac{1}{4} \\ 0 & 0 & 0 & 0 & 0 \end{pmatrix},$$

则方程组的一般解为 $\begin{cases} x_1 = \frac{5}{4} + \frac{3}{2}k_1 - \frac{3}{4}k_2, \\ x_2 = -\frac{1}{4} + \frac{3}{2}k_1 + \frac{7}{4}k_2, \\ x_3 = k_1, \\ x_4 = k_2 \end{cases}$ $(k_1, k_2$ 为任意常数$)$.

例 6-28 解齐次线性方程组

$$\begin{cases} 2x_1 + x_2 - x_3 + x_4 = 0, \\ 4x_1 + 2x_2 - 2x_3 + x_4 = 0, \\ 2x_1 + x_2 - x_3 - x_4 = 0. \end{cases}$$

解
$$\begin{pmatrix} 2 & 1 & -1 & 1 & 0 \\ 4 & 2 & -2 & 1 & 0 \\ 2 & 1 & -1 & -1 & 0 \end{pmatrix} \rightarrow \begin{pmatrix} 2 & 1 & -1 & 1 & 0 \\ 0 & 0 & 0 & -1 & 0 \\ 0 & 0 & 0 & -2 & 0 \end{pmatrix} \rightarrow \begin{pmatrix} 2 & 1 & -1 & 1 & 0 \\ 0 & 0 & 0 & 1 & 0 \\ 0 & 0 & 0 & 0 & 0 \end{pmatrix}.$$

因为 $r(\boldsymbol{A}) = 2 < n = 4$,故方程组有非零解.

方程组的一般解为
$$\begin{cases} x_1 = -\dfrac{1}{2}k_1 + \dfrac{1}{2}k_2, \\ x_2 = k_1, \\ x_3 = k_2, \\ x_4 = 0 \end{cases} \qquad (k_1, k_2 \text{ 为任意常数}).$$

点 滴 积 累

非齐次线性方程组当系数矩阵与增广矩阵的秩相等时有解,不相等时无解.在有解时,当秩等于未知数个数时有唯一解,当秩小于未知数个数时有无穷组解.齐次线性方程组总有零解,当系数矩阵的秩小于未知数个数时有无穷组解.

随堂练习6-5

1. 解下列线性方程组:

(1) $\begin{cases} x_1 - 2x_2 + 3x_3 = 4, \\ 2x_1 + x_2 - 3x_3 = 5, \\ -x_1 + 2x_2 + 2x_3 = 6, \\ 3x_1 - 3x_2 + 2x_3 = 7; \end{cases}$
(2) $\begin{cases} 2x_1 - 3x_2 + x_3 + 5x_4 = 6, \\ -3x_1 + x_2 + 2x_3 - 4x_4 = 5, \\ -x_1 - 2x_2 + 3x_3 + x_4 = 2; \end{cases}$

(3) $\begin{cases} x_1 - 3x_2 - 2x_3 - x_4 = 6, \\ 3x_1 - 8x_2 + x_3 + 5x_4 = 0, \\ -2x_1 + x_2 - 4x_3 + x_4 = -12, \\ -x_1 + 4x_2 - x_3 - 3x_4 = 2. \end{cases}$

2. 设方程组为 $\begin{cases} \lambda x_1 + x_2 + x_3 = 2, \\ x_1 + \lambda x_2 + x_3 = 0, \\ x_1 + x_2 + \lambda x_3 = -1, \end{cases}$ **试就 λ 取不同值讨论方程组解的情况.**

3. 判定下列方程组是否有解:

(1) $\begin{cases} 2x_1 + x_2 + x_3 = 2, \\ x_1 + 3x_2 + x_3 = 5, \\ x_1 + x_2 + 5x_3 = -7, \\ 2x_1 + 3x_2 - 3x_3 = 14; \end{cases}$
(2) $\begin{cases} x_1 + x_2 - 3x_3 = -3, \\ 2x_1 + 2x_2 - 2x_3 = -2, \\ x_1 + x_2 + x_3 = 1, \\ 3x_1 + 3x_2 - 5x_3 = -5; \end{cases}$

$$(3) \begin{cases} 2x_1 + x_2 - x_3 + x_4 = 1, \\ 3x_1 - 2x_2 + 2x_3 - 3x_4 = 2, \\ 5x_1 + x_2 - x_3 + 2x_4 = -1, \\ 2x_1 - x_2 + x_3 - 3x_4 = 4. \end{cases}$$

4. 若下列线性方程组有非零解,试确定 m 的值,并求出它们的解:

$$(1) \begin{cases} (m-6)x_1 + 2x_2 - 2x_3 = 0, \\ 2x_1 + (m-3)x_2 - 4x_3 = 0, \\ -2x_1 - 4x_2 + (m-3)x_3 = 0; \end{cases} \qquad (2) \begin{cases} x_1 + 2x_2 + 3x_3 = 0, \\ x_1 + x_2 + 2x_3 = 0, \\ x_1 - x_2 + mx_3 = 0. \end{cases}$$

第六节　线性代数在医学中的应用

线性代数产生的最早动因是解多元线性方程组,随着科学技术特别是数理统计及计算工具的发展,线性代数插上了广泛应用的翅膀.在医学中,用它来处理、挖掘医用大数据非常有效.

一、解矩阵方程

例 6-29　减肥配方计算.

设 3 种食物每 100 g 中蛋白质、碳水化合物、脂肪的含量如表 6-2 所示.表中还给出了 20 世纪 80 年代美国流行的剑桥大学医学院的减肥营养处方.现在的问题是如果用这 3 种食物作为每天的主要食物,那么它们的用量各为多少,才能全面准确地实现这个营养要求?

表 6-2

营养	每百克食物所含营养(g)			减肥所要求的每日营养量
	脱脂牛奶	大豆与面粉	乳清	
蛋白质	36	51	13	33
碳水化合物	52	34	74	45
脂肪	0	7	1.1	3

设减肥所要求的每日营养量中脱脂牛奶的用量为 x_1 个单位(百克),大豆与面粉用量为 x_2 个单位(百克),乳清用量为 x_3 个单位(百克),则 3 种食物的营养成分的列向量为:

脱脂牛奶 $\boldsymbol{a}_1 = \begin{pmatrix} 36 \\ 52 \\ 0 \end{pmatrix}$,大豆面粉 $\boldsymbol{a}_2 = \begin{pmatrix} 51 \\ 34 \\ 7 \end{pmatrix}$,乳清 $\boldsymbol{a}_3 = \begin{pmatrix} 13 \\ 74 \\ 1.1 \end{pmatrix}$.

每日摄入食物的营养量为

$$\boldsymbol{a}_1 x_1 + \boldsymbol{a}_2 x_2 + \boldsymbol{a}_3 x_3 = \begin{pmatrix} 36 \\ 52 \\ 0 \end{pmatrix} x_1 + \begin{pmatrix} 51 \\ 34 \\ 7 \end{pmatrix} x_2 + \begin{pmatrix} 13 \\ 74 \\ 1.1 \end{pmatrix} x_3,$$

且要与每日要求的营养量相等.

设未知的用量矩阵为 $X = \begin{pmatrix} x_1 \\ x_2 \\ x_3 \end{pmatrix}$,每日要求的营养量为 $B = \begin{pmatrix} 33 \\ 45 \\ 3 \end{pmatrix}$,3 种食物需求的系数

矩阵为 $A = \begin{pmatrix} 36 & 51 & 13 \\ 52 & 34 & 74 \\ 0 & 7 & 1.1 \end{pmatrix}$,得矩阵方程 $AX = B$.

求出矩阵 A 的逆矩阵为 $A^{-1} = \begin{pmatrix} 0.0310 & -0.0023 & -0.2152 \\ 0.0037 & -0.0026 & 0.1284 \\ -0.0235 & 0.0163 & 0.0922 \end{pmatrix}$,则

$$X = \begin{pmatrix} x_1 \\ x_2 \\ x_3 \end{pmatrix} = A^{-1}B = \begin{pmatrix} 0.0310 & -0.0023 & -0.2152 \\ 0.0037 & -0.0026 & 0.1284 \\ -0.0235 & 0.0163 & 0.0922 \end{pmatrix} \begin{pmatrix} 33 \\ 45 \\ 3 \end{pmatrix} = \begin{pmatrix} 0.2772 \\ 0.3919 \\ 0.2332 \end{pmatrix}.$$

由此得到每日脱脂牛奶用量为 27.72 g,大豆与面粉的用量为 39.19 g,乳清用量为 23.32 g,方能满足最基本的营养需求.

二、一元线性回归

一元线性回归有时也叫**简单线性回归**,是一种利用已知数据寻找两个相关的变量之间的线性函数关系的数学方法.例如人的体重与身高之间的关系、身高与年龄之间的关系、人摄入碳水化合物与血液含糖量之间的关系等,它们之间没有完全确定的函数关系式,这种关系不是确定的,我们称为**相关关系**.通过大量统计试验,可以发现相关关系的两个变量之间存在着一定的统计规律性.有些还可以近似地用函数关系式来表达.如 1885 年,英国科学家高尔顿和卡-皮尔逊等人通过大量的统计试验研究得出子代身高 y 与父代身高 x 之间有相关关系,且可大致地用数学式"子代身高 $y = 0.516x$(父代身高)$+ 33.73$(英寸)"来描述,并称之为"**回归定理**".所以我们把寻找具有相关关系的变量之间的近似的数学关系并进行统计推论的方法叫作**回归分析**.而相应的近似数学关系式也称为**回归方程**,并把只有一个自变量和一个随机变量所对应的回归问题称为**一元回归问题**.若一元回归方程是线性的,则称为**一元线性回归方程**.说到底,线性回归就是利用搜集的已知数据寻找一条最适合数据的直线方程.

🎗 知识链接

一元及多元线性回归是一种数理统计中的计算方法,意在求出具有相关关系的两组或两组以上数据之间的最符合实际情况的关系方程.归根结底它是一种近似计算,至于是否符合实际情况,怎样进行验证的有关知识,在概率论与数理统计的有关著作中有详细的论述.

(一) 回归假设

首先假设得到的两组数据是呈直线关系的,如果一组数据为 $X = (x_1, x_2, x_3, \cdots,$

x_{n-1}，x_n），另一组数据为 $Y=(y_1，y_2，y_3，\cdots，y_{n-1}，y_n)$，则假设 X 与 Y 的线性方程为 $\hat{y} = \hat{a} + \hat{b}x + \varepsilon$（$\varepsilon$ 为统计误差）. 假设的合理性可以通过绘制已知数据的**散点图**来验证，也就是在平面上将这些点（x_1，y_1），（x_2，y_2），$\cdots$，（x_n，y_n）绘制出来，如果这些点呈直线关系，说明假设合理；如果不呈直线关系，说明假设不合理，即 X 与 Y 的回归问题就不是线性回归，可能是曲线回归问题或 X 与 Y 无关.

（二）回归计算

通常将数据变量 X，Y 称为样本，它们分别有 n 个数据，这些数据称为**样本值**，数据数量称为**样本容量**.

（1）先求均值（即求平均数）：

$$\bar{x} = \frac{x_1 + x_2 + x_3 + \cdots + x_n}{n} = \frac{1}{n}\sum_{i=1}^{n} x_i，$$

$$\bar{y} = \frac{y_1 + y_2 + y_3 + \cdots + y_n}{n} = \frac{1}{n}\sum_{i=1}^{n} y_i.$$

（2）再求方差：

$$X \text{ 的方差 } L_{XX} = \sum_{i=1}^{n}(x_i - \bar{x})^2 = \sum_{i=1}^{n} x_i^2 - n\bar{x}^2，$$

$$Y \text{ 的方差 } L_{YY} = \sum_{i=1}^{n}(y_i - \bar{y})^2 = \sum_{i=1}^{n} y_i^2 - n\bar{y}^2，$$

$$XY \text{ 的协方差 } L_{XY} = \sum_{i=1}^{n}(x_i - \bar{x})(y_i - \bar{y}) = \sum_{i=1}^{n} x_i y_i - n\bar{x}\,\bar{y}.$$

（3）求回归系数：

$$\begin{cases} \hat{b} = \dfrac{L_{XY}}{L_{XX}} = \dfrac{\sum\limits_{i=1}^{n} x_i y_i - n\bar{x}\,\bar{y}}{\sum\limits_{i=1}^{n} x_i^2 - n\bar{x}^2}， \\[6mm] \hat{a} = \bar{y} - \hat{b}\,\bar{x}. \end{cases}$$

从而得到回归直线方程为 $\hat{y} = \hat{a} + \hat{b}x$.

这种估计方法称为**最小二乘法估计**，在此不作论证. 既然是估计的，就有是否正确，怎么验证、检验的问题，也就是 $\hat{y} = \hat{a} + \hat{b}x + \varepsilon$ 与 $\hat{y} = \hat{a} + \hat{b}x$ 之差 ε 达到可以容忍的最小程度.

（三）线性回归的显著性检验

由前面讨论知道，对任一组观察值（x_i，y_i）（$i=1,2,\cdots,n$），不论 Y 与 X 是否存在线性相关关系，都可利用最小二乘法求出回归直线 $\hat{y} = \hat{a} + \hat{b}x$. 显然，如果 Y 与 X 之间并不存在线性相关关系，则所求的回归直线方程就毫无意义. 因此，还必须检验 Y 与 X 之间是否存在显著的线性相关关系.

1. 相关系数

通常把 $r = \dfrac{L_{XY}}{\sqrt{L_{XX}L_{YY}}}$ 称为**样本相关系数**,简称相关系数. 与 $b = L_{XY}/L_{XX}$ 相比较,可立即发现 r 与 b 同号. 这是一个表示 X,Y 之间有没有线性关系的系数(它和均值及方差等都叫**统计量**).

当相关系数的绝对值 $|r| \leqslant 1$,且 L_{YY} 固定时,$|r|$ 越接近于 1,从而 Y 与 X 线性关系就越明显. 特别当 $|r| = 1$ 时,Y 的变化完全由 Y 与 X 的线性关系引起. 因此统计量 r 反映了 Y 与 X 之间线性关系的密切程度. 反过来,当 $|r|$ 越接近于零,说明 Y 与 X 之间的线性关系越不明显,直至最后 $r = 0$ 时彻底没有了线性关系,即完全不相关. 我们可以作一个假设,记作 H_0:Y 与 X 之间线性关系不存在. 然后用以下方法对这一假设进行检验.

2. 一元线性回归的显著性检验

变量 Y 与 X 之间线性相关关系的显著性检验用**相关系数 r 检验法**,其具体步骤为:

(1) 提出假设 H_0:$b = 0$,即 Y 与 X 之间不存在线性相关关系.

(2) 求统计量 $r = \dfrac{L_{XY}}{\sqrt{L_{XX}L_{YY}}}$,得到 r 的观察值.

(3) 对于给定的显著性水平 α,确定自由度为 $n-2$,查**相关系数临界值表**,可查得临界值 $\lambda = r_\alpha(n-2)$.

(4) 作出判断:当 $|r| \geqslant \lambda$ 时,则拒绝 H_0,即 Y 与 X 之间线性关系显著. 当 $|r| < \lambda$ 时,则接受 H_0,即 Y 与 X 之间线性关系不显著.

例 6-30　收集到 11 个人的血糖含量 Y 与每天进食大米量 X(百克)的统计数据如表 6-3 所示:

表 6-3

X	1.08	1.12	1.19	1.28	1.36	1.48	1.59	1.68	1.87	1.98	2.07
Y	2.25	2.37	2.40	2.55	2.64	2.75	2.92	3.03	3.14	3.36	3.50

试求(1) 血糖含量 Y 与每天进食大米量 X 之间的线性回归方程.

(2) 设显著性水平为 $\alpha = 0.01$,试检验 Y 与 X 之间线性关系是否显著.

解　(1) 求线性回归方程.

手工计算表见表 6-4:

表 6-4

序号	X	Y	X^2	Y^2	XY
1	1.08	2.25	1.1664	5.0625	2.4300
2	1.12	2.37	1.2544	5.6169	2.6544
3	1.19	2.40	1.4161	5.7600	2.8650
4	1.28	2.55	1.6384	6.5025	3.2640

(续表)

序号	X	Y	X^2	Y^2	XY
5	1.36	2.64	1.8496	6.9696	3.5904
6	1.48	2.75	2.1904	7.5625	4.0700
7	1.59	2.92	2.5281	8.5264	4.6428
8	1.68	3.03	2.8224	9.1809	5.0904
9	1.87	3.14	3.4969	9.8596	5.8718
10	1.98	3.36	3.9204	11.2896	6.6528
11	2.07	3.50	4.2849	12.2500	7.2450
和Σ	16.70	30.91	26.568	88.5805	48.3766

$$\bar{x} = \frac{1}{n}\sum_{i=1}^{n} x_i = \frac{16.7}{11} = 1.52, \quad \bar{y} = \frac{1}{n}\sum_{i=1}^{n} y_i = \frac{30.91}{11} = 2.81,$$

$$L_{XX} = \sum_{i=1}^{n} x_i^2 - n\bar{x}^2 = 26.568 - 11 \cdot (1.52)^2 = 1.1536,$$

$$L_{YY} = \sum_{i=1}^{n} y_i^2 - n\bar{y}^2 = 88.5805 - 11 \cdot (2.81)^2 = 1.7234,$$

$$L_{XY} = \sum_{i=1}^{n} x_i y_i - n\bar{x}\bar{y} = 48.3766 - 11 \cdot 1.52 \cdot 2.81 = 1.3934,$$

所以回归系数

$$\hat{b} = \frac{L_{XY}}{L_{XX}} = \frac{1.3934}{1.1536} = 1.2079, \quad \hat{a} = \bar{y} - \hat{b}\bar{x} = 2.81 - 1.2079 \cdot 1.52 = 0.974,$$

故血糖含量 Y 与每天进食大米量 X 之间的线性回归方程为

$$\hat{y} = 0.974 + 1.2079x.$$

（2）显著性检验.

假设 H_0：血糖含量 Y 与每天进食大米量 X 之间不存在线性相关关系. 作统计量（相关系数）

$$r = \frac{L_{XY}}{\sqrt{L_{XX}L_{YY}}} = \frac{1.3934}{\sqrt{1.52 \times 1.7234}} = 0.9882.$$

对于给定的**显著性水平** $\alpha = 0.01$（这个显著性水平是指要求计算出来的这个回归直线方程 $\hat{y} = \hat{a} + \hat{b}x$ 与实际的直线方程 $y = a + bx$ 要达到 $1 - \alpha = 1 - 0.01 = 0.99$，即达到 99% 的相似度），相关系数显著性检验的**自由度**为 $n - 2 = 11 - 2 = 9$（这个自由度是制定表格时规定的）.

查相关系数表得临界值 $\lambda = r_\alpha(9) = 0.7348$.

由于 $r = 0.9882 > 0.7348$，所以拒绝假设 H_0，即血糖含量 Y 与每天进食大米量 X 之间线性关系显著.

对于 r 检验法,需要说明的是:

(1) 虽然 $0 \leqslant |r| \leqslant 1$,但当 $r=0$ 时,$L_{XY}=0$,即 $b=0$,此时回归直线平行于 X 轴,说明 Y 的取值与 X 无关.即 Y 与 X 之间无线性相关关系,但不能排除它们之间存在其他的非线性关系,如图 6-2 所示.

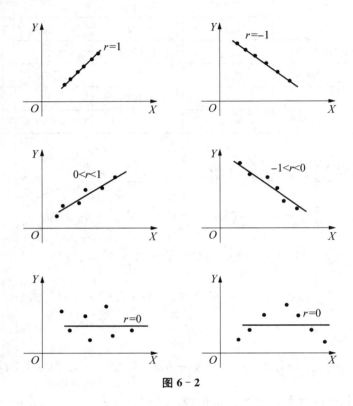

图 6-2

(2) 当 $|r|=1$ 时,即 $y_i=\hat{y}_i$,说明 n 个散点均在回归直线上,此时 Y 与 X 之间构成线性函数关系.

(3) 当 $0 < |r| < 1$ 时,X 与 Y 之间有一定的线性相关关系,r 的绝对值越接近 1,散点越靠近回归直线,这时 Y 与 X 的线性关系越密切.只有当 r 的绝对值大到一定程度(即 $|r| \geqslant \lambda$)时,这时的线性关系才称为是显著的,所求的一元线性回归方程也才有意义.且当 $r > 0$ 时,称 Y 与 X 正相关,当 $r < 0$ 时,称 Y 与 X 负相关.

三、多元线性回归

当某一医学指标由多个因素引起,并且每个因素对指标的影响都是线性的,这时就要用到多元线性回归.把这一指标用 Y,因素用 X_1,X_2,X_3,$\cdots$,X_p 表示,共 p 个因素,那么其数学模型为

$$y = b_0 + b_1 x_1 + b_2 x_2 + \cdots + b_p x_p + \varepsilon \ (\varepsilon \text{ 为统计误差}).$$

假定有 n 组数据,即这 p 个因素每取一个值都有一个 Y 值,共有 n 组数据.这些数据排

起来即为

$$
\begin{array}{ccccc}
y_1 & x_{11} & x_{12} & \cdots & x_{1p} \\
y_2 & x_{21} & x_{22} & \cdots & x_{2p} \\
\multicolumn{5}{c}{\cdots\cdots} \\
y_n & x_{n1} & x_{n2} & \cdots & x_{np}
\end{array}
$$

这里每行是一组数据,当这 p 个因素取值 x_{11},x_{12},$\cdots$,x_{1p} 时,Y 的值是 y_1,其他行类推. x 的两个下标左边的数表示第几组数据,右边的数表示第几个因素,如 x_{23} 表示第二组数据中第三个因素的值. 针对数学模型 $y=b_0+b_1x_1+b_2x_2+\cdots+b_px_p+\varepsilon$ 来说,已知的是这些 X,Y 的数据,而要求的是 b_0,b_1,b_2,$\cdots$,b_p 这些未知的系数. 这样就可以用这些数据组成 n 个方程的方程组,来求解这 p 个未知数.

$$
\begin{cases}
y_1=b_0+b_1x_{11}+b_2x_{12}+\cdots+b_px_{1p}, \\
y_2=b_0+b_1x_{21}+b_2x_{22}+\cdots+b_px_{2p}, \\
\cdots\cdots \\
y_n=b_0+b_1x_{n1}+b_2x_{n2}+\cdots+b_px_{np}.
\end{cases} \tag{6-13}
$$

设 $Y=\begin{pmatrix} y_1 \\ y_2 \\ \vdots \\ y_n \end{pmatrix}$,$B=\begin{pmatrix} b_0 \\ b_1 \\ \vdots \\ b_p \end{pmatrix}$,$X=\begin{pmatrix} 1 & x_{11} & x_{12} & \cdots & x_{1p} \\ 1 & x_{21} & x_{22} & \cdots & x_{2p} \\ \vdots & \vdots & \vdots & & \vdots \\ 1 & x_{n1} & x_{n2} & \cdots & x_{np} \end{pmatrix}$,这样方程组(6-13)就可以

写成矩阵方程 $Y=XB$,这里 X,Y 是已知的,B 是未知的,利用矩阵方程的解法求出未知的回归系数矩阵 B. 但从矩阵方程中可知,X 不是一个方阵,Y 和 B 的元素个数也不一样多,不能直接用逆矩阵的方法求解. 在方程两边同时左乘一个 X 的转置矩阵 X^T,方程变为 $X^TY=X^TXB$,这样 X^TX 就变成行列数皆为 p 的方阵,利用逆矩阵求解方程组的方法,就可以求出未知矩阵 $B=(X^TX)^{-1}X^TY$,即回归方程中的系数矩阵 B 为

$$
\hat{B}=\begin{pmatrix} \hat{b}_0 \\ \hat{b}_1 \\ \vdots \\ \hat{b}_p \end{pmatrix}=(X^TX)^{-1}X^TY,
$$

从而得到回归方程

$$
\hat{y}=\hat{b}_0+\hat{b}_1x_1+\hat{b}_2x_2+\cdots+\hat{b}_px_p.
$$

和一元线性回归一样,求出的回归方程是否有效,还是要进行检验的,检验的方法和一元回归一样.

假设 $H_0:b_0=b_1=b_2=\cdots=b_p=0$,也就是它们的相关系数全为零. 进行同样的检验,得出肯定或否定原假设的结论就可以了.

例6-31 临床统计资料显示,某一疾病指标与两种因素有关,通过有关医生临床数据

积累,收集到 30 个人的数据资料,如表 6-5 所示,试求出这一疾病指标与这两种因素的关系.

表 6-5

病人序号	因素 B	因素 A	疾病指标
1	5.50	−0.05	7.38
2	6.75	0.25	8.51
3	7.25	0.60	9.52
4	5.50	0	7.50
5	7.00	0.25	9.33
6	6.50	0.20	8.28
7	6.75	0.15	8.75
8	5.25	0.05	7.87
9	5.25	−0.15	7.10
10	6.00	0.15	8.00
11	6.50	0.20	7.89
12	6.25	0.10	8.15
13	7.00	0.40	9.10
14	6.90	0.45	8.86
15	6.80	0.35	8.90
16	6.80	0.30	8.87
17	7.10	0.50	9.26
18	7.00	0.50	9.00
19	6.80	0.40	8.75
20	6.50	−0.05	7.95
21	6.25	−0.05	7.65
22	6.00	−0.10	7.27
23	6.50	0.20	8.00
24	7.00	0.10	8.50
25	6.80	0.50	8.75
26	6.80	0.60	9.21
27	6.50	−0.05	8.27
28	5.75	0	7.67
29	5.80	0.05	7.93
30	6.80	0.55	9.26

设这一疾病指标为 Y,因素 A 为 X_1,因素 B 为 X_2,采用手工或计算软件分别画出 Y 与 X_1,Y 与 X_2 的散点图,可以看到 Y 与 X_1 大约呈线性关系,而 Y 与 X_2 不呈线性关系,前者的数学模型为 $y_1 = b_0 + b_1 x_1 + \varepsilon$.

因为 X_2 与 Y 不成线性关系,所以用二次曲线表示:$y_2 = b_0 + b_1 x_2 + b_3 x_2^2 + \varepsilon$.

合起来的数学模型为 $y = y_1 + y_2 = \beta_0 + \beta_1 x_1 + \beta_2 x_2 + \beta_3 x_2^2 + \varepsilon$.

临床中发现,这两种因素虽然看起来是相互独立的,但它们相互之间很有可能也是相互影响的,为了精确起见,再加上 X_1 和 X_2 的乘积项,使总的模型变为

$$y = \beta_0 + \beta_1 x_1 + \beta_2 x_2 + \beta_3 x_2^2 + \beta_4 x_1 x_2 + \varepsilon.$$

为了录入方便,把数据重新整理一下,如表 6－6 所示.

表 6－6

序号	y	x_1	x_2	x_2^2	$x_1 x_2$
1	7.38	−0.05	5.50	30.25	−0.275
2	8.51	0.25	6.75	45.562 5	1.687 5
...	...	...	...	...	...
30	9.26	0.55	6.80	46.24	3.74

这时数据 Y 的矩阵 $\boldsymbol{Y} = \begin{pmatrix} 7.38 \\ 8.51 \\ \vdots \\ 9.26 \end{pmatrix}$,回归系数矩阵 $\boldsymbol{B} = \begin{pmatrix} \beta_0 \\ \beta_1 \\ \beta_2 \\ \beta_3 \\ \beta_4 \end{pmatrix}$,数据 X 的矩阵 $\boldsymbol{X} =$

$$\begin{pmatrix} 1 & -0.05 & 5.5 & 30.25 & -0.275 \\ 1 & 0.25 & 6.75 & 45.562\,5 & 1.687\,5 \\ \vdots & \vdots & \vdots & \vdots & \vdots \\ 1 & 0.55 & 6.8 & 46.24 & 3.74 \end{pmatrix}.$$

如此复杂的矩阵只能用计算软件计算,在计算软件中分别输入矩阵 $\boldsymbol{X}$,$\boldsymbol{Y}$,$\boldsymbol{B}$,先计算 $\boldsymbol{X}^{\mathrm{T}} \boldsymbol{X}$,再计算 $\boldsymbol{X}^{\mathrm{T}} \boldsymbol{X}$ 的逆矩阵 $(\boldsymbol{X}^{\mathrm{T}} \boldsymbol{X})^{-1}$,然后计算 $\boldsymbol{X}^{\mathrm{T}} \boldsymbol{Y}$,最后计算出

$$\boldsymbol{B} = \begin{pmatrix} \beta_0 \\ \beta_1 \\ \beta_2 \\ \beta_3 \\ \beta_4 \end{pmatrix} = (\boldsymbol{X}^{\mathrm{T}} \boldsymbol{X})^{-1} \boldsymbol{X}^{\mathrm{T}} \boldsymbol{Y} = \begin{pmatrix} 29.113\,3 \\ 11.134\,2 \\ -7.608\,0 \\ 0.671\,2 \\ -1.477\,7 \end{pmatrix}.$$

求出的回归方程就是 $\hat{y} = 29.113\,3 + 11.134\,2 x_1 - 7.608 x_2 + 0.671\,2 x_2^2 - 1.477\,7 x_1 x_2$. 最后再进行检验,如果需要预测再进行预测.

一般计算软件都有专用的多元回归的计算函数,只要输入有关数据矩阵以后,可以直接

运用软件给出的计算函数,就可以得出运算结果.例如,用计算软件 MATLAB 的计算语句是

[b, bint, r, rint, stats]=regress(y, x, alpha)

说明:等号前是输出要求,等号后 regress 是计算多元回归的计算函数,小括号中 x, y 是已知数据矩阵,alpha 是要求的置信水平.

输出的格式是:

回归系数	系数计算值	该值的置信区间
β_0	29.1133	$[13.7013, 44.5252]$
β_1	11.1342	$[1.9778, 20.2906]$
β_2	-7.6080	$[-12.6932, -2.5228]$
β_3	0.6712	$[0.2538, 1.0887]$
β_4	-1.4777	$[-2.8518, -0.1037]$

多元线性回归的手工计算相当烦琐,特别是在相关因素多、数据多的情况下手工计算难以想象.同学们如果想应用线性代数来进行医学方面的研究,学习一种计算软件是必须要做的事.

点滴积累

一元及多元线性回归是数理统计中研究、处理数据的计算方法,在目前的大数据挖掘中也多有应用.在一元线性回归中,理解并学会计算数据的平均值、方差、协方差、相关系数等统计特征数,道理简单,计算也并不复杂.在多元线性回归中,最重要的是如何确定回归方程,从而确定未知系数的个数,计算方法依旧是用逆矩阵解矩阵方程.但这种处理方法计算的结果是否符合实际情况有待检验,检验的方法是在给定置信水平情况下求出计算结果中各系数的置信区间,如果求出的系数在置信区间内,则认为计算的结果是可信的,否则是不可信的.

随堂练习6-6

1. 现有 15 个人的脚长和手长的数据(cm)如表 6-7 所示,求它们之间的回归方程并求其相关系数.

表 6-7

脚长	23	21.6	23.5	24.8	23	25.4	24.1	23	23.5
手长	16.5	15.9	18.4	17.8	17.2	17.8	16.5	17.8	17.8
脚长	24.1	23.5	25.4	25.4	24.8	24.1			
手长	17.8	17.8	19.1	18.4	18.4	18.4			

2. 在例 6-31 中取数据的前 5 组作二元线性回归,理解、熟练多元线性回归方法.

复习题六

一、判断题

1. n 阶方阵是可以求值的. 　　　　　　　　　　　　　　　　（　　）

2. 用同一组数组成的两个矩阵是相等的. 　　　　　　　　　　（　　）

3. 两个行数、列数都相同的矩阵是相等的. 　　　　　　　　　　（　　）

4. 矩阵都有行列式. 　　　　　　　　　　　　　　　　　　　（　　）

5. 若两个矩阵的行列式相等，则两个矩阵相等. 　　　　　　　　（　　）

6. 若两个方阵相等，则其行列式对应相等. 　　　　　　　　　　（　　）

7. 如果矩阵 A 的行列式 $|A| = 0$，则 $A = O$. 　　　　　　　　（　　）

8. 若 A 有一个 r 阶非零子式，则 $r(A) = r$. 　　　　　　　　（　　）

9. 若 $r(A) \geqslant r$，则 A 中必有一个非零的 r 阶子式. 　　　　（　　）

10. 若 $A_{3 \times 4}$，且所有元素都不为零，则 $r(A) = 3$. 　　　　　（　　）

11. 若 A 至少有一个非零元素，则 $r(A) > 0$. 　　　　　　　　（　　）

二、选择题

1. 设 A_{ij} 是行列式 D 的元素 $a_{ij}(i = 1, 2, \cdots, n; j = 1, 2, \cdots, n)$ 的代数余子式. 那么当 $i \neq j$ 时，下列式子中（　　）是正确的.

　　A. $a_{i1}A_{j1} + \cdots + a_{in}A_{jn} = 0$ 　　　　　B. $a_{i1}A_{i1} + \cdots + a_{in}A_{in} = 0$

　　C. $a_{1j}A_{1j} + \cdots + a_{nj}A_{nj} = 0$ 　　　　　D. $a_{11}A_{11} + \cdots + a_{1n}A_{1n} = 0$

2. 设 A 是一个四阶方阵，且 $|A| = 3$，那么 $|2A| = $（　　）.

　　A. 2×3^4 　　　　　B. 2×4^3 　　　　　C. $2^4 \times 3$ 　　　　　D. $2^3 \times 4$

3. 方阵 A 可逆的充要条件是（　　）.

　　A. $A > 0$ 　　　　　B. $|A| \neq 0$ 　　　　　C. $|A| > 0$ 　　　　　D. $A \neq O$

4. 设 A，B 是两个 $m \times n$ 矩阵，C 是 n 阶方阵，那么（　　）.

　　A. $C(A + B) = CA + CB$ 　　　　　B. $(A^T + B^T)C = A^TC + B^TC$

　　C. $C^T(A + B) = C^TA + C^TB$ 　　　　　D. $(A + B)C = AC + BC$

三、填空题

1. 如果 A 是一个 $m \times n$ 矩阵，那么，A 有 _____ 行 _____ 列；当 $m = 1$ 时，$1 \times n$ 矩阵是 _____ 矩阵；当 $n = 1$ 时，$m \times 1$ 矩阵是 _____ 矩阵.

2. 设矩阵

$$A = \begin{pmatrix} 3 & 2 & -1 \\ 0 & -2 & 4 \end{pmatrix}, \quad B = \begin{pmatrix} a & 2 & c \\ 0 & b & 4 \end{pmatrix},$$

当 $A = B$ 时，$a = $ _____，$b = $ _____，$c = $ _____.

3. 设 A 既是上三角矩阵，又是下三角矩阵，则 A 是一个 _____.

4. 如果矩阵 A 满足 $A^T = A$，那么 A 是 _____ 矩阵，它的元素 $a_{ij} = $ _____.

5. 设 A 是三角矩阵，且 $|A| = 0$，那么对角线上的元素 _____.

6. 两个矩阵 A 与 B 可作加、减运算的条件是这两个矩阵的 _____.

7. 数 k 乘矩阵 A 是把 k 乘以 A 的 _____.

8. 两个矩阵 A 与 B 可作乘法运算的条件是 _____.

9. 设 A 是一个 $m \times n$ 矩阵，B 是一个 $n \times 5$ 矩阵，那么 AB 是 _____ 矩阵，第 i 行第 j 列的元

素为_____.

10. 设 A，B 是两个上三角矩阵，那么，$(AB)^T$ 是_____矩阵，$(kA-lB)$ 是_____矩阵，其中 k，l 是常数.

11. 设 A 是一个三阶方阵，那么 $|-2A| = $ _____$|A|$.

四、计算或证明题

1. 计算下列行列式：

$$(1)\ \begin{vmatrix} -ab & ac & ae \\ bd & -cd & de \\ bf & cf & -ef \end{vmatrix};\quad (2)\ \begin{vmatrix} 1 & 1 & 1 & 1 \\ a & x & b & b \\ b & b & x & c \\ c & c & c & x \end{vmatrix};\quad (3)\ \begin{vmatrix} -8 & 1 & 7 & -3 \\ 1 & 3 & 2 & 4 \\ 3 & 0 & 4 & 0 \\ 4 & 0 & 1 & 0 \end{vmatrix}.$$

2. 证明：

$$(1)\ \begin{vmatrix} \cos(\alpha-\beta) & \sin\alpha & \cos\alpha \\ \sin(\alpha+\beta) & \cos\alpha & \sin\alpha \\ 1 & \sin\beta & \cos\beta \end{vmatrix} = 0;$$

$$(2)\ \begin{vmatrix} a-b-c & 2a & 2a \\ 2b & b-c-a & 2b \\ 2c & 2c & c-a-b \end{vmatrix} = (a+b+c)^3.$$

3. 求下列矩阵的逆矩阵：

$$(1)\ \begin{pmatrix} 2 & 0 & 0 & 0 \\ 0 & 1 & 4 & 0 \\ 0 & 0 & -1 & 1 \\ 0 & 0 & 0 & 9 \end{pmatrix};\qquad (2)\ \begin{pmatrix} 1 & -1 & 1 & 1 \\ -1 & 0 & 1 & 0 \\ 1 & -1 & 1 & 0 \\ 1 & 0 & 0 & 2 \end{pmatrix}.$$

4. 解下列各线性方程组：

$$(1)\ \begin{cases} x_1 + 3x_2 - 7x_3 = -8, \\ 2x_1 + 5x_2 + 4x_3 = 4, \\ -3x_1 - 7x_2 - 2x_3 = -3, \\ x_1 + 4x_2 - 12x_3 = -15; \end{cases} \qquad (2)\ \begin{cases} 5x_1 + x_2 + 2x_3 = 4, \\ 2x_1 + x_2 + x_3 = 5, \\ 9x_1 + 2x_2 + 5x_3 = 8; \end{cases}$$

$$(3)\ \begin{cases} x_1 - x_2 + 5x_3 - x_4 = 0, \\ x_1 + x_2 - 2x_3 + 3x_4 = 0, \\ 3x_1 - x_2 + 8x_3 + x_4 = 0, \\ x_1 + 3x_2 - 9x_3 + 7x_4 = 0. \end{cases}$$

第七章　概率论基础

·情景导学·

情景描述：

  生活中到处充满了随机现象,例如明天的天气、体检的化验结果、新生儿的性别、产品的质量等等,这些随机现象或多或少影响着我们的生活,那么它们有规律可循吗? 我们如何更好地掌握其内在规律为我们有所用呢?

学前导语：

  概率论是研究随机现象数量规律的一门学科,在自然科学、社会科学中都有着广泛的应用,也是医学基础研究和临床实践不可缺少的重要工具. 所以我们需要学习概率论基础知识,研究和揭示随机现象的规律性,并合理地利用它来解决生产实践、科学实验和实际生活中的问题.

第一节　随机事件及其概率

一、随机事件与样本空间

(一) 随机现象和确定现象

  随机现象是在一定的条件下,可能发生也可能不发生的现象,例如每次抛硬币数字面是否向上、明天是否下雨等. **确定现象**是在一定条件下,必然发生或不发生的现象,例如太阳每天从东方升起、在标准大气压下水加热到100℃时沸腾等. 从表面上看,随机现象的每一次观察结果都是不确定的,但人们发现,当同一随机现象被大量重复观察时,每种可能的结果出现的频率具有稳定性,这表明随机现象也有其固有的规律性. 随机现象在大量重复出现时所表现出的规律性称为**随机现象的统计规律性**.

(二) 随机试验、随机事件和样本空间

1. 随机试验

  为了对随机现象的统计规律性进行研究,就需要对随机现象进行重复观察. 我们把对随机现象的观察称为**随机试验**,简称**试验**,记为 E. 例如,观察人群中血型分布这个随机试验. 在观察之前,某人的血型有 A, B, O 和 AB 四种可能,具体是哪种血型在未做观察之前是不

知道的,但可以肯定是四种结果中的一种,且只能是一种. 所以随机试验具有下列特征.

(1) 可重复性:试验可以在相同的条件下重复进行;

(2) 可观察性:试验结果可观察,所有可能的结果是明确的,且不止一个;

(3) 不确定性:每次试验会出现结果之一,但事先不能准确预知是哪一个结果.

2. 样本空间和随机事件

尽管一个随机试验将要出现的结果是不确定的,但其所有可能结果是明确的. 随机试验的每一种可能的结果称为一个**样本点**,记为 ω,样本点的全体称为**样本空间**,记为 Ω.

(1) 基本事件:相对观察目的而言不可再分割的、最基本的事件称为基本事件,其他事件均可由基本事件复合而成.

(2) 复合事件:由两个或两个以上基本事件组合而成的事件称为复合事件.

(3) 不可能事件:试验中肯定不发生的事件称为不可能事件,记为 $\varnothing$.

(4) 必然事件:试验中一定发生的事件称为必然事件,记为 Ω.

所有可能发生或不可能发生的事件称为**随机事件**,简称**事件**. 可见事件是由样本空间部分元素组成的集合,可以用集合的知识来研究随机事件,通常用大写字母 A,B,C 等表示.

例 7-1 写出下列随机试验的样本空间:

(1) 投掷一颗骰子,观察出现的点数;

(2) 观察单位时间内到达某公交车站候车的人数;

(3) 从一批灯泡中任取一只,以小时为单位,测试这只灯泡的寿命.

解 (1) 投掷一颗骰子可能出现的点数为:1,2,3,4,5,6,若令 $\omega_i = i$,$i = 1, 2, 3, 4, 5, 6$,则 ω_i 为随机试验的基本事件,样本空间 $\Omega = \{1, 2, 3, 4, 5, 6\}$.

(2) 令 $\omega_i =$ 单位时间内有 i 人到达车站候车,$i = 0, 1, 2, \cdots$,则样本空间 $\Omega = \{\omega_0, \omega_1, \omega_2, \cdots\} = \{0, 1, 2, \cdots\}$.

(3) 令 t 表示灯泡的寿命,则大于等于零的任意一个实数都是该试验的一个样本点,$\Omega = \{t \mid t \geqslant 0\}$.

二、事件的关系与运算

由于事件是由样本空间的部分样本点组成的,可以看作样本空间的一个子集,因此事件之间的关系与运算可按集合之间的关系与运算来处理.

(一) 事件间的关系

1. 事件的包含

若事件 A 发生必然导致事件 B 也一定发生,称事件 B 包含事件 A,记作 $B \supset A$ 或 $A \subset B$.

2. 事件的相等

若事件 A 与 B 同时出现,称为事件 A 等于 B 或 A 与 B 等价,记作 $A = B$.

3. 事件的和

若事件 A 与 B 至少有一个发生,则称这一事件为 A 与 B 的和事件,记作 $A + B$. 类似地,称 $\sum\limits_{k=1}^{n} A_k$ 为 n 个事件 A_1,A_2,$\cdots$,A_n 的和事件;称 $\sum\limits_{k=1}^{\infty} A_k$ 为可列个事件 A_1,A_2,$\cdots$,

A_n，…的和事件.

4. 事件的差

若事件 A 发生但事件 B 不发生，则称这一事件为事件 A 与 B 的差，记作 $A - B$.

5. 事件的积

若事件 A 与 B 同时发生，称为事件 A 与 B 的积事件，记作 AB. 类似地，称 $\prod\limits_{k=1}^{n} A_k$ 为 n 个事件 A_1，A_2，…，A_n 的积事件；称 $\prod\limits_{k=1}^{\infty} A_k$ 为可列个事件 A_1，A_2，…，A_n，…的积事件.

6. 互不相容事件

若事件 A 与事件 B 不能同时发生，则称这两个事件**互不相容**或**互斥**，记作 $AB = \varnothing$. 若 n 个事件两两互不相容，则称这些事件**互不相容**.

若一组事件 A_1，A_2，…，A_n 两两互不相容，且它们的和为必然事件，则称该事件组为**互不相容完备事件组**.

7. 对立事件

若事件 A 与事件 B 有且仅有一个发生，即同时满足 $A + B = \Omega$ 和 $AB = \varnothing$，则称事件 A 与 B 为**对立事件**或**互逆事件**，通常把 A 的逆事件记为 $\bar{A}$，表示"A 不发生".

(二) 事件的运算律

设 A，B，C 为任意事件，则满足如下运算律.

（1）交换律：$A + B = B + A$，　$AB = BA$；

（2）结合律：$A + (B + C) = (A + B) + C$，$A(BC) = (AB)C$；

（3）分配律：$A(B + C) = AB + AC$，　$(A + B)C = AC + BC$；

（4）对偶律：$\overline{A + B} = \bar{A}\bar{B}$，$\overline{AB} = \bar{A} + \bar{B}$（可以推广到任意多个事件的情形）.

随机事件的关系和运算与集合的关系和运算是完全相似的，因此，可参照表 7-1 将事件的运算关系与集合的运算关系进行对比理解.

表 7-1

运算符号	事件运算	集合运算
$A \subset B$	事件 A 发生必导致事件 B 发生（事件的包含）	集合 A 是 B 的子集
$A = B$	事件 A 与 B 相等（事件的相等）	集合 A 与 B 相等
$A + B$	事件 A 与 B 至少有一个发生（事件的和）	集合 A 与 B 的并集
AB	事件 A 与 B 同时发生（事件的积）	集合 A 与 B 的交集
$A - B$	事件 A 发生而 B 不发生（事件的差）	集合 A 与 B 的差集
$AB = \varnothing$	事件 A 与 B 不可能同时发生（互不相容）	集合 A 与 B 无公共元素
$\bar{A}$	事件 A 不发生（A 的逆事件）	集合 A 的补集

例 7-2　设 A，B，C 是样本空间 Ω 中的三个随机事件，试用 A，B，C 的运算表达式表示下列随机事件：

(1) A 与 B 发生但 C 不发生;

(2) 事件 A, B, C 中至少有一个发生;

(3) 事件 A, B, C 中至少有两个发生;

(4) 事件 A, B, C 中恰好有两个发生;

(5) 事件 A, B, C 中不多于一个事件发生.

解 根据事件间的关系,可得结果如下:

(1) $A B \bar{C}$; (2) $A + B + C$; (3) $AB + BC + AC$;

(4) $A B \bar{C} + A \bar{B} C + \bar{A} B C$;

(5) $\bar{A} \bar{B} \bar{C} + A \bar{B} \bar{C} + \bar{A} B \bar{C} + \bar{A} \bar{B} C$ 或 $\overline{AB + BC + AC}$.

三、概率的定义

(一) 概率的统计定义

对于一个随机事件 A,在一次试验中是否会发生,事先不能确定.但在大量重复试验中,人们还是可以发现它是有内在规律的,即它出现的可能性大小是可以"度量"的.为此,本节首先引入频率,它描述了事件发生的频繁程度,进而引出表示事件在一次试验中发生的可能性大小的量——概率.

定义 7-1 在相同条件下进行 n 次试验,其中事件 A 发生的次数为 m,则称 $f_n(A) = \dfrac{m}{n}$ 为事件 A 发生的频率.易见,频率 $f_n(A)$ 具有下述基本性质:

(1) $0 \leqslant f_n(A) \leqslant 1$;

(2) $f_n(\Omega) = 1$;

(3) 设 A_1, A_2, $\cdots$, A_n 两两互不相容,则

$$f_n(A_1 + A_2 + \cdots + A_n) = f_n(A_1) + f_n(A_2) + \cdots + f_n(A_n).$$

随机事件 A 在 n 次重复试验中发生的次数 m 和频率 $f_n(A)$ 都是随机的.不过人们经过长期的实践发现,虽然当 n 很小时,$f_n(A)$ 的取值起伏很大,但是当 n 充分大以后,事件 A 的频率就开始趋于稳定,总是围绕着某一个定值而波动,即呈现出"频率的稳定性".历史上数位数学家曾先后做过大量的投掷硬币试验,观察正面向上的频率随着投掷次数的增加而稳定在 0.5 左右,如表 7-2 所示.由随机现象的这种"频率的稳定性"可以引出概率的统计定义.

表 7-2

试验者	投掷次数 n	正面向上的次数 m	频率(m/n)
德摩根	2046	1061	0.5186
布 丰	4040	2048	0.5069
皮尔逊	12000	6019	0.5016
皮尔逊	24000	12012	0.5005

定义 7-2 在同一条件下的大量重复试验中,如果事件 A 出现的频率稳定地在某一常数 p 附近,则称 p 为事件 A 的概率,记为 $P(A)=p$. 这就是**概率的统计定义**.

概率的统计定义提供了求概率的一种近似方法,即当试验次数足够大时,事件 A 的概率近似地等于事件 A 的频率. 在医学统计学中,所谓患病率、死亡率、治愈率等就是指相应的频率,当统计例数相当多时,也可理解为相应的概率,并用频率值来估计相应的概率值.

> **思政育人**
>
> ### 从概率的统计定义看偶然性与必然性
>
> 恩格斯说:"在表面偶然性起作用的地方始终是受内部隐蔽规律支配的,而我们的问题只是在于发现这些规律."概率的统计定义——大量重复试验下的频率稳定在概率上,很好印证了"偶然中孕育着必然"的哲理. 所以如果我们不断努力地学习、工作,脚踏实地地勤勉做事,就一定能取得成就,造福社会.

例 7-3 某医院用一种新药治疗老年性气管炎,疗效见表 7-3,求临床治愈率.

表 7-3

治疗结果	临床治愈(A)	明显好转(B)	症状缓解(C)	无效(D)	合计
例数(m)	83	180	117	23	403
频率(m/n)	0.206	0.477	0.260	0.057	1.00

解 临床治愈频率 $f_n(A)=\dfrac{m}{n}=\dfrac{83}{403}\approx 0.206$,这里的病例数 403 可认为足够大,故可以用临床治愈频率来近似表示本题所求的概率,即 $P(A)\approx f_n(A)=0.206$,病例数越多,这个近似值就越值得信赖.

下面给出概率的公理化定义,它实际给出了概率的三个基本特性.

定义 7-3 设 Ω 是一给定的样本空间,A 为其中任意一个事件,规定一个实数,记为 $P(A)$,若 $P(A)$ 满足下列三条公理.

(1) 非负性:$P(A)\geqslant 0$;

(2) 规范性:$P(\Omega)=1$;

(3) 可列可加性:设事件 $A_1,A_2,\cdots,A_n,\cdots$ 两两互斥,即 $A_iA_j=\varnothing\ (i\neq j)$,则有

$$P\left(\sum_{i=1}^{\infty} A_i\right)=\sum_{i=1}^{\infty} P(A_i),$$

则称 $P(A)$ 为事件 A 发生的概率.

圆周率的概率故事

圆周率 π＝3.1415926… 是一个无限不循环小数,我国数学家祖冲之第一次把它计算到小数点后七位,这个记录保持了 1000 多年! 后来有人不断把它算得更精确. 1873 年,英国学者尚克斯公布了一个 π 的数值,它小数点后有 707 位之多! 但几十年后,曼彻斯特的弗格森发现尚克斯的 π 值从第 528 位开始出现错误,他统计了 π 的 608 位小数,得到表 7-4.

表 7-4

数字	0	1	2	3	4	5	6	7	8	9
出现次数	60	62	67	68	64	56	62	44	58	67

你能想到弗格森发现错误的理由吗? 事实上,因为 π 是一个非人为构造的无限不循环小数,所以理论上每个数字出现的次数应近似相等,或出现的频率接近于 0.1,但统计表中 7 出现的频率过小.

(二) 古典概率

在各种随机试验中,有一类最简单的随机试验,这类随机试验在概率论发展初期是主要的研究对象,它具有以下两个特征.

(1) 有限性:随机试验只有有限个可能的结果;

(2) 等可能性:每一个试验结果发生的可能性大小相同.

具有这两个特征的试验称为**古典概型**.

定义 7-4 若随机试验为古典概型,且已知样本空间 Ω 中含有 n 个基本事件,事件 A 中含有 m 个基本事件,则事件 A 的概率

$$P(A)=\frac{m}{n}=\frac{A \text{ 中包含的基本事件数}}{\text{基本事件总数}}, \qquad (7-1)$$

称此概率为**古典概率**. 式(7-1)把求古典概率的问题转化为对基本事件的计数问题,在 n,m 的运算中,常常要用到一些排列组合公式.

例 7-4 某医院呼吸科有 20 位护士,10 位医生,现要抽调 5 人成立医疗小组,求恰好抽到 3 位护士的概率.

解 设 $A=$ "抽到 5 人中有 3 位护士",依题意可知,基本事件总数 $n=C_{30}^{5}=142506$,事件 A 所包含的基本事件数 $m=C_{20}^{3}C_{10}^{2}=51300$,所以

$$P(A)=\frac{C_{20}^{3}C_{10}^{2}}{C_{30}^{5}}=\frac{51300}{142506}\approx 0.36.$$

例 7 - 5 医院的某科门诊在一周内共接待了 12 位病人,所有这 12 位病人的看病时间都在周一或周五进行. 试分析该科门诊的看病时间是否有规定?

解 作假设 H_0:该科门诊的看病时间无规定,设 A＝"12 位病人的看病时间都在周一或周五进行".

若假设 H_0 成立,即该科门诊的看病时间无规定,则每位病人恰在周一或周五看病的概率都为 $\dfrac{2}{7}$,12 位病人都在周一或周五看病的概率为 $\left(\dfrac{2}{7}\right)^{12}$,故

$$P(A) = \left(\frac{2}{7}\right)^{12} \approx 2.96 \times 10^{-7}.$$

此概率非常小,约为一千万分之三,也就是说,平均在 333 万次试验中才会出现 1 次,就一次试验而言,可以说是不会出现的,称之为**小概率事件原理**. 而现在就做了一次调查,这种情况就出现了,那只能说明假设 H_0 有误,故推翻假设 H_0,即可认为该科门诊的看病时间有规定. 这种类似于反证法的推理方法是统计学中假设检验的基本思想.

🔗 知识链接

基市计数原理

为了准确计算随机事件的基本事件数目,我们应该熟练掌握**基本计数原理**.

（1）**加法原理**:设完成一件事有 m 种方式,其中第一种方式有 n_1 种方法,第二种方式有 n_2 种方法……第 m 种方式有 n_m 种方法,无论通过哪种方法都可以完成这件事,则完成这件事的方法总数为 $n_1 + n_2 + \cdots + n_m$.

（2）**乘法原理**:设完成一件事有 m 个步骤,其中第一个步骤有 n_1 种方法,第二个步骤有 n_2 种方法……第 m 个步骤有 n_m 种方法,完成该件事必须通过每一步骤才算完成,则完成这件事的方法总数为 $n_1 \times n_2 \times \cdots \times n_m$.

四、概率的运算

（一）概率的加法公式

通常将复杂事件的概率分解成简单事件的概率来计算,这里我们讨论概率的加法公式.

1. 互不相容事件的加法公式

设 A,B 为两个互不相容事件,其和的概率公式为

$$P(A + B) = P(A) + P(B). \tag{7-2}$$

若有限个事件 A_1,A_2,$\cdots$,A_n 互不相容,则

$$P(A_1 + A_2 + \cdots + A_n) = P(A_1) + P(A_2) + \cdots + P(A_n).$$

2. 对立事件的概率公式

对于互相对立的两个事件 A 和 $\bar{A}$,有

$$P(A) = 1 - P(\bar{A}). \tag{7-3}$$

3. 概率的加法公式

设 A，B 为两个任意事件，则

$$P(A+B) = P(A) + P(B) - P(AB), \tag{7-4}$$

称为和事件**概率的加法公式**. 若 A，B，C 为任意三个事件，则

$$P(A+B+C) = P(A) + P(B) + P(C) - P(AB) - P(BC) - P(AC) + P(ABC).$$

事实上加法公式可推广到有限个事件的情形.

例 7-6 一盒试剂共有 20 支，放置一段时间后发现，其中有 6 支澄明度较差，有 5 支标记已不清楚，有 4 支澄明度和标记都不合要求. 现从中随意取出 1 支，求这一支无任何上述问题的概率.

解 记 A 表示"澄明度较差"，B 表示"标记不清"，则

$$P(A) = \frac{6}{20} = 0.3, \ P(B) = \frac{5}{20} = 0.25, \ P(AB) = \frac{4}{20} = 0.2.$$

所求概率为 $P(\bar{A}\bar{B})$. 因为 $\bar{A}\bar{B} = \overline{A+B}$，所以 $P(\bar{A}\bar{B}) = P(\overline{A+B}) = 1 - P(A+B)$，而

$$P(A+B) = P(A) + P(B) - P(AB) = 0.35,$$

故 $P(\bar{A}\bar{B}) = 1 - P(A+B) = 1 - 0.35 = 0.65$.

(二) 条件概率与乘法公式

1. 条件概率

定义 7-5 设 A，B 是两个事件，且 $P(A) > 0$，则称

$$P(B \mid A) = \frac{P(AB)}{P(A)} \tag{7-5}$$

为在事件 A 发生的条件下，事件 B 的**条件概率**. 相应地，把 $P(B)$ 称为**无条件概率**. 一般地，$P(B \mid A) \neq P(B)$.

例 7-7 表 7-5 是死亡者分属各年龄组的比例统计表，已知一个死亡者年龄超过 60 岁，试求其享年未超过 70 岁的概率.

表 7-5

年龄段	(0, 10]	…	(60, 70]	(70, 80]	>80	合计
死亡概率(%)	3.23	…	18.21	27.28	33.58	100

解 设 A 表示"死亡年龄超过 60 岁"，B 表示"享年未超过 70 岁"，所求概率为 $P(B \mid A)$. 由表知，

$$P(AB) = 18.21\%, \quad P(A) = 18.21\% + 27.28\% + 33.58\% = 79.07\%,$$

所以

$$P(B \mid A) = \frac{P(AB)}{P(A)} = \frac{18.21\%}{79.07\%} = 23.03\%.$$

2. 乘法公式

由条件概率的定义,当 $P(A) > 0$ 时,可得

$$P(AB) = P(A)P(B \mid A). \tag{7-6}$$

注意到 $AB = BA$ 及 A, B 的对称性,当 $P(B) > 0$ 时,可得

$$P(AB) = P(B)P(A \mid B). \tag{7-7}$$

式(7-6)和式(7-7)通常称为**乘法公式**,利用它们可计算两个事件同时发生的概率. 推广到有限个事件则积的概率等于一系列事件的概率之积,其中每个因子是它前面的一切事件都已发生的前提下的条件概率,即

$$P(A_1 A_2 \cdots A_n) = P(A_1)P(A_2 \mid A_1)P(A_3 \mid A_1 A_2) \cdots P(A_n \mid A_1 A_2 \cdots A_{n-1}).$$

例 7-8　某种疾病能导致心肌受损害,若第一次患该病,则心肌受损害的概率为 0.3,第一次患病心肌未受损害而第二次再患该病时,心肌受损害的概率为 0.6,试求某人患病两次心肌未受损害的概率.

解　设 A_1 表示"第一次患病心肌受损害", A_2 表示"第二次患病心肌受损害",由题设可知 $P(A_1) = 0.3$, $P(A_2 \mid \bar{A}_1) = 0.6$,所求概率为 $P(\bar{A}_1 \bar{A}_2)$.

$$P(\bar{A}_1) = 1 - P(A_1) = 0.7, \quad P(\bar{A}_2 \mid \bar{A}_1) = 1 - P(A_2 \mid \bar{A}_1) = 0.4,$$

所以 $P(\bar{A}_1 \bar{A}_2) = P(\bar{A}_1)P(\bar{A}_2 \mid \bar{A}_1) = 0.7 \times 0.4 = 0.28.$

例 7-9　产妇分娩胎儿的存活率为 $P(L) = 0.98$. 又知活产胎儿中剖宫产所占的比例为 $P(C) = 0.15$,而剖宫产的活产率为 $P(L \mid C) = 0.96$,如果一个产妇是自然产,则胎儿的存活率有多大?

解　注意到 $P(L\bar{C}) = P(L) - P(LC) = P(L) - P(C)P(L \mid C)$,所求概率为

$$P(L \mid \bar{C}) = \frac{P(L\bar{C})}{P(\bar{C})} = \frac{P(L) - P(C)P(L \mid C)}{1 - P(C)} = \frac{0.98 - 0.15 \times 0.96}{1 - 0.15} = 0.9835.$$

(三) 事件的独立性

定义 7-6　若两事件 A, B 满足

$$P(AB) = P(A)P(B), \tag{7-8}$$

则称 A, B 相互独立.

说明　(1) 当 $P(A) > 0$, $P(B) > 0$ 时, A, B 相互独立与 A, B 互不相容不能同时成

立,但 $\varnothing$ 与 Ω 既相互独立又互不相容.

(2) 若事件 A , B 相互独立,且 $P(A)>0$,则 $P(A\mid B)=P(A)$,反之亦然.

(3) 若事件 A , B 相互独立,则 A 与 $\bar{B}$ 、$\bar{A}$ 与 B 以及 $\bar{A}$ 与 $\bar{B}$ 都相互独立.

定义 7-7 设 A , B , C 为三个事件,若满足等式

$$
\begin{aligned}
&P(AB)=P(A)P(B),\\
&P(AC)=P(A)P(C),\\
&P(BC)=P(B)P(C),\\
&P(ABC)=P(A)P(B)P(C),
\end{aligned}
\tag{7-9}
$$

则称事件 A , B , C **相互独立**. 对 n 个事件的独立性,可类似写出其定义.

定义 7-8 设 A_1 , A_2 , $\cdots$, A_n 是 n 个事件,若其中任意两个事件之间均相互独立,则称 A_1 , A_2 , $\cdots$, A_n **两两独立**.

例 7-10 已知某人群的妇女中,有 4% 得过乳腺癌,有 20% 是吸烟者,而又吸烟又患上乳腺癌的占 3% ,问不吸烟但患上乳腺癌的占多少? 吸烟与患乳腺癌有关联否?

解 记 A 表示"一名妇女有乳腺癌",B 表示"一名妇女是吸烟者",已知 $P(A)=0.04$,$P(B)=0.20$,$P(AB)=0.03$,所以

$$P(A\bar{B})=P(A)-P(AB)=0.04-0.03=0.01,$$

故不吸烟但患上乳腺癌的占 1% . 由 $P(AB)=0.03\neq0.008=P(A)P(B)$,则两者不是相互独立的,也就是两者有关系.

例 7-11 根据表 7-6 所示人群中色盲和耳聋的比例,考察色盲与耳聋两种病之间是否有联系.

表 7-6

	聋(A)	非聋($\bar{A}$)	合计
色盲(B)	0.0004	0.0796	0.0800
非色盲($\bar{B}$)	0.0046	0.9154	0.9200
合计	0.0050	0.9950	1.0000

解 从表中可知 $P(A)=0.0050$,$P(B)=0.0800$,$P(AB)=0.0004$,因为

$$P(A)P(B)=0.0050\times0.0800=0.0004=P(AB),$$

所以耳聋与色盲是相互独立的两种病.

例 7-12 假设每个人血清中含有肝炎病毒的概率为 0.004 ,现混合 100 个人的血清,求此混合血清中含有肝炎病毒的概率.

解 记 $A_i=$ 第 i 个人的血清中含有肝炎病毒($i=1$, 2 , $\cdots$, 100),可以认为它们是相互独立的,因此 $\bar{A_i}$($i=1$, 2 , $\cdots$, 100)也是相互独立的,且 $P(\bar{A_i})=1-P(A_i)=1-$

$0.004=0.996$，则

$$P(A_1+A_2+\cdots+A_{100})=1-P\overline{(A_1+A_2+\cdots+A_{100})}=1-P(\overline{A_1}\overline{A_2}\cdots\overline{A_{100}})$$

$$=1-P(\overline{A_1})P(\overline{A_2})\cdots P(\overline{A_{100}})=1-0.996^{100}\approx0.33.$$

可见，尽管每份血清含有肝炎病毒的可能性很小，但混合血清的概率却很大，这表明，小概率事件在大量重复试验中至少发生一次的概率，随试验次数的增加而变大. 在医学随机试验中，这种放大性效应是很普遍的现象，也是实际工作中常加考虑的因素. 特别地，本例中有一个重要公式，如果 n 个事件 A_1，A_2，$\cdots$，A_n 是相互独立的，则有

$$P(A_1+A_2+\cdots+A_n)=1-P(\overline{A_1})P(\overline{A_2})\cdots P(\overline{A_n}).\qquad(7-10)$$

在实际问题中，事件的相互独立性往往根据实际问题的背景来判断，也为计算事件发生的概率带来方便.

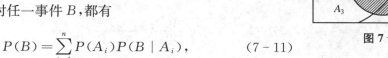

思政育人

事件独立性与团队的力量

若事件是相互独立的，求解和事件的概率可用式(7-10). 例如，若三人独立地去破译一份密码，每人成功破译的概率分别为 0.45，0.5，0.55，由独立性，此密码被破译的概率为 $1-(1-0.45)(1-0.5)(1-0.55)\approx0.88$，该密码被破译的概率明显高于每个人的破译概率. 谚语"三个臭皮匠，顶个诸葛亮""一根筷子容易折，十根筷子坚如铁"等都说明了人多智慧广，所以我们在处理问题时要集思广益，强化团队合作精神的重要性.

五、全概率公式和贝叶斯公式

现实生活中为了求比较复杂事件的概率，可以先把它分拆为若干个互不相容的较简单事件的和，求出这些较简单事件的概率，再利用加法公式，即得所要求的复杂事件的概率，为此介绍下述全概率公式.

(一) 全概率公式

定理 7-1 如图 7-1 所示，设事件组 A_1，A_2，$\cdots$，A_n 两两互不相容，且 $P(A_i)>0$（$i=1,2,\cdots,n$），若 $\sum\limits_{i=1}^{n}A_i=\Omega$，称为完备事件组，则对任一事件 B，都有

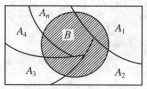

图 7-1

$$P(B)=\sum_{i=1}^{n}P(A_i)P(B\mid A_i),\qquad(7-11)$$

称为**全概率公式**.

证 因为

$$B=B\Omega=B(A_1+A_2+\cdots+A_n)=A_1B+A_2B+\cdots+A_nB,$$

且上式右边 n 个事件是互不相容的,于是有

$$P(B) = P(A_1B) + P(A_2B) + \cdots + P(A_nB)$$
$$= P(A_1)P(B \mid A_1) + P(A_2)P(B \mid A_2) + \cdots + P(A_n)P(B \mid A_n)$$
$$= \sum_{i=1}^{n} P(A_i)P(B \mid A_i).$$

一般地,能用全概率公式分析解决的问题有以下特点:

(1) 该问题可以分为两步,第一步试验有若干个可能结果,在第一步试验结果的基础上,再进行第二次试验,又有若干个结果;

(2) 如果要求与第二步试验结果有关的概率,则用全概率公式.

例 7-13 某药厂有四条生产线生产同一种产品,该四条流水线的产量分别占总产量的 15%,20%,30%,35%,又这四条流水线的不合格品率为 5%,4%,3% 及 2%,现在从出厂的产品中任取一件,问恰好抽到不合格品的概率为多少?

解 令 $A=$"任取一件,恰好抽到不合格品", $B=$"任取一件,恰好抽到第 i 条流水线的产品", $i=1,2,3,4$,于是由全概率公式可得

$$P(A) = \sum_{i=1}^{4} P(B_i)P(A \mid B_i)$$
$$= 0.15 \times 0.05 + 0.20 \times 0.04 + 0.30 \times 0.03 + 0.35 \times 0.02$$
$$= 0.0315.$$

例 7-14 根据以往的临床记录,某种诊断癌症的试验具有如下的效果:若以 A 表示"试验反应为阳性",以 C 表示事件"被诊断者患有癌症",已知 $P(A \mid C)=0.95$, $P(\bar{A} \mid \bar{C})=0.96$. 现对自然人群进行普查,设被试验的人患有癌症的概率为 0.004,即 $P(C)=0.004$. 试求(1) $P(A)$;(2) $P(C|A)$.

解 (1) 已知 $P(A \mid C)=0.95$, $P(A \mid \bar{C})=1-P(\bar{A} \mid \bar{C})=1-0.96=0.04$, $P(\bar{C})=0.996$.

根据全概率公式,有

$$P(A) = P(C)P(A \mid C) + P(\bar{C})P(A \mid \bar{C})$$
$$= 0.004 \times 0.95 + 0.996 \times 0.04$$
$$= 0.04364.$$

(2) 由条件概率公式得

$$P(C \mid A) = \frac{P(AC)}{P(A)} = \frac{P(C)P(A \mid C)}{P(A)}$$
$$= \frac{0.004 \times 0.95}{0.04364} \approx 0.0871.$$

由上面例题可以看出,利用全概率公式,可以求出复杂事件的概率. 但实际中有时还要解决相反的问题,即探求导致事件发生原因的概率,这个问题也称为**逆概率问题**,贝叶斯公

式就是解决这一问题的有效工具.

(二) 贝叶斯公式

定理 7-2　若 B_1，B_2，$\cdots$，B_n 是一列互不相容的事件，且 $\sum\limits_{i=1}^{n} B_i = \Omega$，$P(B_i) > 0$，$i = 1$，$2$，$\cdots$，$n$，则对任一事件 A，$P(A) > 0$，有

$$P(B_i \mid A) = \frac{P(B_i)P(A \mid B_i)}{\sum\limits_{i=1}^{n} P(B_i)P(A \mid B_i)}, \tag{7-12}$$

称为**贝叶斯公式**.

例 7-15　《伊索寓言》中《狼来了》的故事大家耳熟能详. 假设 A 表示"孩子说谎"，B 表示"孩子可信"，村民最初对孩子的信任度为 $P(B) = 0.8$，且 $P(A \mid B) = 0.1$，$P(A \mid \bar{B}) = 0.5$，试求发现孩子第一次说谎后村民的信任度 $P(B \mid A)$.

解　由贝叶斯公式，

$$
\begin{aligned}
P(B \mid A) &= \frac{P(B)P(A \mid B)}{P(B)P(A \mid B) + P(\bar{B})P(A \mid \bar{B})} \\
&= \frac{0.8 \times 0.1}{0.8 \times 0.1 + 0.2 \times 0.5} \\
&\approx 0.444.
\end{aligned}
$$

思政育人

诚实守信的重要性

由例 7-15 可见，第一次谎话被戳穿后，孩子的信任度从 0.8 降至 0.444，如果在此基础上第二次说谎，即在 $P(B) = 0.444$，$P(\bar{B}) = 0.556$ 的条件下，再用贝叶斯公式可得 $P(B \mid A) = 0.138$，信任度再次下降，如此低的可信度，村民听到第三次呼叫怎么会再上山打狼呢？社会主义核心价值观中强调"诚信"，我们要树立以诚信为荣、以失信为耻的良好行为准则.

例 7-16　在某一季节，一般人群中，疾病 D_1 的发病率为 2%，病人中 40% 表现出症状 S；疾病 D_2 的发病率为 5%，其中 18% 表现出症状 S；疾病 D_3 的发病率为 0.5%，症状 S 在病人中占 60%；疾病 D_4 的发病率为 92.5%，无症状 S. 问任意一位病人有症状 S 的概率有多大？若病人有症状 S 时，患各类疾病的概率有多大？

解　这个问题里的完备事件组为 D_1，D_2，D_3，D_4，由已给数据知

$$P(D_1) = 0.02，P(D_2) = 0.05，P(D_3) = 0.005，P(D_4) = 0.925，$$

$$P(S \mid D_1) = 0.4，P(S \mid D_2) = 0.18，P(S \mid D_3) = 0.6，P(S \mid D_4) = 0.$$

由全概率公式得

$$P(S) = \sum_{i=1}^{4} P(D_i) P(S \mid D_i) = 0.02 \times 0.4 + 0.05 \times 0.18 + 0.005 \times 0.6 + 0 = 0.02.$$

由逆概率公式得

$$P(D_1 \mid S) = \frac{P(D_1)P(S \mid D_1)}{P(S)} = \frac{0.02 \times 0.4}{0.02} = 0.4; \quad P(D_2 \mid S) = \frac{0.05 \times 0.18}{0.02} = 0.45;$$

$$P(D_3 \mid S) = \frac{0.005 \times 0.6}{0.02} = 0.15; \quad P(D_4 \mid S) = 0.$$

在临床诊断中,贝叶斯方法是计算机自动诊断或辅助诊断的基本工具. 设有 n 种疾病 $A_1, A_2, \cdots, A_n$,称为疾病群,患这些疾病可能有的 m 种症候为 $B_1, B_2, \cdots, B_m$,称为症候群. 如果在逻辑上可以认为 A_i 与 B_j 构成因果关系,A 是因 B 是果,那么,贝叶斯公式中的 $P(A_i)$ 是 A_i 作为起因无条件发生的概率,称为**先验概率**,而 $P(B \mid A_i)$ 是在原因 A_i 出现的情况下 B(通常是若干个 B_j 的乘积)作为结果的条件概率,于是 $P(A_i \mid B)$ 就是在确实出现了该症状 B 的情况下推断存在病因 A_i 的概率,称为**后验概率**. 公式中 $P(A_i)$ 可由以往的数据统计而得,$P(B \mid A_i)$ 可由所掌握的医学知识以及积累的临床资料来确定,由此求得 $P(A_i \mid B)$ $(i = 1, 2, \cdots, n)$. 显然,$P(A_i \mid B)$ 中较大者所对应的病因 A_i,就是诊断中须重点考虑的对象. 在这里,A_i 构成完备事件组. 例 7-16 的分析过程如表 7-7 所示.

表 7-7

疾病群 D_i	D_1	D_2	D_3	D_4	概率之和
先验概率 $P(D_i)$	0.02	0.05	0.005	0.925	一般等于 1.00
条件概率 $P(S \mid D_i)$	0.4	0.18	0.6	0	一般不为 1.00
联合概率 $P(D_i) P(S \mid D_i)$	0.008	0.009	0.003	0	$P(S) = 0.02$
后验概率 $P(D_i \mid S)$	0.4	0.45	0.15	0	一定等于 1.00

在例题中,完备事件组的先验概率之和都为 1,这对分清各组数字的概率意义很有用.

例 7-17 某执业医师认为:如果有 80% 的把握断定病人患有某种癌症,就要建议病人做手术;否则就应该建议病人另外做一项特别的检查(这项检查费用昂贵且有痛苦)后再做决定. 对于这种癌症患者,其检验结果总是阳性,而对于非癌症患者,其检验结果总是阴性. 一次应诊中,该执业医师只有 60% 的把握断定病人 J 患有这种癌症,于是医师让病人 J 做了特别检查并且结果是阳性. 当医师建议病人 J 做手术时,病人 J 马上告诉医师:我是糖尿病患者. 这样一来事情就复杂了,因为一个糖尿病患者,即使没有患这种癌症,这项检查也有 30% 的时候给出阳性的结果. 医师该怎么办? 是建议做更多检查还是立即手术?

解 该执业医师面对的问题可以用贝叶斯分析来解决. 设 A ="病人 J 确有癌症";B ="病人 J 的检验结果是阳性". 显然,对执业医师来说,A 和 $\bar{A}$ 是病因,B 和 $\bar{B}$ 是症状,观察到的是 B 而不是 $\bar{B}$. 该问题的分析过程如表 7-8 所示.

表 7 - 8

	$A =$ 病人 J 确有癌症	$\bar{A} =$ 病人 J 没有癌症	概率之和
先验概率	$P(A) = 0.6$	$P(\bar{A}) = 0.4$	1.00
条件概率	$P(B \mid A) = 1.0$	$P(B \mid \bar{A}) = 0.3$	
联合概率	$P(AB) = 0.6 \times 1.0 = 0.6$	$P(\bar{A}B) = 0.4 \times 0.3 = 0.12$	$P(B) = 0.72$
后验概率	$P(A \mid B) = 0.6/0.72 = 5/6$	$P(\bar{A} \mid B) = 0.12/0.72 = 1/6$	1.00

因为 $P(A \mid B) = 5/6 \approx 0.833 > 0.8$，按执业医师的经验，建议病人 J 立即手术.

点 滴 积 累

1. 描述随机现象的概念有随机试验、样本点、样本空间、随机事件等，随机事件及其关系运算可用集合语言来描述，有利于理解和应用.

2. 概率的加法公式：$P(A + B) = P(A) + P(B) - P(AB)$；

条件概率公式：$P(B \mid A) = \dfrac{P(AB)}{P(A)}$；

乘法公式：$P(AB) = P(A)P(B \mid A) = P(B)P(A \mid B)$；

相互独立满足：$P(AB) = P(A)P(B)$.

3. 全概率公式：$P(A) = \sum_{i=1}^{n} P(B_i)P(A \mid B_i)$；

贝叶斯公式：$P(B_i \mid A) = \dfrac{P(B_i)P(A \mid B_i)}{\sum_{i=1}^{n} P(B_i)P(A \mid B_i)}$.

随堂练习 7 - 1

1. 在一副扑克牌（52 张）中任取 4 张，求这 4 张牌花色全不相同的概率.

2. 一个人的血型为 O，A，B 或 AB 型的概率分别为 0.46，0.40，0.11，0.03，任意挑选一人，求所选者的血型是 O 型或 B 型的概率.

3. 某药厂有甲、乙两个水泵站供水，甲泵站因事故停工的概率为 0.015，乙泵站因事故停工的概率为 0.02，甲、乙两个水泵站互不影响，求该药厂停水的概率.

4. 三人独立地去破译一份密码，已知各人能译出的概率分别为 $\dfrac{1}{5}$，$\dfrac{1}{3}$，$\dfrac{1}{4}$，问三人中至少有一人能将此密码译出的概率是多少？

5. 某地成年人肥胖者、中等者、瘦小者各占 10%，82%，8%，又这三类人群患高血压的概率分别是 20%，10%，5%.
   (1) 求该地区成年人的高血压患病率；
   (2) 经询问某人患高血压，请推测此人的体型.

第二节　随机变量及其分布

由第一节的内容可知,有些随机试验的样本空间本身是一个数集,例如抛一颗骰子,观察出现的点数 X,可能为 1,2,…,6;某地区流行病高峰期被感染患病的人数 Y,可能为 0,1,2,…. 即使随机试验的样本空间不是数集,可以通过建立对应关系的方法把试验结果转换成数值形式. 例如抛一枚硬币的结果 $Z=\{$正面向上,反面向上$\}$,约定反面向上用 $Z=0$ 表示,正面向上用 $Z=1$ 表示. 于是随机试验的样本空间均可以用变量的不同取值来表示,而且由于试验结果本身的随机性,使得变量的取值也带有随机性,这样就能够把随机试验的所有可能的结果(样本点)与常数之间建立对应关系. 由于事件发生与否在试验之前是未知的,因此随机事件发生的可能结果就可以用一个变量来表示,而且变量取不同的可能结果所得到的概率也不同,于是可以用变量与函数的关系来研究随机现象,使随机现象的研究建立起更高、更完善的知识体系.

一、随机变量及其分布函数

(一)随机变量

如果把事件看作变量的话,每次试验可以取不同的值,因此可以用变量来描述事件发生的可能结果,下面给出随机变量的定义.

定义 7-9　设随机试验 E,其样本空间 $\Omega=\{\omega\}$,若对每一个 $\omega\in\Omega$,有一个实数 $X(\omega)$ 与之对应,就得到了一个定义在 Ω 上的实值函数 $X=X(\omega)$,称 $X(\omega)$ 为**随机变量**. 通常用大写字母 X,Y,Z 等表示,并且具有同随机事件类似的两个特征:

(1) 随机变量根据随机试验结果的不同而取不同的值,事前不能预言,具有不确定性;

(2) 随机变量取某个值或落在某个范围内的值都具有一定的概率.

例 7-18　用随机变量表示下列随机试验.

(1) 一位隐性遗传疾病的携带者有三个女儿,则女儿中为该疾病携带者的人数;

(2) 一个肝硬化病人的 Hp 感染情况,可能出现阳性 Hp($+$),也可能出现阴性 Hp($-$);

(3) 对于某种新药疗效的试验观察结果,可能为"无效""好转""显效""治愈".

解　上述(1)的随机试验结果可以直接用数量来表示,即样本空间为 $\Omega=\{0,1,2,3\}$,可以定义随机变量 X 为

$$X=X(\omega)=\begin{cases}0, & \omega=0,\\1, & \omega=1,\\2, & \omega=2,\\3, & \omega=3.\end{cases}$$

(2)和(3)的结果虽然表面上与数值无关,表现为某种属性,但可以通过定义样本空间 $\Omega=\{\omega\}$ 上函数的方式给每种属性赋予一个数值,使该种属性与实数之间建立对应关系. 所以(2)的样本空间 $\Omega=\{$阳性,阴性$\}$ 上定义随机变量 Y 为

$$Y = Y(\omega) = \begin{cases} 1, & \omega = \text{阳性}, \\ 0, & \omega = \text{阴性}; \end{cases}$$

(3)的样本空间 $\Omega = \{$无效,好转,显效,治愈$\}$ 上定义随机变量 Z 为

$$Z = Z(\omega) = \begin{cases} 0, & \omega = \text{无效}, \\ 1, & \omega = \text{好转}, \\ 2, & \omega = \text{显效}, \\ 3, & \omega = \text{治愈}. \end{cases}$$

从数学的角度看,随机变量这种对应关系犹如定义了一个"函数",把样本空间转化为一个数集,因此可以借助微积分等数学工具全面地、深刻地揭示随机现象的统计规律性.

随机变量的取值情况很不相同,有的只取有限或可列无限个数值,这类随机变量称为离散型随机变量;另一类随机变量则可取某一区间上的任意实数,称为非离散型随机变量. 在非离散型随机变量中,我们主要讨论连续型的随机变量. 为了从整体上给出随机变量统一的数学形式,引进分布函数的定义.

(二) 随机变量的分布函数

定义 7-10 设有随机变量 X,对任意的 $x \in (-\infty, +\infty)$,令

$$F(x) = P(X \leqslant x),$$

称 $F(x)$ 为随机变量 X 的**分布函数**.

分布函数 $F(x)$ 具有以下性质:

(1) $F(x)$ 是非负的单调不减函数,即若 $x_1 < x_2$,则 $F(x_1) \leqslant F(x_2)$;

(2) $0 \leqslant F(x) \leqslant 1$;且 $F(-\infty) = \lim\limits_{x \to -\infty} F(x) = 0$, $F(+\infty) = \lim\limits_{x \to +\infty} F(x) = 1$;

(3) $F(x)$ 是右连续的,即 $\lim\limits_{x \to x_0^+} F(x) = F(x_0)$.

依据分布函数的定义,能方便地求解随机变量 X 取不同值的概率,例如,

$$P(a < X \leqslant b) = P(X \leqslant b) - P(X \leqslant a) = F(b) - F(a),$$
$$P(X > b) = 1 - P(X \leqslant b) = 1 - F(b),$$
$$P(X < b) = F(b - 0),$$
$$P(X = b) = F(b) - F(b - 0).$$

这几种形式的概率计算都只用到分布函数的一个或两个不同值,可见,如果随机变量的分布函数是已知的,则概率的计算得以简化,并归结为函数的运算或是查表运算.

二、离散型随机变量及其分布

(一) 离散型随机变量的概率分布

定义 7-11 设离散型随机变量 X 的所有可能取值为 $x_i (i = 1, 2, \cdots)$,事件 $\{X = x_i\}$ 的概率为 $p_i (i = 1, 2, \cdots)$,则称

$$P(X = x_i) = p_i \quad (i = 1, 2, \cdots)$$

为离散型随机变量 X 的概率分布或分布律，X 的概率分布也常用表 7-9 的方式来表达.

表 7-9

X	x_1	x_2	$\cdots$	x_n	$\cdots$
P	p_1	p_2	$\cdots$	p_n	$\cdots$

由概率的性质知道，概率分布具有下列两个性质：

(1) $p_i \geqslant 0$，$i = 1, 2, \cdots$；

(2) $\sum\limits_{i=1}^{\infty} p_i = 1$.

反之，凡满足上述两个性质的数列 $\{p_i\}$，必为某一随机变量的概率分布.

对于离散型随机变量，其分布函数为

$$F(x) = P(X \leqslant x) = \sum_{x_k \leqslant x} P(X = x_k) = \sum_{x_k \leqslant x} p_k, \tag{7-13}$$

其中求和是对所有满足不等式 $x_k \leqslant x$ 的指标 k 进行的，这时 $F(x)$ 是一个阶梯函数，它在每个 x_k 处有一跳跃度 p_k，由 $F(x)$ 也可唯一决定 x_k 和 p_k，因此用分布律或分布函数都能描述离散型随机变量.

例 7-19 有不严重的腹泻时，可服用盐酸黄连素来止泻，首剂有效率为 0.6，若无效就再用一剂，有效率为 0.8，如果还无效，可再用第三剂，有效率为 0.9. 如果还无效，医生会另择它药或采取其他措施. 记 X 表示"服用该药的次数"，试写出 X 的分布律和分布函数.

解 以 A_i 表示第 i 次给药收效，$i = 1, 2$. 已知

$$P(A_1) = 0.6,\ P(\bar{A}_1) = 0.4,\ P(A_2 \mid \bar{A}_1) = 0.8,\ P(\bar{A}_2 \mid \bar{A}_1) = 0.2,$$

则

$$P(X = 1) = P(A_1) = 0.6,$$
$$P(X = 2) = P(\bar{A}_1 A_2) = P(\bar{A}_1) P(A_2 \mid \bar{A}_1) = 0.4 \times 0.8 = 0.32,$$
$$P(X = 3) = P(\bar{A}_1 \bar{A}_2) = P(\bar{A}_1) P(\bar{A}_2 \mid \bar{A}_1) = 0.4 \times 0.2 = 0.08.$$

于是 X 的分布律为

X	1	2	3
P	0.6	0.32	0.08

根据式(7-13)逐段求 X 的分布函数：

当 $x < 1$ 时，$F(x) = 0$；

当 $1 \leqslant x < 2$ 时，$F(x) = P(X = 1) = 0.6$；

当 $2 \leqslant x < 3$ 时，$F(x) = P(X = 1) + P(X = 2) = 0.92$；

当 $x \geqslant 3$ 时，$F(x) = P(X = 1) + P(X = 2) + P(X = 3) = 1$.

分布函数如下，

$$F(x)=\begin{cases} 0, & x<1, \\ 0.6, & 1\leqslant x<2, \\ 0.92, & 2\leqslant x<3, \\ 1, & 3\leqslant x. \end{cases}$$

分布函数的几何表示如图 7-2 所示.

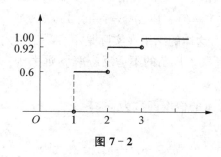

图 7-2

（二）常用的离散型随机变量分布

1. 两点分布

定义 7-12　如果随机变量 X 的概率分布为

X	0	1
P	$1-p$	p

其中 $0<p<1$，则称 X 服从**两点分布**或 **0-1 分布**.

　　任何一个只有两种可能结果的随机现象都可以用两点分布来描述. 比如：对即将出生的婴儿的性别判断"男性"（$X=1$）与"女性"（$X=0$）；在临床研究中，给病人作某种血样化验，其结果可能为阳性（$X=1$），也可能为阴性（$X=0$）；产品的合格与不合格；等等.

　　2. 二项分布

　　一般地，在同一条件下，单次试验只有两种可能结果 A 与 $\bar{A}$；它们的概率 $P(A)=p$，$0<p<1$，$P(\bar{A})=1-p=q$. 将试验独立地重复进行 n 次，称这种重复独立的试验系列为 n 重伯努利试验.

　　定义 7-13　在 n 重伯努利试验中，如果以随机变量 X 表示 n 次试验中事件 A 发生的次数，则 X 的可能取值为 $0，1，2，\cdots，n$，可得到 X 的分布为

$$P(X=k)=C_n^k p^k (1-p)^{n-k}\quad (k=0，1，2，\cdots，n)，$$

称 X 服从参数为 n，p 的**二项分布**，记做 $X\sim B(n，p)$，其中 $0<p<1$，$p=P(A)$. 当 $n=1$ 时，$X\sim B(1，p)$，即服从两点分布，二项分布又可以看作 n 个独立的两点分布之和.

　　例 7-20　注射一种疫苗可能有 0.1% 的人会出现不适反应，有 10 个人接种. 试求：

(1) 有 1 人、2 人出现不适反应的概率;

(2) 求至少 1 人产生反应的概率.

解 每个人是否会出现反应是相互独立的,因此观察 10 人的反应就是 10 重伯努利试验. 记 X 表示"接种的 10 人中产生反应的人数",则 X 服从二项分布 $B(10, 0.001)$. 所求概率分别为

(1) $P(X=1)=C_{10}^1 p^1 q^9=10 \times 0.001 \times 0.999^9 \approx 0.00991$,

$P(X=2)=C_{10}^2 p^2 q^8=45 \times 0.001^2 \times 0.999^8 \approx 0.00004$.

(2) $P(X \geqslant 1)=1-P(X=0)=1-q^{10}=1-0.999^{10} \approx 1-0.99004=0.00996 < 0.01$.

由于 $P(X \geqslant 1)$ 还不到 0.01,这样的结果在实际是不容易出现的,因此,如果这 10 人中确实有人出现了反应,就有理由怀疑该疫苗的不适反应率 p 远大于 0.001.

3. 泊松分布

定义 7-14 若随机变量的概率函数为

$$P(X=k)=\frac{\lambda^k}{k!} \mathrm{e}^{-\lambda}, \quad \lambda > 0, \quad k=0, 1, 2, \cdots,$$

则称 X 服从参数为 λ 的**泊松分布**,记为 $X \sim \pi(\lambda)$.

定理 7-3(泊松定理) 设随机变量 X_n 服从二项分布,即

$$P(X_n=k)=C_n^k p_n^k (1-p_n)^{n-k} \quad (k=0, 1, 2, \cdots, n),$$

这里 p_n 与 n 有关. 若 $\lim\limits_{n \to \infty} np_n=\lambda \geqslant 0$,则

$$\lim_{n \to \infty} P(X_n=k)=\lim_{n \to \infty} C_n^k p_n^k (1-p_n)^{n-k}=\frac{\lambda^k}{k!} \mathrm{e}^{-\lambda} \quad (k=0, 1, 2, \cdots, n).$$

根据这个定理,当 n 足够大而 p 相对较小时,二项分布 $B(n, p)$ 可用泊松分布 $\pi(\lambda)$ 来作近似计算,此时泊松分布的计算比二项分布简便得多,即

$$P_n(k)=C_n^k p^k (1-p)^{n-k} \approx \frac{\lambda^k}{k!} \mathrm{e}^{-\lambda}, \tag{7-14}$$

这里 λ 用 np 代替. 在实际应用中,当 $n \geqslant 10$,$p \leqslant 0.1$ 时就可利用式(7-14)计算二项分布的概率.

例 7-21 根据历史统计资料,某地新生儿染色体异常率为 1%,问 100 名新生儿中有染色体异常的不少于 2 名的概率是多少?

解 设 $X=100$ 名新生儿中染色体异常的人数,$p=0.01$,利用二项分布公式,有

$$P(X<2)=P(X=0)+P(X=1)$$
$$=C_{100}^0 (0.01)^0 (0.99)^{100}+C_{100}^1 (0.01)^1 (0.99)^{99}$$
$$\approx 0.3660+0.3697=0.7357,$$
$$P(X \geqslant 2)=1-P(X<2)=1-0.7357=0.2643.$$

由于 $n=100$ 很大,$p=0.01$ 很小,可以利用泊松分布作为二项分布的近似,其中 $\lambda=np=1$,故有

$$P(X=0) \approx \frac{1^0}{0!} e^{-1} = 0.3679, \quad P(X=1) \approx \frac{1^1}{1!} e^{-1} = 0.3679,$$

$$P(X \geqslant 2) = 1 - P(X=0) - P(X=1) = 1 - 0.3679 \times 2 = 0.2642.$$

这里用泊松分布近似地代替二项分布,误差不算很大.

许多稀疏现象,如生多胞胎的例数、某种少见病(如食管癌、胃癌)的发病例数、X 射线照射下细胞发生某种变化或细菌死亡的数目等,都服从或近似服从泊松分布,所以泊松分布又称为稀疏现象律.

三、连续型随机变量及其概率密度

如果某类随机变量的可能取值充满一个区间或若干个区间的并,那么便称这类随机变量为**连续型随机变量**. 例如某小学四年级某班 50 名女生的身高、100 名健康成年男子血清总胆固醇的测定结果、一批灯泡的使用寿命等. 由于它们可能的取值不能一一列出,因而不能用离散型随机变量的概率函数来描述它们的统计规律,于是我们引入概率密度函数来描述连续型随机变量的概率分布.

(一) 连续型随机变量的概率密度和分布函数

定义 7 - 15 对于随机变量 X,如果存在一个非负的可积函数 $f(x)$ $(-\infty < x < +\infty)$,使对任意 $a, b (a < b)$,都有

$$P(a < X \leqslant b) = \int_a^b f(x) \mathrm{d}x,$$

则称 $f(x)$ 为连续型随机变量 X 的**概率密度函数**,简称概率密度或密度函数.

概率密度函数具有以下性质.

(1) 非负性:$f(x) \geqslant 0$ $(-\infty < x < +\infty)$.

(2) 归一性:$\displaystyle\int_{-\infty}^{+\infty} f(x) \mathrm{d}x = 1$.

这两个性质刻画了密度函数的特征,这就是说,如果某个实值函数具有这两条性质,那么它必定是某个连续型随机变量的密度函数.

(3) 设 X 为连续型随机变量,则对任一指定实数 x_0,有

$$P(X = x_0) = 0, \ x_0 \in \mathbb{R},$$

即连续型随机变量在 x_0 处的概率为零.

(4) 设 X 为连续型随机变量,则对任意 $a, b (a < b)$,

$$P(a < X \leqslant b) = P(a \leqslant X < b) = P(a \leqslant X \leqslant b)$$
$$= P(a < X < b) = \int_a^b f(x) \mathrm{d}x.$$

(5) 几何意义:随机变量 X 落在区间 $(a, b]$ 内的概率等于由密度函数 $y = f(x)$, $x = a$, $x = b$ 及 x 轴所围成的曲边梯形的面积,如图 7 - 3 所示.

由分布函数的定义及连续型随机变量的特点,连续型随机变量 X 的分布函数为

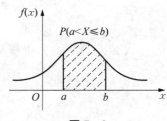

图 7 - 3

$$F(x) = P(X \leqslant x) = \int_{-\infty}^{x} f(t) \mathrm{d}t. \tag{7-15}$$

从几何上看,$F(x)$ 表示密度函数 $y = f(x)$ 与 x 轴在 $-\infty$ 和点 x 之间的图像面积. 连续型随机变量的分布函数 $F(x)$ 除了满足分布函数的一般性质外,由于微分与积分的逆运算关系,有

$$f(x) = F'(x). \tag{7-16}$$

例 7-22 设随机变量 X 的概率密度为 $f(x) = \begin{cases} 3x^2, & 0 \leqslant x \leqslant 1, \\ 0, & \text{其他}, \end{cases}$ 试求 X 的分布函数 $F(x)$.

解 由式(7-15)有

当 $x < 0$ 时,$F(x) = \int_{-\infty}^{x} 0 \mathrm{d}t = 0$;

当 $0 \leqslant x < 1$ 时,$F(x) = \int_{-\infty}^{0} 0 \mathrm{d}t + \int_{0}^{x} 3t^2 \mathrm{d}t = x^3$;

当 $x \geqslant 1$ 时,$F(x) = \int_{-\infty}^{0} 0 \mathrm{d}t + \int_{0}^{1} 3t^2 \mathrm{d}t + \int_{1}^{x} 0 \mathrm{d}t = 1$;

所以随机变量 X 的分布函数为

$$F(x) = \begin{cases} 0, & x < 0, \\ x^3, & 0 \leqslant x < 1, \\ 1, & x \geqslant 1. \end{cases}$$

例 7-23 设随机变量 X 的分布函数 $F(x) = \begin{cases} 0, & x \leqslant 0, \\ x^2, & 0 < x \leqslant 1, \\ 1, & x > 1, \end{cases}$ 试求:

(1) $P(0.2 < X < 0.6)$;(2) X 的密度函数.

解 由分布函数的性质有

(1) $P(0.2 < X < 0.6) = F(0.6) - F(0.2) = 0.6^2 - 0.2^2 = 0.32$;

(2) 由于 $f(x) = F'(x)$,所以 X 的密度函数为

$$f(x) = \begin{cases} 2x, & 0 < x \leqslant 1, \\ 0, & \text{其他}. \end{cases}$$

(二) 常用的连续型随机变量分布

1. 均匀分布

定义 7-16 若随机变量 X 的概率密度函数为

$$f(x) = \begin{cases} \dfrac{1}{b-a}, & a \leqslant x \leqslant b, \\ 0, & \text{其他}, \end{cases}$$

则称 X 在区间 $[a, b]$ 上服从**均匀分布**,记作 $X \sim U[a, b]$,分布函数为

$$F(x) = \begin{cases} 0, & x < a, \\ \dfrac{x-a}{b-a}, & a \leqslant x < b, \\ 1, & x \geqslant b. \end{cases}$$

密度函数和分布函数示意图见图 7-4.

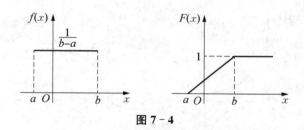

图 7-4

显然有

(1) $f(x) \geqslant 0$;

(2) $\int_{-\infty}^{+\infty} f(x)\mathrm{d}x = \int_a^b \frac{1}{b-a}\mathrm{d}x = 1.$

考虑 X 落在区间 $(c, c+l)$ 内的概率,其中 $a \leqslant c < c+l \leqslant b$,

$$P(c < X < c+l) = \int_c^{c+l} f(x)\mathrm{d}x = \int_c^{c+l} \frac{1}{b-a}\mathrm{d}x = \frac{l}{b-a}.$$

这表明 X 落在 $[a, b]$ 内任意长度为 l 的子区间内的概率是相等的,为一个常数 $\frac{l}{b-a}$,或者说,X 落在 $[a, b]$ 内长度相等的子区间内的可能性是相等的,它只与子区间的长度有关,而与子区间在 $[a, b]$ 内的位置无关,所谓均匀指的正是这种等可能性.

例 7-24 公共汽车站每隔 $10\,\mathrm{min}$ 有一辆汽车通过,乘客在任一时刻到达公共汽车站都是等可能的. 求乘客候车不超过 $3\,\mathrm{min}$ 的概率.

解 以前一辆汽车通过为起点 0,根据题意,$X \sim U[0, 10]$,密度函数为

$$f(x) = \begin{cases} 1/10, & 0 \leqslant x \leqslant 10, \\ 0, & \text{其他}. \end{cases}$$

为使乘客候车时间不超过 $3\,\mathrm{min}$,故所求概率为

$$P(7 \leqslant X \leqslant 10) = \int_7^{10} \frac{1}{10}\mathrm{d}x = 0.3,$$

即乘客候车时间不超过 $3\,\mathrm{min}$ 的概率为 0.3.

2. 指数分布

定义 7-17 如果随机变量 X 的概率密度函数为

$$f(x) = \begin{cases} \lambda \mathrm{e}^{-\lambda x}, & x \geqslant 0, \\ 0, & x < 0 \end{cases} \quad (\lambda > 0),$$

则称 X 服从参数为 λ 的**指数分布**,记为 $X \sim E(\lambda)$,分布函数为

$$F(x) = \begin{cases} 1 - \mathrm{e}^{-\lambda x}, & x \geqslant 0, \\ 0, & x < 0 \end{cases} \quad (\lambda > 0).$$

概率密度函数和分布函数曲线如图 7-5 所示.

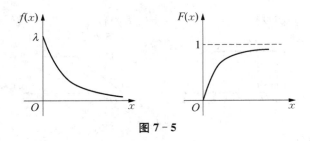

图 7-5

例 7-25　某些生化制品中的有效成分如活性酶,其含量会随时间而衰减. 当有效成分含量降至实验室要求的有效剂量以下时,该制品便被视为失效. 制品能维持其有效剂量的时间称为有效期,记为随机变量 X,多数情况下 X 可视为服从参数为 λ 的指数分布.

(1) 若从一批产品中抽出样品,测得有 50% 的样品有效期大于 34 个月,求参数 λ 的值;

(2) 若一件产品出厂 12 个月后还有效,则再过 12 个月后它还有效的概率有多大?

(3) 若说明书上标定的有效期 t 内有 70% 的产品未失效,则此有效期 t 为多长时间?

解　已知指数分布的分布函数为 $F(t)=P(X<t)=1-\mathrm{e}^{-\lambda t}$, $\lambda>0$,则

(1) 由 $P(X>34)=1-F(34)=\mathrm{e}^{-34\lambda}=0.5$,解出 $\lambda=\ln 2/34\approx0.02$;

(2) $P(X>24\mid X>12)=\dfrac{P(X>24)}{P(X>12)}=\dfrac{\mathrm{e}^{-0.02\times24}}{\mathrm{e}^{-0.02\times12}}=\mathrm{e}^{-0.02\times12}\approx0.787$;

(3) 所求 t 满足 $P(X>t)=\mathrm{e}^{-0.02t}\geqslant0.7$,解出 $t<17.83$(月),约一年半.

指数分布常见于寿命问题中,如产品的无故障运行期、癌症病人术后存活期、短期记忆的持续期、克隆体的生理年龄演变等,是生存分析的重要研究对象.

3. 正态分布

定义 7-18　若随机变量 X 的概率密度函数为

$$f(x)=\frac{1}{\sqrt{2\pi}\,\sigma}\mathrm{e}^{-\frac{(x-\mu)^2}{2\sigma^2}}\quad(-\infty<x<+\infty),$$

其中 $\mu,\sigma>0$ 均为常数,则称 X 服从参数为 μ,σ^2 的**正态分布**,记作 $X\sim N(\mu,\sigma^2)$. $f(x)$ 显然满足 $f(x)\geqslant0$,且 $\displaystyle\int_{-\infty}^{+\infty}f(x)\mathrm{d}x=1$. 正态分布的分布函数为

$$F(x)=\frac{1}{\sqrt{2\pi}\,\sigma}\int_{-\infty}^{x}\mathrm{e}^{-\frac{(t-\mu)^2}{2\sigma^2}}\mathrm{d}t\quad(-\infty<x<+\infty).$$

正态分布的概率密度函数 $f(x)$ 与分布函数 $F(x)$ 的图像见图 7-6、图 7-7,观察正态分布的概率密度图像,可以发现正态分布具有如下性质:

(1) 密度函数以 $x=\mu$ 为对称轴,当 $x=\mu$ 时,取得最大值 $f(\mu)=\dfrac{1}{\sqrt{2\pi}\,\sigma}$;

(2) 图像在 $x=\mu\pm\sigma$ 处有拐点,且以 x 轴为渐近线;

(3) μ 确定了图像的中心位置. 当 σ 固定时,改变 μ 的值,图像沿 x 轴平行移动而不改

变形状,故 μ 又被称为位置参数;

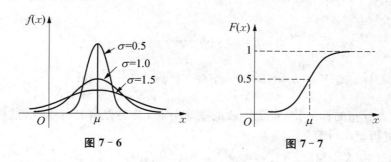

图 7 - 6   图 7 - 7

(4) σ 确定了图像中峰的陡峭程度. 当 μ 固定时,改变 σ 的值,σ 越大,图像越平坦;σ 越小,图像越陡峭,故 σ 又被称为形状参数;

(5) 正态图像下的总面积等于 1,即

$$\int_{-\infty}^{+\infty} \frac{1}{\sqrt{2\pi}\,\sigma} \mathrm{e}^{-\frac{(x-\mu)^2}{2\sigma^2}} \, \mathrm{d}x = 1.$$

对于正态分布 $N(\mu,\sigma^2)$,参数 $\mu=0$,$\sigma=1$ 时的正态分布称为**标准正态分布**,记作 $X \sim N(0, 1)$,其概率密度函数用 $\varphi(x)$ 表示为

$$\varphi(x) = \frac{1}{\sqrt{2\pi}} \mathrm{e}^{-\frac{x^2}{2}} \quad (-\infty < x < +\infty),$$

其概率分布函数用 $\Phi(x)$ 表示为

$$\Phi(x) = \frac{1}{\sqrt{2\pi}} \int_{-\infty}^{x} \mathrm{e}^{-\frac{t^2}{2}} \mathrm{d}t \quad (-\infty < x < +\infty).$$

图像见图 7 - 8、图 7 - 9.

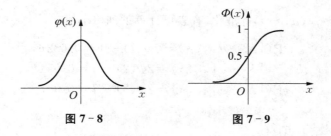

图 7 - 8   图 7 - 9

从图 7 - 8 可见,$y = \varphi(x)$ 的图形关于 y 轴对称. 由于标准正态分布的广泛应用,为了便于使用,人们编制了标准正态分布 $\Phi(x)$ 的数值表,见附表 2. 对于非负的实数 x,可以由它直接查出相应的数值,而对于负实数 x,根据标准正态分布的对称性,不难导出下列几个常用的公式:

(1) $\Phi(-x) = 1 - \Phi(x)$;

(2) $P(a < X \leqslant b) = \Phi(b) - \Phi(a)$;

(3) $P(|x| \leqslant a) = 2\Phi(a) - 1$;

(4) $P(X > a) = 1 - \Phi(a)$.

一般地,若 $X \sim N(\mu, \sigma^2)$,则 $Y = \dfrac{X - \mu}{\sigma} \sim N(0, 1)$,即有如下结论:

$$F(x) = \Phi\left(\frac{x - \mu}{\sigma}\right),$$

$$P(a < X \leqslant b) = F(b) - F(a) = \Phi\left(\frac{b - \mu}{\sigma}\right) - \Phi\left(\frac{a - \mu}{\sigma}\right), \qquad (7-17)$$

此过程称为正态分布的标准化. 对于一般的正态分布,总是先将其标准化,然后借助式(7-17)查附表 2 进行概率计算.

例 7-26 设 $X \sim N(1, 4)$,查表求:

(1) $P(1.2 < X \leqslant 3)$;   (2) $P(-3 \leqslant X \leqslant 2)$;

(3) $P(X \geqslant 4)$;   (4) $P(|X - 1| \geqslant 1)$.

解 由于 $\mu = 1$,$\sigma^2 = 4$,$\sigma = 2$,查附表 2,可得

(1) $P(1.2 < X \leqslant 3) = \Phi\left(\dfrac{3-1}{2}\right) - \Phi\left(\dfrac{1.2-1}{2}\right) = \Phi(1) - \Phi(0.1)$

$$= 0.8413 - 0.5398 = 0.3015.$$

(2) $P(-3 \leqslant X \leqslant 2) = \Phi\left(\dfrac{2-1}{2}\right) - \Phi\left(\dfrac{-3-1}{2}\right) = \Phi(0.5) - \Phi(-2)$

$$= \Phi(0.5) + \Phi(2) - 1 = 0.6915 + 0.9772 - 1 = 0.6687.$$

(3) $P(X \geqslant 4) = 1 - P(X < 4) = 1 - \Phi\left(\dfrac{4-1}{2}\right) = 1 - \Phi(1.5)$

$$= 1 - 0.9332 = 0.0668.$$

(4) $P(|X - 1| \geqslant 1) = 1 - P(|X - 1| < 1) = 1 - P\left(\left|\dfrac{X-1}{2}\right| < \dfrac{1}{2}\right)$

$$= 1 - [2\Phi(0.5) - 1] = 2[1 - \Phi(0.5)]$$

$$= 2(1 - 0.6915) = 0.6170.$$

一般地,设 $X \sim N(\mu, \sigma^2)$,标准化、查表可计算下列概率值:

$$P(|X - \mu| \leqslant \sigma) = 2\Phi(1) - 1 = 0.6826,$$
$$P(|X - \mu| \leqslant 2\sigma) = 2\Phi(2) - 1 = 0.9545,$$
$$P(|X - \mu| \leqslant 3\sigma) = 2\Phi(3) - 1 = 0.9973.$$

如图 7-10 所示.

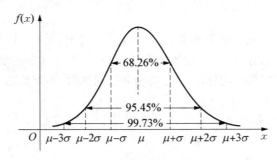

图 7-10

这表明在一次试验中，X 落在 $(\mu-3\sigma, \mu+3\sigma)$ 内的概率相当大，或者说，在一般情形下，X 在一次试验中落在 $(\mu-3\sigma, \mu+3\sigma)$ 以外的概率可以忽略不计，正态分布在统计上的这一性质称为"3σ 原则"，该原则在实际问题的统计推断中有着重要的应用.

📎 知识链接

3σ 原则的应用举例

（1）**制定医学参考值的范围**. 医学参考值是指绝大多数正常人群的解剖、生理、生化、免疫等各种指标数据的波动范围. 由于个体存在差异，生物医学数据并不是常数，而是在一定范围内波动，一种较简单的制定方法即运用 3σ 原则，采用医学参考值范围作为判定正常还是异常的参考标准.

（2）**质量控制**. 制药企业常常应用控制图来进行某些工艺步骤的中间关键参数的控制. 根据 3σ 原则，控制图以时间为横轴，包括过程均值、控制上限（UCL）和控制下限（LCL），UCL 和 LCL 运用 3σ 原则来确定，当观测值在中线附近分布，并且所有的点都在控制限之内时，称为过程受控，否则称为过程失控.

（3）**可疑值取舍**. 在统计数据的测定值中，常出现个别与其他数据相差很大的可疑值，如果确定知道此数据由实验差错引起，可以舍去，否则可根据一定统计学方法决定其取舍. 其中较简单、也较常用的三倍标准差法的原理也是基于 3σ 原则，即服从正态分布的随机变量，测量值落在 3σ 以外的数据认为是不可靠的，应将其舍弃.

例 7-27 根据美国盖洛普的调查统计，美军飞行员的智商 IQ，记为 X，大致服从分布 $N(122, \sigma^2)$. 假设从调查数据中可知，至少有 95% 的飞行员其智商在 108.28 到 135.72 之间.

（1）试以上述信息，推断参数 σ 的值；

（2）求任意一名飞行员，其智商在 115 到 129 间的概率.

解 （1）设 $X \sim N(122, \sigma^2)$，由 $P(108.28 < X < 135.72) \geqslant 0.95$，有

$$P(108.28 < X < 135.72) = P\left(\frac{108.28-122}{\sigma} < \frac{X-122}{\sigma} < \frac{135.72-122}{\sigma}\right)$$

$$= \Phi\left(\frac{13.72}{\sigma}\right) - \Phi\left(-\frac{13.72}{\sigma}\right)$$

$$= 2\Phi\left(\frac{13.72}{\sigma}\right) - 1 \geqslant 0.95,$$

即

$$\Phi\left(\frac{13.72}{\sigma}\right) \geqslant 0.975.$$

查附表 2，可知 $\Phi(1.96) = 0.9750$，所以 $\dfrac{13.72}{\sigma} = 1.96$，$\sigma = 7$.

（2）依题意，有

$$P(115 < X < 129) = P\left(\frac{115-122}{7} < \frac{X-122}{7} < \frac{129-122}{7}\right)$$

$$= \Phi(1) - \Phi(-1) = 2\Phi(1) - 1$$

$$= 0.6826.$$

四、随机变量函数的概率分布

(一) 一维离散型随机变量函数的概率分布

定义 7-18　设离散型随机变量 X 的概率函数为 $P(X=x_i)=p_i$，$i=1,2,\cdots$，则随机变量 $Y=g(X)$ 的概率函数为

Y	$g(x_1)$	$g(x_2)$	···
P	p_1	p_2	···

例 7-28　设随机变量 X 的概率函数为

X	$-\pi/2$	0	$\pi/2$
P	0.2	0.3	0.5

试求随机变量 $Y=\sin X$ 的概率函数.

解　由于 X 的取值为 $\left\{-\dfrac{\pi}{2}, 0, \dfrac{\pi}{2}\right\}$，故 Y 的取值为 $\{-1, 0, 1\}$，于是

$$P(Y=-1) = P(\sin X=-1) = P\left(X=-\frac{\pi}{2}\right) = 0.2,$$

$$P(Y=0) = P(\sin X=0) = P(X=0) = 0.3,$$

$$P(Y=1) = P(\sin X=1) = P\left(X=\frac{\pi}{2}\right) = 0.5,$$

即 Y 的概率函数为

Y	-1	0	1
P	0.2	0.3	0.5

(二) 一维连续型随机变量函数的概率密度

已知 X 的密度函数为 $f(x)$，如何求得随机变量 $Y=g(X)$ 的密度函数？我们将通过解决一个具体的例子给出处理这类问题的一般方法.

例 7-29　设电流（单位：A）X 通过一个电阻值为 3Ω 的电阻器，且 $X\sim U(5,6)$，试求在该电阻器上消耗的功率 $Y=3X^2$ 的分布函数 $F_Y(y)$ 与密度函数 $f_Y(y)$.

解　由于连续型随机变量 $X \in (5, 6)$，因此 $Y \in (75, 108)$，X 的密度函数为

$$f(x) = \begin{cases} 1, & 5 < x < 6, \\ 0, & \text{其他}, \end{cases}$$

当 $75 < y < 108$ 时，Y 的分布函数

$$\begin{aligned} F_Y(y) &= P(Y \leqslant y) = P(3X^2 \leqslant y) = P\left(-\sqrt{\frac{y}{3}} \leqslant X \leqslant \sqrt{\frac{y}{3}}\right) \\ &= \int_{-\sqrt{\frac{y}{3}}}^{\sqrt{\frac{y}{3}}} f(x)\,\mathrm{d}x = \int_5^{\sqrt{\frac{y}{3}}} 1\,\mathrm{d}x = \sqrt{\frac{y}{3}} - 5, \end{aligned}$$

因此

$$F_Y(y) = \begin{cases} 0, & y < 75, \\ \sqrt{\dfrac{y}{3}} - 5, & 75 \leqslant y < 108, \\ 1, & y \geqslant 108, \end{cases}$$

从而，对 $F_Y(y)$ 求导得到 Y 的密度函数为

$$f_Y(y) = \begin{cases} \dfrac{1}{2\sqrt{3}\,\sqrt{y}}, & 75 < y < 108, \\ 0, & \text{其他}. \end{cases}$$

一般地，可按下列步骤求出 $Y = g(x)$ 的分布函数与密度函数.

步骤 1　由 X 的取值范围 Ω_X 确定 Y 的取值范围 Ω_Y.

步骤 2　对任意一个 $y \in \Omega_Y$，求出

$$F_Y(y) = P(Y \leqslant y) = P(g(X) \leqslant y) = P(X \in S_Y) = \int_{S_Y} f(x)\,\mathrm{d}x,$$

其中 $S_Y = \{x \mid g(x) \leqslant y\}$，往往是一个或若干个与 y 有关的区间的并.

步骤 3　按分布函数的性质写出 $F_Y(y)$，$-\infty < y < +\infty$.

步骤 4　通过求导得到 $f_Y(y)$，$-\infty < y < +\infty$.

下面用上述方法讨论正态随机变量的线性函数的分布.

例 7-30　当 $X \sim N(\mu, \sigma^2)$ 时，证明：$Y = kX + c \sim N(k\mu + c, k^2\sigma^2)$，其中 k, c 是常数，且 $k \neq 0$，特殊地，$\dfrac{X - \mu}{\sigma} \sim N(0, 1)$.

证　易见，后一结论是前一结论的特例，其中 $k = \dfrac{1}{\sigma}$，$c = -\dfrac{\mu}{\sigma}$，下面就 $k > 0$ 给出证明，$k < 0$ 的情形留作练习.

由于 $\Omega_X = (-\infty, +\infty)$，因此对于任意一个 $y \in (-\infty, +\infty)$，

$$F_Y(y) = P(Y \leqslant y) = P(kX + c \leqslant y)$$

$$= P\left(X \leqslant \frac{y - c}{k}\right) = \int_{-\infty}^{\frac{y-c}{k}} \frac{1}{\sqrt{2\pi}\,\sigma} \mathrm{e}^{-\frac{(x-\mu)^2}{2\sigma^2}}\,\mathrm{d}x.$$

对于 $-\infty < y < +\infty$,通过求导得到

$$f_Y(y) = \frac{1}{\sqrt{2\pi}\sigma} \exp\left\{-\frac{1}{2\sigma^2}\left(\frac{y-c}{k}-\mu\right)^2\right\} \cdot \frac{1}{k}$$

$$= \frac{1}{\sqrt{2\pi}k\sigma} \exp\left\{-\frac{[y-(k\mu+c)]^2}{2(k\sigma)^2}\right\},$$

这表明 $Y \sim N(k\mu+c, k^2\sigma^2)$. 我们看到 $\dfrac{X-\mu}{\sigma}$ 实际上是 X 的标准化,该例题表明正态随机变量的线性函数依然服从正态分布.

点 滴 积 累

1. 随机变量把样本空间转化为一个数集,离散型随机变量由它的概率分布所确定,连续型随机变量若 $P(a < X \leqslant b) = \int_a^b f(x)\mathrm{d}x$,则被积函数 $f(x)$ 为密度函数.

2. 分布函数将离散型随机变量和连续型随机变量的统计规律性有机地统一在一起,离散型随机变量分布 $F(x) = \sum_{x_i \leqslant x} p_i$,连续型随机变量分布 $F(x) = \int_{-\infty}^x f(t)\mathrm{d}t$.

3. 常用的离散型随机变量分布:两点分布、二项分布、泊松分布;
常用的连续型随机变量分布:均匀分布、指数分布、正态分布.

随堂练习 7-2

1. 已知 4 件药品中有 2 件是次品,检验员每次检验 1 件,当这 2 件次品都被找到时即停止检验,以 X 表示检验次数,试求:(1)X 的概率分布;(2)检验次数在 2 次以上的概率;(3)分布函数.

2. 设随机变量 X 的密度函数为 $f(x) = \begin{cases} cx^4, & 0 \leqslant x \leqslant 1, \\ 0, & \text{其他}, \end{cases}$ 试求:(1)c 值;(2)分布函数;

(3)$P\left(\frac{1}{2} < x < 2\right)$.

3. 设 $X \sim N(0,1)$,试求:
(1) $P(X \leqslant 1.5)$;   (2) $P(X > 2)$;   (3) $P(X \leqslant -1.8)$;
(4) $P(-1 < X \leqslant 3)$;   (5) $P(|X| \leqslant 2)$.

第三节　随机变量的数字特征

随机变量的分布函数固然全面描述了这个随机变量的统计规律性,但在实际问题中,我们常常关心的只是随机变量的取值在某些方面的特征,而不是它的全貌,这类特征往往通过一个或几个实数来反映,在概率论中称它们为随机变量的数字特征. 其中最基本的就是数学期望和方差,前者刻画了随机变量取值的相对集中位置或平均水平,后者刻画了随机变量取值围绕平均水平的离散程度.

一、数学期望

（一）离散型随机变量的数学期望

例 7 - 31 计算以下 $N = 25$ 人的平均身高 $\overline{X}$(cm)：

身高(x_i)	160	165	170	175	180
人数(n_i)	1	3	8	12	1

解 平均身高

$$\overline{X} = \frac{160 \times 1 + 165 \times 3 + 170 \times 8 + 175 \times 12 + 180 \times 1}{1 + 3 + 8 + 12 + 1}$$

$$= 160 \times \frac{1}{25} + 165 \times \frac{3}{25} + 170 \times \frac{8}{25} + 175 \times \frac{12}{25} + 180 \times \frac{1}{25}$$

$$= \sum_{i=1}^{5} x_i \frac{n_i}{N} = \sum_{i=1}^{5} x_i f_i,$$

其中 $N = n_1 + n_2 + n_3 + n_4 + n_5$，$f_i = \dfrac{n_i}{N}$，为 x_i 值出现的频率. 可见平均身高可以用每个数值 x_i 与其频率 f_i 的加权平均来表示，当观测值较大时，频率逐渐稳定在各自的概率附近，于是用概率代替频率，得到数学期望的定义.

定义 7 - 19 设离散型随机变量 X 的概率 $P(X = x_i) = p_i$，$i = 1, 2, \cdots$，如果 $\sum\limits_{i=1}^{\infty} |x_i| p_i$ 存在，则称 $\sum\limits_{i=1}^{\infty} x_i p_i$ 的值为随机变量 X 的**数学期望**或**均值**，记作 $E(X)$，即

$$E(X) = \sum_{i=1}^{\infty} x_i p_i.$$

例 7 - 32 为了评估一种大肠杆菌的毒效大小，在动物实验中把大肠杆菌注入家兔腹腔以造成感染性休克，评分标准及概率如表 7 - 10 所示，试通过实验结果评价这种杆菌的毒效大小.

表 7 - 10

感染效果	正常	轻度血压下降，脉搏加快	血压下降，静脉萎缩	休克
毒效评分 X	0	50	80	100
概率 P	0.05	0.15	0.20	0.60

解 设毒效评分为 X，则 X 的平均值为

$$E(X) = 0 \times 0.05 + 50 \times 0.15 + 80 \times 0.20 + 100 \times 0.60 = 83.5,$$

由此可见这种杆菌的致毒能力是很高的.

根据定义,容易证明数学期望有如下性质:

(1) 若 C 是常数,则 $E(C)=C$;

(2) 若 C 是常数,则 $E(CX)=CE(X)$;

(3) $E(X \pm Y)=E(X) \pm E(Y)$;

(4) 若 X, Y 相互独立,则 $E(XY)=E(X)E(Y)$.

例 7-33 求两点分布、二项分布 $B(n, p)$ 和泊松分布 $\pi(\lambda)$ 的数学期望.

解 (1) 设 X 服从参数为 p 的两点分布,则 $E(X)=1 \cdot p+0 \cdot (1-p)=p$.

(2) 若 $Y \sim B(n, p)$,则 Y 是 n 个同分布的两点分布 X_i 之和,即 $Y=\sum\limits_{i=1}^{n} X_i$, 又 $E(X_i)=p$. 由性质(3),得 $E(Y)=\sum\limits_{i=1}^{n} E(X_i)=np$,即二项分布 $B(n, p)$ 的数学期望为 np.

(3) 设 $Z \sim \pi(\lambda)$,由定理 7-3,泊松分布是二项分布的极限分布,且 $\lim\limits_{n \to \infty} np_n=\lambda>0$,则泊松分布的数学期望为二项分布的数学期望的极限,即 $E(Z)=\lim\limits_{n \to \infty} E(Y_n)=\lim\limits_{n \to \infty} np_n=\lambda$.

例 7-34 实验大楼共 11 层(底楼和第 1,2,$\cdots$,10 楼),在底楼有 15 个同学一起挤进了电梯. 假设每个人去 1 至 10 楼的可能性都一样,每个人去哪一楼是相互独立的. 电梯从底楼启动后到所有人都出梯,一个升程中平均要停几次?

解 设随机变量 $X_k(k=1,2,\cdots,10)$ 如下定义:

$$X_k=\begin{cases} 1, & \text{电梯在第 } k \text{ 层停,} \\ 0, & \text{电梯在第 } k \text{ 层不停.} \end{cases}$$

由于只要有同学去第 k 层楼,电梯就要在第 k 层楼停 1 次,只有 15 个同学都不去第 k 楼,电梯在第 k 楼才无须停止,所以有

$$P(X_k=0)=\left(\frac{9}{10}\right)^{15}=0.2059, \quad P(X_k=1)=1-P(X_k=0)=0.7941,$$

$$E(X_k)=0 \times 0.2059+1 \times 0.7941=0.7941.$$

$\sum\limits_{k=1}^{10} X_k$ 表示电梯在一个升程中经停的总次数,由于

$$E\left(\sum\limits_{k=1}^{10} X_k\right)=\sum\limits_{k=1}^{10} E(X_k)=0.7941 \times 10=7.941 \approx 8,$$

故一个升程中平均经停次数为 8.

(二) 连续型随机变量的数学期望

定义 7-20 设连续型随机变量 X 的密度函数为 $f(x)$,若积分 $\int_{-\infty}^{+\infty} |x| f(x) \mathrm{d}x$ 收敛,则称积分 $\int_{-\infty}^{+\infty} x f(x) \mathrm{d}x$ 为随机变量 X 的数学期望,记作 $E(X)$,即

$$E(X)=\int_{-\infty}^{+\infty} x f(x) \mathrm{d}x. \tag{7-18}$$

例7-35 设随机变量 $X \sim U[a, b]$,试求 $E(X)$.

解 已知 $f(x) = \begin{cases} \dfrac{1}{b-a}, & a \leqslant x \leqslant b, \\ 0, & \text{其他}, \end{cases}$ 根据数学期望定义,有

$$E(X) = \int_{-\infty}^{+\infty} x \cdot f(x) \mathrm{d}x = \int_a^b x \cdot \frac{1}{b-a} \mathrm{d}x = \frac{a+b}{2}.$$

可见,某一区间上均匀分布的随机变量期望恰为该区间的中点.

例7-36 若随机变量 X 服从正态分布 $N(\mu, \sigma^2)$,求 $E(X)$.

解 正态分布的概率密度函数是

$$f(x) = \frac{1}{\sqrt{2\pi}\sigma} \mathrm{e}^{-\frac{(x-\mu)^2}{2\sigma^2}} \quad (-\infty < x < +\infty),$$

按式(7-18),数学期望为

$$E(X) = \frac{1}{\sqrt{2\pi}\sigma} \int_{-\infty}^{+\infty} x \cdot \mathrm{e}^{-\frac{(x-\mu)^2}{2\sigma^2}} \mathrm{d}x.$$

令 $t = \dfrac{x-\mu}{\sigma}$,则 $\mathrm{d}x = \sigma \mathrm{d}t$,故有

$$E(X) = \frac{1}{\sqrt{2\pi}} \int_{-\infty}^{+\infty} (\sigma t + \mu) \cdot \mathrm{e}^{-\frac{t^2}{2}} \mathrm{d}t = \frac{\sigma}{\sqrt{2\pi}} \int_{-\infty}^{+\infty} t \cdot \mathrm{e}^{-\frac{t^2}{2}} \mathrm{d}t + \frac{\mu}{\sqrt{2\pi}} \int_{-\infty}^{+\infty} \mathrm{e}^{-\frac{t^2}{2}} \mathrm{d}t.$$

上式第一项中被积函数是奇函数,积分为零,又由标准正态分布密度函数性质,

$$\frac{1}{\sqrt{2\pi}} \int_{-\infty}^{+\infty} \mathrm{e}^{-\frac{t^2}{2}} \mathrm{d}t = 1,$$

所以 $E(X) = \sigma \times 0 + \mu \times 1 = \mu$. 可见,正态分布 $N(\mu, \sigma^2)$ 中的参数 μ 就是该分布的数学期望值.

(三) 随机变量函数的数学期望

定义7-21 设 X 是一个随机变量,$Y = g(X)$ 也是随机变量,且 $E(Y)$ 存在.

(1) 若 X 是离散型随机变量,其概率分布为 $P(X = x_i) = p_i$,$i = 1, 2, \cdots$,则**随机变量函数 $g(X)$ 的期望**为

$$E[g(X)] = \sum_{i=1}^{\infty} g(x_i) p_i. \tag{7-19}$$

(2) 若 X 是连续型随机变量,其密度函数为 $f(x)$,则**随机变量函数 $g(X)$ 的期望**为

$$E[g(X)] = \int_{-\infty}^{+\infty} g(x) f(x) \mathrm{d}x \tag{7-20}$$

例7-37 设 X 的概率分布如下,试求:$E(X^2)$,$E(2X - 3)$.

X	0	1
P	$\dfrac{1}{25}$	$\dfrac{24}{25}$

解 对于离散型随机变量,由式(7-19)有

$$E(X^2)=0^2\times\frac{1}{25}+1^2\times\frac{24}{25}=\frac{24}{25};$$

$$E(2X-3)=(2\times0-3)\times\frac{1}{25}+(2\times1-3)\times\frac{24}{25}=-\frac{27}{25}.$$

例 7-38 设 $X\sim U[a,b]$,试求:$E(X)$,$E(\sin X)$,$E(X^2)$ 及 $E[X-E(X)]^2$.

解 X 的密度函数为

$$f(x)=\begin{cases}\dfrac{1}{b-a}, & a\leqslant x\leqslant b,\\ 0, & \text{其他}.\end{cases}$$

$$E(X)=\int_a^b x\frac{1}{b-a}\mathrm{d}x=\frac{1}{b-a}\frac{x^2}{2}\Big|_a^b=\frac{a+b}{2};$$

$$E(\sin X)=\int_a^b\frac{1}{b-a}\sin x\,\mathrm{d}x=\frac{1}{b-a}(-\cos x)\Big|_a^b=\frac{\cos a-\cos b}{b-a};$$

$$E(X^2)=\int_a^b x^2\frac{1}{b-a}\mathrm{d}x=\frac{1}{b-a}\frac{x^3}{3}\Big|_a^b=\frac{a^2+ab+b^2}{3};$$

$$E[X-E(X)]^2=E\left(X-\frac{a+b}{2}\right)^2=\int_a^b\left(x-\frac{a+b}{2}\right)^2\frac{1}{b-a}\mathrm{d}x=\frac{1}{12}(b-a)^2.$$

二、方差

定义 7-22 设 X 是一个随机变量,若 $E[X-E(X)]^2$ 存在,称其为 X 的方差,记作 $D(X)$,即

$$D(X)=E[X-E(X)]^2. \tag{7-21}$$

称 $\sqrt{D(X)}$ 为 X 的**标准差**,记作 $\sigma(X)=\sqrt{D(X)}$. 因为标准差与随机变量本身有相同的量纲,所以在医学统计、药物代谢动力学等领域被广泛地使用,但在理论推导中,使用方差较方便.

方差本质上是随机变量函数 $g(X)=[X-E(X)]^2$ 的期望,反映随机变量取值对其均值的偏离程度.若随机变量的取值集中于它的数学期望,则方差值较小;相反,若随机变量的取值相对于数学期望比较分散,则方差值较大.特别地,当 X 为离散型随机变量,概率分布为 $P(X=x_i)=p_i$,$i=1,2,\cdots$ 时,则式(7-21)转化为

$$D(X)=\sum_{i=1}^{\infty}[x_i-E(X)]^2 p_i. \tag{7-22}$$

当 X 为连续型随机变量,概率密度为 $f(x)$ 时,则

$$D(X) = \int_{-\infty}^{+\infty} [x - E(X)]^2 f(x) \mathrm{d}x.$$

但实际计算时用得更多的是下列公式:

$$D(X) = E(X^2) - [E(X)]^2.$$

可以证明,方差具有以下性质:

性质 1　若 C 是常数,则 $D(C) = 0$;

性质 2　若 C 是常数,则 $D(CX) = C^2 D(X)$;

性质 3　若 $X_1, X_2, \cdots, X_n$ 相互独立,则

$$D(X_1 \pm X_2 \pm \cdots \pm X_n) = \sum_{i=1}^{n} D(X_i).$$

例 7 - 39　甲、乙两台制丸机生产同一种药丸的直径(mm)概率分布如下:

X	5	6	7	8	9
P	0.05	0.1	0.7	0.1	0.05

Y	4	5	6	7	8	9	10
P	0.05	0.1	0.2	0.3	0.2	0.1	0.05

试问哪台机器的性能更好?

解　由于 $E(X) = E(Y) = 7$,利用式(7 - 22)分别求方差为

$$D(X) = (5-7)^2 \times 0.05 + (6-7)^2 \times 0.1 + (7-7)^2 \times 0.7 + (8-7)^2 \times 0.1 + (9-7)^2$$
$$\times 0.05 = 0.6;$$

$$D(Y) = (4-7)^2 \times 0.05 + (5-7)^2 \times 0.1 + (6-7)^2 \times 0.2 + (7-7)^2 \times 0.3 + (8-7)^2$$
$$\times 0.2 + (9-7)^2 \times 0.1 + (10-7)^2 \times 0.05 = 2.1.$$

显然 $D(X) < D(Y)$,即甲机器生产的药丸直径比乙机器生产的波动性小,所以甲机器的生产性能更好.

例 7 - 40　设随机变量 $\xi \sim \pi(\lambda)$,求泊松分布的方差.

解　已知泊松分布的数学期望为 λ,得

$$E(\xi^2) = \sum_{k=0}^{\infty} k^2 \frac{\lambda^k \mathrm{e}^{-\lambda}}{k!} = \sum_{k=1}^{\infty} k \frac{\lambda^k \mathrm{e}^{-\lambda}}{(k-1)!} \xrightarrow{m = k-1} \lambda \sum_{m=0}^{\infty} (m+1) \frac{\lambda^m \mathrm{e}^{-\lambda}}{m!} = \lambda^2 + \lambda,$$

故泊松分布的方差等于

$$D(\xi) = E(\xi^2) - [E(\xi)]^2 = (\lambda^2 + \lambda) - (\lambda)^2 = \lambda,$$

即泊松分布的方差和数学期望相等,都等于参数 λ.

因此,如果观察到一个取非负整值的离散型随机变量 ξ,它的方差和数学期望相等,就有可能服从泊松分布. 医学统计学里的配对问题,当 n 充分大时,都近似服从 $\lambda=1$ 的泊松分布.

例 7-41 求两点分布和二项分布的方差.

解 设 X 服从两点分布,$P(X=1)=p$,$P(X=0)=q$,其中 $p+q=1$,则

$$E(X^2)=1^2 \times p+0^2 \times q=p, \quad D(X)=E(X^2)-[E(X)]^2=p-p^2=pq.$$

若 $Y\sim B(n,\ p)$,二项分布是 n 个独立的两点分布之和,由方差性质 3,则 $D(Y)=npq$.

例 7-42 设随机变量 X 具有以下概率密度,求 $D(X)$,$\sigma(X)$ 及 $D(3X+2)$:

$$f(x)=\begin{cases} x, & 0\leqslant x\leqslant 1, \\ 2-x, & 1<x\leqslant 2, \\ 0, & 其他. \end{cases}$$

解 由连续型随机变量方差的计算公式有

$$E(X)=\int_{-\infty}^{+\infty} xf(x)dx=\int_0^1 x\cdot x\,dx+\int_1^2 x\cdot(2-x)dx$$
$$=\frac{x^3}{3}\bigg|_0^1+\left(x^2-\frac{x^3}{3}\right)\bigg|_1^2=1;$$

$$E(X^2)=\int_{-\infty}^{+\infty} x^2 f(x)dx=\int_0^1 x^2\cdot x\,dx+\int_1^2 x^2\cdot(2-x)dx$$
$$=\frac{x^4}{4}\bigg|_0^1+\left(\frac{2x^3}{3}-\frac{x^4}{4}\right)\bigg|_1^2=\frac{7}{6};$$

$$D(X)=E(X^2)-[E(X)]^2=\frac{7}{6}-1^2=\frac{1}{6};$$

$$\sigma(X)=\sqrt{D(X)}=\frac{\sqrt{6}}{6};$$

$$D(3X+2)=3^2 D(X)=9\times\frac{1}{6}=\frac{3}{2}.$$

例 7-43 设随机变量 $X\sim N(\mu,\ \sigma^2)$,求 $D(X)$.

解 已知 $E(X)=\mu$,因此

$$D(X)=\frac{1}{\sqrt{2\pi}\,\sigma}\int_{-\infty}^{+\infty}(x-\mu)^2\cdot e^{-\frac{(x-\mu)^2}{2\sigma^2}}dx.$$

令 $u=\dfrac{x-\mu}{\sigma}$,且由分部积分公式和正态密度函数性质得到

$$D(X)=\frac{\sigma^2}{\sqrt{2\pi}}\int_{-\infty}^{+\infty}u^2\cdot e^{-\frac{u^2}{2}}dx=\frac{\sigma^2}{\sqrt{2\pi}}(0+\sqrt{2\pi})=\sigma^2.$$

可见,正态分布中的参数 σ^2 就是其方差,而 σ 为其标准差.

事实上,随机变量的数字特征通常与其分布中的参数相联系,常见分布的数学期望和方差如表 7 - 11 所示.

表 7 - 11

名　称	离散型			连续型		
	两点分布	二项分布	泊松分布	均匀分布	指数分布	正态分布
参　数	p	n,p	λ	a,b	λ	μ,σ
数学期望	p	np	λ	$\dfrac{a+b}{2}$	$\dfrac{1}{\lambda}$	μ
方　差	$p(1-p)$	$np(1-p)$	λ	$\dfrac{1}{12}(b-a)^2$	$\dfrac{1}{\lambda^2}$	σ^2

点 滴 积 累

1. 数学期望体现了随机变量取值的集中程度.离散型随机变量的期望 $E(X)$
$=\sum\limits_{i=1}^{\infty} x_i p_i$;连续型随机变量的期望 $E(X)=\displaystyle\int_{-\infty}^{+\infty} x f(x)\mathrm{d}x$.

2. 方差刻画了随机变量的取值与数学期望的偏离程度,常用计算公式为
$D(X)=E(X^2)-[E(X)]^2$.

3. 常用离散型和连续型随机变量的期望和方差,表 7 - 11 要记住.

随堂练习 7 - 3

1. 设有随机变量 X 与 Y,若 $E(X)=2$,$E(Y)=3$,则 $E(4X-2Y)$ 的值为多少?
2. 设随机变量 X 与 Y 相互独立,且 $D(X)=2$,$D(Y)=3$,则 $D(2X-3Y+2)$ 的值为多少?
3. 设随机变量 $X \sim U[-1,3]$,则 $E(X)$,$D(X)$ 分别为多少?
4. 已知正态分布的线性函数仍服从正态分布,若 $X \sim N(\mu,\sigma^2)$,$Y=aX+b$ $(a \neq 0)$,请写出 Y 所服从分布的参数.
5. 设随机变量 $X \sim N(0,1)$,$Y \sim U[0,1]$,且 X,Y 相互独立,则 $E(2X+3Y)$,$D(3X-Y)$ 的值各为多少?

第四节　大数定律和中心极限定理

随机事件在某次试验中是否出现是有偶然性的,但在大量独立重复试验中却呈现出明显的规律性.本节不加证明地给出大数定律和中心极限定理,为阐明随机现象的内在规律提供理论依据.

一、大数定律

(一) 切比雪夫不等式

定理 7-4　若随机变量 X 的数学期望 $E(X)=\mu$，方差 $D(X)=\sigma^2$ 存在，则对于任意 $\varepsilon>0$，有

$$P(|X-\mu|\geqslant\varepsilon)\leqslant\frac{\sigma^2}{\varepsilon^2}. \tag{7-23}$$

显然式(7-23)的等价形式为

$$P(|X-\mu|<\varepsilon)\geqslant1-\frac{\sigma^2}{\varepsilon^2}.$$

切比雪夫不等式可用来估计随机变量的大致分布情况，方差越小，随机变量在区间 $(\mu-\varepsilon,\mu+\varepsilon)$ 以外取值的概率越小，即随机变量的分布越集中在 μ 附近. 此外，切比雪夫不等式在理论研究方面有一定应用.

例 7-44　若随机变量 X 的分布未知，但 $D(X)=2.5$，均值为 μ，试估计概率 $P(|X-\mu|\geqslant7.5)$ 的值.

解　由切比雪夫不等式有 $P(|X-\mu|\geqslant7.5)\leqslant\dfrac{2.5}{7.5^2}\approx0.044.$

(二) 伯努利大数定律

定理 7-5　设 $f_n(A)$ 是 n 重伯努利试验中事件 A 出现的频率，p 是每次试验中 A 发生的概率，则对任意的 $\varepsilon>0$，有

$$\lim_{n\to\infty}P(|f_n(A)-p|<\varepsilon)=1$$

或

$$\lim_{n\to\infty}P(|f_n(A)-p|\geqslant\varepsilon)=0.$$

定理告诉我们，当试验次数 n 充分大以后，频率必然要接近于概率，从理论上证明了频率的稳定性，这是概率的统计定义的依据.

(三) 辛钦大数定律

定理 7-6　设 X_1，X_2，… 是独立同分布的随机变量序列，且 $E(X_i)=\mu$，$i=1$，2，…，则对任意 $\varepsilon>0$，有

$$\lim_{n\to\infty}P\left(\left|\frac{1}{n}\sum_{i=1}^{n}X_i-\mu\right|<\varepsilon\right)=1.$$

伯努利大数定律是辛钦大数定律的特例，因为当随机变量 X 是两点分布时，p 就是 X 的数学期望，而算术平均就是频率.

辛钦大数定律表明，当试验次数 n 充分大以后，算术平均数依概率 1 收敛于总体均值.

即当 n 充分大时,算数平均数必然接近于总体均值.由此可见,大量随机试验的结果与个别试验的结果有本质区别.随着试验次数的增多,必然性便体现出来.

思政育人

大数定律与从量变到质变

从大数定律知道,独立重复试验次数越多,在统计学里面体现为样本容量越大,试验结果的平均值越接近数学期望值.事物的发展总是从量变开始,量变是质变的必然准备,质变是量变的必然结果,质变又为新的量变开辟道路,量变和质变一直存在于辩证的对立统一中.我们在学习、工作中要注重量变的积累,坚持不懈,为实现质变的目标成果而努力.

二、中心极限定理

(一) 独立同分布的中心极限定理

定理7-7 设 X_1,X_2,…是一个独立同分布的随机变量序列,且 $E(X_i)=\mu$,$D(X_i)=\sigma^2>0$,$i=1,2,\cdots$,则对任意一个 x,$-\infty<x<+\infty$,有

$$\lim_{n\to\infty}P\left(\frac{\sum\limits_{i=1}^{n}X_i-n\mu}{\sqrt{n}\sigma}\leqslant x\right)=\Phi(x).$$

在定理7-7的条件下,不管一系列的随机变量是服从什么分布的,当 n 很大时,它们的和就近似于正态分布.因此,如果一个量(例如身高)是由很多因素决定的(每个因素对这个量的贡献都是一个随机变量),那么这个量作为诸多随机变量之和就可以认为是服从或近似服从正态分布的.这是一个在生命科学领域里普遍应用的重要原理.

例7-45 对敌人阵地进行 1000 次炮击,假设每次炮击炮弹的命中颗数的数学期望为 0.4,方差为 1.6,试估计在 1000 次炮击中,有 360 颗到 440 颗炮弹击中目标的概率.

解 设每次炮击的结果为随机变量 X_i,$i=1,2,\cdots,1000$,则

$$E(X_i)=0.4,D(X_i)=1.6.$$

又记在 1000 次炮击中,击中目标的炮弹数为 X,则 $X=\sum\limits_{i=1}^{1000}X_i$,且

$$E(X)=E\left(\sum\limits_{i=1}^{1000}X_i\right)=\sum\limits_{i=1}^{1000}E(X_i)=1000\times0.4=400,$$

$$D(X)=D\left(\sum\limits_{i=1}^{1000}X_i\right)=\sum\limits_{i=1}^{1000}D(X_i)=1000\times1.6=1600,$$

即 X 近似服从 $N(400,1600)$,故

$$P(360 \leqslant X \leqslant 440) = \Phi\left(\frac{440-400}{40}\right) - \Phi\left(\frac{360-400}{40}\right) = \Phi(1) - \Phi(-1)$$

$$= 2\Phi(1) - 1 = 2 \times 0.8413 - 1 = 0.6826.$$

(二) 棣莫弗-拉普拉斯中心极限定理

定理 7-8 设随机变量 $X \sim B(n, p)$，其中 $0 < p < 1$，则对任意 x，恒有

$$\lim_{n \to \infty} P\left(\frac{X-np}{\sqrt{npq}} \leqslant x\right) = \Phi(x).$$

定理表明，当 n 充分大时，二项分布可用正态分布来近似，即

$$P\left(\frac{X-np}{\sqrt{npq}} \leqslant x\right) \approx \Phi(x).$$

在用连续型随机变量的正态分布计算离散型随机变量的二项分布时，有时需要进行连续性校正，但对于 $n > 50$ 的大样本，因计算结果相差不大，一般不再使用连续性校正，也不再区分开、闭区间，此时简化公式为

$$P(X \leqslant k) \approx \Phi\left(\frac{k-np}{\sqrt{npq}}\right), \quad P(X > k) \approx 1 - \Phi\left(\frac{k-np}{\sqrt{npq}}\right),$$

$$P(k_1 < X \leqslant k_2) \approx \Phi\left(\frac{k_2-np}{\sqrt{npq}}\right) - \Phi\left(\frac{k_1-np}{\sqrt{npq}}\right) \tag{7-24}$$

例 7-46 某种疾病的患病率为 $p = 0.005$，现对 10 000 人进行检查，试求检查出的患者数在 45 人至 55 人之间的概率.

解 设患病人数为 X，则 $X \sim B(10\,000, 0.005)$，且 $n = 10\,000$ 很大，因此可利用正态分布求其近似值，二项分布 $E(X) = np = 50$，$D(X) = npq = 49.75$，代入式(7-24)，得

$$P(45 < X \leqslant 55) \approx \Phi\left(\frac{55-50}{\sqrt{49.75}}\right) - \Phi\left(\frac{45-50}{\sqrt{49.75}}\right)$$

$$= \Phi(0.71) - \Phi(-0.71)$$

$$= 2\Phi(0.71) - 1 = 0.5222.$$

例 7-47 对一本 20 万字的长篇小说进行排版. 假定每个字是否被错排是相互独立的，而且每个字被错排的概率为 10^{-5}，试求这本小说出版后发现有 6 个及以上错字的概率.

解 设错字总数为 X，则 $X \sim B(200\,000, 10^{-5})$，由 $np = 2$，$\sqrt{np(1-p)} = 1.414$，所求概率为

$$P(X \geqslant 6) = 1 - P(X \leqslant 5) \approx 1 - \Phi\left(\frac{5-2}{1.414}\right) = 1 - \Phi(2.12) = 0.017.$$

前边讲过有许多随机现象服从正态分布，正态分布是许多相互独立、对随机现象均匀地起到微小作用的随机因素共同作用(即这些因素的叠加)的结果，而这些因素中没有一个因素起主导作用. 中心极限定理的条件只要求 $X_k (k = 1, 2, \cdots)$ 是独立同分布随机变量序列，

因而无论 X_k 服从什么分布,它们的和 $\sum\limits_k X_k$ 都服从或近似服从正态分布,从而中心极限定理不但确立了正态分布在各种分布中的首要地位,还很好地解释了正态分布的形成机制.进而,中心极限定理也是数理统计中大样本处理方法必不可少的理论基础,在实际工作中,如果能够获得容量较大的样本,就可以把独立同分布的随机变量之和当作一个服从正态分布的随机变量来处理,这是有效和重要的.

点 滴 积 累

1. 切比雪夫不等式可用来估计随机变量的大致分布情况.

2. 辛钦大数定律表明,当试验次数 n 充分大时,算术平均数依概率 1 收敛于总体均值.

3. 中心极限定理不但确立了正态分布在各种分布中的首要地位,还很好地解释了正态分布的形成机制.

随堂练习 7 - 4

1. 设随机变量 X 的方差为 2,根据切比雪夫不等式估计 $P\{|X-E(X)|\geqslant 2\}$.

2. 设随机变量 $X \sim N(0,9)$,根据切比雪夫不等式估计 $P\{|X|\leqslant 8\}$ 的下界.

3. 现有一大批药品,次品率为 1%.若随机地抽取 5 000 件进行检查,求次品数为 30~60 件的概率近似值.

复习题七

一、选择题

1. 设 A,B 为两个事件,若 $A \supseteq B$,则下列结论中成立的是( ).

    A. A,B 互斥   B. A,$\bar{B}$ 互斥

    C. $\bar{A}$,B 互斥   D. $\bar{A}$,$\bar{B}$ 互斥

2. 设随机事件 A,B 互不相容,$P(A) = 0.2$,$P(B) = 0.4$,则 $P(B|A)$ 等于( ).

    A. 0   B. 0.2

    C. 0.4   D. 1

3. 正态曲线达到最大值时所对应的横坐标为( ).

    A. σ B. μ C. π D. σ^2

4. 设随机变量 $X \sim N(0,4)$,则 $P(X < 1)$ 的值表示为( ).

    A. $\displaystyle\int_0^1 \frac{1}{\sqrt{2\pi}}e^{-\frac{x^2}{8}}\mathrm{d}x$ B. $\displaystyle\int_0^1 \frac{1}{4}e^{-\frac{x}{4}}\mathrm{d}x$

    C. $\dfrac{1}{\sqrt{2\pi}}e^{-\frac{1}{2}}$ D. $\displaystyle\int_{-\infty}^1 \frac{1}{2\sqrt{2\pi}}e^{-\frac{x^2}{8}}\mathrm{d}x$

5. 若 $a < b$,随机变量 $X \sim U[a,b]$,且 $E(X) = 3$,$D(X) = \dfrac{4}{3}$,则区间 $[a,b]$ 为( ).

A. $[-1, 6]$ B. $[0, 5]$

C. $[1, 6]$ D. $[1, 5]$

二、填空题

1. 掷两颗均匀的骰子，事件"点数之和为 3"的概率是_____.

2. 设 A，B 是两个相互独立的事件，已知 $P(A) = \dfrac{1}{2}$，$P(B) = \dfrac{1}{3}$，则 $P(A + B) = $_____.

3. 每次试验成功率为 p（$0 < p < 1$），进行重复试验，直到第 10 次试验才取得 4 次成功的概率为_____.

4. 设随机变量 X 的密度为 $f(x) = \begin{cases} kx^3, & 0 < x < 1, \\ 0, & \text{其他,} \end{cases}$ 则 $k = $_____.

5. 设圆形药片的半径 $X \sim N(2, 2)$，则药片面积的数学期望为_____.

三、计算题

1. 动物实验中有白兔和灰兔若干只，从中有放回地任取三只. 设 A_i 表示事件"第 i 次取到白兔"（$i = 1, 2, 3$），试用 A_i 的运算表示下列各事件：

   (1) 第一次、第二次都取到白兔；

   (2) 第一次、第二次中最多有一次取到白兔；

   (3) 三次中只取到两次白兔；

   (4) 三次中最多有两次取到白兔；

   (5) 三次中至少有一次取到白兔.

2. 设袋中有 5 个白球、3 个黑球，从袋中随机摸取 4 个球，分别求出下列事件的概率：

   (1) 采用有放回的方式摸球，则 4 个球中至少有 1 个白球的概率；

   (2) 采用无放回的方式摸球，则 4 个球中有 1 个白球的概率.

3. 一幢 12 层的大楼，有 6 位乘客从底层进入电梯，电梯可停于 2 层至 12 层的任一层，若每位乘客在任一层离开电梯的可能性相同，求下列事件的概率：

   (1) 某指定的一层有 2 位乘客离开；

   (2) 至少有 2 位乘客在同一层离开.

4. 在某城市中发行三种报纸 A，B，C，经调查，订阅 A 报的有 45%，订阅 B 报的有 35%，订阅 C 报的有 30%，同时订阅 A 及 B 的有 10%，同时订阅 A 及 C 的有 8%，同时订阅 B 及 C 的有 5%，同时订阅 A，B，C 的有 3%. 试求下列事件的概率：

   (1) 只订 A 报的；   (2) 只订 A 及 B 报的；   (3) 恰好订两种报纸.

5. 一护士负责控制 3 台理疗机，假定在 1h 内这 3 台理疗机不需要护士照管的概率分别为 0.9，0.8 和 0.7，求在 1h 内最多有 1 台需要护士照管的概率.

6. 某医院用 CT 机和超声仪对肝癌作检测，若单独使用这两种设备，知 CT 机的检出率为 0.8，超声仪的检出率为 0.7，现同时使用 CT 机和超声仪，问肝癌被检出的概率为多少？

7. 已知男子有 5% 是色盲患者，女子有 0.25% 是色盲患者，假设人群中男女比例为 1∶1. 试问：

   (1) 人群中患色盲的概率是多少？

   (2) 今从人群中随机地挑选一人，恰好是色盲者，此人是男性的概率是多少？

8. 一种传染病在某市的发病率为 4%. 为查出这种传染病，医院采用一种新的检验法，它能使 98% 的患有此病的人被检出阳性，但也会有 3% 未患此病的人被检验出阳性. 现某人被此法检出阳性，求此人确实患有这种传染病的概率.

9. 某种眼病可致盲，若第一次患病，致盲率为 0.2，第一次未致盲第二次患病致盲的概率为 0.5，前两次未致盲第三次再患病，致盲率为 0.8，试求：

(1) 某人两次患病致盲的概率;(2)三次患病致盲的概率.

10. 5架飞机同时去轰炸一目标,每架飞机投中目标的概率为0.6. 求:

    (1) 5架飞机都投中目标的概率;

    (2) 只有1架投中目标的概率;

    (3) 要以90%以上的概率将目标击中,至少应有几架飞机去轰炸?

11. 设某种药物对痔疮的治愈率为80%,现独立地对4名痔疮病人用药,求治愈病人数 X 的分布列,并指出能治愈几人的概率最大?

12. 某种溶液中含微生物的浓度为0.3只/mL,现从500 mL溶液中随机地抽出1 mL,问其中含有2只微生物的概率是多少?

13. 确定随机变量 X 的密度函数中的参数,求分布函数,计算 $P\left(\dfrac{1}{2} < x < 2\right)$:

$$f(x) = \begin{cases} \dfrac{c}{1+x^2}, & x \in [0, 1], \\ 0, & \text{其他.} \end{cases}$$

14. 假设离散型随机变量 X 的分布函数为 $F(x) = \begin{cases} 0, & x < -1, \\ 0.2, & -1 \leqslant x < 1, \\ 0.7, & 1 \leqslant x < 3, \\ 1, & x \geqslant 3. \end{cases}$

    求:(1) X 的概率分布;(2) $P(1.7 < X \leqslant 2)$, $P(X \leqslant 2.5)$.

15. 设在时间 t 内(单位:min)通过某交叉路口的汽车数服从参数与 t 成正比的泊松分布,已知在1 min内没有汽车通过的概率为0.2,求在2 min内最多一辆汽车通过的概率.

16. 某仪器装有3只独立工作的同型号的电子元件,其寿命 $X \sim E(\lambda)$, $\lambda = 1/600$. 试求在仪器使用的最初200 h内,(1) 至少有一个元件损坏的概率;(2)只有一个元件没坏的概率.

17. 假设 $X \sim N(0, 1)$,求:$Y = 2X^2 + 1$ 的概率密度.

18. 从服用放射性标记药物的动物尿样中测到的放射量服从 $N(284, 20^2)$ 的正态分布(按单位/min计算),求:

    (1) 放射量大于300单位/min的概率;

    (2) 放射量在[250, 300]单位/min的概率.

19. 有些遗传性疾病的初发年龄近似服从正态分布,假定对杜兴氏肌萎缩综合征来说,这个年龄服从 $N(9.5, 9)$,那么一个男孩因此病第一次被送到医院来时,他的年龄:(1)在8.5至11.5岁间的概率;(2)大于10岁的概率;(3)小于12.5岁的概率.

20. 某种按新配方试制的中成药在500名病人中进行临床试验,有一半人服用,另一半人未服. 一周后,有280人痊愈,其中240人服了新药. 试用概率统计方法说明新药的疗效.

21. 已知离散型随机变量 X 的分布函数 $F(x) = \begin{cases} 0, & x < -2, \\ 0.4, & -2 \leqslant x < 0, \\ 0.6, & 0 \leqslant x < 1, \\ 0.9, & 1 \leqslant x < 3, \\ 1, & x \geqslant 3, \end{cases}$,求 $E(1-2X)$.

22. 设在1 h内1名男子分泌的胆固醇量 T 在[0, M]之间,其密度函数为

$$f(t) = \dfrac{t}{1+t^2} \quad (0 \leqslant t \leqslant M).$$

(1)M 的含义是什么? 等于多少? (2)1h 内分泌的胆固醇量 T 少于 $M/2$ 的概率有多大? (3)T 在 $[0,2]$ 之内的概率有多大? (4)试求出 $E(T)$ 和 $D(T)$. (5)任选三男子,求至少一人 $T>2$ 的概率. (6)求 $t_{1/2}$,使 $t_{1/2}$ 满足 $P(T<t_{1/2})=P(T>t_{1/2})=0.5$.

23. 用 B 超测量胎儿顶径时,会有一定误差,假设误差服从 $N(0,1.25^2)$. 为确定分娩方案,医生要求测量误差不超过一个单位. 问测量三次至少一次达到要求的概率有多大?

第八章　MATLAB 软件应用简介

┌─────────── ·情景导学· ───────────┐

　　MATLAB 是美国 MathWorks 公司制作的一个为科学和工程计算专门设计的
交互式大型软件,是一个可以完成各种精确计算和数据处理的、可视化的、强大的计
算工具.它集图示和精确计算于一身,在应用数学、物理、化工、机电工程、医药、金融
和其他需要进行复杂数值计算的各个领域得到了广泛应用.它不仅是一个在各类工
程设计中便于使用的计算工具,而且也是一个在数学、数值分析、大数据挖掘和工程
计算等课程教学中的优秀的教学工具,在世界各地的高等院校中十分流行,在各类工
业应用中也有不俗的表现.

└──────────────────────────────┘

第一节　MATLAB 操作基础

一、MATLAB 简介

　　MATLAB 名称是由两个英文单词 Matrix 和 Laboratory 的前三个字母组成.
MATLAB 诞生于 20 世纪 70 年代后期的美国新墨西哥大学计算机系主任 Cleve Moler 教授
之手.1984 年,在 Little 的建议推动下,由 Little,Moler,Bangert 三人合作,成立了
MathWorks 公司,同时把 MATLAB 正式推向市场.也从那时开始,MATLAB 的源代码采
用 C 语言编写,除加强了原有的数值计算能力外,还增加了数据图形的可视化功能.1993
年,MathWorks 公司推出了 MATLAB 的 4.0 版本,系统平台由 DOS 改为 Windows,推出
了功能强大的、可视化的、交互环境的用于模拟非线性动态系统的工具 SIMULINK,第一次
成功开发出了符号计算工具包 Symbolic Math Toolbox 1.0,为 MATLAB 进行实时数据分
析、处理和硬件开发而推出了与外部直接进行数据交换的组件,为 MATLAB 能融科学计
算、图形可视、文字处理于一体而制作了 Notebook,实现了 MATLAB 与大型文字处理软件
Word 的成功对接.至此,MathWorks 使 MATLAB 成为国际控制界公认的标准计算软件.

　　1997 年,MathWorks 公司推出了 5.0 版本,至 20 世纪末的 1999 年发展到 5.3 版.当时
MATLAB 拥有了更丰富的数据类型和结构,更好的面向对象的快速而精美的图形界面,更
多的数学和数据分析资源,MATLAB 工具箱也达到了 25 个,几乎涵盖了整个科学技术运
算领域.在世界上大部分大学里,应用代数、数理统计、自动控制、数字信号处理、模拟与数字
通信、时间序列分析、动态系统仿真等课程的教材都把 MATLAB 作为必不可少的内容.在

国际学术界,MATLAB 被确认为最准确可靠的科学计算标准软件,在许多国际一流的学术刊物上都可以看到 MATLAB 在各个领域里的应用.

新世纪初的 2004 年推出的 7.0 版本,使 MATLAB 有了更为优秀的计算和可视化功能. MATLAB 既可命令控制,也可编程,有数百个预先定义好的命令和函数,这些函数还可以通过用户自定义函数进行进一步的扩展. 它能够用一个命令求解线性系统,完成大量的高级矩阵的处理,7.0 版就可以处理 2 万多个元素的大型矩阵. MATLAB 有强大的二维、三维的图形工具,能完成很多复杂数据的图形处理工作. MATLAB 还可以与其他程序一起使用,例如它可以在 FORTRAN 程序中完成数据的可视化计算,可以与文字处理软件 Word、数据库软件 Excel 互相交互,进行数据传输. 它为各个领域的用户定制了众多的工具箱,7.0 版的工具箱已达到了 30 多个,在安装时有灵活的选择,而不需要一次把所有的工具箱全部安装.

目前 MATLAB 的最新版本是 R2020b,这是一款面向 64 位机的计算软件,安装后要占用 36G 的磁盘空间,为学习方便,不建议同学们安装最新版. 为了进行简单的学习,安装占磁盘空间 1G 左右的 7.0 版本已足够了. 以下如无特殊说明,一般指 MATLAB 7.0 版.

二、MATLAB 的安装

(一) MATLAB 7.0 在 Windows 2000/XP 操作系统 PC 机上的安装

1. 安装准备

关闭所有正在运行的病毒监测软件,待安装完成以后再重新启动病毒监测软件. 退出正在运行的其他程序,特别是退出 MATLAB 的其他版本或副本. 检查光驱等计算机硬件是否处于良好状态. 抄写好 MATLAB 的产品注册码备用.

2. 安装步骤

MATLAB 7.0 安装光盘共有三张,先将第一张安装盘放入光驱,或者将 MATLAB 7.0 的所有安装程序复制到硬盘以虚拟光驱打开,这样安装速度会快一些. 系统会自动搜索、播放文件并直接进入安装向导界面(Welcome to the MathWorks Installer). 如果用户是首次安装,选 install 选项;如果以前曾安装了 MATLAB,可以选择 "Update license with installing anything, using a new PLP" 选项进行升级. 然后按提示依次安装,直至最后出现 Setup Complete 对话框,安装程序要用户选择重新启动计算机还是以后再启动计算机,一般情况下选择 "Restart my computer now"(重新启动计算机),最后点击 "Finish",计算机重新启动, MATLAB 7.0 安装完成.

(二) MATLAB 7.0 在 Win 7 等操作系统 PC 机上的安装

在操作系统 Win 7 下安装与上同,安装完成后的对话框中不要点 "start MATLAB",而要点选右下角的 "finish" 结束安装,否则将出现一大堆的 error 信息. 由于安装的时候显示主题是自动改变的,而运行的时候它不会自动改变,因此在安装完成后,运行 MATLAB 以前一定要手动将显示属性改为 "Windows 经典" 的主题. 方法是在显示屏空白处点鼠标右键,在出现的对话框中选最下方的 "属性",在随后出现的 "显示属性" 中将 "主题" 标签下的主题改为 "Windows 经典",然后关闭对话框,再启动 MATLAB.

另一种方法是以 vista 兼容模式运行 MATLAB,方法是右键点击 MATLAB 快捷图标,选择兼容性→以兼容性模式运行→下拉菜单中选择 vista sp1 或者 vista sp2,然后关闭对话框,再启动 MATLAB.

如果运行 MATLAB 还出现错误信息行,请关闭 MATLAB. 然后用记事本打开(这里假定你把 MATLAB 安装在 D 盘)d:\MATLAB\toolbox\ccslink\ccslink 中的 info. xml,里面有一行<name>Link for Code Composer Studio?/name>,把/name>改为</name>,然后关闭退出.

然后再设置 BLAS(Basic Linear Algebra Subroutines,环境变量). 方法是先打开安装 MATLAB 的文件夹,在 D:\MATLAB7\bin\win32\中确认有如下文件:

atlas_Athlon. dll(AMD 系列的请用这个)

atlas_P4. dll(P4 的用这个)

atlas_PIII. dll(P3 的用这个)

atlas_PII. dll(P2 的用这个)

atlas_PPro. dll(P4 以上)

然后按如下步骤进行:右击计算机,选择属性→高级系统设置→(右下角的)环境变量→新建→新建变量名为 BLAS_VERSION,值为上面四个 dll 文件之一的绝对路径,然后关闭对话框,启动 MATLAB.

三、MATLAB 的工作界面

MATLAB 7.0 的工作界面(图 8-1)共包括 7 个窗口,它们是主窗口、命令窗口、命令历史记录窗口、当前目录窗口、工作窗口、帮助窗口和评述器窗口. 以下简要说明各主要窗口的功能.

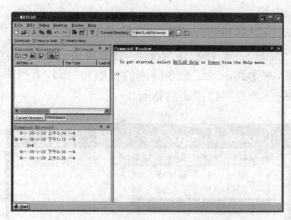

图 8-1

(一) 主窗口(MATLAB)

主窗口兼容其他 6 个子窗口,本身还包含 6 个菜单(File,Edit,Debug,Desktop,Windows,Help)和一个工具条.

MATLAB 主窗口的工具条(图 8-2)含有 10 个按钮控件,从左至右的按钮控件的功能依次为:新建、打开一个 MATLAB 文件、剪切、复制或粘贴所选定的对象、撤销或恢复上一次的操作、打开 Simulink 主窗口、打开 UGI 主窗口、打开 MATLAB 帮助窗口、设置当前路径.

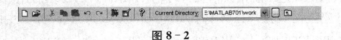

图 8 - 2

(二) 命令窗口(Command Window)

MATLAB 7.0 命令窗口(图 8 - 3)是主要工作窗口. 当 MATLAB 启动完成,命令窗口显示以后,窗口处于准备编辑状态. 符号">>"为运算提示符,说明系统处于准备状态. 当用户在提示符后输入表达式按回车键之后,系统将给出运算结果,然后继续处于准备状态.

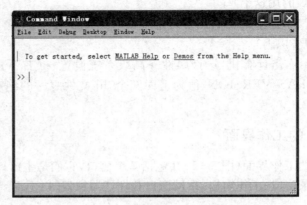

图 8 - 3

(三) 命令历史记录窗口(Command History)

命令历史记录窗口见图 8 - 4. 在默认情况下,命令历史记录窗口会保留自安装以来所有用过的命令的历史记录,并详细记录了命令使用的日期和时间,为用户提供了所使用的命令的详细查询,所有保留的命令都可以单击后执行.

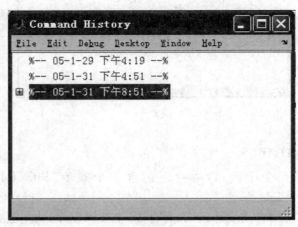

图 8 - 4

(四) 当前目录窗口(Current Directory)

当前目录窗口(图 8-5)的主要功能是显示或改变当前目录,不仅可以显示当前目录下的文件,而且还可以提供搜索. 通过上面的目录选择下拉菜单,用户可以轻松地选择已经访问过的目录. 单击右侧的按钮,可以打开路径选择对话框,在这里用户可以设置和添加路径. 也可以通过上面一行超链接来改变路径.

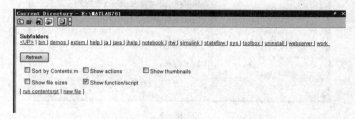

图 8-5

(五) 工作空间窗口(Workspace)

工作空间窗口(图 8-6)是 MATLAB 的一个重要组成部分. 该窗口的显示功能有显示目前内存中存放的变量名、变量存储数据的维数、变量存储的字节数、变量类型说明等. 工作空间窗口有自己的工具条,按钮的功能从左至右依次为新建变量、打开选择的变量、载入数据文件、保存、打印和删除等.

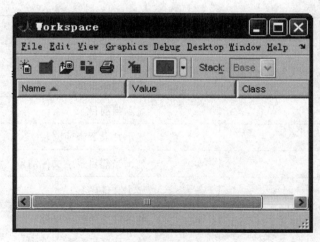

图 8-6

(六) 帮助窗口 (Help)

MATLAB 7.0 的帮助系统(图 8-7)非常强大,是该软件的信息查询、联机帮助中心. MATLAB 的帮助系统主要包括三大系统:联机帮助系统、联机演示系统、远程帮助系统和命令查询系统,用户可根据需要选择任何一个帮助系统寻求帮助.

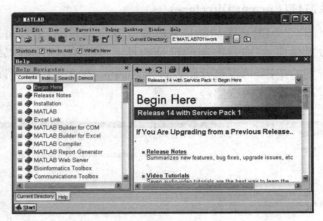

图 8-7

四、MATLAB 的基本命令与基本函数

(一) 基本的系统命令

MATLAB 基本的系统命令不多,常用的有 exit/quit,load,save,diary,type/dbtype,what/dir/ls,cd,pwd,path 等,各命令及其功能见表 8-1.

表 8-1

命　　令	功　　能
exit/quit	退出 MATLAB
cd	改变当前目录
pwd	显示当前目录
path	显示并设置当前路径
what/dir/ls	列出当前目录中文件清单
type/dbtype	显示文件内容
load	在文件中装载工作区
save	将工作区保存到文件中
diary	文本记录命令
!	后面跟操作系统命令

(二) 工作区和变量的基本命令

MATLAB 工作区和变量的基本命令及其功能见表 8-2.

表 8-2

命令或符号	功能或意义
clear	清除所有变量并恢复除 eps 外的所有预定义变量
sym/syms	定义符号变量,sym 一次只能定义一个变量,syms 一次可以定义一个或多个变量
who	显示当前内存变量列表,只显示内存变量名
whos	显示当前内存变量详细信息,包括变量名、大小、所占用二进制位数
size/length	显示矩阵或向量的大小命令
pack	重构工作区命令
format	输出格式命令
casesen	切换字母大小写命令
which+<函数名>	查询给定函数的路径
exist('变量名/函数名')	查询变量或函数,返回 0,表示查询内容不存在;返回 1,表示查询内容在当前工作空间;返回 2,表示查询内容在 MATLAB 搜索路径中的 M 文件;返回 3,表示查询内容在 MATLAB 搜索路径中的 MEX 文件;返回 4,表示查询内容在 MATLAB 搜索路径的 MDL 文件;返回 5,表示查询内容是 MATLAB 的内部函数;返回 6,表示查询内容在 MATLAB 搜索路径中的 P 文件;返回 7,表示查询内容是一个目录;返回 8,表示查询内容是一个 Java 类

(三) MATLAB 中的预定义变量

MATLAB 中有很多预定义变量,这些变量都是在 MATLAB 启动以后就已经定义好了的,它们都具有特定的意义.详细情况见表 8-3.

表 8-3

变量名	预 定 义
ans	分配最新计算的而又没有给定名称的表达式的值. 当在命令窗口中输入表达式而不赋值给任何变量时,在命令窗口中会自动创建变量 ans,并将表达式的运算结果赋给该变量. 但是变量 ans 仅保留最近一次的计算结果
eps	返回机器精度,定义了 1 与最接近可代表的浮点数之间的差. 在一些命令中也用作偏差. 可重新定义,但不能由 clear 命令恢复. MATLAB 7.0 为 2.2204e-016
realmax	返回计算机能处理的最大浮点数. MATLAB 7.0 为 1.7977e+308
realmin	返回计算机能处理的最小的非零浮点数. MATLAB 7.0 为 2.2251e-308
pi	即 π,若 eps 足够小,则用 16 位十进制数表达其精度
inf	定义为 $\frac{1}{0}$,即当分母或除数为 0 时返回 inf,不中断执行而继续运算
nan	定义为"Not a number",即未定式 $\frac{0}{0}$ 或 $\frac{\infty}{\infty}$

(续表)

变量名	预　定　义
i/j	定义为虚数单位 $\sqrt{-1}$.可以为 i 和 j 定义其他值但不再是预定义常数
nargin	给出一个函数调用过程中输入自变量的个数
nargout	给出一个函数调用过程中输出自变量的个数
computer	给出本台计算机的基本信息,如 pcwin
version	给出 MATLAB 的版本信息

(四) 算术表达式和基本数学函数

　　MATLAB 的算术表达式由字母或数字用运算符号联结而成,十进制数字有时也可以使用科学记数法来书写,如 2.71E＋3 表示 2.71×10^3,3.86E－6 表示 3.86×10^{-6}. MATLAB 的运算符有:

＋	加	－	减
＊	乘	.＊	两矩阵的点乘
/	右除(正常除法)	\	左除
^	乘方		

　　例如:a^3/b＋c 表示 $a^3 \div b + c$ 或 $\dfrac{a^3}{b} + c$,a^2\(b－c) 表示 $(b-c) \div a^2$ 或 $\dfrac{b-c}{a^2}$,A.＊B 表示矩阵 A 与 B 的点乘(条件是 A 与 B 必须具有相同的维数),即 A 与 B 的对应元素相乘. A＊B 表示矩阵 A 与 B 的正常乘法(条件是 A 的列数必须等于 B 的行数).

　　MATLAB 的关系运算符有六个:

＜	小于	＜＝	小于等于
＞	大于	＞＝	大于等于
＝＝	等于	～＝	不等于

　　例如:(a＋b)＞＝3 表示 $a + b \geqslant 3$,a～＝2 表示 $a \neq 2$.

　　MATLAB 的数学函数很多,可以说涵盖了几乎所有的数学领域. 表 8－4 列出的仅是最简单、最常用的.

表 8－4

函数	数学含义	函数	数学含义
abs(x)	求 x 的绝对值,即 $\lvert x \rvert$,若 x 是复数,即求 x 的模	csc(x)	求 x 的余割函数,x 为弧度
sign(x)	求 x 的符号,x 为正得 1,x 为负得 －1,x 为零得 0	asin(x)	求 x 的反正弦函数,即 $\arcsin x$
sqrt(x)	求 x 的平方根,即 $\sqrt{x}$	acos(x)	求 x 的反余弦函数,$\arccos x$

（续表）

函数	数学含义	函数	数学含义
exp(x)	求 x 的指数函数,即 e^x	atan(x)	求 x 的反正切函数,$\arctan x$
log(x)	求 x 的自然对数,即 $\ln x$	acot(x)	求 x 的反余切函数,$\operatorname{arccot} x$
log10(x)	求 x 的常用对数,即 $\lg x$	asec(x)	求 x 的反正割函数,$\operatorname{arcsec} x$
log2(x)	求 x 的以 2 为底的对数,即 $\log_2 x$	acsc(x)	求 x 的反余割函数,$\operatorname{arccsc} x$
sin(x)	求 x 的正弦函数,x 为弧度	round(x)	求最接近 x 的整数
cos(x)	求 x 的余弦函数,x 为弧度	rem(x,y)	求整除 x/y 的余数
tan(x)	求 x 的正切函数,x 为弧度	real(z)	求复数 z 的实部
cot(x)	求 x 的余切函数,x 为弧度	imag(z)	求复数 z 的虚部
sec(x)	求 x 的正割函数,x 为弧度	conj(z)	求复数 z 的共轭,即求 $\bar{z}$

（五）数值的输出格式

在 MATLAB 中,数值的屏幕输出通常以不带小数的整数格式或带 4 位小数的浮点格式输出结果. 如果输出结果中所有数值都是整数,则以整数格式输出;如果结果中有一个或多个元素是非整数,则以浮点数格式输出结果. MATLAB 的运算总是以所能达到的最高精度计算,输出格式不会影响计算的精度,对于 P4 及以上配置的 PC 机计算精度一般为 32 位小数. 使用命令 format 可以改变屏幕输出的格式,也可以通过命令窗口的下拉菜单来改变. 有关 format 命令格式及其他有关的屏幕输出命令列于表 8-5.

表 8-5

命令及格式	说　　明
format shot	以 4 位小数的浮点格式输出
format long	以 14 位小数的浮点格式输出
format short e	以 4 位小数加 e+000 的浮点格式输出
format long e	以 15 位小数加 e+000 的浮点格式输出
format hex	以 16 进制格式输出
format ＋	提取数值的符号
format bank	以银行格式输出,即只保留 2 位小数
format rat	以有理数格式输出
more on/off	屏幕显示控制. more on 表示满屏停止,等待键盘输入;more off 表示不考虑窗口一次性输出
more(n)	如果输出多于 n 行,则只显示 n 行

(六) 取整命令及相关命令

MATLAB 中有多种取整命令,连同相关命令列于表 8-6.

表 8-6

命令及格式	说　　明
round(x)	求最接近 x 的整数. 如果 x 是向量,用于所有分量
fix(x)	求最接近 0 的 x 的整数
floor(x)	求小于或等于 x 的最接近的整数
ceil(x)	求大于或等于 x 的最接近的整数
rem(x, y)	求整除 x/y 的余数
gcd(x, y)	求整数 x 和 y 的最大公因子
[g, c, d]=gcd(x, y)	求 g, c, d 使之满足 $g=xc+yd$
lcm(x, y)	求正整数 x 和 y 的最小公倍数
[t, n]=rat(x)	求由有理数 t/n 确定的 x 的近似值. 这里 t 和 n 都是整数,相对误差小于 10^{-6}
[t, n]=rat(x, tol)	求由有理数 t/n 确定的 x 的近似值. 这里 t 和 n 都是整数,相对误差小于 tol
rat(x)	求 x 的连续的分数表达式
rat(x, tol)	求带相对误差 tol 的 x 的连续的分数表达式

例 8-1　采用不同的命令求常数 3.9801 的整数.

```
>>  x=3.9801;           %输入 x 的数值
>>  round(x)            %使用 round 函数
ans =
    4
>>  fix(x)              %使用 fix 函数
ans =
    3
>>  floor(x)            %使用 floor 函数
ans =
    3
>>  ceil(x)             %使用 ceil 函数
ans =
    4
```

例 8-2　$x=36$,$y=4$,求 x,y 的最大公因子和最小公倍数.

```
>> x＝36;y＝4;                    %输入数值 x, y
>> rem(x,y)                      %求 x/y 整除后的余数
ans ＝
    0
>> gcd(x,y)                      %求 x, y 的最大公因子
ans ＝
    4
>> lcm(x,y)                      %求 x, y 的最小公倍数
ans ＝
    36
```

五、基本赋值与求函数值

利用 MATLAB 可以做任何简单运算和复杂运算,可以直接进行算术运算,也可以利用 MATLAB 定义的函数进行运算;可以进行向量运算,也可以进行矩阵或张量运算. 这里只介绍最简单的算术运算、基本的赋值与运算.

(一) 简单数学计算

例 8－3　求 $3721+\dfrac{7\,428}{24}$, $|-27|$, $\sin 29$ 的值.

```
>> 3721＋7428/24
   ans ＝
     4.0305e＋003
>> abs(－27)                     %求－27 的绝对值
ans ＝
    27
>> sin(29)                       %求 29 的正弦值
ans ＝
   －0.6636
```

在同一行上可以有多条命令,中间必须用逗号分开.

例 8－4　求 3^4, $6^3(3+2)$, $\sin 29$, $\tan 35$ 的值.

```
>> 3^4,6^3*(3＋2)               %一行输入多个表达式
ans ＝
    81
ans ＝
        1080
>> sin(29), tan(35)             %一行输入多个表达式
ans ＝
   －0.6636
ans ＝
    0.4738
```

(二) 简单赋值运算与求函数值

MATLAB 中的变量用于存放所赋的值和运算结果,有全局变量与局部变量之分.一个变量如果没有被赋值,MATLAB 将结果存放到预定义变量 ans 之中.

例 8-5 求 $x=18$ 时 $y=3x^2-78$ 的值;再求 $u=x+y$, $v=x-y$ 时 $\tan\dfrac{2u}{3v}$ 的值.

```
>> x=18                    %将 18 赋值给变量 x
x =
    18
>> y=3*x^2-78              %将 3*x^2-78 赋值给变量 y
y =
    894
>> u=x+y;                  %将 x+y 赋值给变量 u
>> v=x-y;                  %将 x-y 赋值给变量 v
>> tan(2*u/3*v)            %求 tan(2*u/3*v)的值
ans =
    -2.8294
```

这里命令行尾的分号是 MATLAB 的执行赋值命令 quietly,即在屏幕上不回显信息,运算继续进行.有时当用户不需要计算机回显信息时,常在命令行结尾加上分号.

当进行符号运算时,需要预先定义符号变量方可进行运算.

例 8-6 设 $f(x)=2x^3-3x^2+\dfrac{1}{x}-2$,求 $f(3)$, $f(a)$, $f(a-b)$, $f\left(\dfrac{1}{t}\right)$.

```
>> syms a b t              %定义符号变量 a, b, t
>> x=3;                    %将 3 赋值给 x
>> fx=2*x^3-3*x^2+1/x-2    %求函数值 f(3)
fx =
    25.3333
>> x=a;                    %将 a 赋值给 x
fx=2*x^3-3*x^2+1/x-2       %求函数值 f(a)
fx =
2*a^3-3*a^2+1/a-2
>> x=a-b;                  %将 a-b 赋值给 x
>> fab=2*x^3-3*x^2+1/x-2   %求函数值 f(a-b)
fab =
2*(a-b)^3-3*(a-b)^2+1/(a-b)-2
>> x=1/t;                  %将 1/t 赋值给 x
>> ft=2*x^3-3*x^2+1/x-2    %求函数值 f(1/t)
ft =
2/t^3-3/t^2+t-2
```

(三) 矩阵的赋值

MATLAB 中最基本的数据结构是二维的矩阵. 二维的矩阵可以方便地存储和访问大量数据. 每个矩阵的单元可以是数值类型、逻辑类型、字符型或者其他任何的 MATLAB 数据类型. 无论是单个数据还是一组数据, MATLAB 均采用二维的矩阵来存储. 对于一个数据, MATLAB 用 1×1 矩阵来表示；对于一组数据, MATLAB 用 $1 \times n$ 矩阵来表示, 其中 n 是这组数据的长度. MATLAB 也支持多维的矩阵, MATLAB 中称这类数据为多维数组 (array).

在 MATLAB 中**逗号或空格**用于分隔某一行的元素, **分号**用于区分不同的行. 除了分号, 在输入矩阵时, 按 Enter 键也表示开始一新行. 输入矩阵时, 严格要求所有行有相同数量的列. 转置矩阵用"′"指代.

例 8-7 输入矩阵 $\boldsymbol{A} = \begin{pmatrix} 3 & 2 & 5 \\ 4 & 7 & 3 \\ 9 & 6 & 1 \end{pmatrix}$, 并求转置矩阵 $\boldsymbol{A}'$.

```
>> A=[3 2 5;4 7 3;9 6 1]
A =

    3    2    5
    4    7    3
    9    6    1
>> A=[3 2 5
4 7 3
9 6 1]
A =

    3    2    5
    4    7    3
    9    6    1
>> A'
ans =

    3    4    9
    2    7    6
    5    3    1
```

点 滴 积 累

MATLAB 的安装与调试与用户的计算机硬件、软件特别是操作系统有关, 安装前要了解本机硬件、熟悉操作系统后按 MATLAB 安装界面提示, 逐步安装. 其工作界面包括主窗口、命令窗口、命令历史记录窗口、当前目录窗口、工作空间窗口、帮助窗口和评述器窗口共 7 个窗口. 窗口中各有功能菜单, 需要经常操作才能逐步熟悉. 使用时逐步熟悉并记住常用系统操作命令、函数、输入输出格式、各种数学表达式的输入方法.

随堂练习8-1

1. 分别采用 round，fix，floor 和 ceil 函数求常数 53.2781 的整数.

2. 设 $x = 72$，$y = 124$，求 x，y 的最大公因子和最小公倍数.

3. 作下列数学计算：

(1) $3\,287 \times 32 - 5\,486 \div 24 + |\sin 7.5\pi|$；

(2) $21^5 + \sqrt[3]{7\,846}$；

(3) $e^2 - \ln 4\,586$；

(4) $\sin \dfrac{\pi}{12} + \cos \dfrac{\pi}{7} + \tan 4$.

4. 当 $x = 7$，$y = 21$ 时，求 $\dfrac{3^u + 27}{2^v - 1}$ 的值，其中 $u = 2x + y$，$v = x + 3y$.

5. $y = \dfrac{1-x}{1+x}$，求 $x = 2$，$x = 5$，$x = a$，$x = \dfrac{1}{a}$ 时的函数值.

6. 输入下列矩阵，并求转置矩阵：

(1) $\boldsymbol{A} = \begin{pmatrix} -2 & 1 & 3 \\ 2 & 5 & -1 \\ 3 & 7 & 6 \end{pmatrix}$；(2) $\boldsymbol{B} = \begin{pmatrix} 1 & 3 & -2 & 5 \\ 3 & 2 & 1 & 6 \\ 4 & -6 & 3 & 4 \\ 2 & 1 & 5 & 6 \end{pmatrix}$.

第二节 函 数 作 图

一、绘制二维图形

(一) 图形窗口及其操作

MATLAB 中不仅有用于输入各种命令和操作语句的命令窗口，而且有专门用于显示图形和对图形进行操作的图形窗口. 图形窗口的操作可以在命令窗口输入相应命令进行操作，也可以直接在图形窗口利用其本身所带的工具按钮、相关的菜单进行操作. 下面将介绍一些对图形窗口进行基本操作的命令和函数.

1. 图形窗口操作命令

对图形窗口的控制和操作的命令很多，这里主要介绍常用的 figure，shg，clf，clg，home，hold，subplot 等常用命令. 它们的调用格式及有关说明见表 8-7.

表 8-7

命令及函数	说 明
figure/figure(gcf)	显示当前图形窗口. 用于创建新的图形窗口，也可以用来在两个图形窗口中间进行切换
gcf/shg	显示当前图形窗口，同 figure/figure(gcf)

（续表）

命令及函数	说　　明
clf/clg	清除当前图形窗口. 如果在 hold on 状态,图形窗口内的内容将被清除. clg 与 clf 功能相同,是 MATLAB 早期版本中的清除图形窗口内图像命令
clc	清除命令窗口. 相当于命令窗口 edit 菜单下的 clear command window 选项
home	移动光标到命令窗口的左上角
hold on	保持当前图形,并允许在当前图形状态下,用同样的缩放比例加入另一个图形
hold off	释放图形窗口,将 hold on 状态下加入的新图形作为当前图形
hold	在 hold on 和 hold off 两种状态下进行切换
ishold	测试当前图形的 hold 状态. 若是 hold on 状态,则显示 1;若是 hold off 状态,则显示 0
subplot(m,n, p)/subplot (mnp)	将图形窗口分成 $m \times n$ 个窗口,并指定第 p 个子窗口为当前窗口. 子窗口的编号是从左到右、再从上到下进行编号
subplot	将图形窗口设定为单窗口模式,相当于 subplot(1, 1, 1)/subplot(111)

2. 坐标轴、刻度和图形窗口缩放的操作命令

MATLAB 中对图形窗口中的坐标轴的操作命令是 axis,坐标刻度的操作命令是 xlim,ylim,zlim 等,其使用方法见表 8-8、表 8-9.

表 8-8

调用格式	说　　明
axis（[xmin xmax ymin ymax]）	根据 x, y 的范围 [xmin xmax ymin ymax] 设置二维图形窗口中坐标轴的最大、最小值
axis（[xmin xmax ymin ymax zmin zmax]）	根据 x, y, z 的范围 [xmin xmax ymin ymax zmin zmax] 设置三维图形窗口中坐标轴的最大、最小值
axis（[xmin xmax ymin ymax zmin zmax cmin cmax]）	根据 x, y, z 的范围 [xmin xmax ymin ymax zmin zmax cmin cmax] 设置三维图形窗口中坐标轴的最大、最小值和颜色
axis auto	将当前图形窗口的坐标轴刻度设置为缺省状态
axis manual	固定坐标轴刻度,若当前图形窗口为 hold on 状态,则后面的图形将采用同样的刻度
axis tight	采用与 x 方向和 y 方向相同的坐标轴刻度,即只绘制包含数据的部分坐标
axis fill	设定坐标轴边界,用来适应数据值的范围
axis equal	设置 x 轴、y 轴为同样的刻度
axis ij	翻转 y 轴,使之正数在下,负数在上
axis xy	复位 y 轴,使之正数在上,负数在下
axis image	重新设置图形窗口的大小,与 axis equal 相同,以适应数据的范围

(续表)

调用格式	说　　明
axis square	重新设置图形窗口的大小,使窗口为正方形
axis normal	将图形窗口复位至标准大小
axis vis3d	锁定坐标轴之间的关系. 一般用于图形旋转时
axis off	不显示坐标轴及刻度
axis on	显示坐标轴及刻度
axis (v)	根据 x, y, z 的范围 v 设置坐标轴刻度,使 xmin＝v_1, xmax＝v_2, ymin＝v_3, ymax＝v_4, zmin＝v_5, zmax＝v_6. 对于对数图形,使用原数值而不使用对数值
axis(axis)	固定坐标轴刻度,即当图形窗口位于 hold on 状态下也不改变坐标轴刻度

表 8－9

函数及调用格式	说　　明
box	是否图形四周都设定坐标轴. box on 则开启该功能,box off 则关闭该功能,box 则在 box on 和 box off 之间切换
datetick(axis, format)	根据日期格式 format 格式化坐标轴上的文本. 参数 axis 可以是'x'(默认值), 'y', 'z'. help datetick 可以显示更多用法和信息
dragrect(x, step)	允许用户在屏幕上拖动矩形. help dragrect 可以显示更多的用法
xlim([xmin xmax])	设定 x 轴的最大、最小值,使 x_{min}＝xmin, x_{max}＝xmax
xlim	测定 x 轴的最大、最小值
ylim([ymin ymax])	设定 y 轴的最大、最小值,使 y_{min}＝ymin, y_{max}＝ymax
ylim	测定 y 轴的最大、最小值
zlim([zmin zmax])	设定 z 轴的最大、最小值,使 z_{min}＝zmin, z_{max}＝zmax
zlim	测定 z 轴的最大、最小值
grid on	根据图形窗口中图形的坐标形式,绘制图形窗口的网格
grid off	清除图形窗口中的网格
grid	在 grid on 和 grid off 之间切换

3. 线型、点型及颜色参数

不管是在二维绘图还是在三维绘图当中,在所有能产生线条的命令中一律用参数 S 来定义线条的线型、点型和颜色. 在绘图命令中参数 S 的输入采用字符串形式,两端加单引号. 有关线型、点型和颜色的定义见表 8－10、表 8－11、表 8－12. 例如:

plot(x, y,'-∗k')表示绘制的曲线用实线,数据点(x, y)用星号 ∗ 绘出,曲线和数据点都用黑色.

fplot('fun', lim,'-. r')表示绘制参数 fun 决定的函数在参数 lim 给定范围内的曲线,曲线用红色的点划线绘出.

当参数 S 省略时,则使用系统默认的线型和颜色绘制图形.

表 8 - 10

线型	实线（默认值）	点线	划线	点划线
定义符	—	:	——	—.

表 8 - 11

点型	实点	加号	交叉号	小圆圈	星号	菱形	上三角
定义符	•	+	x	o	*	d	∧
点型	下三角	左三角	右三角	正方形	正六角星	正五角形	
定义符	v	<	>	s	h	p	

表 8 - 12

颜色	定义符	颜色	定义符
红色	r(red)	绿色	g(green)
蓝色	b(blue)	青色	c(cyan)
品红	m(magenta)	黄色	y(yellow)
黑色	k(black)	白色	w(white)

（二）二维图形的绘制

MATLAB 具有强大的图形处理功能,不管是二维图形还是三维图形,作图方法都非常简便.绘制二维图形的函数有很多.常用的四个绘图函数的函数名、功能如表 8 - 13 所示.

表 8 - 13

函数式	操作功能
plot(X,Y)	根据 X 的定义范围绘制函数 Y 的图形.以 X 为横坐标,以 Y 为纵坐标,将有序点集 (x_i,y_i) 连成曲线.可以加确定图形线型和着色的参数
fplot('fcn', $[x_{min},x_{max}]$)	绘制由 fcn 表示的函数在区间 $[x_{min},x_{max}]$ 上的图形. fcn 可以是代表某一函数的变量,也可以是 X 和 Y 的数学表达式.中括号内最多可以是 4 个值,前两个是自变量 X 的范围,后两个是 Y 的范围.在中括号后还可以加确定图形线型和着色的参数
polar(theta, rho)	绘制极坐标函数 rho＝f(theta)的图像.其中 theta 是极角,以弧度为单位,rho 是极径
polar(theta, rho,S)	同 polar(theta, rho),参数 S 确定要绘制的曲线的线型、点型、颜色
bar(X,Y)	以 X 为横坐标绘制 Y 的条形图.X 必须是严格递增向量
legend('str1', 'str2', …)	在图的右上角加线型标注.str1 是 plot 函数中的第一对数组[x1, y1],str2 是 plot 函数中的第二对数组[x2, y2],标注的线型也取 plot 函数中相应的线型

1. 描点作图

描点作图时,首先要确定函数的定义范围,然后在这个定义范围求函数值,最后画出该函数的图形.

例8-8 画出 $y=x^2$ 在 $[0,2]$ 上的图像,操作如下:

```
>> X=[0:1/10:2];            %确定函数的定义范围 X
>> Y=X.^2;                  %在定义范围求函数值 Y,确定 Y 的范围
>> plot(X,Y)                %绘图
```

绘制出的图形见图 8-8.

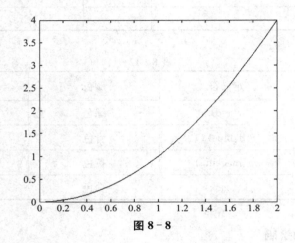

图 8-8

2. 函数作图

利用 MATLAB 自带的作图函数作二维或三维图形,既方便又快捷.

例8-9 作 $y=\sin\dfrac{1}{x}$ 在 $[-2,2]$ 上的图形,操作及结果如下:

```
>> fplot('sin(1/x)',[-2,2])
```

绘制出的图形见图 8-9.

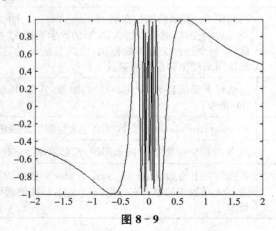

图 8-9

3. 极坐标绘图

例 8 - 10　绘制心形线 $r=2(1-\cos\theta)$ 的极坐标图形.

在命令窗口输入以下命令：

```
>> theta=[0:0.01:2*pi];            %建立数据点向量 theta
>> polar(theta, 2*(1-cos(theta)),'-k')    %绘制 r=2(1-cosθ)的极坐标图形
```

绘制的心形线如图 8 - 10 所示.

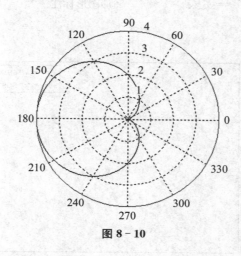

图 8 - 10

例 8 - 11　绘制 $y=\mathrm{e}^{-x^2}$ 在 $[-3,3]$ 上以 0.3 为步长各数据点的条形图. 操作如下：

```
>> X=[-3:0.3:3];        %创建向量 X,并设置数据点
>> bar(X,exp(-X.^2))    %绘制函数在各数据点的条形图
```

绘制出的图形见图 8 - 11.

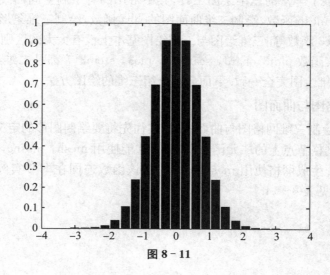

图 8 - 11

例 8-12　在同一窗口用不同的线型绘制 $y=\sin x$，$y=\cos x$ 在 $[0，2\pi]$ 上的图像，并加上标注.

在命令窗口输入如下命令：

```
>> [x, y]=fplot('sin',[0 2*pi]);      %计算[0，2π]上 sin x 的数据
>> [x1, y1]=fplot('cos',[0 2*pi]);    %计算[0，2π]上 cos x 的数据
>> plot(x, y, 'r', x1, y1, '-.k')      %绘制不同线型的两根曲线
>> legend('y=sinx', 'y=cosx')          %加图形标注
```

绘制出的图形见图 8-12.

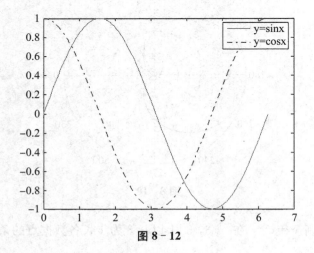

图 8-12

二、绘制三维图形

MATLAB 提供了丰富的三维绘图工具，其中常用的有绘制空间曲线的 plot3 函数，绘制三维网格图形的 mesh 函数，绘制三维曲面图的 surf 函数，绘制三维条形图的 bar3 函数和绘制三维饼图的 pie3 函数等. 三维绘图与二维绘图基本上没有太大的区别，有些参数的设置几乎完全一样. 其实函数 plot3，bar3，scatter3，pie3，stem3 等都是二维绘图函数的扩展，在参数设置上与二维绘图完全一致. 下面分别介绍三维的绘图方法.

(一)三维网格图与曲面图

MATLAB 在绘制三维网格图与曲面图时，往往先将要绘制图形的定义区域分成若干网格，然后计算这些网格节点上的二元函数值，最后才能使用 mesh，meshc，meshz 和 surf 函数绘制相应的图形. 生成网格使用 meshgrid 函数，该函数连同在本节实例中常用的正态分布函数的调用格式见表 8-14.

表 8 - 14

函数及调用格式	说　　明
$[U, V]$＝meshgrid(x, y)	利用 x 和 y 的定义范围生成网格矩阵 U 和 V,以便 mesh,surf 等函数用来绘图.其中 x,y 分别是长度为 n 和 m 升序排列的行向量.生成的方法是将 x 复制 n 次生成网格矩阵 U,将 y 转置成列向量后复制 m 次生成网格矩阵 V.坐标(u_{ij}, v_{ij})表示 xOy 平面上网格节点的坐标,第三维坐标 $z_{ij}＝f(u_{ij}, v_{ij})$
$[U, V]$＝meshgrid(x)	相当于$[U, V]$＝meshgrid(x, x),生成的网格矩阵 U,V 都是方阵
$[U, V, W]$＝meshgrid (x, y, z)	以与$[U, V]$＝meshgrid(x, y)相同的方式生成三维网格矩阵
Z＝peaks	生成一个 49 阶的正态分布的方阵
Z＝peaks(n)	生成一个 n 阶的正态分布的方阵
Z＝peaks(V)	生成一个正态分布的方阵,阶数等于预先给定的向量 V 的长度
Z＝peaks(X,Y)	由预先给定的向量 X,Y 生成正态分布的矩阵
$[X, Y, Z]$＝peaks	生成一个 49 阶的正态分布的方阵 Z,并给出相应的 X,Y 矩阵
$[X, Y, Z]$＝peaks(n)	生成一个 n 阶的正态分布的方阵 Z,并给出相应的 X,Y 矩阵
$[X, Y, Z]$＝peaks(V)	生成一个正态分布的方阵 Z,阶数等于预先给定的向量 V 的长度,并给出相应的 X,Y 矩阵

例 8 - 13　给定向量 x＝[1 2 3 4],y＝[10 11 12 13 14],试由向量 x,y 生成网格矩阵.

```
>> x=[1 2 3 4];              %输入向量 x
>> y=[10 11 12 13 14];       %输入向量 y
>> [U,V]=meshgrid(x, y)      %生成网格矩阵
U =
    1   2   3   4
    1   2   3   4
    1   2   3   4
    1   2   3   4
    1   2   3   4
V =
    10  10  10  10
    11  11  11  11
    12  12  12  12
    13  13  13  13
    14  14  14  14
```

289

例 8-14 生成一个 5 阶正态分布矩阵,并给出相应的 X,Y 向量矩阵.

```
>> [X,Y,Z]=peaks(5)
X =
    -3.0000    -1.5000        0    1.5000    3.0000
    -3.0000    -1.5000        0    1.5000    3.0000
    -3.0000    -1.5000        0    1.5000    3.0000
    -3.0000    -1.5000        0    1.5000    3.0000
    -3.0000    -1.5000        0    1.5000    3.0000

Y =
    -3.0000    -3.0000    -3.0000    -3.0000    -3.0000
    -1.5000    -1.5000    -1.5000    -1.5000    -1.5000
         0          0          0          0          0
     1.5000     1.5000     1.5000     1.5000     1.5000
     3.0000     3.0000     3.0000     3.0000     3.0000

Z =
     0.0001     0.0042    -0.2450    -0.0298    -0.0000
    -0.0005     0.3265    -5.6803    -0.4405     0.0036
    -0.0365    -2.7736     0.9810     3.2695     0.0331
    -0.0031     0.4784     7.9966     1.1853     0.0044
     0.0000     0.0312     0.2999     0.0320     0.0000
```

绘制三维网格图形或曲面图形使用的 mesh,meshc,meshz 和 surf 函数的调用格式见表 8-15.

表 8-15

函数及调用格式	说　　明
mesh(X,Y,Z,C)	在 X,Y 决定的网格区域上绘制数据 Z 的网格图.每点颜色由矩阵 C 决定,若 C 缺省,默认颜色矩阵是 C=Z
mesh(Z)	在颜色和网格区域都在系统默认的情况下绘制数据 Z 的网格图
mesh(Z, C)	在系统默认网格区域的情况下绘制数据 Z 的网格图.颜色由矩阵 C 决定
mesh(⋯,'ProName', ProVal,⋯)	绘制三维网格图,并对指定的属性设置属性值
meshc(⋯)	绘制三维网格图,并在 xOy 面绘制相应的等高线图
meshz(⋯)	绘制三维网格图,并在网格图周围绘制垂直水平面的参考平面
surf(Z)	在默认区域上绘制数据 Z 的三维曲面图.颜色默认
surf(X,Y,Z)	在 XY 确定的区域上绘制数据 Z 的三维曲面图.其中 X,Y 是向量,若 length(X)=n, length(Y)=m,则[m,n]=size(Z).颜色默认
surf(X, Y, Z, C)	同 surf(X,Y,Z),但颜色由参数矩阵 C 确定
surf(⋯,'ProName', ProVal, ⋯)	绘制三维曲面图,并对参数 ProName 指定的属性设置属性值

例 8-15　在 $-4 \leqslant x \leqslant 4，-4 \leqslant y \leqslant 4$ 上绘制 $z = x^2 + y^2$ 的三维网格图.

```
>> [x, y]=meshgrid(-4:0.125:4);      %定义网格数据向量 x, y
>> z=x.^2+y.^2;                       %计算二元函数值
>> meshc(x, y, z)                     %绘制三维网格图
```

绘制的三维网格图见图 8-13.

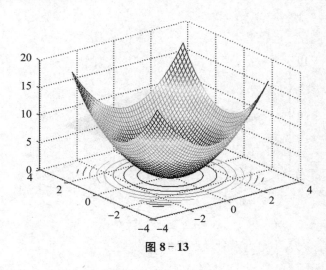

图 8-13

例 8-16　绘制正态分布函数的网格图.

```
>> [x, y]=meshgrid(-3:0.125:3);      %定义网格数据向量 x, y
>> z=peaks(x, y);                     %计算函数值
>> meshz(x, y, z)                     %绘制三维网格图
```

绘制的三维网格图见图 8-14.

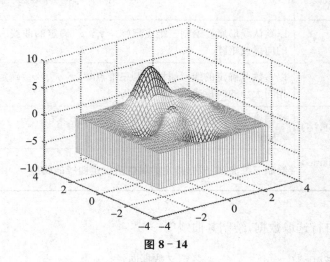

图 8-14

例 8-17 用 surf 绘制正态分布函数的曲面图.

```
>>  [x, y]＝meshgrid(－3:0.125:3);      ％定义网格数据向量 x, y
>>  z＝peaks(x, y);                      ％计算函数值
>>  surf(x, y, z)                        ％绘制三维网格图
```

绘制的三维网格图见图 8-15.

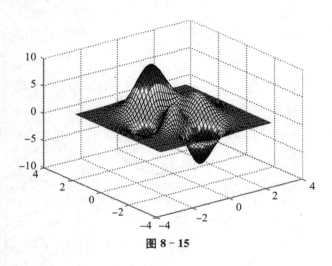

图 8-15

(二) 三维曲线图与带形图

三维曲线图的绘制使用 plot3 函数,它是二维绘图函数 plot 的扩展,由原来的二维改变为三维.它的调用格式见表 8-16.

表 8-16

函数及调用格式	说　　明
plot3(x, y, z)	以默认线形属性绘制三维点集(x_i, y_i, z_i)确定的曲线. x, y, z 为相同大小的向量或矩阵
plot3(x, y, z, S)	以参数 S 确定的线形属性绘制三维点集(x_i, y_i, z_i)确定的曲线. x, y, z 为相同大小的向量或矩阵
plot3(x1, y1, z1, S1,…)	绘制多个以参数 S_i 确定线形属性的三维点集(x_i, y_i, z_i)确定的曲线. x, y, z 为相同大小的向量或矩阵
plot3 (…, 'ProName', proval)	绘制三维曲线,根据指定的属性值设定曲线的属性

例 8-18 自行选取数据,绘制其曲线图.

```
>>  t＝[0:pi/200:10*pi];      ％定义数据向量
>>  x＝2*cos(t);              ％计算 x 坐标向量
```

```
>> y=3*sin(t);              %计算 y 坐标向量
>> z=t.^2;                  %计算 z 坐标向量
>> plot3(x, y, z)          %绘制空间曲线
```

绘制的空间曲线见图 8 - 16.

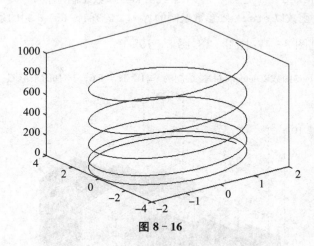

图 8 - 16

(三) 三维条形图

绘制三维条形图使用 bar3 和 bar3h 函数,bar3 用于绘制垂直的条形图,bar3h 用于绘制水平的条形图.它们的调用格式列于表 8 - 17.

表 8 - 17

函数及调用格式	说　　明
bar3(z)	绘制 z 的三维条形图.若 z 是向量,则 y 的标度范围是 1 至 length(z);若 z 是矩阵,则 y 的标度为 1 至矩阵的列数
bar3(y, z)	在参数向量 y 指定的位置绘制三维条形图.其中 y 是单调向量,z 是矩阵
bar3(⋯, width)	以参数 width 指定的宽度绘制条形图. width 的缺省值为 0.8,width 为 1 时条形相连
bar3(⋯,'style')	在参数'style'指定条件下绘制三维条形图. style 取值有'detached','grouped' 和'stacked', detached 表示在 y 方向上以分离的条形显示 z 中每一行的元素条形,该值为默认;grouped 表示在 y 方向上依次显示每一行元素的条形; stacked 表示在 y 方向上依次显示各行元素和的条形
bar3(⋯, LineSpec)	以参数 LineSpec 指定的线型要素绘制三维条形图

例 8 - 19　在各种 style 参数的条件下绘制矩阵 A=[1 2 3;4 5 6;7 8 9]的三维条形图.

```
>> z=[1 2 3;4 5 6;7 8 9];        %输入数据矩阵
```

```
>> bar3(z,'detached')              %以 detached 参数绘制条形图
>> title('bar3 函数以 detached 参数绘制的 A=[1 2 3;4 5 6;7 8 9]的条形图)
>> bar3(z,'grouped')              %以 grouped 参数绘制条形图
>> title('bar3 函数以 grouped 参数绘制的 A=[1 2 3;4 5 6;7 8 9]的条形图)
>> bar3(z,'stacked')             %以 stacked 参数绘制条形图
>> title('bar3 函数以 stacked 参数绘制的 A=[1 2 3;4 5 6;7 8 9]的条形图)
```

绘制的条形图见图 8 - 17,图 8 - 18,图 8 - 19.

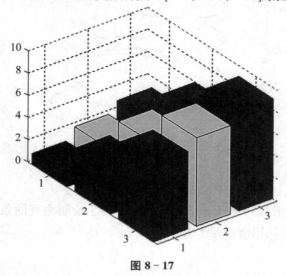

图 8 - 17

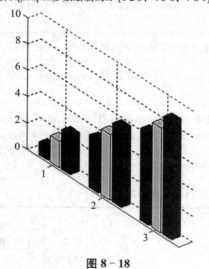

图 8 - 18

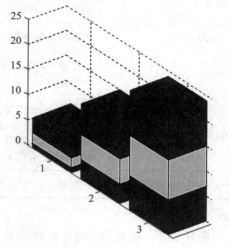

图 8 - 19

点 滴 积 累

　　MATLAB 绘制二维图形一般有两种方法,一种是描点作图,另一种是利用系统已定义的函数作图,使用 plot 或 fplot 命令绘制二维图形.

　　绘制三维图形一般先用命令 meshgrid 确定网格区域,在这个区域上用 mesh 命令绘制三维网格图,用 surf 命令绘制三维曲面图.

　　在绘图作业中,必须严格遵守命令的输入格式,严格按规定格式输入各类参数,否则系统将按错误处理,拒绝绘制图形.

随堂练习 8-2

1. 按要求作下列函数的图像:

　　(1) 用 plot 命令作 $y = x^2 + 3x - 4$, $x \in [-2, 2]$, $y = 3^x + \ln x$, $x \in [1, e]$ 的图像.

　　(2) 用 fplot 命令作 $y = \sin x$, $x \in [0, 2\pi]$; $y = \tan x$, $x \in [-\pi, \pi]$ 的图像;

　　(3) 在同一窗口用不同线型作 $y = 2^x$, $y = \log_2 x$ 的图像,并加标注;

　　(4) 在同一坐标系下给出 $y = x$, $y = x^2$, $y = x^3$, $y = \sqrt{x}$ 的图像,并加标注;

　　(5) 用 polar 命令作 $r = 2\theta$, $\theta \in [0, 2\pi]$, $r = 2\cos\theta$, $\theta \in [0, \pi]$ 的极坐标图像.

2. 绘制下列表格中所列数据的二维条形图.

X	-3	-2	-1	0	1	2	3
Y	3	2	4	6	3	2	1

3. 绘制下列函数在给定条件下的图形:

　　(1) 使用 mesh 命令绘制 $z = x^2 + y^2$, $x \in [-2, 2]$, $y \in [-3, 3]$ 的网格图.

　　(2) 使用 mesh 命令绘制 $z = \sqrt{2x^2 + 3y^2}$, $x \in [-3, 3]$, $y \in [-3, 3]$ 的网格图.

　　(3) 使用 surf 命令绘制 $x = 3y^2$, $x \in [-3, 3]$, $y \in [0, 4]$ 的曲面图.

　　(4) 使用 surf 命令绘制 $z = 3x^2 + 4y^2$, $x \in [-3, 3]$, $y \in [-3, 3]$ 的曲面图.

4. 绘制方程为 $\begin{cases} x = 3\cos t, \\ y = 3\sin t, \\ z = 2t, \end{cases}$ $t \in [0, 8\pi]$ 的空间曲线图.

5. 绘制矩阵 $\boldsymbol{A} = \begin{pmatrix} 1 & 6 & 3 \\ 2 & 4 & 1 \\ 2 & 3 & 2 \end{pmatrix}$ 的三维条形图.

第三节　微积分运算

一、函数计算

　　MATLAB 中的符号函数计算主要有复数计算、复合函数计算和反函数计算. 这些有关的符号函数的计算命令及说明列于表 8 - 18.

表 8 - 18

函数名称	功能及说明
compose(f, g)	求 f＝f(y), g＝g(x)的复合函数 f[g(x)]
compose(f, g, z)	求 f＝f(y), g＝g(x), x＝z 的复合函数 f[g(z)]
compose(f, g, x, z)	求 f＝f(x), x＝g(z)的复合函数 f[g(z)]
compose(f, g, x, y, z)	求 f＝f(x), x＝g(y), y＝z 的复合函数 f[g(z)]
g＝finverse(f)	求符号函数 f 的反函数 g
g＝finverse(f, v)	求符号函数 f 对指定自变量 v 的反函数 g

例 8 - 20 求 $f(u)＝u^3$, $u＝\sin(2x-1)$ 的复合函数.

```
>> syms x y u t          %定义符号变量
>> f=u^3;g=sin(2*x−1);   %定义符号表达式 f, g
>> compose(f, g)         %求 f, g 的复合函数
ans =
sin(2*x−1)^3
>> compose(f, g, t)      %求 f, g 的复合函数,再将自变量 x 换为 t
ans =
sin(2*t−1)^3
```

例 8 - 21 求 $e^{2x}-2$, $\dfrac{1-x}{2+x}$ 的反函数.

```
>> finverse(exp(2*x)−2)       %求 e^{2x}−2 的反函数
ans =
1/2*log(2+x)

>> finverse((1−x)/(2+x))      %求 (1−x)/(2+x) 的反函数
ans =
−(2*x−1)/(1+x)
```

二、函数的极限

函数的极限是微积分的基础,它的概念贯穿微积分的始终. 在 MATLAB 7.0 中,系统给出了多种求函数极限的运算函数,使得原本在高等数学中较为复杂的函数极限的求解变得简单容易. 现将符号函数的极限的运算函数列于表 8 - 19.

表 8 - 19

调用格式	说　　　明
limit(F, x, a)	计算当 $x \to a$ 时符号函数表达式 F 的极限值
limit(F)	按系统默认自变量 v,计算当 $v \to 0$ 时符号函数表达式 F 的极限值
limit(F, a)	按系统默认自变量 v,计算当 $v \to a$ 时符号函数表达式 F 的极限值
limit(F, x, a,'right')	计算当 $x \to a$ 时符号函数表达式 F 的右极限值
limit(F, x, a,'left')	计算当 $x \to a$ 时符号函数表达式 F 的左极限值

例 8 - 22　求极限 $\lim\limits_{x \to 1} \dfrac{x^2 - 1}{x - 1}$ 的操作过程和结果如下：

```
>> syms x a ;                    %定义符号变量x和a
>> limit((x^2−1)/(x−1), x, 1)    %求函数(x²−1)/(x−1)当x→1时的极限
ans =
2
```

例 8 - 23　求极限 $\lim\limits_{x \to 0} \dfrac{\sin x}{x}$ 和 $\lim\limits_{x \to a} \dfrac{\sin x}{x}$.

```
>> limit(sin(x)/x, x, 0)
ans =
1
>> limit(sin(x)/x, x, a)
ans =
sin(a)/a
```

例 8 - 24　求 $\arctan x$ 当 $x \to +\infty$ 和 $x \to -\infty$ 时的极限,以及 $\tan x$ 当 $x \to \dfrac{\pi}{2}$ 时的左、右极限.

```
>> syms x t y             %定义符号变量
>> f=atan(x);             %定义符号函数
>> limit(f, x, −inf)      %计算 x→−∞ 时的极限,−inf 表示负无穷大
ans =
−1/2*pi
>> limit(f, x, inf)       %计算 x→+∞ 时的极限,inf 表示正无穷大
ans =
1/2*pi
>> f=tan(x)               %定义符号函数
f =
tan(x)
>> limit(f, x, pi/2,'left')   %求 x→ π/2 时的左极限
```

297

```
ans =
Inf
>> limit(f, x, pi/2,'right')      %求 x → π/2 时的右极限

ans =
－Inf
```

例 8－25 按系统默认自变量求函数 $\dfrac{x^2-t^2}{x-y}$ 当自变量趋近于 0 和 3 时的极限值.

```
>> f＝(x^2－t^2)/(x－y);        %定义符号函数
>> limit(f)                    %求自变量趋近于 0 时的极限值
ans =
t^2/y
>> limit(f, 3)                 %求自变量趋近于 3 时的极限值
ans =
(－9＋t^2)/(－3＋y)
```

三、函数的导数

在 MATLAB 中求符号函数的导数是使用微分函数 diff 实现的,该函数的调用格式见表 8－20.

表 8－20

调用格式	说　明
diff(S, 'v')/diff(S, sym('v'))	计算符号表达式 S 对指定符号变量 v 的一阶导数
diff(S)	计算符号表达式 S 对系统默认自变量的一阶导数
diff(S, n)	计算符号表达式 S 对系统默认自变量的 n 阶导数
diff(S, 'v', n)/diff(S, n, 'v')	计算符号表达式 S 对指定符号变量 v 的 n 阶导数

例 8－26 求函数 $y=\cos(ax^2-1)$ 和 $y=\sin ax^3$ 的一阶导数的操作如下:

```
>> diff(cos(a*x^2－1),'x')
ans =
－2*sin(a*x^2－1)*a*x
>> diff(sin(a*x^3))
ans =
3*cos(a*x^3)*a*x^2
```

例 8－27 求函数 $e^x(\sqrt{x}+2^x)$ 和 $\ln\ln\ln x$ 的一阶和三阶导数.

```
>> syms x y t u v z a b      %定义符号变量
```

```
>> S=exp(x)*(sqrt(x)+2^x);        %定义符号函数
>> diff(S)                        %计算符号函数的一阶导数
ans =
exp(x)*(x^(1/2)+2^x)+exp(x)*(1/2/x^(1/2)+2^x*log(2))
>> diff(S, 3)                     %计算符号函数的三阶导数
ans =
exp(x)*(x^(1/2)+2^x)+3*exp(x)*(1/2/x^(1/2)+2^x*log(2))+3*exp(x)*(-1/4/x^
(3/2)+2^x*log(2)^2)+exp(x)*(3/8/x^(5/2)+2^x*log(2)^3)
>> S=log(log(log(x)));            %定义符号函数
>> diff(S)                        %计算符号函数的一阶导数
ans =
1/x/log(x)/log(log(x))
>> diff(S, 3)                     %计算符号函数的三阶导数
ans =
2/x^3/log(x)/log(log(x))+3/x^3/log(x)^2/log(log(x))+3/x^3/log(x)^2/log(log
(x))^2+2/x^3/log(x)^3/log(log(x))+3/x^3/log(x)^3/log(log(x))^2+2/x^3/log
(x)^3/log(log(x))^3
```

例 8 - 28　求隐函数 $x^2+y^3=3xy$ 的一阶导数.

```
>> S=x^2+y^3-3*x*y;               %定义符号表达式
>> -diff(S, x)/diff(S, y)         %由 dy/dx = -Fx/Fy 计算表达式中 y 对 x 的导数
ans =
(-2*x+3*y)/(3*y^2-3*x)
```

四、一元函数的积分

MATLAB 中对符号函数的积分是通过调用函数 int 实现的. 调用格式见表 8 - 21.

表 8 - 21

调用格式	说　　明
int(S)	对符号表达式 S 中的默认自变量求 S 的不定积分
int(S, v)	对符号表达式 S 中的指定变量 v 求 S 的不定积分
int(S, a, b)	对符号表达式 S 中的默认自变量在区间[a, b]上求 S 的定积分
int(S, v, a, b)	对符号表达式 S 中的指定自变量 v 在区间[a, b]上求 S 的定积分

例 8 - 29　计算不定积分 $\displaystyle\int \frac{2x-7}{4x^2+12x+25}\,dx$，$\displaystyle\int \frac{dx}{x^4\sqrt{1+x^2}}$，$\displaystyle\int e^{2x}\cos 3x\,dx$.

```
>> syms x y z a b               %定义符号变量
>> S=(2*x-7)/(4*x^2+12*x+25);   %定义符号表达式
```

```
>> int(S)                      %对符号表达式求不定积分
ans =
1/4*log(4*x^2+12*x+25)-5/4*atan(1/2*x+3/4)
>> S=1/(x^4*sqrt(1+x^2));      %定义符号表达式
>> int(S)                      %对符号表达式求不定积分
ans =
-1/3/x^3*(1+x^2)^(1/2)+2/3/x*(1+x^2)^(1/2)
>> S=exp(2*x)*cos(3*x)         %定义符号表达式
S =
exp(2*x)*cos(3*x)
>> int(S)                      %对符号表达式求不定积分
ans =
2/13*exp(2*x)*cos(3*x)+3/13*exp(2*x)*sin(3*x)
```

例 8-30 求定积分 $\int_0^{\frac{1}{2}} \dfrac{x^2}{\sqrt{1-x^2}}\mathrm{d}x$，$\int_0^{\frac{\pi}{2}} x\sin^2 x\,\mathrm{d}x$ 及广义积分 $\int_{-\infty}^{+\infty} \dfrac{1}{1+4x^2}\mathrm{d}x$.

```
>> syms x y z a b             %定义符号变量
>> S=x^2/sqrt(1-x^2);         %定义符号表达式
>> int(S, 0, 1/2)            %计算符号表达式在区间[0, 1/2]上的定积分
ans =
-1/8*3^(1/2)+1/12*pi
>> S=x*sin(x)^2;             %定义符号表达式
>> int(S, 0, pi/2)          %计算符号表达式在区间[0, π/2]上的定积分
ans =
1/16*pi^2+1/4
>> S=1/(1+4*x^2);           %定义符号表达式
>> int(S, -inf, inf)        %计算符号表达式在区间(-∞, +∞)上的广义积分
ans =
1/2*pi
```

五、多元函数的微积分

多元函数的求偏导数、高阶偏导数，以及重积分、线积分等使用的命令和一元函数的微积分使用的命令相同．只是在命令中的参数设置时注意是对哪一个变量求导和积分即可．

例 8-31 求二元函数 $\dfrac{2xy}{x^2+y^2}$ 的两个一阶偏导数和三个二阶偏导数．

```
>> S=2*x*y/(x^2+y^2);        %定义二元符号函数
>> dfx=diff(S, x)           %计算对 x 的一阶偏导数
dfx =
2*y/(x^2+y^2)-4*x^2*y/(x^2+y^2)^2
>> dfy=diff(S, y)           %计算对 y 的一阶偏导数
dfy =
```

2*x/(x^2＋y^2)－4*x*y^2/(x^2＋y^2)^2

```
>> d2fx＝diff(S, x, 2)          %计算对 x 的二阶偏导数
d2fx ＝
－12*y/(x^2＋y^2)^2*x＋16*x^3*y/(x^2＋y^2)^3
>> d2fxy＝diff(dfx, y)          %计算对 x, y 的二阶交叉偏导数
d2fxy ＝
2/(x^2＋y^2)－4*y^2/(x^2＋y^2)^2－4*x^2/(x^2＋y^2)^2＋16*x^2*y^2/(x^2＋y^2)^3
>> d2fy＝diff(S, y, 2)          %计算对 y 的二阶偏导数
d2fy ＝
－12*y/(x^2＋y^2)^2*x＋16*x*y^3/(x^2＋y^2)^3
>> d2fy＝diff(dfy, y)          %通过对 y 的一阶偏导数求偏导来求对 y 的二阶偏导数
d2fy ＝
－12*y/(x^2＋y^2)^2*x＋16*x*y^3/(x^2＋y^2)^3
```

例 8-32 求下列二重积分：(1) $\iint_D \dfrac{\sin x}{x} \, dx \, dy$，其中 D 是由直线 $y=x$，$y=\dfrac{x}{2}$ 及 $x=2$ 围成的区域；(2) $\iint_D \ln(x^2+y^2) \, dx \, dy$，其中 D 为：$1 \leqslant x^2+y^2 \leqslant 16$.

(1) 若先对 y 积分，则积分上下限为：$\dfrac{x}{2} \leqslant y \leqslant x$，$0 \leqslant x \leqslant 2$，分两次操作完成该二重积分.

```
>> S＝sin(x)/x;               %定义被积符号表达式
>> s1＝int(S, y, x/2, x)      %先对符号变量 y 积分
s1 ＝
1/2*sin(x)
>> int(s1, 0, 2)             %再对符号变量 x 积分
ans ＝
－1/2*cos(2)＋1/2            %最后的积分结果
```

(2) 将此二重积分化为极坐标形式：

$$\iint_D 2r \ln r \, dr \, d\theta, \quad D : 1 \leqslant r \leqslant 4, \ 0 \leqslant \theta \leqslant 2\pi.$$

```
>> syms r sita               %定义符号变量
>> S＝2*r*log(r);            %定义被积符号表达式
>> s2＝int(S, r, 1, 4)       %先对变量 r 积分
s2 ＝
32*log(2)－15/2
>> int(s2, sita, 0, 2*pi)    %再对变量 sita 积分
ans ＝
64*pi*log(2)－15*pi          %最后的积分结果
```

点 滴 积 累

求函数的极限格式:limit(函数表达式,自变量,趋近值)

求函数左右极限格式:limit(函数表达式,自变量,趋近值,'参数')

参数为'right'求右极限,参数为'left'求左极限.

求函数的导函数或偏导函数:diff(函数表达式,'自变量',阶数)

当求一元函数的一阶导数时,自变量和阶数可省略.

求函数的不定积分:int(函数表达式)

求函数的定积分:int(函数表达式,积分下限,积分上限)

求多元函数的定积分:int(函数表达式,积分变量,积分下限,积分上限)

随堂练习 8－3

1. 求下列各组函数的复合函数:

(1) $f(x)=2x^2+3$, $g(x)=\sin(3x-2)$,求 $f[g(x)]$;

(2) $f(x)=\sqrt{3x-4}$, $g(x)=\tan^2 x-1$,求 $f[g(x)]$;

(3) $f(x)=e^{x-2}$, $g(x)=\ln(x^2+1)$,求 $f[g(x)]$.

2. 求下列函数的反函数:

(1) $y=\ln^3 x+1$;
(2) $y=\dfrac{3x+2}{2-2x}$.

3. 求下列极限:

(1) $\lim\limits_{x\to 0^+}\sin x\ln x$;
(2) $\lim\limits_{x\to 0}\dfrac{\tan x-\sin x}{x^3}$;

(3) $\lim\limits_{x\to\infty}\left(\dfrac{x+2}{x+1}\right)^{3x+1}$.

4. 求下列函数的导数:

(1) $f(x)=e^x+x^3-2x^2-3$,求 $f'(x)$;
(2) $y=\dfrac{x}{x-\sqrt{a^2+x^2}}$,求 y';

(3) $y=\arctan(1-x^2)$,求 y'';
(4) $x^3+y^3=2xy$,求 y', y''.

5. 求下列积分:

(1) $\displaystyle\int x^2\ln x\,\mathrm{d}x$;
(2) $\displaystyle\int\dfrac{x^3}{\sqrt{2-x^2}}\mathrm{d}x$;

(3) $\displaystyle\int\sqrt{x^2-2x+5}\,\mathrm{d}x$;
(4) $\displaystyle\int_0^{\frac{3\pi}{4}}\sqrt{1+\cos 2x}\,\mathrm{d}x$;

(5) $\displaystyle\int_1^e x\ln\sqrt{x}\,\mathrm{d}x$;
(6) $\displaystyle\int_0^{\frac{\pi}{2}}\cos^3 x\sin x\,\mathrm{d}x$.

6. 求下列函数的偏导数:

(1) 已知 $z=\arctan\dfrac{y}{x}$,求 $\dfrac{\partial z}{\partial x}$, $\dfrac{\partial^2 z}{\partial x\partial y}$;

(2) 设 $z = x^2 \ln y$，而 $x = \dfrac{u}{v}$，$y = 3u - 2v$，求 $\dfrac{\partial z}{\partial u}$，$\dfrac{\partial z}{\partial v}$.

7. 求下列重积分：

(1) 计算二重积分 $I = \iint\limits_{D} \left(1 - \dfrac{x}{2} - 2y\right) \mathrm{d}x\mathrm{d}y$，其中 $D: -1 \leqslant x \leqslant 1,\ -2 \leqslant y \leqslant 2$；

(2) 计算 $\iint\limits_{D} \sin\sqrt{x^2 + y^2}\,\mathrm{d}x\mathrm{d}y$，$D = \{(x,\ y)\,|\,\pi^2 \leqslant x^2 + y^2 \leqslant 4\pi^2\}$.

第四节　符号方程的求解

　　MATLAB 中的符号计算可以求解线性方程(组)、代数方程、非线性符号方程(组)、常微分方程(组)，求解这些方程(组)是通过调用 solve 函数实现的，如求解代数方程的符号解调用 solve 函数的格式是 solve('eq')，solve('eq', 'v')，[x1, x2,…, xn]＝solve('eq1', 'eq2', …, 'eqn')等，求解非线性符号方程是调用优化工具箱的 fsolve 函数，调用格式有 fsolve(f, x0)，fsolve(f, x0, options)，[x, fv]＝fsolve(f, x0, options, p1, p2, …)等，而解常微分方程(组)则是调用 dsolve 函数，调用的格式有[x1, x2, …]＝dsolve('eq1, eq2, …', 'cond1, cond2, …', 'v')．现将各函数的调用格式列于表 8－22，在各个实例中说明各种格式的用法.

表 8－22

调用格式	说　　明
solve('eq')	对系统默认的符号变量求方程 eq＝0 的根
solve('eq', 'v')	对指定变量 v 求解方程 eq(v)＝0 的根
[x1, x2, …, xn]＝solve('eq1', 'eq2', …, 'eqn')	对系统默认的一组符号变量求方程组 eqi＝0(i＝1, 2, …, n)的根
[v1, v2, …, vn]＝solve('eq1', 'eq2', …, 'eqn', 'v1', 'v2', …, 'vn')	对指定的一组符号变量 v1, v2, …, vn 求方程组 eqi＝0(i＝1, 2, …, n)的根
linsolve(A, B)	求符号线性方程(组)AX＝B 的解. 相当于 X＝sym(A)\sym(B)
fsolve(f, x0)	从 x0 开始搜索 f＝0 的解
fsolve(f, x0, options)	根据指定的优化参数 options 从 x0 开始搜索 f＝0 的解
fsolve(f, x0, options, p1, p2, …)	优化参数 option 不是默认时，在 p1, p2, …条件下求 f＝0 的解. 优化参数 option 可取的值有 0(默认)和 1
[x, fv]＝fsolve(f, x0, options, p1, p2, …)	优化参数 option 为默认时，在 p1, p2, …条件下求 f＝0 的解，并输出根和目标函数值

(续表)

调用格式	说　　明
[x, fv, ex]＝fsolve(f, x0,options, p1, p2, …)	优化参数 option 为默认时,在 p1, p2,…条件下求 f＝0 的解,输出根和目标函数值,并通过 exitflag 返回函数的退出状态
[x, fv, ex, out]＝fsolve(f, x0,options, p1, p2, …)	优化参数 option 为默认时,在 p1, p2,…条件下求 f＝0 的解,并给出优化信息
[x, fv, ex, out, jac]＝fsolve(f, x0,options, p1, p2, …)	优化参数 option 为默认时,在 p1, p2,…条件下求 f＝0 的解,输出值为 x 处的 jacobian 函数
[x1, x2, …]＝dsolve('eq1, eq2, …, ', 'cond1, cond2, …,', 'v')	在初始条件为 cond1, cond2, …时求微分方程组 eq1, eq2, …对指定变量 v 的特解
[x1, x2, …]＝dsolve('eq1', 'eq2', …, 'cond1', 'cond2', …, 'v')	同[x1, x2, …]＝dsolve('eq1, eq2, …, ', 'cond1, cond2, …,', 'v')

一、代数方程的符号解

MATLAB 中求代数方程的符号解是通过调用 solve 函数实现的. 用 solve 函数求解一个代数方程时的调用格式一般是:

solve('代数方程', '未知变量')或 x＝solve('代数方程', '未知变量')

当未知变量为系统默认变量时,未知变量的输入可以省略. 当求解由 n 个代数方程组成的方程组时,调用的格式是:

[未知变量组]＝solve('代数方程组', '未知变量组')

未知变量组中的各变量之间、代数方程组的各方程之间用逗号分隔,如果各未知变量是由系统默认的,则未知变量组的输入可以省略.

例 8-33　求解高次符号方程 $x^4-3ax^2+4b=0$ 和方程 $x^3+2axy-3by^2=0$ 对 y 的解.

```
>> syms x y z a b                %定义符号变量
>> solve(x^4-3*a*x^2+4*b)        %求解高次方程
ans =
  1/2*(6*a+2*(9*a^2-16*b)^(1/2))^(1/2)
  -1/2*(6*a+2*(9*a^2-16*b)^(1/2))^(1/2)
  1/2*(6*a-2*(9*a^2-16*b)^(1/2))^(1/2)
  -1/2*(6*a-2*(9*a^2-16*b)^(1/2))^(1/2)
>> solve(x^3+2*a*x*y-3*b*y^2, y)  %对指定变量求解方程
ans =
  1/6/b*(2*a+2*(a^2+3*b*x)^(1/2))*x
  1/6/b*(2*a-2*(a^2+3*b*x)^(1/2))*x
```

例 8 - 34　求解多元高次方程组 $\begin{cases} x^3 + 2xy - 3y^2 - 2 = 0, \\ x^3 - 3xy + y^2 + 5 = 0. \end{cases}$

```
>> [x, y]=solve('x^3+2*x*y-3*y^2-2',          %求解多元高次方程组
'x^3-3*x*y+y^2+5')
x =
   1.8061893129091900210106914427639+1.1685995398225344682988775209345*i
   .51233671712308192620449202726936+1.0694475803263816285960240820218*i
  -1.2247760300322719472151834700333+.35066213508454219362158900429401*i
  -1.2247760300322719472151834700333-.35066213508454219362158900429401*i
   .51233671712308192620449202726936-1.0694475803263816285960240820218*i
   1.8061893129091900210106914427639-1.1685995398225344682988775209345*i
y =
   1.8086294126483514370835126464657+1.9432962587476317909683476452237*i
   .17307087932198664953847299268063-.78620181218420502898925154555661*i
  -.61451279197033808662198563914677-.89207785198625780793629825881329*i
  -.61451279197033808662198563914677+.89207785198625780793629825881329*i
   .17307087932198664953847299268063+.78620181218420502898925154555661*i
   1.8086294126483514370835126464657-1.9432962587476317909683476452237*i
```

例 8 - 35　求解方程组 $\begin{cases} x^2 - 2y - 4 = 0, \\ x^2 - 2xy + y - z = 0, \\ x^2 - yz + z = 0 \end{cases}$ 的解.

```
>> [x, y, z]=solve('x-2*y-4', 'x^2-2*x*y+y-z', 'x^2-y*z+z')
x =
   29/5-1/5*721^(1/2)
   29/5+1/5*721^(1/2)
y =
   9/10-1/10*721^(1/2)
   9/10+1/10*721^(1/2)
z =
   241/10-9/10*721^(1/2)
   241/10+9/10*721^(1/2)
```

例 8 - 36　求解超越方程 $x2^x - 1 = 0$ 的解.

```
>> solve('x*2^x-1')              %求解超越方程
ans =
1/log(2)*lambertw(log(2))
```

注　lambertw 是一个函数, lambertw(x) 表示方程 w * exp(w) = x 的解 w. 其数值可以在命令窗口输入该函数得到.

```
>> lambertw(log(2))
```

```
ans =
    0.4444
```

二、符号线性方程(组)的求解

符号线性方程(组)的求解与数值线性方程(组)的求解方法相同,采用矩阵左除或函数 linsolve,格式为:X＝A\B 或 X＝sym(A)\sym(B) 或 X＝linsolve(A，B).其中 A 为线性方程组的系数矩阵,B 为方程右侧的常数列矩阵.

例 8－37 求符号线性方程组 $\begin{cases} x_1+2x_2+3x_3=a, \\ -x_1+9x_2+2x_3=b, \\ 2x_1+3x_3=1 \end{cases}$ 的符号解.

```
>> A＝sym('[1 2 3；－1 9 2；2 0 3]');     %定义符号矩阵 A
>> B＝[a;b;1];                          %定义符号矩阵 B
>> x＝A\B                               %求解方程
x =
    6/13*b＋23/13－27/13*a
    3/13*b＋5/13－7/13*a
   －4/13*b－11/13＋18/13*a
```

三、常微分方程的符号解

在 MATLAB 中,用 dsolve 函数求解微分方程或微分方程组,dsolve 函数参数的输入共有三部分,微分方程、初始条件和自变量.格式是:

$$dsolve('微分方程，'初始条件，'自变量')$$

微分方程部分的输入与 MATLAB 符号表达式的输入基本相同,微分或导数的输入是用 Dy, D2y, D3y, …来表示 y 的一阶导数 $\dfrac{dy}{dx}$ 或 y'、二阶导数 $\dfrac{d^2 y}{dx^2}$ 或 y''、三阶导数 $\dfrac{d^3 y}{dx^3}$ 或 y'''…… 如果自变量是系统默认的,则自变量输入部分可省略. dsolve 函数的输出部分是该方程(组)的解列表,如果 dsolve 函数找不到解析解,则系统显示一则错误信息.

例 8－38 求微分方程 $y''-3y'+2y=0$ 在无初始条件和有初始条件 $y'|_{x=0}=1$, $y|_{x=0}=3$ 时的解.

```
>> y＝dsolve('D2y－3*Dy＋2*y'，'x')     %求微分方程的通解
y =
C1*exp(x)＋C2*exp(2*x)
>> y＝dsolve('D2y－3*Dy＋2*y'，         %求微分方程满足初始条件的特解
'Dy(0)＝1'，'y(0)＝3'，'x')
y =
5*exp(x)－2*exp(2*x)
```

例 8－39 求微分方程 $y''+2y'+5y=x\cos x$ 在无初始条件和有初始条件 $y'|_{x=0}=0$,

$y|_{x=0}=3$ 时的特解.

```
>> y=dsolve('D2y+2*Dy+5*y=xcosx','x')    %求微分方程的通解
y =
exp(-x)*sin(2*x)*C2+exp(-x)*cos(2*x)*C1+1/5*xcosx
>> y=dsolve('D2y+2*Dy+5*y=xcosx','Dy(0)=0','y(0)=3','x')
y =
exp(-x)*sin(2*x)*(-1/10*xcosx+3/2)+exp(-x)*cos(2*x)*(-1/5*xcosx+3)+1/5
*xcosx
```

例 8-40　求解微分方程组 $\begin{cases} x''+y'+3x=\cos 2t, \\ y''-4x'+3y=\sin 2t \end{cases}$ 在无初始条件和有初始条件

$\begin{cases} x'(0)=\dfrac{1}{5}, \ x(0)=0, \\ y'(0)=\dfrac{6}{5}, \ y(0)=0 \end{cases}$ 下的解.

（1）无初始条件求解

```
>> [x,y]=dsolve('D2x+Dy+3*x=cos(2*t)','D2y-4*Dx+3*y=sin(2*t)','t')
x =
1/5*cos(2*t)-1/2*C1*cos(t)+1/2*C2*sin(t)+1/2*C3*cos(3*t)-1/2*C4*sin(3*t)
y =
3/5*sin(2*t)+C1*sin(t)+C2*cos(t)+C3*sin(3*t)+C4*cos(3*t)
```

（2）有初始条件求解

```
>>
[x,y]=dsolve('D2x+Dy+3*x=cos(2*t)','D2y-4*Dx+3*y=sin(2*t)','Dx(0)=1/5','x
(0)=0','Dy(0)=6/5','y(0)=0','t')
x =
1/5*cos(2*t)-3/20*cos(t)+1/20*sin(t)-1/20*cos(3*t)+1/20*sin(3*t)
y =
3/5*sin(2*t)+3/10*sin(t)+1/10*cos(t)-1/10*sin(3*t)-1/10*cos(3*t)
```

点 滴 积 累

求解代数方程：solve('代数方程','未知变量')或 x=solve('代数方程','未知变量')

求解代数方程组：[未知变量组]=solve('代数方程组','未知变量组')

求解线性方程组：X=A\B 或 X=linsolve(A, B)

其中 A 为线性方程组的系数矩阵，B 为方程右侧的常数列矩阵.

求解微分方程：dsolve('微分方程','初始条件','自变量')

其中导数的输入方法为：$\dfrac{\mathrm{d}y}{\mathrm{d}x}$ 输入 Dy，$\dfrac{\mathrm{d}^n y}{\mathrm{d}x^n}$ 输入 Dny

初始条件的输入方法为：$y|_{x=1}=2$ 输入'y(1)=2'，$y'|_{x=1}=2$ 输入'Dy(1)=2'

随堂练习 8−4

1. 求下列高次方程的解:

    (1) $x^2 - 6x + 5 = 0$;   (2) 求方程 $x^3 - 7x^2 + 3x = 0$ 的靠近 $x = 1$ 的解;

    (3) $2x^4 + 2axy - 3 - 3y^3 = 0$ (a, x 是常数).

2. 解下列方程组:

$$\begin{cases} 2x^2 - y^2 + 2y - 4z = 0, \\ x^2 - xy + 2y^2 - y - z = 0, \\ 3x^2 - 2yz + z = 0. \end{cases}$$

3. 解下列微分方程或方程组:

    (1) $y' + 5y - 6x = 0$;   (2) $\dfrac{dy}{dx} = \dfrac{y}{x} + \tan\dfrac{y}{x}$;

    (3) $y'' - 2y' + y = xe^x$;   (4) $y'' - 9y = 3x^2$;

    (5) $\begin{cases} x' + 3x - y = 0, & x|_{t=0} = 1, \\ y' - 8x + y = 0, & y|_{t=0} = 4. \end{cases}$

第五节　线性代数计算

前面介绍了向量与矩阵的输入和求矩阵的转置矩阵. 本节主要介绍矩阵的乘、除,解线性方程组和求矩阵的特征值等运算. 现将矩阵一些基本的简单运算函数列于表 8−23.

表 8−23

函数名	功能与含义
det(A)	求方阵 A 的行列式值. 即求 $|A|$
A'	将矩阵 A 转置. 即把 A 中相应行写成相应的列
rank(A)	求矩阵 A 的秩. 即求 A 中线性无关的行数或列数
inv(A)	求方阵 A 的逆矩阵. 如果 A 是奇异矩阵或近似奇异矩阵,则给出错误信息
trace(A)	求矩阵 A 的迹. 即求 A 中对角线元素之和
eig(A)	求矩阵 A 的特征值

一、矩阵的基本运算

例 8−41　设有矩阵 A, B:

$$A = \begin{pmatrix} 1 & 3 & 5 \\ 4 & 5 & 6 \\ 5 & 6 & 7 \end{pmatrix}, \quad B = \begin{pmatrix} 2 & 4 & 6 \\ 9 & 6 & 3 \\ 4 & 3 & 7 \end{pmatrix},$$

求 $A-B$，$B-A$，$|A|$，B^{-1}，AB，BA，A/B 及它们各自的秩和 A 的迹.

具体操作如下：

```
>> A=[1 3 5;4 5 6;5 6 7];                    %输入矩阵 A
>> B=[2 4 6;9 6 3;4 3 7];                    %输入矩阵 B
>> A-B                                        %计算 A-B
ans =
   -1  -1  -1
   -5  -1   3
    1   3   0
>> B-A                                        %计算 B-A
ans =
    1   1   1
    5   1  -3
   -1  -3   0
>> det(A)                                     %计算 A 的行列式
ans =
    0
>> inv(B)                                     %计算 B 的逆矩阵
ans =
   -0.2750    0.0833    0.2000
    0.4250    0.0833   -0.4000
   -0.0250   -0.0833    0.2000
>> A*B                                        %计算矩阵乘积 AB
ans =
   49  37  50
   77  64  81
   92  77  97
>> B*A                                        %计算矩阵乘积 BA
ans =
   48  62   76
   48  75  102
   51  69   87
>> rank(A)                                    %求矩阵 A 的秩
ans =
    2
>> rank(B)                                    %求矩阵 B 的秩
ans =
    3
>> trace(A)                                   %求矩阵 A 的迹
ans =
   13
```

```
>> A/B                                    %求 A 除以 B 的商
ans =
    0.8750   -0.0833   -0.0000
    0.8750    0.2500         0
    1.0000    0.3333   -0.0000
```

二、求解线性方程组

MATLAB 中线性方程组的求解用矩阵除法计算,只要输入系数矩阵 A 和常数矩阵 B,方程组就成为矩阵方程 $AX=B$,则该矩阵方程的解为 X=A\B.

线性方程组的求解还有 LU 分解求解、QR 分解求解和 Cholesky 分解求解. LU 分解又称为三角分解,是把一个方阵 A 分解为同阶的一个下三角矩阵 L 和一个上三角矩阵 U 的乘积,$A=LU$. QR 分解又称为矩阵的正交分解,是把一个 $m \times n$ 矩阵 A 分解为一个正交矩阵 Q 与一个上三角矩阵 R 的乘积,即 $A=QR$. Cholesky 分解是把一个对称的正定的方阵 A 分解成上三角矩阵与其转置矩阵的乘积,即 $A=LL'$,这里 L 是一个上三角矩阵.

现把各种求解的方法名称、运算符或函数调用格式、数学原理列于表 8-24.

表 8-24

方法	运算符或函数格式	数学原理
运算符法	/或\	通过矩阵的除法运算求得方程组的解
LU 分解法	[L, U]=lu(A)	对方程组 $AX=B$ 的系数矩阵 A 进行 LU 分解,使得 $A=LU$. 将方程组变为 $LUX=B$,再用除法求解 X=U\(L\B)
QR 分解法	[Q, R]=qr(A)	对方程组 $AX=B$ 的系数矩阵 A 进行 QR 分解,使得 $A=QR$. 将方程组变为 $QRX=B$,再用除法求解 X=R\(Q\B)
Cholesky 分解法	R=chol(A)	对具有对称正定系数矩阵的方程组 $AX=B$ 的系数矩阵 A 进行 Cholesky 分解,使得 $A=R'R$. 将方程组变为 $R'RX=B$,再用除法求解 X=R\(R'\B)

例 8-42 求线性方程组 $\begin{cases} 2x_1+4x_2+6x_3=7, \\ 9x_1+6x_2+3x_3=9, \\ 4x_1+3x_2+7x_3=6 \end{cases}$ 的解.

由线性方程组可知:

系数矩阵为 $A=\begin{pmatrix} 2 & 4 & 6 \\ 9 & 6 & 3 \\ 4 & 3 & 7 \end{pmatrix}$,常数矩阵为 $B=\begin{pmatrix} 7 \\ 9 \\ 6 \end{pmatrix}$. 操作如下:

```
>> A=[2 4 6;9 6 3;4 3 7];                %输入系数矩阵 A
>> B=[7;9;6];                            %输入常数矩阵 B
>> X=A\B                                 %求未知矩阵 X
X =
```

```
    0.0250
    1.3250
    0.2750
```

如果系数矩阵 **A** 是非奇异方阵,也可以先用 inv 命令求出 **A** 的逆阵 NA,再用 X＝NA *
B 求出方程组的解.

```
>> NA＝inv(A)                          %求矩阵 A 的逆阵
NA ＝
   −0.2750    0.0833    0.2000
    0.4250    0.0833   −0.4000
   −0.0250   −0.0833    0.2000
>> X＝NA*B                             %求未知矩阵 X
X ＝
    0.0250
    1.3250
    0.2750
```

例 8－43　运用矩阵除法直接解线性方程组
$$\begin{cases} x_1 - 2x_2 + 3x_3 - 4x_4 = 4, \\ x_2 - x_3 + x_4 = -3, \\ x_1 + 3x_2 + x_4 = 1, \\ -7x_2 + 3x_3 + x_4 = -3. \end{cases}$$

```
>> A＝[1 −2 3 −4;0 1 −1 1;1 3 0 1;0 −7 3 1];    %输入系数矩阵 A
>> B＝[4 −3 1 −3]';                             %输入常数矩阵 B
>> x＝A\B                                        %求解方程组
x ＝
   −8.0000
    3.0000
    6.0000
    0.0000
```

例 8－44　对上例中的方程组分别利用 LU 分解和 QR 分解方法求解.

```
>> A＝[1 −2 3 −4;0 1 −1 1;1 3 0 1;0 −7 3 1];    %输入系数矩阵 A
>> B＝[4 −3 1 −3]';                             %输入常数矩阵 B
>> [L,U]＝lu(A)                                  %对系数矩阵 A 进行 LU 分解
L ＝
    1.0000         0         0         0
         0   −0.1429    0.6667    1.0000
    1.0000   −0.7143    1.0000         0
         0    1.0000         0         0
U ＝
```

```
    1.0000      -2.0000      3.0000      -4.0000
        0       -7.0000      3.0000       1.0000
        0            0      -0.8571       5.7143
        0            0           0       -2.6667
>> x=U\(L\B)                        %求解方程组
x =
     -8.0000
      3.0000
      6.0000
      0.0000
>> [Q, R]=qr(A)                     %对系数矩阵 A 进行 QR 分解
Q =
     -0.7071      0.3162      0.4216      0.4714
         0       -0.1265     -0.6957      0.7071
     -0.7071     -0.3162     -0.4216     -0.4714
         0        0.8854     -0.4006     -0.2357
R =
     -1.4142     -0.7071     -2.1213      2.1213
         0       -7.9057      3.7315     -0.8222
         0            0       0.7589     -3.2044
         0            0           0      -1.8856
>> x=R\(Q\B)                        %求解线性方程组
x =
     -8.0000
      3.0000
      6.0000
      0.0000
```

例 8 - 45 利用 Cholesky 分解法求解线性方程组 $\begin{cases} x_1 + x_2 + x_3 + x_4 = 4, \\ x_1 + 2x_2 + 3x_3 + 4x_4 = 8, \\ x_1 + 3x_2 + 6x_3 + 10x_4 = 18, \\ x_1 + 4x_2 + 10x_3 + 20x_4 = 38. \end{cases}$

```
>> A=[1 1 1 1;1 2 3 4;1 3 6 10;1 4 10 20];   %输入对称正定系数矩阵 A
>> B=[4 8 18 38]';                            %输入常数矩阵 B
>> R=chol(A)                                  %对矩阵 A 进行 Cholesky 分解
R =
     1     1     1     1
     0     1     2     3
     0     0     1     3
     0     0     0     1
>> x=R\(R'\B)                                 %求解线性方程组
```

```
x =
    2
    4
   -6
    4
```

点滴积累

求方阵 **A** 的行列式：det(A)　　　　　求矩阵 **A** 的转置矩阵：A′

求矩阵 **A** 与 **B** 的和与差：A±B　　　求矩阵 **A** 与 **B** 的积：A＊B

求方阵 **A** 的逆矩阵：inv(A)　　　　　求矩阵 **A** 的秩：rank(A)

求方阵 **A** 主对角线元素之和：trace(A)　求矩阵 **A** 的特征值：eig(A)

求解线性方程组 **AX**＝**B**：X＝A\B

线性方程组也可用矩阵分解法求解，有 LU，QR，Cholesky 等分解法．

随堂练习 8－5

1. 计算下列行列式的值：

$$(1)\ D = \begin{vmatrix} 1 & -5 & 3 & -3 \\ 2 & 0 & 1 & -1 \\ 3 & 1 & -1 & 2 \\ 4 & 1 & 3 & -1 \end{vmatrix};\qquad (2)\ D = \begin{vmatrix} 1 & 2 & 4 & 0 & 5 \\ 4 & 2 & 0 & 8 & 3 \\ 5 & 1 & 3 & 8 & 4 \\ 1 & 4 & 0 & 2 & 5 \\ 4 & 3 & 5 & 1 & 2 \end{vmatrix}.$$

2. 设 $\boldsymbol{A} = \begin{pmatrix} 4 & 3 & 1 & 2 \\ 1 & 0 & 2 & 4 \\ -3 & 2 & -1 & 5 \\ 2 & 0 & -3 & 6 \end{pmatrix}$，$\boldsymbol{B} = \begin{pmatrix} -1 & 2 & -5 & 0 \\ 3 & 2 & 0 & 1 \\ 3 & -2 & 1 & 4 \\ -5 & 6 & 2 & 4 \end{pmatrix}$.

求 $\boldsymbol{A} - \boldsymbol{B}$，$\boldsymbol{A} + \boldsymbol{B}$，$\boldsymbol{AB}$，$\boldsymbol{BA}$.

3. 设 $\boldsymbol{A} = \begin{pmatrix} 1 & 2 & 3 & 4 & 5 \\ 5 & 5 & 5 & 3 & 3 \\ 3 & 2 & 5 & 4 & 2 \\ 2 & 2 & 2 & 1 & 1 \\ 4 & 6 & 5 & 2 & 3 \end{pmatrix}$，求 $\boldsymbol{A}$ 的行列式的值、逆矩阵、秩和迹．

4. 分别用矩阵除法、LU 分解、QR 分解和 Cholesky 分解法解下列线性方程组：

$$(1)\ \begin{cases} 2x_1 + x_2 - 5x_3 + x_4 = 8, \\ x_1 - 3x_2 - 6x_4 = 9, \\ 2x_2 - x_3 + 2x_4 = -5, \\ x_1 + 4x_2 - 7x_3 + 6x_4 = 0; \end{cases} \qquad (2)\ \begin{cases} x_1 - x_2 + x_3 + 2x_4 = 0, \\ 2x_1 + x_2 - x_3 + x_4 = 0, \\ 3x_1 + 2x_2 + x_3 + 5x_4 = 5, \\ -x_1 - x_2 + x_3 + x_4 = -1. \end{cases}$$

复习题八

1. 用 plot 命令作 $y = 2x^2 + x - 1$，$x \in [-3, 3]$ 的图像.

2. 用 fplot 命令作 $y = \cos x$，$x \in [-\pi, \pi]$ 的图像.

3. 在同一窗口用不同线型作 $y = \mathrm{e}^x$，$y = \ln x$ 的图像,并加标注.

4. 绘制下列表格中所列数据的二维条形图.

X	−3	−2	−1	0	1	2	3
Y	3	5	7	10	9	6	4

5. 使用 mesh 命令绘制 $z = \sqrt{x^2 + y^2}$，$x \in [-3, 3]$，$y \in [-3, 3]$ 的网格图.

6. 使用 surf 命令绘制 $z = 3x^2 + 2y^2$，$x \in [-3, 3]$，$y \in [-3, 3]$ 的曲面图.

7. 求下列极限:

(1) $\displaystyle\lim_{x \to 1} \frac{x-1}{\sqrt{x}-1}$;

(2) $\displaystyle\lim_{x \to \frac{\pi}{4}-0} (\tan x)^{\tan 2x}$;

(3) $\displaystyle\lim_{x \to 0} \left(\frac{\sin 2x}{\sqrt{x+1}-1} + \cos x \right)$;

(4) $\displaystyle\lim_{x \to 0} \frac{2x^2 + x - 5}{3x + 1}$;

(5) $\displaystyle\lim_{x \to 0} \frac{\sqrt{1+x}-1}{x}$.

8. 求下列函数的导数:

(1) $f(x) = x^5 - 3x^2 + 1$,求 $f'(1)$ 及 $f'(2)$;

(2) $y = \arcsin \sqrt{1-x^4}$,求 y''' ;

(3) $x^2 + y^2 = \mathrm{e}^{xy}$,求 y'.

9. 求下列积分:

(1) $\displaystyle\int \mathrm{e}^{2x} \sin x \, \mathrm{d}x$;

(2) $\displaystyle\int \sin^4 4x \, \mathrm{d}x$;

(3) $\displaystyle\int \left[\frac{1}{1+x^2} - \frac{1}{(1+x)^2} \right] \arctan x \, \mathrm{d}x$;

(4) $\displaystyle\int_{\frac{1}{2}}^{1} \frac{\mathrm{d}x}{x \sqrt{2x^4 + 2x^2 + 1}}$;

(5) $\displaystyle\int_0^{+\infty} x^2 \mathrm{e}^{-x} \, \mathrm{d}x$;

(6) $\displaystyle\int_0^{\frac{1}{2}} \frac{x^3}{x^2 - 3x + 2} \, \mathrm{d}x$.

10. 求下列函数的偏导数:

(1) 已知 $z = \ln \left(1 + \dfrac{y}{x} \right)$，求 $\dfrac{\partial z}{\partial x}$，$\dfrac{\partial^2 z}{\partial x \partial y}$;

(2) 设 $z = xy\mathrm{e}^{x^2 + y^2}$,求 $\dfrac{\partial z}{\partial y}$，$\dfrac{\partial^2 z}{\partial x \partial y}$.

11. 求下列重积分:

(1) 计算 $\displaystyle\iint_D xy^2 \mathrm{d}x\mathrm{d}y$,其中 D 是抛物线 $y^2 = 2x$ 与直线 $x = \dfrac{1}{2}$ 所围闭区域;

(2) 求 $\displaystyle\iint_D (1 - x^2 - y^2) \mathrm{d}x\mathrm{d}y$,其中 D 是由 $y = x$，$y = 0$，$x^2 + y^2 = 1$ 在第一象限内所围成的区域.

12. 求下列方程的解:

(1) 求解关于 y 的方程 $2x^2 - 3y + 1 = 0$;

(2) $x^5 - 3ax^3 + 4a^2x - 2 = 0$.

13. 解下列方程组:

(1) $\begin{cases} x_1 + 2ax_2 + x_3 = 3, \\ -x_1 + x_2 + 2ax_3 = b, \\ 2x_1 + x_3 - a = 1; \end{cases}$

(2) $\begin{cases} 2x_1 - x_2 = 2\sin x_1, \\ x_1 + 3x_2 = \cos x_2. \end{cases}$

14. 解下列微分方程或方程组：

(1) $y'' + 5y' - 6y = 0$；

(2) $\dfrac{\mathrm{d}y}{\mathrm{d}x} - \dfrac{2}{x+1}y = (x+1)^3$；

(3) $y'' + 4y' + y = 0$，$y(0) = 1$，$y'(0) = 1$.

15. 解下列线性方程组：

(1) $\begin{cases} x_1 - 3x_2 - 2x_3 - x_4 = 6, \\ 3x_1 - 8x_2 + x_3 + 5x_4 = 0, \\ -2x_1 + x_2 - 4x_3 + x_4 = -12, \\ -x_1 + 4x_2 - x_3 - 3x_4 = 2; \end{cases}$

(2) $\begin{cases} 2x_1 + x_2 + x_3 = 2, \\ x_1 + 3x_2 + x_3 = 5, \\ x_1 + x_2 + 5x_3 = -7, \\ 2x_1 + 3x_2 - 3x_3 = 14; \end{cases}$

(3) $\begin{cases} x_1 + 3x_2 - 7x_3 = -8, \\ 2x_1 + 5x_2 + 4x_3 = 4, \\ -3x_1 - 7x_2 - 2x_3 = -3, \\ x_1 + 4x_2 - 12x_3 = -15. \end{cases}$

附　　表

附表 1　泊松分布 $P(\xi=k)=\dfrac{\lambda^k}{k!}e^{-\lambda}$ 的数值表

k	λ							
	0.1	0.2	0.3	0.4	0.5	0.6	0.7	0.8
0	0.904 837	0.818 781	0.740 818	0.670 320	0.606 531	0.548 812	0.496 585	0.449 329
1	0.090 484	0.163 746	0.222 245	0.268 128	0.303 265	0.329 287	0.347 610	0.359 463
2	0.004 524	0.016 375	0.033 337	0.053 626	0.075 816	0.098 786	0.121 663	0.143 785
3	0.000 151	0.001 092	0.003 334	0.007 150	0.012 636	0.019 757	0.028 388	0.038 343
4	0.000 004	0.000 055	0.000 250	0.000 715	0.001 580	0.002 964	0.004 968	0.007 669
5	—	0.000 002	0.000 015	0.000 057	0.000 158	0.000 356	0.000 696	0.001 227
6	—	—	0.000 001	0.000 004	0.000 013	0.000 036	0.000 081	0.000 164
7	—	—	—	—	0.000 001	0.000 003	0.000 008	0.000 019
8	—	—	—	—	—	—	0.000 001	0.000 002

k	λ							
	0.9	1.0	1.5	2.0	2.5	3.0	3.5	4.0
0	0.406 570	0.367 879	0.223 130	0.135 335	0.082 085	0.049 787	0.030 197	0.018 316
1	0.365 913	0.367 879	0.334 695	0.270 671	0.205 212	0.149 361	0.150 091	0.073 263
2	0.164 661	0.183 940	0.251 021	0.270 671	0.256 516	0.224 042	0.184 959	0.146 525
3	0.049 398	0.061 313	0.125 510	0.180 447	0.213 763	0.224 042	0.215 785	0.195 367
4	0.011 115	0.015 328	0.047 067	0.090 224	0.133 602	0.168 031	0.188 812	0.195 367
5	0.002 001	0.003 066	0.014 120	0.036 089	0.066 801	0.100 819	0.132 169	0.156 293
6	0.000 300	0.000 511	0.003 530	0.012 030	0.027 834	0.050 409	0.077 098	0.104 196
7	0.000 039	0.000 073	0.000 756	0.003 437	0.009 941	0.021 604	0.038 549	0.059 540
8	0.000 004	0.000 009	0.000 142	0.000 859	0.003 106	0.008 102	0.016 865	0.029 770
9	—	0.000 001	0.000 024	0.000 191	0.000 863	0.002 701	0.006 559	0.013 231
10	—	—	0.000 004	0.000 038	0.000 216	0.000 810	0.002 296	0.005 292
11	—	—	—	0.000 007	0.000 049	0.000 221	0.000 730	0.001 925
12	—	—	—	0.000 001	0.000 010	0.000 055	0.000 213	0.000 642
13	—	—	—	—	0.000 002	0.000 013	0.000 057	0.000 197
14	—	—	—	—	—	0.000 003	0.000 014	0.000 056
15	—	—	—	—	—	0.000 001	0.000 003	0.000 015
16	—	—	—	—	—	—	0.000 001	0.000 004
17	—	—	—	—	—	—	—	0.000 001

附表 2　标准正态分布表

$$\Phi(u) = \int_{-\infty}^{u} \frac{1}{\sqrt{2\pi}} e^{-\frac{u^2}{2}} \, du$$

u	0.00	0.01	0.02	0.03	0.04	0.05	0.06	0.07	0.08	0.09
0.0	0.5000	0.5040	0.5080	0.5120	0.5160	0.5199	0.5239	0.5279	0.5319	0.5359
0.1	0.5398	0.5438	0.5478	0.5517	0.5557	0.5596	0.5636	0.5675	0.5714	0.5753
0.2	0.5793	0.5832	0.5871	0.5910	0.5948	0.5987	0.6026	0.6064	0.6103	0.6141
0.3	0.6179	0.6217	0.6255	0.6293	0.6331	0.6368	0.6406	0.6443	0.6480	0.6517
0.4	0.6554	0.6591	0.6628	0.6664	0.6700	0.6736	0.6772	0.6808	0.6844	0.6879
0.5	0.6915	0.6950	0.6985	0.7019	0.7054	0.7088	0.7123	0.7157	0.7190	0.7224
0.6	0.7257	0.7291	0.7324	0.7357	0.7389	0.7422	0.7454	0.7486	0.7517	0.7549
0.7	0.7580	0.7611	0.7642	0.7673	0.7703	0.7734	0.7764	0.7794	0.7823	0.7852
0.8	0.7881	0.7910	0.7939	0.7967	0.7995	0.8023	0.8051	0.8078	0.8106	0.8133
0.9	0.8159	0.8186	0.8212	0.8238	0.8264	0.8289	0.8315	0.8340	0.8365	0.8389
1.0	0.8413	0.8438	0.8461	0.8485	0.8508	0.8531	0.8554	0.8577	0.8599	0.8621
1.1	0.8643	0.8665	0.8686	0.8708	0.8729	0.8749	0.8770	0.8790	0.8810	0.8830
1.2	0.8849	0.8869	0.8888	0.8907	0.8925	0.8944	0.8962	0.8980	0.8997	0.9015
1.3	0.9032	0.9049	0.9066	0.9082	0.9099	0.9115	0.9131	0.9147	0.9162	0.9177
1.4	0.9192	0.9207	0.9222	0.9236	0.9251	0.9265	0.9278	0.9292	0.9306	0.9319
1.5	0.9332	0.9345	0.9357	0.9370	0.9382	0.9394	0.9406	0.9418	0.9430	0.9441
1.6	0.9452	0.9463	0.9474	0.9484	0.9495	0.9505	0.9515	0.9525	0.9535	0.9545
1.7	0.9554	0.9564	0.9573	0.9582	0.9591	0.9599	0.9608	0.9616	0.9625	0.9633
1.8	0.9641	0.9648	0.9656	0.9664	0.9671	0.9678	0.9686	0.9693	0.9700	0.9706
1.9	0.9713	0.9719	0.9726	0.9732	0.9738	0.9744	0.9750	0.9756	0.9762	0.9767
2.0	0.9772	0.9778	0.9783	0.9788	0.9793	0.9798	0.9803	0.9808	0.9812	0.9817
2.1	0.9821	0.9826	0.9830	0.9834	0.9838	0.9842	0.9846	0.9850	0.9854	0.9857
2.2	0.9861	0.9864	0.9868	0.9871	0.9874	0.9878	0.9881	0.9884	0.9887	0.9890
2.3	0.9893	0.9896	0.9898	0.9901	0.9904	0.9906	0.9909	0.9911	0.9913	0.9916
2.4	0.9918	0.9920	0.9922	0.9925	0.9927	0.9929	0.9931	0.9932	0.9934	0.9936
2.5	0.9938	0.9940	0.9941	0.9943	0.9945	0.9946	0.9948	0.9949	0.9951	0.9952
2.6	0.9953	0.9955	0.9956	0.9957	0.9959	0.9960	0.9961	0.9962	0.9963	0.9964
2.7	0.9965	0.9966	0.9967	0.9968	0.9969	0.9970	0.9971	0.9972	0.9973	0.9974
2.8	0.9974	0.9975	0.9976	0.9977	0.9977	0.9978	0.9979	0.9979	0.9980	0.9981
2.9	0.9981	0.9982	0.9982	0.9983	0.9984	0.9984	0.9985	0.9985	0.9986	0.9986
u	0	0.1	0.2	0.3	0.4	0.5	0.6	0.7	0.8	0.9
3.0	0.9987	0.9990	0.9993	0.9995	0.9997	0.9998	0.9998	0.9999	0.9999	1.0000

注：(1) 本表对于 u 给出正态分布函数 $\Phi(u)$ 的值. 例如,对于 $u = 2.35$, $\Phi(u) = 0.9906$;

(2) 本表最后两行自左至右依次表示 $\Phi(3.0)$, $\Phi(3.1)$, $\cdots$, $\Phi(3.9)$ 的值.

附表 3　排列组合常用公式

1. 排列：与顺序有关

阶乘：

$$n! = n(n-1)(n-2)\cdots 2 \cdot 1.$$

排列数公式：

$$P_n^m = n(n-1)(n-2)\cdots(n-m+1), \quad P_n^n = n!.$$

2. 组合：与顺序无关

组合数公式：

$$C_n^m = \frac{n!}{m!\ (n-m)!} = \frac{n(n-1)(n-2)\cdots(n-m+1)}{m!}.$$

常用公式：(1) $C_n^m = C_n^{n-m}$;

(2) $P_n^m = C_n^m P_m^m$;

(3) $C_n^0 = C_n^n = 1$, $C_n^1 = n$;

(4) $C_n^m + C_n^{m-1} = C_{n+1}^m$.

参 考 答 案

第一章 函数与极限

随堂练习 1-1

1. (1) $\left[0, \sqrt{2}\right]$； (2) $(k\pi, (k+1)\pi)$, $k = 0, \pm 1, \pm 2, \pm 3, \cdots$；
(3) $(-\infty, -2] \bigcup [2, +\infty)$； (4) $[-1, 0) \bigcup (0, 4) \bigcup (4, +\infty)$.

2. (1) $[2k\pi, 2k\pi + \pi]$, $k = 0, \pm 1, \pm 2, \pm 3, \cdots$； (2) $[e^{-1}, 1]$；
(3) $[-1, 1]$； (4) $\left[\dfrac{1}{3}, \dfrac{2}{3}\right]$.

3. (1) $y = \sin 2x$ 由 $y = \sin u$, $u = 2x$ 复合而成；

(2) $y = \sin^3 \dfrac{x}{2}$ 由 $y = u^3$, $u = \sin v$, $v = \dfrac{x}{2}$ 复合而成；

(3) $y = \tan \sqrt{\dfrac{1+x}{1-x}}$ 由 $y = \tan u$, $u = \sqrt{v}$, $v = \dfrac{1+x}{1-x}$ 复合而成；

(4) $y = e^{\arctan(2x+1)}$ 由 $y = e^u$, $u = \arctan v$, $v = 2x+1$ 复合而成；

(5) $y = \sqrt{\sin^3(x+2)}$ 由 $y = u^{\frac{3}{2}}$, $u = \sin v$, $v = x+2$ 复合而成；

(6) $y = \cos \ln^3 \sqrt{x^2+1}$ 由 $y = \cos u$, $u = v^3$, $v = \ln \omega$, $\omega = \sqrt{\varphi}$, $\varphi = x^2+1$ 复合而成.

4. $f(x) = x^2 - x + 1$ $(x > 1)$.

5. 当 $x \geqslant 1$ 时, $f[f(x)] = f(x) = x$；
当 $3x+1 < 1$, 即 $x < 0$ 时, $f[f(x)] = f(3x+1) = 9x+4$；
当 $3x+1 \geqslant 1$ 且 $x < 1$, 即 $0 \leqslant x < 1$ 时, $f[f(x)] = f(3x+1) = 3x+1$.

6. 是. 因为 $y = |x| = \sqrt{x^2}$, 符合初等函数的定义.

随堂练习 1-2

1. (1) $\dfrac{2}{3}$； (2) 3； (3) 1； (4) $\dfrac{1}{3}$； (5) 1； (6) $-\dfrac{1}{16}$； (7) $-\dfrac{1}{2}$； (8) ∞.

2. (1) $\dfrac{1}{2}$； (2) $\dfrac{2}{\pi}$； (3) $\dfrac{1}{2}$； (4) e^{-2}； (5) e^{-2}； (6) e； (7) e^{-2}； (8) 1.

3. -7. **4.** $a = 4$, $\dfrac{1}{4}$. **5.** $a = 2$.

随堂练习 1-3

1. $a = 1$. **2.** 连续. **3.** $a = 2$.
4. (1) 间断点为 $x = 1$, 连续区间为 $(0, 1) \bigcup (1, +\infty)$； (2) 间断点为 $x = 2$, $x = 3$, 连续区间为 $(-\infty,$

2)$\bigcup (2,3) \bigcup (3,+\infty)$; (3) 间断点为 $x=1$,连续区间为$(-\infty,1] \bigcup (1,+\infty)$; (4) 间断点为 $x=0$,连续区间为$(-\infty,0) \bigcup [0,+\infty)$.

5. 略.

复习题一

一、

1. B. **2.** D. **3.** C. **4.** C. **5.** D. **6.** B.

二、

1. $2k\pi < x < 2k\pi + \pi$, $k=0,\pm 1,\pm 2,\cdots$.

2. $1-x$. **3.** 0. **4.** A. **5.** ∞, 0. **6.** 0.

三、

1. ×. **2.** ×. **3.** ×. **4.** ×. **5.** √.

四、

1. $[-2,0]$, $[-1,1]$. **2.** $f(x)=\dfrac{1}{4}(x+1)^2$. **3.** $f(x)=2-2x^2$.

4. (1) ∞; (2) 0; (3) 1; (4) $\dfrac{p+q}{2}$; (5) 0; (6) $\left(\dfrac{3}{2}\right)^{20}$.

5. (1) $\dfrac{2}{3}$; (2) 0; (3) $\dfrac{1}{2}$; (4) $\dfrac{4}{3}$; (5) $\dfrac{3}{2}$; (6) $\dfrac{3}{4}$; (7) $\begin{cases} 0, & n>m, \\ 1, & n=m, \\ \infty, & n<m; \end{cases}$ (8) $\dfrac{1}{2}$;

(9) 1; (10) $\dfrac{1}{e}$; (11) e^3; (12) $\dfrac{2}{3}$.

6. $a=-7$, $b=6$.

7. (1) $f(0)=1$; (2) $f(0)=0$; (3) $f(0)=km$.

8. $a=1$. **9.** 略.

第二章　导数与微分

随堂练习 2-1

1. (1) ×; (2) √; (3) ×; (4) ×.

2. (1) $y'=50x^{49}$; (2) $y'=-2x^{-3}$; (3) $y'=\dfrac{1}{2\sqrt{x}}$; (4) $y'=\dfrac{5}{3}x^{\frac{2}{3}}$.

3. 是;否.

随堂练习 2-2

1. (1) ×; (2) √. **2.** (1) ×; (2) ×; (3) ×.

3. 不同, $f'(x_0)$ 是点的导数值, $[f(x_0)]'=0$.

4. $\dfrac{\mathrm{d}A}{\mathrm{d}t}=2\pi r \dfrac{\mathrm{d}r}{\mathrm{d}t}$.

5. 切线方程为 $y=\dfrac{4}{3}x-\dfrac{2}{3}$;法线方程为 $y=-\dfrac{3}{4}x+\dfrac{7}{2}$.

随堂练习 2-3

1. (1) √; (2) ×. **2.** 略.

3. (1) $dy = 9x^2 dx$；　(2) $dy = 4e^{2x} dx$；　(3) $dy = a\cos ax\,dx$.

4. (1) 1.0033；　(2) 0.515.

随堂练习 2 - 4

1. (1) 罗尔中值定理是拉格朗日中值定理的特例,拉格朗日中值定理是罗尔中值定理的推广；

(2) 2 个实根,分别在区间 (1, 2), (2, 3) 内.

2. (1) 必要；　(2) $>$, $>$.　**3.** 略.

4. (1) -1；　(2) 0.

5. (1) 单调递增区间为 $(-\infty, 1)$,单调递减区间为 $(1, +\infty)$,极大值 $f(1) = 3$；

(2) 单调递增区间为 $\left(\dfrac{1}{4}, +\infty\right)$,单调递减区间为 $\left(-\infty, \dfrac{1}{4}\right)$,极小值 $f\left(\dfrac{1}{4}\right) = -\dfrac{3}{4}\sqrt[3]{\dfrac{1}{4}}$.

6. (1) 在区间 $(-\infty, 0)$ 内,函数图形是凹的；在区间 $(0, +\infty)$ 内,函数图形是凸的,拐点为 $(0, 0)$；

(2) 在区间 $(-\infty, -1)$ 和 $(0, +\infty)$ 内,函数图形是凹的；在区间 $(-1, 0)$ 内,函数图形是凸的,拐点为 $(-1, 0)$.

复习题二

一、

1. B.　**2.** A.　**3.** C.　**4.** C.　**5.** B.　**6.** D.　**7.** B.　**8.** C.

二、

1. $\dfrac{f(x) - f(0)}{x - 0}$, $\dfrac{f(1 + \Delta x) - f(1)}{\Delta x}$.

2. -2, $y = -2x + 3$, $y = \dfrac{1}{2}x + \dfrac{1}{2}$.

3. $\dfrac{1}{(x+1)^2} dx$.　**4.** $\dfrac{\sqrt{3}}{3}$.　**5.** $(1, -1)$.　**6.** $y = 1$, $x = 1$.

三、

1. (1) $y' = \dfrac{\sin x - 1}{(x + \cos x)^2}$；　(2) $y' = (\cos x + \sin x)\ln x + \dfrac{\sin x - \cos x}{x}$；　(3) $y' = \dfrac{1}{\sqrt{-x - x^2}}$；

(4) $y' = \dfrac{x + 1}{2\sqrt{x}} + \sqrt{x} - 1$；　(5) $y' = \dfrac{1}{x\ln x \cdot \ln\ln x}$；　(6) $y' = 3x^2 \cos(x^3 - 1)$；

(7) $y' = 2^x(2x + x^2\ln 2)$；　(8) $y' = \dfrac{x + y - 1}{1 - (x + y)e^y}$；　(9) $y' = -\dfrac{y}{x}$；

(10) $y' = \dfrac{(2x + 3)\sqrt[4]{x - 6}}{\sqrt[3]{x + 1}}\left[\dfrac{2}{2x + 3} + \dfrac{1}{4(x - 6)} - \dfrac{1}{3(x + 1)}\right]$；

(11) $y' = (\sin x)^{\cos x}(-\sin x\ln\sin x + \cos x\cot x)$；　(12) $y' = 15x^2 + \dfrac{2}{x^3} - 1$, $y'\big|_{x=1} = 16$.

2. (1) $y'' = 20x^3 + 24x$；　(2) $y'' = 4e^{2x}(1 + x)$, $y''\big|_{x=0} = 4$.

3. (1) $dy = 3\cot 3x\,dx$；　(2) $dy = e^x(\cos x - \sin x)dx$；　(3) $dy = -\dfrac{1}{2\sqrt{4 - x}}dx$；

(4) $dy = \dfrac{e^x}{1 + e^{2x}}dx$；　(5) $dy = \dfrac{e^{x+y} - y}{x - e^{x+y}}dx$；　(6) $dy = \dfrac{3x^2 + 2x}{6y}dx$.

4. (1) 9.995；　(2) 0.719.　**5.** $a = 2, b = -1$.

6. (1) $\dfrac{a}{b}$；　(2) 2；　(3) 0；　(4) $\dfrac{1}{2}$.

7. (1) 单调递增区间 $(-\infty, 1]$，$[3, +\infty]$，单调递减区间 $[1, 3]$，极大值 $f(1)=4$，极小值 $f(3)=0$；

 (2) 单调递增区间 $(-\infty, -1)$，$[1, +\infty]$，单调递减区间 $(-1, 1]$，极大值 $f(-1)=0$，极小值 $f(1)=$ $-3\sqrt[3]{4}$.

8. (1) 最大值 $f(-1)=5$，最小值 $f(-3)=-15$；　(2) 最大值 $f(5)=32$，最小值 $f(1)=2$.

9. (1) 凸区间 $(-\infty, -1)$，$(1, +\infty)$，凹区间 $(-1, 1)$，拐点为 $(-1, \ln 2)$，$(1, \ln 2)$；

 (2) 凸区间 $(-\infty, 0)$，凹区间 $(0, +\infty)$，拐点为 $(0, 0)$.

10. (1) $y=2$ 或 $y=\dfrac{2}{3}$；　(2) $(1, 1)$；　(3) $\dfrac{2}{\pi}$ cm/min；　(4) 3.14 cm^2；　(5) $\pi r h$；　(6) $C'=kC_0\mathrm{e}^{-kt}$；

 (7) 年龄 t 在 17 岁以下时,沙眼的患病率 y 随着年龄 t 增长而增加;沙眼的患病率 y 大约到 17 岁后又随着年龄增长而降低.

第三章　一元函数积分学

随堂练习 3-1

(1) $-\dfrac{1}{x}-\arctan x+C$.　　(2) $\tan x-x+C$.　　(3) $-\dfrac{3}{4}(5-2x)^{\frac{2}{3}}+C$.　　(4) $2\sin\sqrt{x}+C$.

(5) $2(\sqrt{x-1}-\arctan\sqrt{x-1})+C$.　　(6) $\dfrac{1}{3}(1+x^2)^{\frac{3}{2}}+C$.　　(7) $x\mathrm{e}^x+C$.

(8) $\dfrac{1}{2}(x^2+1)\arctan x-\dfrac{1}{2}x+C$.

随堂练习 3-2

1. (1) $\dfrac{3}{2}$；　(2) 2π.

2. (1) $-(1+\sqrt{1+x^2})$；　(2) $2x(1+\sqrt{1+x^4})-(1+\sqrt{1+x^2})$.

3. (1) 1；　(2) $\dfrac{1}{2}$.

4. (1) 5；　(2) $2(\mathrm{e}^{\sqrt{2}}-\mathrm{e})$；　(3) $2\mathrm{e}^2$.

随堂练习 3-3

1. (1) $\dfrac{1}{6}$；　(2) $\dfrac{1}{3}$.

2. (1) $V_x=\dfrac{\pi}{6}$，$V_y=\dfrac{\pi}{12}$；　(2) $V_x=\dfrac{2}{15}\pi$.

复习题三

一、

1. D.　**2.** C.　**3.** D.　**4.** B.　**5.** A.

二、

1. $\dfrac{a^x}{\ln a}+C$.　**2.** $\mathrm{e}^{f(x)}+C$.　**3.** 0.　**4.** π.　**5.** $a=-2$ 或 $a=4$.

三.

1. (1) $\dfrac{3^{x+2}}{\ln 3}+C$;　(2) $\dfrac{2}{5}x^{\frac{5}{2}}+\dfrac{1}{2}x^2-\dfrac{2}{3}x^{\frac{3}{2}}-x+C$;　(3) $\dfrac{3}{2}x^{\frac{2}{3}}-\dfrac{6}{5}x^{\frac{5}{3}}+\dfrac{3}{8}x^{\frac{8}{3}}+C$;

(4) $\sin x-\cos x+C$;　(5) $2\sqrt{x}-\cos x+\mathrm{e}^x+C$;　(6) $-4\cot x+C$;　(7) $\arctan x-\dfrac{1}{x}+C$;

(8) $\dfrac{1}{3}x^3-x+\arctan x+C$;　(9) $\dfrac{8}{15}x^{\frac{15}{8}}+C$;　(10) $\dfrac{2}{\ln a-\ln 3}\left(\dfrac{a}{3}\right)^x-\dfrac{5}{1-\ln 3}\left(\dfrac{\mathrm{e}}{3}\right)^x+C$.

2. (1) $\dfrac{2}{3}(x-1)^{\frac{3}{2}}+C$;　(2) $\dfrac{8}{3}\ln|3x+2|+C$;　(3) $-\dfrac{1}{36(2x^2-3)^9}+C$;

(4) $-\ln|1+\cos x|+C$;　(5) $\dfrac{x}{2}+\dfrac{1}{12}\sin 6x+C$;　(6) $-\sin\dfrac{1}{x}+C$;

(7) $\dfrac{1}{2}(\arctan x)^2+C$;　(8) $\ln(1+\mathrm{e}^x)+C$;　(9) $\ln|1+\ln x|+C$;

(10) $-2\cos\sqrt{x}+C$;　(11) $(x^3-5)^{\frac{1}{3}}+C$;　(12) $\dfrac{1}{2}\tan^2 x+\ln|\cos x|+C$;

(13) $2\arctan\sqrt{x}+C$;　(14) $\arctan\mathrm{e}^x+C$;　(15) $2\sqrt{x}-2\ln(1+\sqrt{x})+C$;

(16) $\ln\dfrac{\sqrt{1+\mathrm{e}^x}-1}{\sqrt{1+\mathrm{e}^x}+1}+C$;　(17) $\arccos\dfrac{1}{x}+C$;　(18) $2\arcsin\dfrac{x}{2}-\dfrac{x}{2}\sqrt{4-x^2}+C$;

(19) $\ln\left|x-1+\sqrt{x^2-2x-8}\right|+C$;　(20) $\dfrac{1}{6}\arctan\dfrac{3}{2}x+C$.

3. (1) $x\arcsin x+\sqrt{1-x^2}+C$;　(2) $\sin x-x\cos x+C$;　(3) $x\ln^2 x-2x\ln x+2x+C$;

(4) $\dfrac{1}{2}\mathrm{e}^{-x}(\sin x-\cos x)+C$;　(5) $\sin x\ln\sin x-\sin x+C$;　(6) $\mathrm{e}^x(x^2+1)+C$;

(7) $\dfrac{1}{3}x^3-\dfrac{3}{2}x^2+9x-27\ln|x+3|+C$;　(8) $3\ln|x-2|-2\ln|x-1|+C$;

(9) $\dfrac{1}{2}\left[\ln|x+1|+\arctan x-\dfrac{1}{2}\ln(1+x^2)\right]+C$;　(10) $\dfrac{1}{x+1}+\dfrac{1}{2}\ln|x^2-1|+C$;

(11) $\dfrac{3}{2}\ln(x^2+2x+5)-\dfrac{7}{2}\arctan\dfrac{x+1}{2}+C$;　(12) $-\sqrt{1-x^2}+\arcsin x+C$;

(13) $\sin x-\dfrac{2}{3}\sin^3 x+\dfrac{1}{5}\sin^5 x+C$;　(14) $x\left[(\arcsin x)^2-2\right]+2\sqrt{1-x^2}\arcsin x+C$;

(15) $\dfrac{1}{3}(1+x^2)^{\frac{3}{2}}-\sqrt{1+x^2}+C$;　(16) $2\ln(x+1)\sqrt{x+1}-4\sqrt{x+1}+C$;

(17) $\dfrac{1}{8}x-\dfrac{1}{32}\sin 4x+C$;　(18) $x\tan x+\ln|\cos x|-\dfrac{x^2}{2}+C$;

(19) $\ln|\sin x+\cos x|+C$;　(20) $\dfrac{1}{2}(\ln\tan x)^2+C$.

4. $\dfrac{1}{2}$.

5. (1) 0;　(2) $\dfrac{\pi a^2}{2}$;　(3) 0;　(4) $\dfrac{3}{2}$.

6. (1) $\geqslant$;　(2) $\geqslant$;　(3) $\geqslant$;　(4) $\geqslant$.

7. 设所求的积分值为 I:

(1) $2\leqslant I\leqslant 9$;　(2) $\dfrac{2}{5}\leqslant I\leqslant\dfrac{1}{2}$;　(3) $\dfrac{1}{\mathrm{e}}\leqslant I\leqslant 1$;　(4) $\dfrac{1}{2}\leqslant I\leqslant\dfrac{\sqrt{2}}{2}$.

8. (1) $\cos x^2$;　(2) $-\sqrt{1-x^2}$;　(3) $2x\mathrm{e}^{x^2}-\mathrm{e}^x-2x+1$;　(4) $\mathrm{e}^{-x}+\mathrm{e}^x$.

9. (1) $\dfrac{1}{2}$; (2) $\dfrac{1}{24}$.

10. (1) 1; (2) 2; (3) $\dfrac{\pi}{4}$; (4) e^2-e; (5) $\dfrac{\pi}{4}-\dfrac{1}{2}\ln 2$; (6) $\dfrac{1}{4}$; (7) $-\dfrac{1}{8}$;

(8) $e-\sqrt{e}$; (9) $\dfrac{1}{2}\left(1-\dfrac{1}{e}\right)$; (10) $\dfrac{\pi}{4}-\arctan e$; (11) $\pi+\dfrac{4}{3}$; (12) 当 $x<1$ 时无定义;

(13) $2\ln 2-1$; (14) $\sqrt{2}-\dfrac{2\sqrt{3}}{3}$; (15) $1-\dfrac{\pi}{4}$; (16) 1; (17) 1; (18) 1; (19) $\dfrac{1}{5}(e^\pi-2)$;

(20) $1-\dfrac{2}{e}$.

11. ~**12.** 略.

13. (1) $\dfrac{1}{2}$; (2) 发散; (3) π; (4) 发散; (5) $\dfrac{1}{2}$; (6) $\dfrac{\pi}{2}$.

14. (1) 1; (2) $\dfrac{9}{8}\pi^2+1$; (3) $\dfrac{7}{12}$; (4) $\dfrac{4}{3}$; (5) $\dfrac{4}{3}$; (6) $\dfrac{3}{2}-\ln 2$.

15. (1) $\dfrac{32}{3}\pi$; (2) $160\pi^2$; (3) $V_x=\dfrac{8}{5}\pi$, $V_y=\dfrac{1}{2}\pi$; (4) $V_x=\dfrac{64}{15}\pi$, $V_y=\dfrac{8}{3}\pi$.

16. 70.2. **17.** 182.6.

第四章 微 分 方 程

随堂练习 4-1

1. (1) 三阶; (2) 二阶; (3) 一阶; (4) 二阶.

2. (1) 不是通解也不是特解; (2) 是特解; (3) 是通解.

随堂练习 4-2

1. (1) $y=e^{Cx}$; (2) $\arcsin y=\arcsin x+C$; (3) $1+y^2=Ce^{-\frac{1}{x}}$; (4) $y=\dfrac{1}{5}x^3+\dfrac{1}{2}x^2+C$.

2. (1) $y=e^{-x}(x+C)$; (2) $y=2+Ce^{-x^2}$.

随堂练习 4-3

(1) $y=xe^{-x}+C_1x+C_2$; (2) $y=\dfrac{1}{6}x^3-\sin x+C_1x+C_2$; (3) $y=-\dfrac{C_1}{x}+C_2$;

(4) $y=-\dfrac{1}{2}x^2-x+C_1e^x+C_2$; (5) $\arcsin\dfrac{y}{\sqrt{C_1}}=\pm x+C_2$; (6) $\dfrac{1}{\sqrt{C_1}}\arctan\dfrac{y}{\sqrt{C_1}}=x+C_2$.

随堂练习 4-4

1. (1) $y=C_1e^{-3x}+C_2e^{-5x}$; (2) $y=C_1+C_2e^{-5x}$; (3) $y=(C_1+C_2x)e^{-5x}$;

(4) $y=(C_1+C_2x)e^{-\frac{3}{2}x}$; (5) $s=e^t\left(C_1\cos\dfrac{t}{2}+C_2\sin\dfrac{t}{2}\right)$; (6) $y=e^{-x}(C_1\cos 2x+C_2\sin 2x)$.

2. (1) $y^*=-x+\dfrac{1}{3}$; (2) $y^*=e^x\left(-\dfrac{1}{10}\cos 2x+\dfrac{1}{5}\sin 2x\right)$.

随堂练习 4 - 5

1. 41.43(kg). **2.** $y = \dfrac{a}{a+b}(1 - e^{-(a+b)t})$. **3.** 0.2819.

复习题四

一、

1. A. **2.** C. **3.** C. **4.** B. **5.** C.

二、

1. 通解. **2.** 二. **3.** 初始条件. **4.** $y = \dfrac{1}{6}x^3 + C_1 x + C_2$.

三、

1. (1) $y = Ce^{x^2}$;   (2) $\cos y = C\cos x$;   (3) $e^y = e^x + 1$;

     (4) $y^3 = \dfrac{3}{2}x^2 - 3\cos x + 11$;   (5) $\arctan(x+y) = x + C$;   (6) $y = 2x - 1 + Ce^{-x}$;

     (7) $y = \dfrac{x}{1+\sqrt{x}}$;   (8) $y^2 - x^2 = y^3$.

2. (1) $y = -\dfrac{1}{2}x - \dfrac{5}{4} + Ce^{2x}$;   (2) $y = \dfrac{1}{x}(\sin x - x\cos x + C)$;

     (3) $y = \dfrac{2}{3}(4 - e^{-3x})$;   (4) $y = \dfrac{1}{x}(e^x + 2e)$;   (5) $x = \dfrac{1}{2}y^2(1 + Cy)$;

     (6) $x = -\dfrac{1}{2}(\sin y + \cos y) + Ce^y$;   (7) $\dfrac{1}{y} = e^{\sin x}(-x + C)$.

3. (1) $y = \dfrac{1}{8}e^{2x} + \sin x + C_1 x^2 + C_2 x + C_3$;   (2) $y = xe^x - 3e^x + C_1 x^2 + C_2 x + C_3$;

     (3) $y = C_1 e^x + C_2$;   (4) $y = C_1 \cos ax + C_2 \sin ax$;

4. (1) $y = (C_1 + C_2 x)e^{3x}$;   (2) $y = C_1 e^x + C_2 e^{3x}$;   (3) $y = e^{2x}(C_1 \cos x + C_2 \sin x)$;

     (4) $s = C_1 e^{-2t} + C_2 e^t$;   (5) $y = e^{3x}$;   (6) $y = (2 + 4x)e^{\frac{x}{2}}$.

5. $y = k\ln|x| + 2$.   **6.** $P = P_1 + (P_0 - P_1)e^{-kt}$.   **7.** $T = 20 + 80e^{-\frac{\ln 2}{20}t}$, 60 h.

第五章　多元函数微积分

随堂练习 5 - 1

1. 略.   **2.** 分别是第Ⅷ、Ⅵ、Ⅲ卦限.   **3.** $5\sqrt{2}$, $\sqrt{34}$, $\sqrt{41}$, 5.
4. $B(6, 2, 7)$ 或 $B(6, 2, -5)$.   **5.** $A(-1, -4, 3)$.

随堂练习 5 - 2

1. (1) $v = \dfrac{1}{3}\pi y(x^2 - y^2)$;   (2) $l = 2r\sin\dfrac{\alpha}{2}$.

2. $f(1, 0) = 1$, $f(tx, ty) = t^2(x^2 - 2xy + 3y^2)$, $\dfrac{f(x+h, y) - f(x, y)}{h} = 2x - 2y + h$.

3. (1) $D = \{(x, y) \mid y < x \text{ 且 } y > -x\}$;   (2) $D = \left\{(x, y) \,\middle|\, \dfrac{x^2}{25} + \dfrac{y^2}{16} \leqslant 1\right\}$;

(3) $D = \left\{ (x, y) \,\middle|\, \left|\dfrac{y}{x}\right| \leqslant 1 \text{ 且 } x \neq 0 \right\}$； (4) $D = \{ (x, y) \mid x \geqslant 0 \text{ 且 } 0 \leqslant y \leqslant x^2 \}$；

(5) $D = \{ (x, y) \mid y^2 - 4x + 8 > 0 \}$； (6) $D = \{ (x, y) \mid y > x \geqslant 0 \text{ 且 } x^2 + y^2 < 1 \}$.

4. (1) 直线 $x = y$； (2) 点 $(0, 0)$； (3) $x = k\pi$ 及 $y = k\pi$ $(k \in \mathbb{Z})$.

5. (1) 4； (2) $\dfrac{\pi}{6}$； (3) 2； (4) $-\dfrac{1}{4}$.

6. 略.

随堂练习 5－3

1. (1) $z_x = 2xy - y^2$, $z_y = x^2 - 2xy$； (2) $z_x = \dfrac{1}{\sqrt{x^2 + y^2}}$, $z_y = \dfrac{y}{\sqrt{x^2 + y^2}\,(x + \sqrt{x^2 + y^2})}$；

(3) $z_x = 2x\,\mathrm{e}^{x^2 - y^2}$, $z_y = -2y\,\mathrm{e}^{x^2 - y^2}$； (4) $z_x = \dfrac{-y}{x^2 + y^2}$, $z_y = \dfrac{x}{x^2 + y^2}$；

(5) $z_x = -\dfrac{2x}{y}\sin x^2$, $z_y = -\dfrac{1}{y^2}\cos x^2$； (6) $z_x = y\sec(xy)\tan(xy)$, $z_y = x\sec(xy)\tan(xy)$；

(7) $z_x = \mathrm{e}^{2x}[2\sin(x - y) + \cos(x - y)]$, $z_y = -\mathrm{e}^{2x}\cos(x - y)$；

(8) $u_x = 2x\,2^{x^2 + y^2 + z^2}\ln 2$, $u_y = 2y\,2^{x^2 + y^2 + z^2}\ln 2$； $u_z = 2z\,2^{x^2 + y^2 + z^2}\ln 2$.

2. (1) $f_x(1, 0) = 1$, $f_y(1, 1) = \dfrac{1}{3}$； (2) $f_x(2\sqrt{2}, 3) = -1$, $f_y(2\sqrt{2}, 3) = -\dfrac{3\sqrt{2}}{4}$.

3. $\arctan\dfrac{\sqrt{2}}{2}$, $\dfrac{\pi}{4}$. **4.** 略.

5. (1) $z_{xx} = \dfrac{4y}{(x - y)^3}$, $z_{xy} = z_{yx} = -\dfrac{2(x + y)}{(x - y)^3}$, $z_{yy} = \dfrac{4x}{(x - y)^3}$；

(2) $z_{xx} = \mathrm{e}^{x + 2y}$, $z_{xy} = z_{yx} = 2\mathrm{e}^{x + 2y}$, $z_{yy} = 4\mathrm{e}^{x + 2y}$；

(3) $z_{xx} = \dfrac{2(y - x^2)}{(x^2 + y)^2}$, $z_{xy} = z_{yx} = \dfrac{-2x}{(x^2 + y)^2}$, $z_{yy} = -\dfrac{1}{(x^2 + y)^2}$.

6. $f_{xx}(0, 0, 1) = 2$, $f_{xz}(1, 0, 2) = 2$, $f_{yz}(0, -1, 0) = 0$, $f_{zx}(2, 0, 1) = 4$.

7. 略. **8.** 12.91, 12.8. **9.** $\mathrm{d}z\Big|_{\substack{x=1 \\ y=2}} = 4\mathrm{d}x + \mathrm{d}y$.

10. (1) $\mathrm{d}z = \sin 2x\,\mathrm{d}x - \sin 2y\,\mathrm{d}y$； (2) $\mathrm{d}z = \left(y^2 + \dfrac{1}{y}\right)\mathrm{d}x + \left(2xy - \dfrac{x}{y^2}\right)\mathrm{d}y$；

(3) $\mathrm{d}z = y\mathrm{e}^{xy}\mathrm{d}x + x\mathrm{e}^{xy}\mathrm{d}y$； (4) $\mathrm{d}z = \dfrac{2xy}{x^4 + y^2}\mathrm{d}x - \dfrac{x^2}{x^4 + y^2}\mathrm{d}y$； (5) $\mathrm{d}z = \dfrac{x}{x^2 + y^2}\mathrm{d}x + \dfrac{y}{x^2 + y^2}\mathrm{d}y$；

(6) $\mathrm{d}z = 2x\sec y\,\mathrm{d}x + x^2\sec y\tan y\,\mathrm{d}y$；

(7) $\mathrm{d}z = \mathrm{e}^{x + y}\cos y(\sin x + \cos x)\mathrm{d}x + \mathrm{e}^{x + y}\sin x(\cos y - \sin y)\mathrm{d}y$；

(8) $\mathrm{d}u = 2^{xyz}\ln 2(yz\,\mathrm{d}x + xz\,\mathrm{d}y + xy\,\mathrm{d}z)$.

随堂练习 5－4

1. (1) $\dfrac{\partial z}{\partial x} = \mathrm{e}^{x^3 - y^3}[2x + 3(x^2 + y^2)x^2]$, $\dfrac{\partial z}{\partial y} = \mathrm{e}^{x^3 - y^3}[2y - 3(x^2 + y^2)y^2]$；

(2) $\dfrac{\partial z}{\partial x} = \dfrac{y^2}{x^2}\left[\dfrac{1}{x - y} - \dfrac{2\ln(x - y)}{x}\right]$, $\dfrac{\partial z}{\partial y} = \dfrac{y}{x^2}\left[2\ln(x - y) - \dfrac{y}{x - y}\right]$； (3) $\dfrac{\mathrm{d}z}{\mathrm{d}t} = \cos 2t$；

(4) $\dfrac{\mathrm{d}z}{\mathrm{d}t} = \dfrac{\mathrm{e}^t(1 + \mathrm{e}^{2t})}{(1 - \mathrm{e}^{2t})^2}$； (5) $\dfrac{\partial f}{\partial x} = \dfrac{1}{\sqrt{1 - (x + \sin x)^2}}$, $\dfrac{\mathrm{d}z}{\mathrm{d}x} = \dfrac{1 + \cos x}{\sqrt{1 - (x + \sin x)^2}}$；

(6) $\dfrac{\partial u}{\partial s} = -\sin(x + y^2 + z^3)[rt + 2y + 3z^2(r+t)]$，其中 $x = rst$，$y = r + s + t$，$z = rs + st + rt$.

2. (1) $\dfrac{\mathrm{d}y}{\mathrm{d}x} = \dfrac{\mathrm{e}^x + 2xy^2}{-\cos y - 2x^2 y}$； (2) $\dfrac{\mathrm{d}y}{\mathrm{d}x} = \dfrac{y^2}{1 - xy}(xy \neq 1)$；

(3) $\dfrac{\mathrm{d}y}{\mathrm{d}x} = \dfrac{2x + y}{x - 2y}(x \neq 2y)$； (4) $\dfrac{\mathrm{d}y}{\mathrm{d}x} = -\dfrac{y}{x}$ $(x \neq 0)$.

3. (1) $\dfrac{\partial z}{\partial x} = \dfrac{yz}{z^2 - xy}$，$\dfrac{\partial z}{\partial y} = \dfrac{xz}{z^2 - xy}$ $(z^2 \neq xy)$；

(2) $\dfrac{\partial z}{\partial x} = \dfrac{y^2 z^3}{\mathrm{e}^z - 3xy^2 z^2}$，$\dfrac{\partial z}{\partial y} = \dfrac{2xyz^3}{\mathrm{e}^z - 3xy^2 z^2}$ $(\mathrm{e}^z \neq 3xy^2 z^2)$；

(3) $\dfrac{\partial z}{\partial x} = \dfrac{-z^x \ln z}{xz^{x-1} - y^z \ln y}$，$\dfrac{\partial z}{\partial y} = \dfrac{zy^{z-1}}{xz^{x-1} - y^z \ln y}$ $(xz^{x-1} \neq y^z \ln y)$.

随堂练习 5 – 5

1. (1) 极大值 $f(2, -2) = 8$； (2) 极小值 $f(-1, 1) = 0$； (3) 极小值 $f(0, 0, 0) = 0$.

2. (1) $\left(\dfrac{1}{2}, \dfrac{1}{2}\right)$； (2) $\left(\pm\dfrac{\sqrt{5}}{5}, \mp\dfrac{2\sqrt{5}}{5}\right)$； (3) $(3, 3, 3)$.

3. 三数都为 $\dfrac{A}{3}$. **4.** $(1, 2)$.

5. 高为 $\dfrac{\sqrt[3]{2v}}{2}$、底是边长为 $\sqrt[3]{2v}$ 的正方形的矩形水池. **6.** 底为 6，高为 3.

随堂练习 5 – 6

1. (1) $\dfrac{5}{6}$； (2) -2； (3) $\dfrac{8}{15}$； (4) $\dfrac{27}{4}$； (5) $\dfrac{1}{12}$； (6) $\dfrac{15}{4}$； (7) $\dfrac{23}{6}$； (8) 27.

2. $\dfrac{1}{3}$. **3.** (1) $\dfrac{15 - 16\ln 2}{2}$； (2) $\sqrt{2} - 1$. **4.** $\left(\dfrac{a}{3}, \dfrac{a}{3}\right)$.

复习题五

一、

1. B. **2.** C. **3.** C. **4.** B. **5.** B.

二、

1. (1) $\dfrac{\partial z}{\partial x} = \mathrm{e}^{xy}[y\sin(x+y) + \cos(x+y)]$，$\dfrac{\partial z}{\partial y} = \mathrm{e}^{xy}[x\sin(x+y) + \cos(x+y)]$；

(2) $\dfrac{\mathrm{d}z}{\mathrm{d}t} = \mathrm{e}^t - \sin t$.

2. (1) 1； (2) $\dfrac{11}{2}$. **3.** 2. **4.** $\dfrac{12\sqrt{5}}{5}$，$\dfrac{50}{3\pi} - \dfrac{9\sqrt{5}}{5}$.

5. (1) $\displaystyle\int_0^1 \mathrm{d}x \int_{\frac{1}{2}x}^{2x} f(x, y)\mathrm{d}y + \int_1^2 \mathrm{d}x \int_{\frac{1}{2}x}^{\frac{2}{x}} f(x, y)\mathrm{d}y = \int_0^1 \mathrm{d}y \int_{\frac{1}{2}y}^{2y} f(x, y)\mathrm{d}x + \int_1^2 \mathrm{d}y \int_{\frac{1}{2}y}^{\frac{2}{y}} f(x, y)\mathrm{d}x$；

(2) $\displaystyle\int_0^2 \mathrm{d}y \int_{\frac{1}{2}y^2}^{\sqrt{8-y^2}} f(x, y)\mathrm{d}x = \int_0^2 \mathrm{d}x \int_0^{\sqrt{2x}} f(x, y)\mathrm{d}y + \int_2^{2\sqrt{2}} \mathrm{d}x \int_0^{\sqrt{8-x^2}} f(x, y)\mathrm{d}y$；

(3) $\displaystyle\int_0^1 \mathrm{d}y \int_{-y}^{\sqrt{2y-y^2}} f(x, y)\mathrm{d}x = \int_{-1}^0 \mathrm{d}x \int_{-x}^1 f(x, y)\mathrm{d}y + \int_0^1 \mathrm{d}x \int_{1-\sqrt{1-x^2}}^1 f(x, y)\mathrm{d}y$.

6. (1) $\dfrac{1}{2}\mathrm{e}^2 - \mathrm{e}$； (2) $\dfrac{5}{27}$.

第六章　线性代数初步

随堂练习 6－1

1. (1)14；　(2) 804；　(3) 61；　(4) 143；　(5) $2abc$；　(6) 210；　(7) ab　(8) -11；
(9) $(x+y+z)(y+z-x)(y-x-z)(y+x-z)$.

2. (1) $x_1=0$, $x_2=2$；　(2) $x=-\dfrac{12}{13}$.　**3.** 略.

4. (1) $x=\dfrac{7}{3}$, $y=\dfrac{1}{3}$；　(2) $x=\dfrac{9}{7}$, $y=\dfrac{13}{7}$；　(3) $x_1=\dfrac{1}{4}$, $x_2=\dfrac{5}{8}$, $x_3=\dfrac{9}{8}$；
(4) $x_1=7$, $x_2=-1$, $x_3=-2$.

随堂练习 6－2

1. (1) $x=1$, $y=2$, $z=-2$；　(2) $x=y=z=0$；　(3) $x_1=\dfrac{13}{4}$, $x_2=\dfrac{3}{4}$, $x_3=\dfrac{1}{4}$, $x_4=\dfrac{1}{4}$；
(4) $x_1=\dfrac{11}{4}$, $x_2=\dfrac{7}{4}$, $x_3=\dfrac{3}{4}$, $x_4=-\dfrac{1}{4}$, $x_5=-\dfrac{5}{4}$.

2. (1) 2, $2\pm\sqrt{2}$；　(2) 0, $-3\pm2\sqrt{21}$.

3. $f(x)=x^2-5x+3$.

随堂练习 6－3

1. (1) $\begin{pmatrix} 6 & -9 & 3 & 9 \\ 6 & 13 & -21 & -12 \\ -15 & 23 & 9 & -17 \end{pmatrix}$；　(2) $\begin{pmatrix} -7 & 5 & 2 & -5 \\ 4 & -6 & 19 & 36 \\ 12 & -14 & -27 & 7 \end{pmatrix}$；　(3) $\begin{pmatrix} -4 & 5 & -1 & -5 \\ -2 & -7 & 13 & 12 \\ 9 & -13 & -9 & 9 \end{pmatrix}$.

2. (1) $\begin{pmatrix} 3 & 2 \\ 5 & 6 \end{pmatrix}$；　(2) $\begin{pmatrix} -1 & 0 \\ 0 & -1 \end{pmatrix}$；　(3) $\begin{pmatrix} 5 & 3 \\ 2 & 7 \end{pmatrix}$；　(4) $\begin{pmatrix} -19 & -2 & -1 \\ 10 & 12 & 2 \end{pmatrix}$.

3.～**6.** 略.

7. (1) $\begin{pmatrix} \dfrac{2}{3} & -\dfrac{1}{3} \\ -\dfrac{1}{3} & \dfrac{2}{3} \end{pmatrix}$；　(2) $\begin{pmatrix} 2 & -\dfrac{1}{3} & -\dfrac{4}{3} \\ 1 & \dfrac{1}{3} & -\dfrac{2}{3} \\ -1 & 0 & 1 \end{pmatrix}$；　(3) $\begin{pmatrix} 1 & -4 & -3 \\ 1 & -5 & -3 \\ -1 & 6 & 4 \end{pmatrix}$.

8. (1) $\begin{pmatrix} 18 & -32 \\ 5 & -8 \end{pmatrix}$；　(2) $\begin{pmatrix} 1 & 2 \\ 3 & 4 \end{pmatrix}$；　(3) $\begin{pmatrix} 7 \\ 12 \\ -5 \end{pmatrix}$；　(4) $\begin{pmatrix} \dfrac{1}{7} & \dfrac{20}{7} & \dfrac{1}{7} \\ -\dfrac{8}{7} & \dfrac{57}{7} & \dfrac{20}{7} \end{pmatrix}$.

9. (1) $x_1=1$, $x_2=3$, $x_3=2$；　(2) $x_1=37$, $x_2=-78$, $x_3=12$.

随堂练习 6－4

1. (1) $\begin{pmatrix} -11 & 7 \\ 8 & -5 \end{pmatrix}$；　(2) $\dfrac{1}{5}\begin{pmatrix} 2 & -1 & -1 \\ -1 & 3 & -2 \\ 3 & 1 & 1 \end{pmatrix}$；　(3) $\begin{pmatrix} -\dfrac{7}{3} & 2 & -\dfrac{1}{3} \\ \dfrac{5}{3} & -1 & -\dfrac{1}{3} \\ -2 & 1 & 1 \end{pmatrix}$；

(4) $\begin{pmatrix} 22 & -6 & -26 & 17 \\ -17 & 5 & 20 & -13 \\ -1 & 0 & 2 & -1 \\ 4 & -1 & -5 & 3 \end{pmatrix}.$

2. (1) $x_1 = 2, x_2 = 1, x_3 = -3;$ (2) $\begin{cases} x_1 = 2x_4 + 1, \\ x_2 = \dfrac{1}{5}x_4 - \dfrac{2}{5}, \\ x_3 = \dfrac{3}{5}x_4 - \dfrac{1}{5}. \end{cases}$

3. $r(\boldsymbol{A}) = 2.$ **4.** (1) $r = 2;$ (2) $r = 2;$ (3) $r = 2;$ (4) $r = 2.$

随堂练习 6 - 5

1. (1) $x_1 = 4, x_2 = 3, x_3 = 2;$ (2) 无解； (3) $x_1 = 2, x_2 = -1, x_3 = 1, x_4 = -3.$

2. 当 $\lambda = 1$ 或 $\lambda = -2$ 无解；当 $\lambda \neq 1$ 且 $\lambda \neq -2$ 时有唯一解.

3. (1) 唯一解； (2) 无穷多组解； (3) 无解.

4. (1) $m = 7$ 或 $m = -2$；当 $m = 7$ 时，$x_1 = 2x_3 - 2x_2$（x_3, x_2 为自由未知量）；当 $m = -2$ 时，$x_1 = -\dfrac{1}{2}x_3, x_2 = -x_3$（$x_3$ 为自由未知量）. (2) $m = 0, x_1 = -x_3, x_2 = -x_3$（$x_3$ 为自由未知量）.

随堂练习 6 - 6

1. $y = 4.815\,8 + 1.367\,7x.$ **2.** 略.

复习题六

一、

1. ×.   **2.** ×.   **3.** ×.   **4.** ×.   **5.** ×.   **6.** √.   **7.** ×.   **8.** ×.   **9.** √.   **10.** ×.   **11.** √.

二、

1. A.   **2.** C.   **3.** B.   **4.** D.

三、

1. m；n；行；列.   **2.** $a = 3$；$b = -2$；$c = -1$.   **3.** 对角阵.   **4.** 对称；a_{ji}.   **5.** 至少有一个为 0.   **6.** 行数、列数对应相同.   **7.** 每一个元素.   **8.** $\boldsymbol{A}$ 的列数与 $\boldsymbol{B}$ 的行数相同.   **9.** $m \times 5$；$\sum\limits_{k=1}^{n} a_{ik}b_{kj}$.   **10.** 下三角；上三角.   **11.** -8.

四、

1. (1) $4abcdef$； (2) $(x-b)(x-a)(x-c)$； (3) 169.   **2.** 略.

3. (1) $\begin{pmatrix} \dfrac{1}{2} & 0 & 0 & 0 \\ 0 & 1 & 4 & -\dfrac{4}{9} \\ 0 & 0 & -1 & \dfrac{1}{9} \\ 0 & 0 & 0 & \dfrac{1}{9} \end{pmatrix}$； (2) $\begin{pmatrix} -2 & 0 & 2 & 1 \\ -4 & 1 & 3 & 2 \\ -2 & 1 & 2 & 1 \\ 1 & 0 & -1 & 0 \end{pmatrix}.$

4. (1) $x_1 = 5, x_2 = -2, x_3 = 1;$ (2) $x_1 = -\dfrac{1}{4}, x_2 = \dfrac{23}{4}, x_3 = -\dfrac{1}{4};$

(3) $x_1 = -\dfrac{3}{2}x_3 - x_4$，$x_2 = \dfrac{7}{2}x_3 - 2x_4$（$x_3$，$x_4$ 为自由未知量）.

第七章　概率论基础

随堂练习 7-1

1. 0.1055.　**2.** 0.57.　**3.** 0.0003.　**4.** 0.6.　**5.** (1) 0.106；（2）最可能为中等身材.

随堂练习 7-2

1. (1)

X	2	3	4
P	1/6	1/3	1/2

(2) 5/6；(3) $F(x) = \begin{cases} 0, & x < 2, \\ \dfrac{1}{6}, & 2 \leqslant x < 3, \\ \dfrac{1}{2}, & 3 \leqslant x < 4, \\ 1, & x \geqslant 4. \end{cases}$

2. (1) 5；(2) $F(x) = \displaystyle\int_{-\infty}^{x} f(x)\,\mathrm{d}x = \begin{cases} 0, & x < 0, \\ x^5, & 0 \leqslant x < 1, \\ 1, & x \geqslant 1; \end{cases}$ (3) 31/32.

3. (1) 0.9332；(2) 0.0228；(3) 0.0359；(4) 0.8400；(5) 0.9544.

随堂练习 7-3

1. 2.　**2.** 35.　**3.** 1；4/3.　**4.** $Y \sim N(a\mu + b, (a\sigma)^2)$.　**5.** 1.5，9.0833.

随堂练习 7-4

1. $\leqslant 0.5$.　**2.** 0.8594.　**3.** 0.9199.

复习题七

一、

1. C.　**2.** A.　**3.** B.　**4.** D.　**5.** D.

二、

1. 1/18.　**2.** 2/3.　**3.** $C_9^3 p^4(1-p)^6$.　**4.** 4.　**5.** 6π.

三、

1. (1) A_1A_2；(2) $\bar{A}_1\bar{A}_2 + \bar{A}_1A_2 + A_1\bar{A}_2$；(3) $A_1A_2\bar{A}_3 + A_1\bar{A}_2A_3 + \bar{A}_1A_2A_3$；

(4) $\overline{A_1A_2A_3} = \bar{A}_1 + \bar{A}_2 + \bar{A}_3$；(5) $A_1 + A_2 + A_3$.

2. (1) 0.9802；(2) 0.0714.　**3.** (1) 0.0847；(2) 0.8122.　**4.** (1) 0.3；(2) 0.07；(3) 0.14.

5. 0.902.　**6.** 0.94.　**7.** (1) 0.02625；(2) 0.9524.　**8.** 0.576.　**9.** (1) 0.6；(2) 0.92.

10. (1) 0.08；(2) 0.08；(3) $n = 3$.

11.

X	0	1	2	3	4
P	0.0016	0.0256	0.1536	0.4096	0.4096

能治愈 3 人或 4 人的概率最大.

12. 0.0333.

13. $F(x) = \begin{cases} 0, & x < 0, \\ \dfrac{4}{\pi}\arctan x, & 0 \leqslant x < 1, \\ 1, & x \geqslant 1, \end{cases}$ 0.4097.

14. (1)

X	-1	1	3
P	0.2	0.5	0.3

(2) $P(1.7 < X \leqslant 2) = 0$, $P(X \leqslant 2.5) = 0.7$.

15. 0.16876.　　**16.** (1) 0.6321;　(2) 0.17273.

17. $f_Y(y) = \begin{cases} \dfrac{1}{2\sqrt{\pi(y-1)}}\,e^{-\frac{y-1}{4}}, & y \geqslant 0, \\ 0, & y < 0. \end{cases}$

18. (1) 0.2119;　(2) 0.7435.　**19.** (1) 0.3779;　(2) 0.4325;　(3) 0.8413.

20. 新药疗效显著.　**21.** 1.4.

22. (1) $M = \sqrt{e^2 - 1} \approx 2.527658$, M 为 T 的分布范围的上限;　(2) 0.477229;　(3) 0.804719;
(4) $E(T) = 1.333589$, $D(T) = 0.416084$;　(5) 0.478886;　(6) 1.310832.

23. 0.9238828.

图书在版编目(CIP)数据

高等数学:医药类/侯丽英,张圣勤主编. —上海:复旦大学出版社,2021.7
ISBN 978-7-309-15697-3

Ⅰ.①高…　Ⅱ.①侯…②张…　Ⅲ.①高等数学-高等学校-教材　Ⅳ.①O13

中国版本图书馆 CIP 数据核字(2021)第 094997 号

高等数学:医药类
侯丽英　张圣勤　主编
责任编辑/陆俊杰

复旦大学出版社有限公司出版发行
上海市国权路 579 号　邮编:200433
网址:fupnet@ fudanpress. com　http://www.fudanpress.com
门市零售:86-21-65102580　团体订购:86-21-65104505
出版部电话:86-21-65642845
常熟市华顺印刷有限公司

开本 787×1092　1/16　印张 21.25　字数 517 千
2021 年 7 月第 1 版第 1 次印刷

ISBN 978-7-309-15697-3/O·701
定价:49.00 元